普通高等院校土建类应用型人才培养系列

混凝土结构设计原理

（第2版）

主　编　朱平华　陈春红

副主编　王新杰

参　编　伍君勇　谢静静

主　审　金伟良

北京理工大学出版社

BEIJING INSTITUTE OF TECHNOLOGY PRESS

内 容 提 要

本书是在2013年8月出版的《混凝土结构设计原理》的基础上修订而成的。在本次修订过程中,作者听取和采纳了教师和学生的使用意见,在章节体系基本保持不变的前提下,对各章节内容进行了不同程度的修改,使之更趋于完善。全书共分为10章,主要内容包括绪论、混凝土结构材料的物理力学性能、混凝土结构设计方法、受弯构件正截面承载力计算、受弯构件斜截面承载力计算、受压构件承载力计算、受拉构件承载力计算、受扭构件承载力计算、构件挠度和裂缝宽度验算、预应力混凝土构件计算。各章节按混凝土结构构件的受力性能和特点划分,便于根据不同的教学要求对内容进行取舍。为了便于教学,使学生能更好地理解和掌握课程内容,每章均设有学习目标,并且附有本章小结、思考题与习题。

本书可作为高等院校土木工程类相关专业的教材,也可供工程技术和科研人员参考。

图书在版编目(CIP)数据

混凝土结构设计原理 / 朱平华,陈春红主编.—2版.—北京:北京理工大学出版社,2017.3
(2023.8重印)
ISBN 978-7-5682-3788-8

Ⅰ.①混…　Ⅱ.①朱…②陈…　Ⅲ.①混凝土结构—结构设计—高等学校—教材
Ⅳ.①TU370.4

中国版本图书馆CIP数据核字(2017)第047726号

出版发行 / 北京理工大学出版社有限责任公司
社　　址 / 北京市海淀区中关村南大街5号
邮　　编 / 100081
电　　话 / (010)68914775(总编室)
　　　　　　(010)82562903(教材售后服务热线)
　　　　　　(010)68944723(其他图书服务热线)
网　　址 / http://www.bitpress.com.cn
经　　销 / 全国各地新华书店
印　　刷 / 北京紫瑞利印刷有限公司
开　　本 / 787毫米×1092毫米　1/16
印　　张 / 17
字　　数 / 401千字
版　　次 / 2017年3月第2版　2023年8月第4次印刷
定　　价 / 45.00元

责任编辑 / 封　雪
文案编辑 / 赵　轩
责任校对 / 周瑞红
责任印制 / 边心超

图书出现印装质量问题,请拨打售后服务热线,本社负责调换

第2版前言

本书第1版问世以来，经过三年多时间使用，受到广大师生的好评。限于编者水平，加之编写时间仓促，师生在使用过程中，反馈了教材的一些使用意见和修改建议。与第1版相比，本书主要修改之处如下：

（1）《混凝土结构设计规范（2015年版）》(GB 50010—2010)中关于钢筋的选用原则是：淘汰HPB235级钢筋，逐渐限制使用HRB335级钢筋，宜选用HRB400和HRB500级钢筋。近几年来，市场上HRB335级钢筋的使用率不断下降，故本书在钢材的选用上也做了相应的调整，例题中纵向受力钢筋不再选用HRB335级。

（2）朱平华教授和陈春红教师对全书内容重新进行了校核，对每一章节进行了勘误，力求更加完善。

浙江大学金伟良教授审阅了全部书稿，在此表示衷心感谢。

由于编者水平有限，书中不妥之处在所难免，敬请读者不吝赐教，欢迎批评指正。

编　者

第1版前言

本书是根据《混凝土结构设计规范》(GB 50010—2010)、《建筑结构荷载规范》(GB50009—2012)及《混凝土结构耐久性设计规范》(GB/T50476—2008)编写的，其内容及教学要求符合《土木工程专业指导性规范》的要求，可以作为高等院校土建类本科专业的教材或教学参考书，也可以作为土木工程技术与管理人员的参考书。

本书共10章，主要内容包括：绪论，混凝土结构材料的物理力学性能，混凝土结构设计方法，受弯构件正截面及斜截面承载力计算，受压构件、受拉构件和受扭构件承载力计算，构件挠度和裂缝宽度验算，预应力混凝土构件计算等。本书在系统、完整介绍基本概念和理论的同时，每章章名与一、二级标题均中英对照，每章给出了学习目标、本章小结、思考与练习，以便于自学和检验学习效果。

本书由常州大学朱平华教授(编写第1、3章)、陈春红讲师(编写第4、5章)、王新杰博士(编写9、10章)、谢静静讲师(编写第6、7章)、伍君勇博士(编写第2、8章)共同编写，其中，朱平华、陈春红担任主编，王新杰担任副主编。朱平华负责大纲的制订与统稿。浙江大学金伟良教授审阅了全部书稿并提出了很多宝贵的建议和具体的修改意见；常州大学硕士生田斌、高燕蓉对计算题进行了复核并提供了部分插图，在此一并致谢。

限于编者水平，加之编写时间仓促，书中不妥之处在所难免，敬请读者不吝赐教，提出宝贵意见。

编　者

目 录

第1章 绪论 ……………………………………………………………… 1

1.1 混凝土结构的一般概念 ………………………………… 1

1.2 混凝土结构的发展与应用概况 ………………………… 3

1.3 本课程内容与学习要点 ………………………………… 8

第2章 混凝土结构材料的物理力学性能 ……………………………… 11

2.1 钢筋的物理力学性能 …………………………………… 11

2.2 混凝土的物理力学性能 ………………………………… 14

2.3 钢筋与混凝土的粘结 …………………………………… 24

第3章 混凝土结构设计方法 …………………………………………… 30

3.1 结构的功能要求与极限状态 …………………………… 30

3.2 概率极限状态设计方法 ………………………………… 33

3.3 荷载的代表值 …………………………………………… 36

3.4 材料强度的标准值和设计值 …………………………… 37

3.5 极限状态的实用设计表达式 …………………………… 39

3.6 混凝土结构的耐久性设计 ……………………………… 42

第4章 受弯构件正截面承载力计算 …………………………………… 50

4.1 概述 ……………………………………………………… 50

4.2　受弯构件正截面的受力性能　·············　51

4.3　受弯构件正截面承载力计算方法　·············　59

4.4　单筋矩形截面受弯构件正截面承载力计算　·············　64

4.5　双筋矩形截面受弯构件正截面承载力计算　·············　69

4.6　T形截面受弯构件正截面承载力计算　·············　74

第5章　受弯构件斜截面承载力计算　·············　87

5.1　概述　·············　87

5.2　无腹筋梁的斜截面受剪性能　·············　88

5.3　有腹筋梁的斜截面受剪性能　·············　94

5.4　受弯构件斜截面承载能力的设计与校核　·············　99

5.5　斜截面受弯承载力的构造措施　·············　104

第6章　受压构件承载力计算　·············　116

6.1　受压构件基本构造要求　·············　116

6.2　轴心受压构件正截面承载力计算　·············　119

6.3　矩形截面偏心受压构件正截面承载力计算　·············　126

6.4　I形截面偏心受压构件正截面承载力计算　·············　141

6.5　偏心受压构件斜截面受剪承载力计算　·············　145

第7章　受拉构件承载力计算　·············　149

7.1　轴心受拉构件正截面承载力计算　·············　149

7.2　偏心受拉构件正截面承载力计算　·············　150

7.3　偏心受拉构件斜截面受剪承载力计算　·············　155

第8章　受扭构件承载力计算　·············　158

8.1　概述　·············　158

8.2　纯扭构件的试验研究　·············　159

8.3　纯扭构件扭曲截面承载力计算　·············　161

8.4 弯剪扭构件截面承载力计算 ……………………………… 164

8.5 受扭构件构造要求 ………………………………………… 169

第 9 章 构件挠度和裂缝宽度验算 …………………………………… 174

9.1 概述 ………………………………………………………… 174

9.2 受弯构件变形验算 ………………………………………… 175

9.3 正截面裂缝宽度验算 ……………………………………… 184

第 10 章 预应力混凝土构件计算 ……………………………………… 194

10.1 预应力混凝土的基本理念 ………………………………… 194

10.2 预应力钢筋的张拉控制应力及预应力损失 ……………… 201

10.3 预应力混凝土轴心受拉构件设计 ………………………… 209

10.4 预应力混凝土受弯构件设计 ……………………………… 222

10.5 预应力混凝土结构构件构造要求 ………………………… 244

附　录 ……………………………………………………………………… 252

参考文献 …………………………………………………………………… 262

第1章 绪论
Introduction

学习目标

本章叙述了混凝土结构的一般概念，钢筋和混凝土这两种性质不同的材料能够组合在一起共同工作的条件，以及混凝土结构的优缺点；介绍了混凝土结构在房屋建筑工程、交通土建工程、水利工程及其他工程中的应用；介绍了混凝土结构的发展前景，包括在材料、结构、施工技术、计算理论等方面的发展；还介绍了混凝土结构课程的特点和学习方法，以及指导工程设计的混凝土结构设计规范发展的概况。

1.1 混凝土结构的一般概念

Basic Concepts of Concrete Structures

混凝土结构是以混凝土为主要建筑材料制成的结构，是保证工程正常与安全使用的骨架，包括素混凝土结构、钢筋混凝土结构、预应力混凝土结构及配置各种纤维筋的混凝土结构。混凝土结构广泛应用于建筑、桥梁、隧道、矿井以及水利、港口等工程。我国年均混凝土用量约为 $15 \times 10^8 \text{ m}^3$，其中，房屋建筑用量约为 $9 \times 10^8 \text{ m}^3$，钢筋用量约为 $2 \times 10^7 \text{ t}$，用于混凝土结构的资金达 2 000 亿元以上。

混凝土材料的抗压强度较高，而抗拉强度却很低。因此，素混凝土结构的应用受到很大限制。例如，图 1.1(a)所示的素混凝土梁，随着荷载的逐渐增大，梁中拉应力及压应力也不断增大。当荷载达到一定值时，弯矩最大截面受拉边缘的混

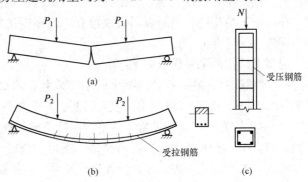

图 1.1 素混凝土梁及钢筋混凝土梁、柱

凝土首先被拉裂，而后由于该截面高度减小致使开裂截面受拉区的拉应力进一步增大，于是裂缝迅速向上伸展并立即引起梁的破坏。这种梁的破坏很突然，其受压区混凝土的抗压强度未充分利用，且由于混凝土抗拉强度很低，故其极限承载力也很低。所以，对于在外荷载作用下或其他原因会在截面中产生拉应力的结构，不应采用素混凝土结构。

与混凝土材料相比，钢筋的抗拉强度很高。若将混凝土和钢筋这两种材料结合在一起，则混凝土主要承受压力，而钢筋主要承受拉力，这就成为钢筋混凝土结构。例如，图1.1(b)所示作用集中荷载的钢筋混凝土梁，在截面受拉区配有适量的钢筋。当荷载达到一定值时，梁受拉区仍然开裂，但开裂截面的变形性能与素混凝土梁大不相同。因为钢筋与混凝土牢固地粘结在一起，所以，在裂缝截面原来由混凝土承受的拉力现转由钢筋承受；由于钢筋强度和弹性模量均很高，所以，此时裂缝截面的钢筋拉应力和受拉变形均很小，有效地约束了裂缝的开展，使其不会无限制地向上延伸而使梁发生断裂破坏。因此，钢筋混凝土梁上荷载可继续加大，直至其受拉钢筋应力达到屈服强度，随后截面受压区混凝土被压坏，这时梁才达到破坏状态。由此可见，在钢筋混凝土梁中，钢筋与混凝土两种材料的强度都得到了较为充分的利用，破坏过程较为缓和，且这种梁的极限承载力大大超过同条件的素混凝土梁。

钢筋的抗压强度也很高，所以，在轴心受压柱[图1.1(c)]中也配置纵向受压钢筋与混凝土共同承受压力，以提高柱的承载能力和变形能力，减小柱截面的尺寸，还可以负担由于某种原因而引起的弯矩和拉应力。

为了提高混凝土结构的抗裂性和耐久性，可在加载前用张拉钢筋的方法使混凝土截面内产生预压应力，以全部或部分抵消荷载作用下产生的拉应力，这即为预应力混凝土结构；也可在混凝土中加入各种纤维筋(如钢纤维、碳纤维筋等)，形成纤维加强混凝土结构。

钢筋与混凝土两种力学性能完全不同的材料，能够有效地结合在一起而共同工作，主要基于以下三个条件：

(1)钢筋与混凝土之间存在着粘结力，使两者能结合在一起。在外荷载作用下，结构中的钢筋与混凝土协调变形，共同工作。因此，粘结力是这两种不同性质的材料能够共同工作的基础。

(2)钢筋与混凝土两种材料的温度线膨胀系数很接近，钢材为 $1.2 \times 10^{-5}/℃$，混凝土为 $(1.0 \sim 1.5) \times 10^{-5}/℃$，所以，钢筋与混凝土之间不会因温度变化产生较大的相对变形而使粘结力遭到破坏。

(3)钢筋埋置于混凝土中，混凝土对钢筋起到了保护和固定作用，使钢筋不容易发生锈蚀，且使其受压时不致失稳，在遭受火灾时不致因钢筋很快软化而导致结构整体破坏。因此，在混凝土结构中，钢筋表面必须留有一定厚度的混凝土作为保护层，这是保持两者共同作用的必要措施。

混凝土结构的主要优点如下：

(1)就地取材：砂、石是混凝土的主要成分，均可就地取材。在工业废料(如矿渣、粉煤灰等)比较多的地方，可利用工业废料制成人造集料用于混凝土结构。

(2)耐久性好：对处于正常条件下的混凝土耐久性好，高性能混凝土的耐久性更好。在混凝土结构中，钢筋受到保护不易锈蚀，所以，混凝土结构具有良好的耐久性。对处于侵蚀性环境下的混凝土结构，经过合理设计及采取有效措施后，一般可满足工程需要。

(3)耐火性好：混凝土为不良导热体，埋置在混凝土中的钢筋受高温影响远较暴露的钢结构小。只要钢筋表面的混凝土保护层具有一定的厚度，在发生火灾时，钢筋不会很快软化，可避免结构倒塌。

（4）刚度大，整体性好：混凝土结构刚度较大，现浇混凝土结构具有良好的整体性，这有利于抗震、抵抗振动和爆炸冲击波。

（5）可塑性强：新拌和的混凝土为可塑的，因此，可以根据需要制成任意形状和尺寸的结构，这有利于建筑造型。

（6）节约钢材：钢筋混凝土结构合理地利用了材料的性能，发挥了钢筋与混凝土各自的优势，与钢结构相比能节约钢材并降低造价。

当然，传统混凝土结构也具有以下一些缺点：

（1）自重大：混凝土结构自身重力较大，这样，其所能负担的有效荷载相对较小。对大跨度结构、高层建筑结构都是不利的。另外，自重大会使结构地震作用加大，故对结构抗震也不利。

（2）抗裂性差：在正常使用情况下，钢筋混凝土结构构件截面受拉区通常存在裂缝，如果裂缝过宽，则会影响结构的耐久性和应用范围。

（3）模板耗用量大：混凝土结构的制作需要模板予以成型。若采用木模板，则可重复使用的次数少，并会增加工程造价。

另外，混凝土结构施工工序复杂，周期较长，且受季节气候影响；对于现浇混凝土结构，如遇损坏则修复困难；隔热、隔声性能也比较差。

随着科学技术的不断发展，传统混凝土结构的缺点正在被逐渐克服或改进。如采用轻质、高强度混凝土及预应力混凝土，可减小结构自身重力并提高其抗裂性；采用可重复使用的钢模板会降低工程造价；采用预制装配式结构，可以改善混凝土结构的制作条件，少受或不受气候条件的影响，并能提高工程质量及加快施工进度等。

结构在其使用年限内，需要承受各种永久荷载和可变荷载，有些结构可能还需要承受偶然荷载。除此之外，结构在其使用年限内，还将受到温度、收缩、徐变、地基不均匀沉降等影响。在地震区，结构还可能承受地震作用。在上述各种因素的作用下，结构应具有足够的承载能力，不发生整体或局部的破坏或失稳；应具有足够的刚度，不产生过大的挠度或侧移。对于混凝土结构而言，还应具有足够的抗裂性，满足裂缝控制要求；要有足够的耐久性，在规定的使用年限内，钢材不出现严重腐蚀，混凝土材料不发生严重劈裂、腐蚀、风化与剥落等现象。

1.2 混凝土结构的发展与应用概况

Historical Background and Application of Concrete Structures

1.2.1 发展概况
Development Situation

相对于木结构、钢结构、砌体结构而言，混凝土结构起步较晚，其应用仅有 160 多年的历史，可大致划分为四个阶段。从 1850 年到 1920 年为第一阶段，这时由于钢筋和混凝土的强度都很低，仅能建造一些小型的梁、板、柱、基础等构件，钢筋混凝土本身的计算理论尚未建立，只能按弹性理论进行结构设计；自 1920 年至 1950 年为第二阶段，这时已建成各种空间结构，发明了预应力混凝土并应用于实际工程，开始按破损阶段进行构件截面设计；1950 年到 1980 年为第三阶段，由于材料强度的提高，混凝土单层房屋和桥梁结构的跨度不断增大，混凝土高层建筑的高度已达 262 m，混凝土的应用范围进一步扩大，普遍采用各种现代化施工方法，同时广泛采用预制构件，结构构件设计已过渡到按极限状态的设计方法；大致从 1980 年起，混凝土结构的发展进入第四阶段。尤其是近十余年来，大模板现浇和大板建筑等工业化体系进一步发展，高层建筑新结构体系(如框桁架体系和外伸结构等)有较多的应用。振动台试验、拟动力试验和风洞试验较普遍地开展。计算机辅助设计和绘图的程序化，改进了设计方法并提高了设计质量，也减轻了设计工作量；非线性有限元分析方法的广泛应用，推动了混凝土强度理论和本构关系的深入研究，并形成了"近代混凝土力学"这一分支学科；结构构件的设计已采用极限状态设计方法。

随着技术的发展，混凝土结构在其所用材料和配筋方式上有了很多新进展，形成了一些新的混凝土结构形式，如高性能混凝土结构、纤维增强混凝土结构、钢与混凝土组合结构等。

(1)高性能混凝土结构。高性能混凝土具有高强度、高耐久性、高流动性及高抗渗透性等优点，是今后混凝土材料发展的重要方向。一般将混凝土强度等级大于 C50 的混凝土划分为高强度混凝土。高强度混凝土的强度高、变形小、耐久性好，适应现代工程结构向大跨、重载、高层发展和承受恶劣环境条件的需要。配置高强度混凝土必须采用较低的水胶比，并应掺入粉煤灰、矿渣、沸石灰、硅粉等混合料。在混凝土中加入高效减水剂可有效地降低水胶比；掺入粉煤灰、矿渣、沸石灰则能有效地改善混凝土拌合料的和易性，提高硬化后混凝土的力学性能和耐久性；硅粉对提高混凝土的强度最为有效，并使混凝土具有耐磨和耐冲刷的特性。

高强度混凝土在受压时表现出较小的塑性和更大的脆性，因而，在结构构件计算方法和构造措施上与普通强度混凝土有一定差别，在某些结构上的应用受到限制，如有抗震设防要求的混凝土结构，混凝土强度等级不宜超过 C60(抗震设防烈度为 9 度时)和 C70(抗震设防烈度为 8 度时)。

(2)纤维增强混凝土结构。在普通混凝土中掺入适当的各种纤维材料而形成纤维增强混凝土，其抗拉、抗剪、抗折强度和抗裂、抗冲击、抗疲劳、抗震和抗爆等性能均有较大提高，因而获得较大发展和应用。

目前，应用较多的纤维材料有钢纤维、合成纤维、玻璃纤维和碳纤维等。

钢纤维混凝土是将短的、不连续的钢纤维均匀、乱向地掺入普通混凝土而制成，有无钢筋纤维混凝土结构和钢纤维钢筋混凝土结构。钢纤维混凝土结构的应用很广，如机场的飞机跑道、地下人防工程、地下泵房、水工结构、桥梁与隧道工程等。

合成纤维(尼龙基纤维、聚丙烯纤维等)可以作为主要加筋材料，能提高混凝土的抗拉、韧性等结构性能，用于各种水泥基板材；也可以作为一种次要加筋材料，主要用于提高水泥混凝土材料的抗裂性。碳纤维具有轻质、高强、耐腐蚀、施工便捷等优点，已广泛用于建筑、桥梁结构的加固补强以及机场飞机跑道工程等。

（3）钢与混凝土组合结构。用型钢或钢板焊（或冷压）成钢截面，再将其埋置在混凝土中，使混凝土与型钢形成整体共同受力，这种结构称为钢与混凝土组合结构。国内外常用的组合结构有压型钢板与混凝土组合楼板、钢与混凝土组合梁、型钢混凝土结构、钢管混凝土结构和外包钢混凝土结构五大类。

钢与混凝土组合结构除具有钢筋混凝土结构的优点外，还具有抗震性能好、施工方便、能充分发挥材料的性能等优点，因而可以得到广泛应用。各种结构体系，如框架、剪力墙、框架-剪力墙、框架-核心筒等结构体系中的梁、柱、墙均可采用组合结构。例如，美国的太平洋第一中心大厦（44 层）和双联广场大厦（58 层）的核心筒大直径柱子，以及北京环线地铁车站柱，都采用了钢管混凝土结构；上海金茂大厦外围柱、环球金融中心大厦的外框筒柱，采用了型钢混凝土柱；我国在电厂建筑中推广使用了外包钢混凝土结构。

1.2.2 应用概况
Application Profiles

混凝土结构广泛应用在土木工程的各个领域，下面简要介绍其主要应用情况。

在混凝土结构材料应用方面，混凝土和钢材的质量不断改进、强度逐步提高。例如，美国 20 世纪 60 年代使用的混凝土平均抗压强度为 28 MPa，20 世纪 70 年代提高到 42 MPa，近年来，一些特殊需要的结构混凝土抗压强度可达 80～105 MPa，而实验室制备的混凝土抗压强度可高达 1 000 MPa。目前，强度等级为 C50～C80 的混凝土甚至更高强度混凝土的应用已比较普遍。各种特殊用途的混凝土不断研制成功并获得应用，如超耐久性混凝土的耐久年限可达 500 年；耐热混凝土可达 1 800 ℃ 的高温；钢纤维混凝土和聚合物混凝土、放射线、耐磨、耐腐蚀、防渗透、保温等有特殊要求的混凝土也应用在实际工程中。20 世纪70 年代，苏联使用的钢材平均屈服强度为 380 MPa，20 世纪 80 年代提高到 420 MPa，而美国在 20 世纪 70 年代所用钢材平均屈服强度已达 420 MPa，预应力钢筋强度则更高。材料质量与强度的提高为混凝土结构在更大范围应用创造了条件。

目前，混凝土结构已成为土木工程中的主流结构。例如，房屋建筑中的住宅和公共建筑，广泛采用钢筋混凝土楼盖和屋盖；单层厂房很多采用钢筋混凝土柱、基础，钢筋混凝土或预应力混凝土屋架及薄腹梁等；高层建筑混凝土结构体系的应用甚为广泛。2010 年投入使用的阿拉伯联合酋长国迪拜哈利法塔（Burj Khalifa Tower），是已建成的世界最高混凝土结构建筑物（图 1.2）。哈利法塔原名迪拜塔（Burj Dubai），又称迪拜大厦或比斯迪拜塔，162 层，总高 828 m。号称"亚洲第一高楼"的上海中心 127 层，楼高 632 m，是亚洲最高的混凝土结构建筑物（图 1.3）。1998 年建成的马来西亚石油双塔楼，88 层，高 452 m，以及2003 年建成的中国台北国际金融中心，101 层，高 455 m，这两幢房屋均采用钢－混凝土组合结构，其高度已超过世界上最高的钢结构房屋（美国芝加哥 SearsTower 大厦）。我国上海金茂大厦，88 层，建筑高度 420.5 m，为钢筋混凝土和钢构架混合结构，其中，横穿混凝土核心筒的三道 8 m 高的多方位外伸钢桁架，为世界高层建筑所罕见。已知世界上计划建造 800 m 以上的塔楼，有日本东京的千禧年大厦（Millenium Tower），高 840 m，以及香港超群塔楼（Bionic Tower），高 1 128 m 等。

图 1.2　世界第一高楼——哈利法塔　　　　图 1.3　亚洲第一高楼——上海中心

　　混凝土结构在桥梁工程中的应用也相当普遍，无论是中小跨度桥梁还是大跨度桥梁，大都采用混凝土结构建造。如分别于 1991 年与 1997 年建成的挪威 Skarnsundet 桥和重庆长江二桥，均为预应力混凝土斜拉桥；广东虎门大桥中的辅航道桥为预应力混凝土刚架公路桥，跨度达 270 m；攀枝花预应力混凝土铁路刚架桥，跨度为 168 m。公路混凝土拱桥应用也较多，其中，突出的如 1997 年建成的四川万县（现重庆万州）长江大桥，为上承式拱桥，采用钢管混凝土和型钢骨架组成三室箱形截面，跨长 420 m，为目前世界最大跨径拱桥；贵州江界河 330 m 的桁架式组合拱桥，广西邕宁江 312 m 的中承式拱桥等均为混凝土桥。尤为值得一提的是当今世界上最长的跨海大桥——青岛海湾大桥（又称胶州湾跨海大桥），全长 41.58 km，分上部结构和下部结构两部分，其中，上部结构包括钢箱梁、混凝土主塔和悬索等，下部结构则包括混凝土承台、墩身及桩基等（图 1.4）。

　　位居世界跨海大桥第三的我国杭州湾跨海大桥（图 1.5），全长 36 km，据初步核定，大桥共用钢材 76.7 万 t，水泥 129.1 万 t，石油沥青 1.16 万 t，木材 1.91 万 m^3，混凝土 240 万 m^3，各类混凝土桩基 7 000 余根，为国内特大型桥梁之最。

图 1.4　世界最长跨海大桥——青岛海湾大桥　　　图 1.5　世界第三长跨海大桥——杭州湾跨海大桥

　　混凝土结构在隧道工程、水利工程、地下工程、特种工程中的应用也极为广泛。中华人民共和国成立后，修建了约 2 500 km 长的铁路隧道，其中，成昆铁路线中有混凝土隧道

427 座，总长 341 km，占全线路长的 31%。我国除北京、上海、天津、广州等大城市已有地铁外，许多二、三线城市也建有或正在筹划建造地铁。我国许多城市建有地下商业街、地下停车场、地下仓库、地下工厂、地下旅店等。

水利工程中的水电站、拦洪坝、引水渡槽、污水排灌管等均采用钢筋混凝土结构。目前，世界上最高的重力坝为瑞士的大狄仁桑坝，高 285 m，其次为俄罗斯的萨杨苏申克坝，高 245 m；我国于 1989 年建成的青海龙羊峡大坝，高 178 m；四川二滩水电站拱坝，高 242 m；贵州乌江渡拱形重力坝，高 165 m；黄河小浪底水利枢纽主坝，高 154 m。我国的三峡水利枢纽，水电站主坝，高 190 m，设计装机容量 1 820×10⁴ kW，发电量居世界单一水利枢纽发电量的第一位。另外，举世瞩目的南水北调大型水利工程，沿线将建造很多预应力混凝土渡槽。

特种结构中的烟囱、水塔、筒仓、储水池、电视塔、核电站反应堆安全壳、近海采油平台等也有很多采用混凝土结构建造。例如，1989 年建成的挪威北海混凝土近海采油平台，水深 216 m；目前，世界上最高的电视塔——加拿大多伦多电视塔，塔高 553.3 m，为预应力混凝土结构；上海东方明珠电视塔由三个钢筋混凝土筒体组成，高 456 m，居世界第三位。另外，还有瑞典建成的容积为 10 000 m³ 的预应力混凝土水塔，我国山西云冈建成的两座容量为 6×10⁴ t 的预应力混凝土煤仓等。

1.2.3 我国混凝土结构规范编制简介
Brief Introduction of Chinese Code for Design of Concrete Structures

随着我国土木工程建设经验的积累、科研工作和世界范围内技术的不断进步，体现我国混凝土结构学科水平的混凝土结构规范也在不断改进与完善。1952 年，东北地区首先颁布了《建筑物结构设计暂行标准》；1955 年，借鉴苏联规范中的破损阶段设计法，制定了《钢筋混凝土结构设计暂行规范》；1966 年颁布了中国第一部《钢筋混凝土结构设计规范》（BJG 21—1966），采用了当时较为先进、以三系数（材料匀质系数、超载系数、工作条件系数）表达的极限状态设计法；1974 年编制的《钢筋混凝土结构设计规范》（TJ 10—1974），采用了多系数分析、单一安全系数表达的极限状态设计法，并辅以相关规定和规程。

为解决各类材料的建筑结构可靠度设计方法的合理与统一问题，我国于 1984 年颁布了《建筑结构设计统一标准》（GBJ 68—1984），规定各种建筑结构设计规范均统一采用以概率理论为基础的极限状态设计法。其特点是以结构功能的失效概率作为结构可靠度的量度，将极限状态的概念由定值转到非定值，从而将我国结构可靠度方法提升到当时的国际水准。与此相适应，1989 年我国颁布了《混凝土结构设计规范》（GBJ 10—1989）。2001 年前后，我国先后颁布了《建筑结构可靠度设计统一标准》（GB 50068—2001）和《混凝土结构设计规范》（GB 50010—2002）等。然而，2008 年 5 月 12 日，震惊中外的汶川大地震造成约 700 万间房屋倒塌，2 400 万间房屋受损，给我国土木建筑工作者带来惨痛的教训，也客观反映出我国原有规范中存在的不足。在进行汶川地震房屋倒塌与损害原因分析的基础上，2009 年起，我国先后颁布了《工程结构可靠性设计统一标准》（GB 50153—2008）、《建筑抗震设计规范》（GB 50011—2010）和《混凝土结构设计规范》（GB 50010—2010），并首次提出了工程建设标准是最低要求的概念。但是，以上规范、标准与国际上通用的设计规范相比还有一定的差距，有待进一步发展与完善。不可否认的是，每一次新规范、新标准的颁布，必将极大推动新材料、新工艺与新结构的应用，从而推动我国混凝土结构学科向前发展。

1.3 本课程内容与学习要点

The Course Contents and Learning Points

1.3.1 内容
Content

一般而言，土木工程专业的混凝土结构课程在内容上可分为混凝土结构基本原理与混凝土结构设计两个部分。混凝土结构基本原理主要内容包括混凝土结构计算原理、混凝土结构材料的性能、混凝土构件（受弯、受压、受拉、受剪、受扭和预应力混凝土构件）的计算方法和配筋构造，这部分内容是学习土木工程结构的基础。混凝土结构设计主要内容为混凝土梁板结构、单层厂房结构以及多层与高层框架结构。其中，混凝土梁板结构重点介绍了整体式单向板梁板结构、整体式双向板梁板结构、整体式楼梯和雨篷的设计计算方法；单层厂房结构重点介绍了单层厂房的结构类型和结构体系、结构组成和荷载传递、结构布置、构件选型与截面尺寸确定、排架结构内力分析、柱的设计、牛腿的设计等内容；多层与高层框架结构重点介绍了结构布置方法、截面尺寸估算、计算简图的确定、荷载计算、内力计算与组合、配筋计算及抗震构造要求等内容。

在混凝土结构设计中，首先根据结构使用功能要求及考虑经济、施工等条件，选择合理的结构方案，进行结构布置以及确定构件类型等；然后根据结构上所作用的荷载及其他作用，对结构进行内力分析，求出构件截面内力（包括弯矩、剪力、轴力、扭矩等）。在此基础上，对组成结构的各类构件分别进行构件截面设计，即确定构件截面所需的钢筋数量、配筋方式，并采取必要的构造措施。

1.3.2 学习要点
Learning Points

本课程是土木工程专业重要的专业基础理论课程，学习本课程的主要目的是掌握钢筋混凝土及预应力混凝土结构设计计算的基本理论和构造知识，为学习有关专业课程和顺利地从事混凝土建筑物的结构设计和研究奠定基础。学习本课程需要注意以下要点：

（1）本课程是研究钢筋混凝土材料的力学理论课程。由于钢筋混凝土是由钢筋和混凝土两种力学性能不同的材料组成的复合材料，钢筋混凝土的力学特性及强度理论较为复杂，难以用力学模型和数学模型来严谨地推导建立，因此，目前钢筋混凝土结构的计算公式常常是经大量试验研究结合理论分析建立起来的半理论半经验公式。学习时，应注意每一理论的适用范围和条件，而且能在实际工程设计中正确运用这些理论和公式。这就使得本课程与研究单一弹性材料的《材料力学》课程有很大的不同，在学习时，应注意它们之间的异同点，体会并灵活运用《材料力学》课程中分析问题的基本原理和基本思路，即由材料的物理关系、变形的几何关系和受力的平衡关系建立的理论分析方法，对学好本课程是十分有益的。

(2)掌握钢筋和混凝土材料的力学性能及其相互作用十分重要。混凝土构件的基本受力性能主要取决于钢筋和混凝土两种材料的力学性能及两种材料之间的相互作用，因此，掌握这两种材料的力学性能和它们之间的相互作用至关重要。同时，两种材料在数量和强度上的比例关系，会引起结构构件受力性能的改变，当两者的比例关系超过一定界限时，受力性能会有显著的差别，这也是钢筋混凝土结构的特点，几乎所有受力形态都有钢筋和混凝土的比例界限，在课程学习过程中应予以重视。

(3)配筋及其构造知识和构造规定具有重要地位。在不同的结构和构件中，钢筋和混凝土不是任意结合的，钢筋的位置及形式是根据结构、构件的形式和受力特点，主要在其受拉部位(有时也在受压部位)布置。构造是结构设计不可缺少的内容，与计算是同样重要的，有时甚至是计算方法是否成立的前提条件。因此，要充分重视对构造知识的学习。在学习过程中，不必死记硬背构造的具体规定，但应注意弄懂其中的道理，通过平时的作业和课程设计逐步掌握。

(4)学会运用设计规范至关重要。为了贯彻国家的技术经济政策，保证设计质量，达到设计方法上必要的统一化、标准化，国家各部委制定了适用于各工程领域的混凝土结构设计规范，对混凝土结构构件的设计方法和构造细节都作了具体规定。规范反映了国内外混凝土结构的研究成果和工程经验，是理论与实践的高度总结，体现了该学科在一个时期内的技术水平。对于规范特别是其规定的强制性条文，设计人员一定要遵循，并能熟练应用。因此，要注意在本课程的学习中，有关基本理论的应用最终都要落实到规范的具体规定中。由于土木工程建设领域广泛，不同领域的混凝土结构设计有不同的设计规范(或规程)。因此，本课程注重与各规范相通的混凝土结构的基本理论，涉及的具体设计方法以国家标准为主线，主要有《建筑结构可靠度设计统一标准》(GB 50068—2001)(以下简称《统一标准》)、《建筑结构荷载规范》(GB 50009—2012)(以下简称《荷载规范》)和《混凝土结构设计规范(2015 年版)》(GB 50010—2010)。

由于科学技术水平和生产实践经验是在不断发展的，设计规范也必然要不断进行修订和补充。因此，要用发展的眼光来看待设计规范，在学习和掌握钢筋混凝土结构理论和设计方法的同时，要善于观察和分析，不断进行探索和创新。由于设计工作是一项创造性工作，在遇到超出规范规定范围的工程技术问题时，不应被规范束缚，而需要充分发挥主动性和创造性，经过试验研究和理论分析等可靠性论证后，积极采用先进的理论和技术。

(5)学习本课程的目的是能够进行混凝土结构的设计。结构设计是一个综合性的问题，包含了结构方案、材料选择、截面形式选择、配筋计算和构造等，需要考虑安全、适用、经济和施工的可行性等各方面的因素。同一构件在给定荷载作用下，可以有不同的截面，需经过分析比较，才能作出合理的选择。因此，要搞好工程结构设计，除形式、尺寸、配筋数量等多种选择外，往往需要结合具体情况进行适用性、材料用量、造价、施工等指标的综合分析，以获得良好的技术经济效益。

本章小结

(1)混凝土结构是以混凝土为主要材料制成的结构。在混凝土中配置适量钢筋，使混凝土主要承受压力，钢筋承担拉力，就可使构件的承载力大大提高，受力性能也得到显著改善。混凝土结构有许多优点，但也存在一定的缺点。

(2)钢筋和混凝土两种材料能够有效地结合在一起共同工作，主要有三个方面原因，即钢筋与混凝土之间存在粘结力；两种材料的温度线膨胀系数很接近；混凝土对钢筋提供保护作用。

(3)混凝土结构从出现到现在已有160多年的历史，它在建筑、道桥、隧道、矿井、水利和港口等各种工程中得到了广泛应用。学习混凝土结构设计原理课程时，应注意理论和实际相结合。

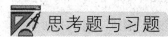 思考题与习题

一、思考题

1. 试分析素混凝土梁与钢筋混凝土梁在承载力和受力性能方面的差异。

2. 钢筋与混凝土共同工作的基础是什么？

3. 混凝土结构有哪些优点和缺点？如何克服存在的缺点？

4. 混凝土结构的基本原理主要包括哪些内容？学习时应注意哪些问题？

二、填空题

1. 混凝土结构是_____、_____和_____的总称。

2. 钢筋和混凝土的物理、力学性能不同，它们能够结合在一起共同工作的主要原因在于_____、_____和_____。

第2章　混凝土结构材料的物理力学性能
Mechanical Properties of Reinforced Concrete Materials

学习目标

　　钢筋和混凝土的物理力学性能以及共同工作的性能直接影响混凝土结构和构件的性能，也是混凝土结构计算理论和设计方法的基础。本章介绍了土木工程用钢筋的品种、级别、性能及选用原则；介绍了钢筋和混凝土在不同受力条件下强度和变形的特点，以及这两种材料结合在一起共同工作的受力性能。

2.1 钢筋的物理力学性能
Mechanical Properties of Steel Reinforcement

2.1.1 钢筋的品种和级别
Types and Properties of Steel Reinforcement

　　混凝土结构中使用的钢材按化学成分可分为碳素钢和普通低合金钢两大类。碳素钢除含有铁元素外，还含有少量的碳、硅、锰、硫、磷等元素。根据含碳量的多少，碳素钢又可分为低碳钢(含碳量小于0.25%)、中碳钢(含碳量为0.25%～0.6%)和高碳钢(含碳量大于0.6%)。含碳量越高，强度越高，但塑性和可焊性降低。普通低合金钢除碳素钢中已有的成分外，还掺加少量的硅、锰、钛、钒、铬等合金元素(多数情况下合金元素含量不超过3%)，这些合金元素能有效地提高钢材的强度和改善钢材的其他力学性能。

　　《混凝土结构设计规范(2015年版)》(GB 50010—2010)(以下各章节简称《规范》)规定，用于钢筋混凝土结构的国产普通钢筋可使用热轧钢筋。用于预应力混凝土结构的国产预应力钢筋宜采用预应力钢丝、钢绞线和预应力螺纹钢筋。

　　热轧钢筋是低碳钢、普通低合金钢在高温下轧制而成，属于软钢，其应力-应变曲线有明显的屈服点和流幅，断裂时有颈缩现象，伸长率比较大。根据《规范》，热轧钢筋根据屈服强度的高低可分为 HPB300（符号 Φ）、HRB335（符号 Φ）、HRB400（符号 Φ）、HRBF400（符号 $Φ^F$）、RRB400（符号 $Φ^R$）、HRB500（符号 Φ）、HRBF500（符号 $Φ^F$）。其中，HPB300为光圆钢筋，HRB335、HRB400 和 HRB500 为普通低合金热轧月牙纹变形钢筋；HRBF400 和 HRBF500 为细晶粒热轧月牙纹变形钢筋；RRB400 为余热处理月牙纹变形钢筋。钢筋代号前面的字母代表生产工艺和表面形状，后面的数字代表屈服强度标准值。HPB 为 Hot-Rolled Plain Steel Bar，HRB 为 Hot-Ribbed Steel Bar，RRB 为 Remained Heat-Treatment Ribbed Bar。F 为 Fine，细粒晶体的意思。

预应力钢绞线是由多根高强度钢丝捻制在一起经过低温回火处理应力（稳定性处理）后而制成，分为 3 股和 7 股。消除应力钢丝是将钢筋拉拔后校直，经中温回火消除应力并经稳定化处理的钢丝。螺旋肋钢丝是以普通低碳钢或低合金钢热轧的圆盘条为母材，经冷轧减径后在其表面冷轧成二面或三面有月牙肋的钢筋。

常用钢筋、钢丝和钢绞线的外形如图 2.1 所示。

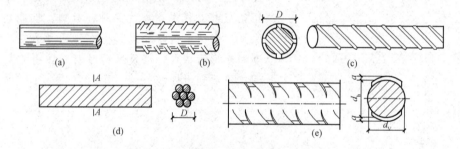

图 2.1 常用钢筋、钢丝和钢绞线的外形

(a)光面钢筋；(b)月牙纹钢筋；(c)螺旋肋钢丝；(d)钢绞线(7 股)；(e)预应力螺纹钢筋

冷加工钢筋在混凝土结构中也有一定应用。冷加工钢筋是将某些热轧光圆钢筋(称为母材)经冷拉、冷拔或冷轧、冷扭等工艺进行再加工而得到的直径较细的光圆或变形钢筋，有冷拉钢筋、冷拔钢丝、冷轧带肋钢筋和冷轧扭钢筋等。热轧钢筋经冷加工后强度提高，但钢筋的塑性(伸长率)明显降低，因此，冷加工钢筋主要用于对延性要求不高的板类构件，或作为非受力构造钢筋。由于冷加工钢筋的性能受母材和冷加工工艺影响较大，《规范》中未列入冷加工钢筋，工程应用时可按相关的冷加工钢筋技术标准执行。

2.1.2 钢筋的强度和变形
Strength and Deformation of Steel Reinforcement

钢筋的强度和变形性能体现在钢筋受拉应力-应变曲线上。根据应力-应变曲线有无屈服台阶，可以把钢筋分为有明显屈服点的钢筋(也称软钢)和无明显屈服点的钢筋(也称硬钢)两类。前者屈服后有很好的变形性能，用在混凝土结构构件中也有较好的变形能力；后者变形能力很小，用在混凝土结构中容易发生脆性断裂。混凝土结构应使用有明显屈服点的钢筋，无明显屈服点的高强度钢筋可以用在预应力混凝土结构中。

有明显屈服点钢筋拉伸时的典型应力-应变曲线($\sigma\varepsilon$ 曲线)如图 2.2 所示。图中 a' 点称为比例极限，a 点称为弹性极限，通常 a' 与 a 点很接近。b 点称为屈服上限，当应力超过 b 点后，钢筋即进入塑性阶段，随之应力下降到 c 点(称为屈服下限)，c 点以后钢筋开始塑性流动，应力不变而应变增加很快，曲线为一水平段，称为屈服台阶。屈服上限不太稳定，受加载速度、钢筋截面形式和表面粗糙度的影响而波动，屈服下限则比较稳定，通常以屈服下限 c 点作为屈服强度。当钢筋的屈服塑性流动到达 f 点以后，随着应变的增加，应力又继续增大，至 d 点时应力达到最大值，d 点的应力称为钢筋的极限抗拉强度，fd 段称为强化段。d 点以后，在试件的薄弱位置出现颈缩现象，变形迅速增加，钢筋横断面缩小，应力降低，达到 e 点时试件被拉断。

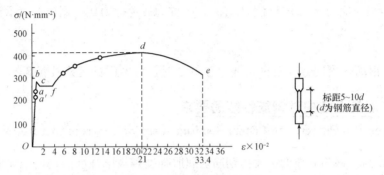

图 2.2　有明显屈服点钢筋的应力-应变曲线

　　由于钢筋混凝土构件中钢筋的应力达到屈服点后，会产生很大的塑性变形，使钢筋混凝土构件出现很大的变形和过宽的裂缝以致不能使用，所以，对有明显流幅的钢筋，在计算承载力时以屈服点作为钢筋强度极限值。因为钢筋在混凝土构件中主要起抗拉作用，为保证混凝土构件具有良好的力学性能，一方面要使构件在正常使用状态下不要有过大的变形；另一方面要保证在偶然作用下有足够的变形能力。

　　无明显屈服点钢筋拉伸时的典型应力-应变曲线($\sigma\varepsilon$ 曲线)如图 2.3 所示。在应力未超过 a 点时，钢筋仍具有理想的弹性性质。a 点的应力称为比例极限，其值约为极限抗拉强度的 0.65 倍。超过 a 点后应力-应变关系为非线性，没有明显的屈服点。达到极限抗拉强度后，σ_b 钢筋很快被拉断，破坏时呈脆性。《规范》规定，对无明显屈服点的钢筋如预应力钢丝、钢绞线等，取残余应变为 0.2% 时所对应的应力 $\sigma_{0.2}$ 作为强度设计指标，称为条件屈服强度。其值等于极限抗拉强度 σ_b 的 0.85 倍。

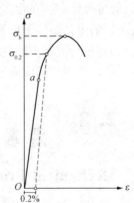

图 2.3　无明显屈服点钢筋的
　　　　　应力-应变曲线

2.1.3　钢筋的疲劳
Fatigue of Steel Reinforcement

　　钢筋的疲劳是指钢筋在承受重复、周期性的动荷载作用下，经过一定次数后，从塑性破坏变成脆性破坏的现象。吊车梁、桥面板、轨枕等承受重复荷载的混凝土构件，在正常使用期间会由于疲劳而发生破坏。

　　钢筋的疲劳强度与一次循环应力中最大应力 $\sigma_{s,max}^f$ 和最小应力 $\sigma_{s,min}^f$ 的差值 $\Delta\sigma_y^f$ 有关，$\Delta\sigma_y^f$ 称为疲劳应力幅。用公式表示为

$$\Delta\sigma_y^f = \sigma_{s,max}^f - \sigma_{s,min}^f \tag{2-1}$$

钢筋的疲劳强度是指在某一规定的应力幅内,经受一定次数(我国规定为 200 万次)循环荷载后发生疲劳破坏的最大应力值。

通常认为,在外力作用下钢筋发生疲劳断裂是由于钢筋内部和外表面的缺陷引起应力集中,钢筋中晶粒发生滑移,产生疲劳裂纹,最后断裂。影响钢筋疲劳强度的因素很多,如疲劳应力幅、最小应力值的大小、钢筋外表面几何形状、钢筋直径、钢筋强度和试验方法等。《规范》规定了不同等级钢筋的疲劳应力幅度限值,并规定该值与截面同一层钢筋最小应力 $\sigma_{s,min}^f$ 与最大应力 $\sigma_{s,max}^f$ 的比值 ρ_s^f 有关,ρ_s^f 称为疲劳应力比。用公式表示为

$$\rho_s^f = \frac{\sigma_{s,min}^f}{\sigma_{s,max}^f} \tag{2-2}$$

对预应力钢筋,当疲劳应力比 ρ_s^f 不小于 0.9 时,可不进行疲劳强度验算。

2.1.4 混凝土结构对钢筋性能的要求
Requirement for Properties of Steel Reinforcement of Concrete Structures

(1)强度较高。钢筋的强度主要指钢筋的屈服强度和极限强度。钢筋的屈服强度是混凝土结构构件计算的主要依据。采用较高强度钢筋可以节约钢材,取得较好的经济效果。梁、柱和斜撑构件的纵向受力普通钢筋宜采用 HRB400、HRB500、HRBF400、HRBF500 钢筋。HRB335 钢筋主要用于中小跨度楼板配筋,还可用于构件的箍筋和构造配筋。

(2)塑性较好。钢筋混凝土结构要求钢筋在断裂前有足够的变形,能给人以破坏的预兆。因此,钢筋的塑性应保证钢筋的伸长率和冷弯性能合格。《规范》和相关的国家标准中对各种钢筋的伸长率和冷弯性能均有明确规定。

(3)可焊性好。在很多情况下,钢筋的接长和钢筋之间的连接需要通过焊接。因此,要求在一定的工艺条件下钢筋焊接后不产生裂纹及过大的变形,保证焊接后的接头性能良好。

(4)钢筋与混凝土的粘结力好。为了使钢筋的强度能够充分被利用并保证钢筋与混凝土共同工作,二者之间应有足够的粘结力。在寒冷地区,对钢筋的低温性能也有一定的要求。

2.2 混凝土的物理力学性能
Mechanical Properties of Concrete

2.2.1 混凝土的组成结构
Constitution of Concrete

混凝土是用水泥、水、砂(细集料)、石材(粗集料)以及外加剂等原材料经搅拌后入模浇筑,经养护硬化形成的人工石材,是一种多相复合材料。混凝土各组成成分的数量比例、水泥的强度、集料的性质以及水胶比(水与胶凝材料的比例)对混凝土的强度和变形有着重要的影响。另外,在很大程度上,混凝土的性能还取决于搅拌质量、浇筑的密实性和养护条件。

混凝土在凝结硬化过程中，水化反应形成的水泥结晶体和水泥凝胶体组成的水泥胶块浆砂、石集料粘结在一起。水泥结晶体和砂、石集料组成了混凝土中错综复杂的弹性骨架，主要依靠其来承受外力，并使混凝土具有弹性变形的特点。水泥凝胶体是混凝土产生塑性变形的根源，并起着调整和扩散混凝土应力的作用。

2.2.2　混凝土的强度
Strength of Concrete

在实际工程中，单向受力构件是极少见的，一般混凝土均处于复合应力状态。研究复合应力作用下混凝土的强度必须以单向应力作用下的强度为基础，因此，单向受力状态下的混凝土的强度指标就显得很重要，其是结构构件分析和建立强度理论公式的重要依据。混凝土的强度与水泥及胶凝材料强度、水灰比(或水胶比)、集料品种、混凝土配合比、硬化条件和龄期等有很大关系。另外，试件的尺寸及形状、试验方法和加载时间不同，所测得的强度也不同。

混凝土材料的重要力学特点之一是抗压强度高、抗拉强度低。在混凝土结构中主要利用混凝土抗压能力高的特点。因此，混凝土抗压强度是衡量混凝土力学性能的最主要和最基本的指标。在混凝土结构中，利用抗压强度指标解决两个问题：一是根据抗压强度确定混凝土的强度等级，作为设计和施工质量控制的标准；二是根据混凝土的强度等级确定其强度、弹性模量等设计参数。

(1)立方体抗压强度标准值 $f_{cu,k}$。立方体抗压强度标准值是混凝土强度等级划分的依据。我国采用标准立方体试件在标准养护条件下养护 28 d，按照标准试验方法测得的抗压强度来评定混凝土的强度等级。标准立方体试件的尺寸为 150 mm×150 mm×150 mm；标准养护条件为：养护温度(20±2)℃，养护环境相对湿度 95％以上；标准试验方法的加载速度为 0.3～0.5 MPa/s(C30 以下混凝土)，0.5～0.8 MPa/s(C30 或以上混凝土)，试验时混凝土试件上、下两端面(即与试验机接触面)不涂刷润滑剂。抗压强度的单位为 N/mm²(MPa)。

《规范》根据混凝土立方体抗压强度标准值 $f_{cu,k}$，把混凝土强度划分为 14 个强度等级，分别为 C15、C20、C25、C30、C35、C40、C45、C50、C55、C60、C65、C70、C75 和 C80。其中，C 表示混凝土，C 后面的数字表示混凝土立方体抗压强度标准值，例如，C30 即表示 $f_{cu,k}=30$ N/mm²，混凝土强度等级的公差为 5 N/mm²，C50 及以下为普通混凝土，C50 以上为高强度混凝土。

试验方法对混凝土强度的测试值有较大影响。试件在试验机上受压时，纵向会压缩，横向会膨胀，由于混凝土与压力机垫板弹性模量的差异，压力机垫板的横向变形明显小于混凝土的横向变形。因此，垫板与试件的接触面通过摩擦力限制了试件的横向变形，提高了试件的抗压强度。当试验机施加的压力达到极限压力值时，试件形成两个对角锥形的破坏面，如图 2.4(a)所示。若在试件的上、下两端面涂刷润滑剂，那么在试验中试件与试验机垫板之间的摩擦将明显减小，因此，试件将较自由地产生横向变形，最后，试件将在沿着压力作用的方向产生数条大致平行的裂缝而破坏，如图 2.4(b)所示，所测得的抗压强度值明显较低。标准的试验方法不涂润滑剂。

试件尺寸对混凝土 $f_{cu,k}$ 也有影响。试验结果证明，立方体尺寸越小，则试验测出的抗压强度越高，这个现象称为尺寸效应。这是因为试件的尺寸越小，压力试验机垫板对它的约束作用越大，抗压强度越高。

进行混凝土抗压试验时，加载速度对立方体抗压强度也有影响，加载速度越快，测得的强度越高。

随着试验时混凝土的龄期增长，混凝土的极限抗压强度逐渐增大，开始时强度增长速度较快，然后逐渐减缓，这个强度增长的过程往往要延续几年，在潮湿环境中延续的增长时间更长。

(2)混凝土的轴心抗压强度 f_{ck}。由于实际结构和构件往往不是立方体，而是棱柱体。为更好地反映构件的实际抗压能力，《规范》规定采用棱柱体试件测定轴心抗压强度，试件尺寸为 150 mm×150 mm×300 mm 或 150 mm×150 mm×450 mm。试验证明，轴心抗压钢筋混凝土短柱中的混凝土抗压强度基本上和棱柱体抗压强度相同。可以用棱柱体测得的抗压强度作为轴心抗压强度，又称棱柱体抗压强度，用 f_{ck} 表示。

棱柱体试件是在与立方体试件相同的条件下制作的，试件承压面不涂润滑剂且高度比立方体试件高，因而受压时试件中部横向变形不受端部摩擦力的约束，代表了混凝土处于单向全截面均匀受压的应力状态。试验量测到的 f_{ck} 值比 $f_{cu,k}$ 值小，并且棱柱体试件高宽比越大，它的强度越小。图 2.5 所示为混凝土棱柱体抗压试验和试件破坏情况。

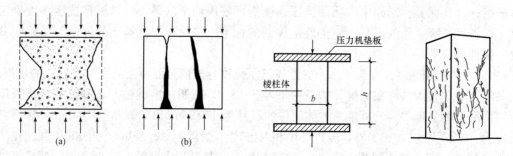

图 2.4   混凝土立方体抗压破坏情形   图 2.5   混凝土棱柱体抗压试验和试件破坏情况
(a)不涂润滑剂；(b)涂润滑剂

混凝土轴心抗压强度小于立方体抗压强度，而且两者之间大致呈线性关系，如图 2.6 所示。

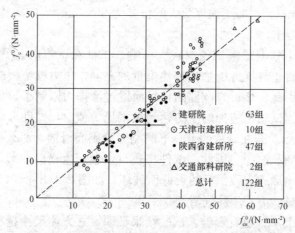

图 2.6   混凝土轴心抗压强度与立方体抗压强度的关系

经过大量的试验数据统计分析，混凝土轴心抗压强度与立方体抗压强度之间的折算关系为

$$f_{ck} = 0.88\, \alpha_{c1} \alpha_{c2}\, f_{cu,k}$$ (2-3)

式中 α_{c1}——棱柱体抗压强度与立方体抗压强度之比，并随着混凝土强度等级的提高而增大。对低于 C50 的混凝土，取 $\alpha_{c1} = 0.76$；对 C80 的混凝土，取 $\alpha_{c1} = 0.82$；其间按线性插值计算；

α_{c2}——混凝土的脆性系数，当混凝土的强度等级不大于 C40 时，$\alpha_{c2} = 1.0$；当混凝土的强度等级为 C80 时，$\alpha_{c2} = 0.87$；其间按线性插值计算；

$f_{cu,k}$——混凝土立方体抗压强度标准值；

0.88——考虑结构中的混凝土强度与试件混凝土强度之间的差异等因素的修正系数。

混凝土的抗压强度远低于砂浆和粗集料任一单体材料的强度。例如，粗集料的抗压强度为 90 N/mm²，砂浆的抗压强度为 48 N/mm²，由这两种材料组成的混凝土抗压强度只有 24 N/mm²。这是因为，混凝土凝结初期由于水泥石收缩、集料下沉等原因，在水泥石和集料之间的交界面上形成微裂缝，那是混凝土中最薄弱的部位。在外力作用下，这种初始裂缝将会不断扩展、连接和贯通，最终导致试件的破坏。

（3）混凝土的抗拉强度 f_{tk}。混凝土的轴心抗拉强度也是混凝土的一个基本力学性能指标，可用于分析混凝土构件的开裂、裂缝宽度、变形及计算混凝土构件的受冲切、受扭、受剪等承载力。混凝土的抗拉强度比抗压强度低得多，一般只有抗压强度的 5%～10%。$f_{cu,k}$ 值越大，$f_{tk}/f_{cu,k}$ 值越小。混凝土的抗拉强度取决于水泥石的强度和混凝土的界面过渡区强度。采用表面粗糙的集料并采用较好的养护条件可提高混凝土的抗拉强度。

轴心抗拉强度可采用如图 2.7 所示的试验方法。轴心拉伸试验所采用的试件为 100 mm×100 mm×500 mm 的棱柱体，在其两端设有埋入长度为 150 mm 的直径为 16 mm 的变形钢筋。试验机夹紧试件两端伸出的钢筋，并施加拉力使试件受拉。受拉破坏时，在试件中部产生横向裂缝，破坏截面上的平均拉应力即为轴心抗拉强度。由于混凝土的抗拉强度很低，影响因素很多，显然要实现理想的均匀轴心受拉试验非常困难，因此，混凝土的轴心抗拉强度试验值往往具有很大的离散性。

由于轴心受拉试验时要保证轴向拉力的对中十分困难，常常采用立方体或圆柱体劈裂试验来代替轴心拉伸试验，如图 2.8 所示。我国在劈裂试验时采用的试件为 150 mm×150 mm×150 mm 的标准试件，通过弧形钢垫条(垫条与试件之间垫以木质三合板垫层)施加竖向压力 F。加载速度：当混凝土强度等级＜C30 时，取 0.02～0.05 MPa/s；当混凝土强度等级≥C30 且＜C60 时，取 0.05～0.08 MPa/s；当混凝土强度等级≥C60 时，取 0.08～0.10 MPa/s。

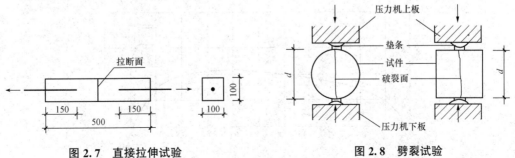

图 2.7 直接拉伸试验   图 2.8 劈裂试验

在试件的中间截面（除加载垫条附近很小的范围外），存在有均匀分布的拉应力。当拉应力达到混凝土的抗拉强度时，试件被劈裂成两半。劈裂强度 $f_{t,s}$ 计算公式为

$$f_{t,s} = \frac{2F}{\pi dl} \qquad (2-4)$$

式中　F——劈裂试验破坏荷载；

　　　　d——圆柱体直径或立方体边长；

　　　　l——圆柱体长度或立方体边长。

抗拉强度标准值与立方体抗压强度标准值之间的折算关系为

$$f_{tk} = 0.88 \times 0.395 f_{cu,k}^{0.55} (1-1.645\delta)^{0.45} \times \alpha_{c2} \qquad (2-5)$$

式中　$0.395 f_{cu,k}^{0.55}$——轴心抗拉强度与立方体抗压强度的折算关系；

　　　$(1-1.645\delta)^{0.45}$——反映了试验离散程度对标准值保证率的影响。

系数 0.88 和 α_{c2} 的意义同式(2-3)。

(4)混凝土在复合应力作用下的强度。实际工程中的混凝土结构或构件通常受到轴力、弯矩、剪力及扭矩的不同组合作用，混凝土很少处于单向受力状态，往往是处于双向或三向受力状态。在复合应力状态下，混凝土的强度和变形性能有明显的变化。

1)混凝土的双向受力强度 σ_1。在混凝土单元体两个互相垂直的平面上，作用有法向应力 σ_1 和 σ_2。第三个平面上应力为零，混凝土在双向应力状态下强度的变化曲线如图 2.9 所示。

双向受压时(图 2.9 中第三象限)，一向的抗压强度随另一向压应力的增大而增大，最大抗压强度发生在两个应力比(σ_1/σ_2 或 σ_2/σ_1)为 0.4～0.7 时，其强度比单向抗压强度增加约 30%，而在两向压应力相等的情况下强度增加 15%～20%。

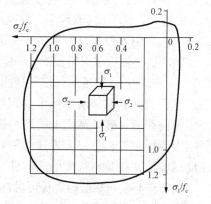

双向受拉时(图 2.9 中第一象限)，一个方向的抗拉强度受另一个方向拉应力的影响不明显，其抗拉强度接近单向抗拉强度。

一向受拉另一向受压时(图 2.9 中第二、四象限)，抗压强度随拉应力的增大而降低，同样，抗拉强度也随压应力的增大而降低，其抗压或抗拉强度均不超过相应的单轴强度。

图 2.9　混凝土双向应力强度

图 2.10 所示为混凝土在正应力和剪应力共同作用下的强度变化曲线。从图中可以看

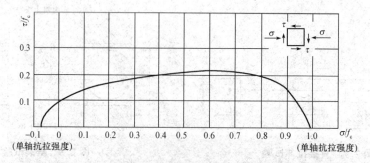

图 2.10　混凝土在正应力和剪应力共同作用下的强度变化曲线

出，混凝土的抗剪强度随拉应力的增大而减小；当压应力小于$(0.5\sim0.7)f_c$时，抗剪强度随压应力的增大而增大；当压应力大于$(0.5\sim0.7)f_c$时，由于混凝土内裂缝的明显发展，抗剪强度反而随压应力的增大而减小。从图中还可看出，由于剪应力的存在，其抗压强度和抗拉强度均低于相应的单轴强度。

2) 混凝土的三向受压强度。混凝土三向受压时，一向抗压强度随另两向压应力的增大而增大，并且混凝土受压的极限变形也大大增加。如图 2.11 所示为圆柱体混凝土试件三向受压时 (侧向压应力均为 σ_2) 的试验结果。由于周围的压应力限制了混凝土内部微裂缝的发展，这就大大提高了混凝土的纵向抗压强度和承受变形的能力。由试验结果得到的经验公式为

$$f'_{cc} = f'_c + k\sigma_2 \tag{2-6}$$

式中　f'_{cc}——在等侧向压应力作用下混凝土圆柱体的抗压强度；

　　　f'_c——无侧向压应力时混凝土圆柱体的抗压强度；

　　　k——侧向压应力系数，根据试验结果取 $k=4.5\sim7.0$ 的平均值为 5.6，侧向压应力较低，得到的系数较高。

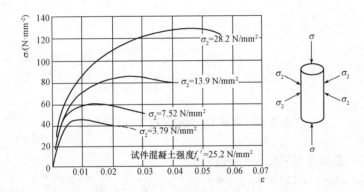

图 2.11　圆柱体混凝土试件三向受压试验

2.2.3　混凝土的变形
Deformation of Concrete

混凝土的变形可以分为两类：一类为混凝土的受力变形；另一类为混凝土的非受力变形。

1. 混凝土的受力变形

(1) 受压混凝土一次短期加荷的应力-应变曲线。对混凝土进行短期单向施加压力所获得的应力-应变关系曲线即为单轴受压应力-应变曲线，其能反映混凝土受力全过程的重要力学特征和基本力学性能，是研究混凝土结构强度理论的必要依据，也是对混凝土进行非线性分析的重要基础。典型的混凝土单轴受压应力-应变曲线如图 2.12 所示。

从图中可以看出：①全曲线包括上升段和下降段两部分，以 C 点为分界点，每部分由三小段组成；②图中各关键点分别表示为：A——比例极限点，B——临界点，C——峰点，D——拐点，E——收敛点，F——曲线末梢；③各小段的含义为：OA 段接近直线，应力较小，应变不大，混凝土的变形为弹性变形，原始裂缝影响很小；AB 段为微曲线段，应变

的增长稍比应力快，混凝土处于裂缝稳定扩展阶段，其中，B 点的应力是确定混凝土长期荷载作用下抗压强度的依据；BC 段应变增长明显比应力增长快，混凝土处于裂缝快速不稳定发展阶段，其中，C 点的应力最大，即为混凝土极限抗压强度，与之对应的应变 $\varepsilon_0 \approx 0.002$ 为峰值应变；CD 段应力快速下降，应变仍在增长，混凝土中裂缝迅速发展且贯通，出现了主裂缝，内部结构破坏严重；DE 段，应力下降变慢，应力较快增长，混凝土内部结构处于磨合和调整阶段，主裂缝宽度进一步增大，最后，只依赖集料之间的咬合力和摩擦力来承受荷载；EF 段为收敛段，此时，试件中的主裂缝宽度快速增大而完全破坏了混凝土的内部结构。

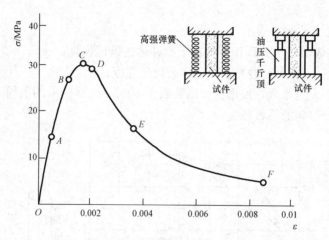

图 2.12　混凝土单轴受压应力—应变曲线

不同强度等级混凝土的应力-应变关系曲线如图 2.13 所示。从图中可以看出，虽然混凝土的强度不同，但各条曲线的基本形状相似，具有相同的特征。混凝土的强度等级越高，上升段越长，峰点越高，峰值应变也有所增大；下降段越陡，单位应力幅度内应变越小，延性越差。这在高强度混凝土中更为明显，最后，破坏大多为集料破坏，脆性明显，变形小。

在普通试验机上采用等应力速率的加载方式进行试验时，一般只能获得应力-应变曲线的上升段，很难获得其下降段，其原因是试验机刚度不足。当加载至混凝土达到轴心抗压强度时，试验机中积蓄的弹性应变能大

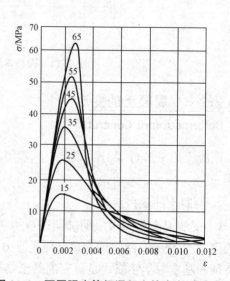

图 2.13　不同强度等级混凝土的应力-应变曲线

于试件所吸收的应变能，此应变能在接近试件破坏时会突然释放，致使试件发生脆性破坏。如果采用伺服试验机，在混凝土达极限强度时能以等应变速率加载；或在试件旁边附加设置高性能弹性元件共同承压，当混凝土达极限强度时能吸收试验机内积聚的应变能，就能获得应力-应变曲线。

（2）混凝土的弹性模量、变形模量。在计算混凝土构件的截面应力、变形、预应力混凝土构件的预压应力，以及由于温度变化、支座沉降产生的内力时，需要利用混凝土的弹性模量。由于一般情况下受压混凝土的应力-应变曲线是非线性的，应力和应变的关系并不是线性关系，这就产生了模量的取值问题。

《规范》中弹性模量 E_c 值是用下列方法确定的：采用棱柱体试件，取应力上限为 $0.5f_c$，重复加荷 5~6 次。由于混凝土的塑性性质，每次卸载为零时，存在残余变形。但随荷载多次重复，残余变形逐渐减小，重复加荷 5~6 次后，变形趋于稳定，混凝土的应力-应变曲线在 $0.5f_c$ 以下段接近于直线，自原点应力-应变曲线上对应的 $\sigma = 0.5f_c$ 点的连线的斜率为混凝土的弹性模量。根据混凝土不同强度等级的弹性模量试验值的统计分析，E_c 与 $f_{cu,k}$ 的经验关系为

$$E_c = \frac{10^5}{2.2 + \dfrac{34.7}{f_{cu,k}}} \tag{2-7}$$

混凝土的泊松比（横向应变与纵向应变之比）$\upsilon_c = 0.2$，混凝土的切变模量 $G_c = 0.4E_c$。

《规范》给出的混凝土弹性模量见附表 1.3。

（3）受拉混凝土的变形。由于混凝土是由多相材料组成的，具有明显的脆性，抗拉强度又低，要获得单轴抗拉的应力-应变全曲线相当困难。利用电液伺服试验机，采用等应变加载制度，才可以测得混凝土轴心受拉的应力-应变全曲线，如图 2.14 所示。

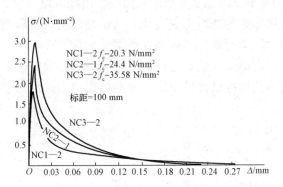

图 2.14 不同强度的混凝土拉伸应力-应变全曲线

从图中可以看出，该曲线也有明显的上升段和下降段两部分，其形状与受压时的应力-应变全曲线相似。混凝土强度越高，上升段越长，曲线峰点越高，但对应的变形几乎没有增大，下降越陡，极限变形反而变小。当拉应力达到混凝土的抗拉极限强度时，并取弹性系数 $\nu = 0.5$，对应于曲线峰点的拉应变为

$$\varepsilon_{t0} = \frac{f_t}{E_c'} = \frac{f_t}{\nu E_c} = \frac{2f_t}{E_c} \tag{2-8}$$

受拉时，原点的切线模量与受压时基本相同，所以，受拉的弹性模量与受压的弹性模量相同。混凝土受拉断裂发生于拉应变达到极限拉应变 ε_{tu} 时，而不是发生在拉应力达到最大拉应力时。受拉极限应变与混凝土配合比、养护条件和混凝土强度紧密相关。

（4）混凝土的徐变。试验表明，把混凝土棱柱体加压到某个应力之后维持荷载不变，则混凝土会在加荷瞬时变形的基础上，产生随时间而增长的应变。这种在荷载保持不变的情况下随时间而增长的变形称为徐变。徐变对于结构的变形和强度、预应力混凝土中的钢筋

应力都将产生重要的影响。

典型的徐变与时间的关系如图 2.15 所示。从图中可以看出，某一组棱柱体试件，当加荷应力达到 $0.5f_c$ 时，其加荷瞬间产生的应变为瞬时应变 ε_{ela}。若荷载保持不变，随着加荷时间的增加，应变也将增加，增加的应变就是徐变应变 ε_{cr}。在初始的半年内徐变增加较快，以后逐渐减慢，经过一定时间后，徐变趋于稳定。徐变应变值为瞬时弹性应变的 1～4 倍。两年后卸载，试件瞬时恢复的应变 ε'_{ela} 略小于瞬时应变 ε_{ela}。卸载后经过一段时间测量，发现混凝土并不处于静止状态，而是在逐渐地恢复，这种恢复变形称为弹性后效 ε''_{ela}。弹性后效的恢复时间约为 20 d，约为徐变变形的 1/12，最后剩下的大部分为不可恢复变形 ε'_{cr}。

混凝土的组成和配合比是影响徐变的内在因素。水泥用量越多和水胶比越大，徐变也越大；集料越坚硬、弹性模量越高，徐变就越小；集料的相对体积越大，徐变越小。另外，构件形状及尺寸、混凝土内钢筋的面积和钢筋应力性质对徐变也有不同的影响。

养护及使用条件下的温、湿度是影响徐变的环境因素。养护时，温度高、湿度大、水泥水化作用充分，徐变就小，采用蒸汽养护可使徐变减小 20%～35%。受荷后构件所处环境的温度越高、湿度越低，则徐变越大。

混凝土的应力条件是影响徐变的非常重要的因素。加荷时，混凝土的龄期越长，徐变越小；混凝土的应力越大，徐变越大。随着混凝土应力的增加，徐变将发生不同的情况，图 2.16 所示为不同应力水平下的徐变变形增长曲线。由图可以看出，当初应力较小时，曲线接近等距离分布，说明徐变与初应力成正比，这种情况为线性徐变。一般认为，这种现象是由于水泥胶体的黏性流动所致。当施加在混凝土的应力 $\sigma=(0.5\sim0.8)f_c$ 时，徐变与应力不成正比，徐变比应力增长较快，这种情况称为非线性徐变。发生这种现象的原因是水泥胶体的黏性流动的增长速度已比较稳定，而应力集中引起的微裂缝开展则随应力的增大而发展。

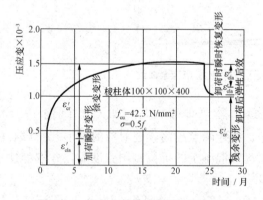

图 2.15 混凝土的徐变与时间的关系

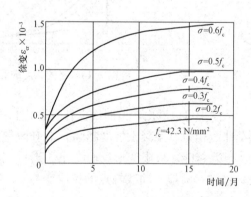

图 2.16 初应力对徐变的影响

当应力 $\sigma>0.8f_c$ 时，徐变的发展是非收敛的，最终将导致混凝土破坏。实际 $\sigma=0.8f_c$ 即为混凝土的长期抗压强度。

2. 混凝土的非受力变形

(1)混凝土的收缩与膨胀。混凝土在空气中结硬时体积减小的现象称为收缩；混凝土在水中或处于饱和湿度情况下结硬时体积增大的现象称为膨胀。一般情况下，混凝土的收缩值比膨胀值大很多，所以，分析研究收缩和膨胀的现象以收缩为主。

混凝土的收缩试验如图 2.17 所示，混凝土的收缩是随时间而增长的变形，结硬初期收缩较快，1 个月大约可完成 50% 的收缩，3 个月后增长缓慢，一般两年后趋于稳定，最终收缩应变为 $(2\sim5)\times10^{-4}$，一般取收缩应变值为 3×10^{-4}。

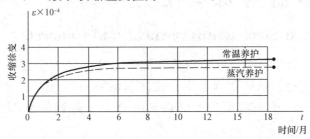

图 2.17 混凝土的收缩试验

干燥失水是引起收缩的重要因素，所以，构件的养护条件、使用环境的温湿度及影响混凝土水分保持的因素，都对收缩有影响。使用环境的温度越高、湿度越低，收缩越大。蒸汽养护的收缩值要小于常温养护的收缩值，这是由于高温高湿可加快水化作用，减少混凝土的自由水分，加速凝结与硬化的时间。

试验还表明，水泥用量越多、水胶比越大，收缩越大；集料的级配越好，弹性模量越大，收缩越小；构件的体积与表面积比值越大时，收缩越小。

对于养护不好的混凝土构件，表面在受荷前可能产生收缩裂缝。需要说明的是，混凝土的收缩对处于完全自由状态的构件，只会引起构件的缩短而不开裂。对于周边有约束而不能自由变形的构件，收缩会引起构件内混凝土产生拉应力，甚至会有裂缝产生。

在不受约束的混凝土结构中，钢筋和混凝土由于粘结力的作用，相互之间变形是协调的。混凝土具有收缩的性质，而钢筋并没有这种性质，钢筋的存在限制了混凝土的自由收缩，使混凝土受拉、钢筋受压，如果截面的配筋率较高，则会导致混凝土开裂。

(2)混凝土的温度变形。当温度变化时，混凝土的体积同样有热胀冷缩的性质。混凝土的温度线膨胀系数一般为 $(1.2\sim1.5)\times10^{5}/℃$，用这个值去度量混凝土的收缩，则最终收缩量大致为温度降低 15 ℃～30 ℃时的体积变化。

当温度变形受到外界约束而不能自由发生时，将在构件内产生温度应力。在大体积混凝土中，由于混凝土表面较内部的收缩量大，再加上水泥水化热使混凝土的内部温度比表面温度高，如果把内部混凝土视为相对不变形体，它将对试图缩小体积的表面混凝土形成约束，在表面混凝土形成拉应力，如果内外变形差较大，将会造成表层混凝土开裂。

2.2.4 混凝土的选用原则
Selection Principle of Concrete

为保证结构安全、可靠、经济耐久，选择混凝土时，要综合考虑材料的力学性能、耐久性能和经济性能，按照《规范》的要求进行选用。

(1)素混凝土结构的混凝土强度等级不应低于 C15；钢筋混凝土结构混凝土的强度等级不应低于 C20；当采用强度等级为 400 MPa 及以上钢筋时，混凝土强度等级不得低于 C25。

(2)预应力混凝土结构的混凝土的强度等级不宜低于 C40，且不应低于 C30。

(3)承受重复荷载的钢筋混凝土构件，混凝土的强度等级不应低于 C30。

2.3 钢筋与混凝土的粘结

Bond between Steel Reinforcement and Concrete

钢筋和混凝土之间的粘结是保证钢筋和混凝土这两种力学性能迥异的材料在结构中共同工作的基本前提。粘结包含了水泥胶体对钢筋的粘结力、钢筋与混凝土之间的摩擦力、钢筋表面凹凸不平与混凝土的机械咬合力以及钢筋端部在混凝土中的锚固作用。

2.3.1 粘结的意义
Significance of Bond

钢筋与混凝土这两种材料能够结合在一起共同工作，除两者具有相近的线膨胀系数外，更主要的是由于混凝土硬化后，钢筋与混凝土之间产生了良好的粘结力。为了保证钢筋不从混凝土中拔出，与混凝土更好地共同工作，还要求钢筋有良好的锚固。可以说，粘结和锚固是钢筋和混凝土形成整体、共同工作的基础。

2.3.2 粘结力的组成
Constitution of Bond

(1)粘结力的组成。钢筋与混凝土的粘结作用主要由化学吸附作用力、摩擦力、机械咬合作用力和钢筋端部的锚固力四部分组成。

1)化学吸附作用力(又称胶结力)。这种作用力来自浇筑时水泥浆体对钢筋表面氧化层的渗透，以及水化过程中水泥晶体的生长和硬化。这种作用力一般很小，仅在受力阶段的局部无滑移区起作用。一旦钢筋与混凝土的接触面发生相对滑移，该力即消失。

2)摩擦力。这种作用力是由于混凝土凝固时收缩，对钢筋产生垂直于摩擦面的压应力。这种压应力越大，接触面的粗糙程度越大，摩阻力就越大。

3)机械咬合作用力(又称咬合力)。这种作用力是由于钢筋表面凹凸不平与混凝土之间产生的。

4)钢筋端部的锚固力。一般是用在钢筋端部弯钩、弯折，在锚固区焊短钢筋、短角钢等方法来提供锚固力。

各种粘结力在不同的情况下(钢筋截面形式、不同受力阶段和构件部位)发挥各自的作用。机械咬合力可提供很大的粘结应力，但如布置不同，会产生较大的滑移、裂缝和局部混凝土破碎等现象。

(2)光面钢筋的粘结性能。直段光面钢筋的粘结力主要来自化学胶结力和摩擦力。

钢筋的粘结强度通常采用如图2.18所示直接拔出试验来测定。设拔出力为 F，则可得钢筋与混凝土之间的平均粘结应力为

$$\tau = \frac{F}{\pi d l} \tag{2-9}$$

式中　τ——锚固强度；

　　　F——轴向拉力；

　　　d——钢筋直径；

　　　l——粘结长度。

试验中可同时量测加载端滑移和自由端滑移。由于埋入长度较短，可近似地认为达到最大荷载时粘结应力沿埋长都相等。用粘结破坏时的最大平均粘结应力代表钢筋与混凝土的粘结强度τ_u。

（3）变形钢筋的粘结性能。变形钢筋的粘结效果比光面钢筋好得多，化学胶结力和摩擦力仍然存在，但机械咬合力是变形钢筋粘结强度的主要组成部分。由于变形钢筋肋间嵌入混凝土而产生的机械咬合力改变了钢筋与混凝土之间相互作用的方式，显著提高了混凝土与钢筋之间的粘结强度。变形钢筋与混凝土的粘结机理如图2.19所示。

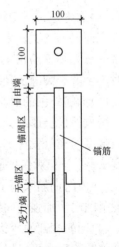

图 2.18　直接拔出试验

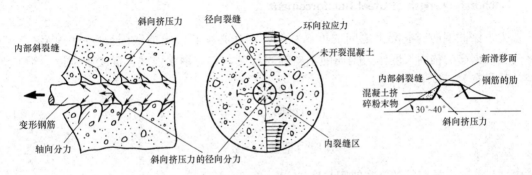

图 2.19　变形钢筋与混凝土的粘结机理

在拉拔力的作用下，钢筋的横肋对混凝土形成斜向挤压力，此力可分解为沿钢筋表面的切向力和沿钢筋径向的环向力。当荷载增加时，钢筋周围的混凝土首先出现斜向裂缝，钢筋横肋前端的混凝土被压碎，形成肋前挤压面。同时，在径向力的作用下，混凝土产生环向拉应力，最终导致混凝土保护层发生劈裂破坏。如果混凝土的保护层较厚（$c/d>5\sim6$，c 为混凝土保护层厚度，d 为钢筋直径），混凝土不会在径向力作用下产生劈裂破坏，达到抗拔极限状态时，肋前端的混凝土完全挤碎而拔出，产生剪切型破坏。因此，带肋钢筋的粘结性能明显地优于光圆钢筋，有良好的锚固性能。

综上所述，光圆钢筋与变形钢筋具有不同的粘结机理，主要差别在于光圆钢筋与混凝土之间的粘结作用主要来自胶结力和摩阻力。由于光圆钢筋表面粗糙不平而产生的机械咬合力很小。两者的差别可以用钉入木材中的普通钉和螺钉的差别来理解。

2.3.3　粘结的影响因素
Influence Factors of Bond

影响钢筋与混凝土粘结强度的因素很多，主要有混凝土的强度等级、保护层厚度、钢筋净间距、横向钢筋约束和横向压力作用、浇筑位置等。

（1）无论是光圆钢筋还是变形钢筋，它们与混凝土之间的粘结强度都随混凝土强度等级的提高而提高。试验表明，当其他条件相同时，粘结强度与混凝土的抗拉强度大致成正比关系。与光圆钢筋相比，变形钢筋具有较高的粘结强度，但是，使用变形钢筋会在粘结破坏时产生劈裂裂缝。裂缝对结构的耐久性是非常不利的。

（2）钢筋外围的混凝土保护层太薄，可能使外围混凝土因产生径向劈裂而使粘结强度降低。增大保护层厚度，保持一定的钢筋间距，可以提高外围混凝土的抗劈裂能力，有利于粘结强度的充分发挥。国内外的试验表明，在一定相对埋置长度 l/d 的情况下，相对粘结强度 τ_u/f_t 与相对保护层厚度 c/d 的平方根成正比。

（3）横向钢筋限制了纵向裂缝的发展，可使粘结强度提高，因而，在钢筋锚固区和搭接长度范围内，加强横向钢筋（如箍筋加密等）可提高混凝土的粘结强度。

（4）钢筋端部的弯钩、弯折及附加锚固措施可以提高混凝土的锚固粘结能力，锚固区侧向压力的约束也可以提高粘结强度。

2.3.4　钢筋的锚固长度
Anchorage Length of Steel Reinforcement

为了保证钢筋与混凝土之间的可靠粘结，钢筋必须有一定的锚固长度。《规范》规定，纵向受拉钢筋的锚固长度作为钢筋的基本锚固长度，它与钢筋强度、混凝土强度、钢筋直径及外形有关，按下式计算：

$$普通钢筋\ l_{ab}=\alpha\frac{f_y}{f_t}d \tag{2-10}$$

$$预应力钢筋\ l_{ab}=\alpha\frac{f_{py}}{f_t}d \tag{2-11}$$

式中　l_{ab}——受拉钢筋的基本锚固长度；

f_y，f_{py}——普通钢筋、预应力钢筋的抗拉强度设计值；

f_t——混凝土轴心抗拉强度设计值，当混凝土强度等级＞C60 时，按 C60 取值；

d——锚固钢筋的直径；

α——锚固钢筋的外形系数，根据表 2.1 取值。

表 2.1　锚固钢筋的外形系数 α

钢筋类型	光圆钢筋	带肋钢筋	螺旋肋钢丝	三股钢绞线	七股钢绞线
α	0.16	0.14	0.13	0.16	0.17

注：光圆钢筋末端应做180°弯钩，弯后平直段长度不应小于 3d，但作受压钢筋时可不做弯钩。

一般情况下，受拉钢筋的锚固长度可取基本锚固长度。考虑各种影响钢筋与混凝土粘结锚固强度的因素，当采取不同的埋置方式和构造措施时，锚固长度应按下列公式计算：

$$l_a=\zeta_a l_{ab} \tag{2-12}$$

式中　l_a——受拉钢筋的锚固长度；

ζ_a——锚固长度修正系数，当多于一项时，可按连乘计算，但不应小于 0.6；对预应力筋，可取 1.0。

纵向受拉普通钢筋的锚固长度修正系数ζ_a应根据钢筋的锚固条件按下列规定取用：

(1)当带肋钢筋的公称直径大于 25 mm 时取 1.10。

(2)对环氧树脂涂层带肋钢筋取 1.25。

(3)施工过程中易受扰动的钢筋取 1.10。

(4)锚固钢筋的保护层厚度为 $3d$ 时修正系数可取 0.80，保护层厚度不小于 $5d$ 时修正系数可取 0.70，中间按内插法取值，此处 d 为锚固钢筋的直径。

(5)当纵向受拉普通钢筋末端采用弯钩或机械锚固措施时，包括弯钩或锚固端头在内的锚固长度(投影长度)可取为基本锚固长度 l_{ab} 的 60%。弯钩与机械锚固的形式和技术要求应符合表 2.2 及图 2.20 的规定。

表 2.2　钢筋弯钩与机械锚固的形式和技术要求

锚固形式	技术要求
90°弯钩	末端 90°弯钩，弯钩内径 $4d$，弯后直段长度 $12d$
135°弯钩	末端 135°弯钩，弯钩内径 $4d$，弯后直段长度 $5d$
一侧贴焊锚筋	末端一侧贴焊长 $5d$ 同直径钢筋
两侧贴焊锚筋	末端两侧贴焊长 $3d$ 同直径钢筋
焊端锚板	末端与厚度 d 的锚板穿孔塞焊
螺栓锚头	末端旋入螺栓锚头

注：1. 焊缝和螺纹长度应满足承载力要求；
2. 螺栓锚头和焊接锚板的承压净面积不应小于锚固钢筋截面面积的 4 倍；
3. 螺栓锚头的规格应符合相关标准的要求；
4. 螺栓锚头和焊接锚板的间距不宜小于 $4d$，否则应考虑群锚效应的不利影响；
5. 截面角部的弯钩和一侧贴焊锚筋的布筋方向宜向截面内偏置。

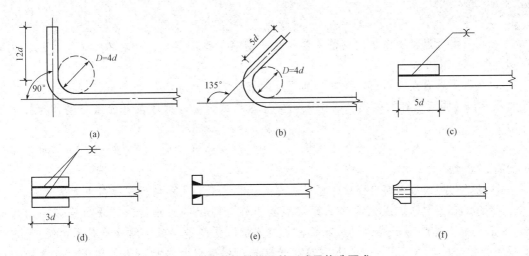

图 2.20　钢筋机械锚固的形式及构造要求

(a)90°弯钩；(b)135°弯钩；(c)一侧贴焊锚筋；(d)两侧贴焊锚筋；(e)穿孔塞焊锚板；(f)螺栓锚头

当锚固钢筋保护层厚度不大于 $5d$ 时，锚固长度范围内应配置构造钢筋(箍筋或横向钢筋)，其直径不应小于 $d/4$，间距不应大于 $5d$，且不大于 100 mm(此处 d 为锚固钢筋的直径)。

对混凝土结构中的纵向受压钢筋，当计算中充分利用钢筋的抗压强度时，受压钢筋的锚固长度应不小于相应受拉锚固长度的 70% 倍。

2.3.5 保证可靠粘结的构造措施
Measures to Guarantee the Reliability of Bond

为了保证钢筋和混凝土之间的粘结强度，钢筋之间的距离和混凝土保护层厚度不能太小。

构件裂缝间的局部粘结应力使裂缝间的混凝土受拉。为了增加局部粘结作用和减小裂缝宽度，在同等钢筋面积的条件下，宜优先采用小直径的变形钢筋。光圆钢筋粘结性能较差，应在钢筋末端设弯钩，增大其锚固粘结能力。

为保证钢筋伸入支座的粘结力，应使钢筋伸入支座有足够的锚固长度，若支座长度不够，可将钢筋弯折，弯折长度计入锚固长度内，也可以采用在钢筋端部焊短钢筋、短角钢等方法加强钢筋和混凝土的粘结能力；在实际工程中，由于材料的供应条件和施工条件的限制，钢筋常常需要搭接，钢筋的搭接要有一定长度才能满足粘结强度的要求。钢筋的锚固长度和搭接长度与混凝土的强度、钢筋的强度等级、抗震等级和钢筋直径等因素有关，一般为直径的若干倍。

钢筋不宜在受拉区截断。若必须截断，则应满足在理论上不需要钢筋点和钢筋强度的充分利用点外伸一段长度才能截断。横向钢筋的存在约束了径向裂缝的发展，使混凝土的粘结强度提高，故大直径钢筋的搭接和在锚固区域内设置横向钢筋(箍筋加密等)，可增大该区段的粘结能力。

本章小结

1. 我国用于混凝土结构的钢筋主要有热轧钢筋、碳素钢丝、刻痕钢丝、钢绞线、热处理钢筋和冷加工钢筋。

2. 有明显屈服点的钢筋和无明显屈服点的钢筋的应力-应变曲线不同。屈服强度是有明显屈服点钢筋强度设计的依据。对于无明显屈服点的钢筋，则取条件屈服强度作为强度设计的依据。

3. 为了节约钢材，可用冷加工来提高热轧钢筋的强度，但其塑性较差，应尽可能采用强度高、塑性好的钢材。

4. 混凝土结构对钢筋有强度、塑性、可焊性和与混凝土粘结性能等多方面的要求。

5. 混凝土立方体抗压强度作为评定混凝土强度等级的标准，我国现行规范采用边长 150 mm 的立方体作为标准试块。混凝土立方体抗压强度是混凝土结构最基本的强度指标，混凝土的轴心抗压强度、轴心抗拉强度、局部抗压强度以及多轴应力作用下的强度都与立方体抗压强度相关。

6. 混凝土的变形有受力作用下的变形和非受力作用下的变形。非受力作用下的变形主要包括混凝土的收缩变形。混凝土的徐变和收缩都会使预应力结构产生应力损失，混凝土的徐变还会使结构产生应力重分布和变形增加，而收缩还会使混凝土产生裂缝。

7. 钢筋和混凝土之间的粘结力是两者共同工作的基础，应当采取必要的措施加以保证。

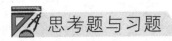 思考题与习题

一、思考题

1. 混凝土的强度等级是根据什么确定的？《规范》规定的混凝土强度等级有哪些？

2. 某矩形钢筋混凝土短柱经回弹仪检测发现混凝土强度不足，根据约束混凝土原理如何加固该柱？

3. 混凝土收缩对钢筋混凝土构件有何影响？如何减少收缩？

4. 软钢和硬钢的应力-应变曲线有何区别？两者的强度取值有何区别？

5. 伸入支座的锚固长度越长，粘结强度是否越高？为什么？

6. 混凝土的立方体抗压强度、轴心抗压强度和抗拉强度是如何确定的？为什么轴心抗压强度低于立方抗压强度？

7. 单向应力状态下，混凝土的强度与哪些因素有关？混凝土轴心受压应力-应变曲线有何特点？

8. 什么是混凝土的徐变？徐变对混凝土有何影响？影响混凝土徐变的主要因素有哪些？

9. 钢筋有哪些级别？钢筋冷加工的方法有哪几种？冷拉和冷拔后钢筋的力学性能有何区别？

10. 何谓钢筋和混凝土的粘结力？可采取哪些措施来保证钢筋和混凝土之间有足够的粘结力？

二、填空题

1. 钢筋的变形性能用_____和_____两个基本指标表示。

2. 根据《规范》的规定，钢筋混凝土和预应力混凝土结构中的非预应力钢筋宜选用_____和_____钢筋，预应力混凝土结构中的预应力钢筋宜选用_____和_____。

3. 混凝土的峰值压应变随混凝土强度等级的提高而_____，极限压应变值随混凝土强度等级的提高而_____。

4. 水泥用量_____，水胶比_____，水泥强度等级_____，弹性模量_____，温度_____，湿度_____，构件尺寸_____，混凝土成型后的质量_____，混凝土收缩越大。

5. 钢筋与混凝土之间的粘结作用主要由_____、_____和_____三部分组成。

第3章 混凝土结构设计方法
Design Methods of Concrete Structures

学习目标

本章是学习本门课程的理论基础，掌握结构设计的基本原则，了解建筑结构设计和可靠性的基本内容和定义；掌握荷载和材料强度的取值方法，了解极限状态设计法的基本原理，掌握极限状态设计表达式的基本概念及应用。

3.1 结构的功能要求与极限状态
Structure Functional Requirements and Limit State

3.1.1 结构的功能要求
Structural Functional Requirements

工程结构设计的基本目的是在一定的经济条件下，结构在预定的使用期限内满足设计所预期的各项功能。结构的功能要求包括以下几项：

(1)安全性。结构在正常施工和正常使用时，能承受可能出现的各种作用。其中，包括荷载引起的内力、振动过程中的恢复力以及由外加变形(如超静定结构的支座沉降)、约束变形(如温度变化或混凝土收缩引起的构件变形受到的约束)所引起的内力。结构在设计规定的偶然事件发生时和发生后，仍能保持必需的整体稳定性，不发生倒塌或连续破坏。

(2)适用性。结构在正常使用时具有良好的工作性能，不发生过大的变形或宽度过大的裂缝，不产生影响正常使用的振动。

(3)耐久性。结构在正常维护下具有足够的耐久性能，不发生钢筋锈蚀和混凝土的严重风化等现象。所谓足够的耐久性能，是指结构在规定的工作环境中，在预定时期内，其材料性能的恶化不会导致结构出现不可接受的失效概率。从工程概念上讲，足够的耐久性能就是指在正常维护条件下结构能够正常使用到规定的设计使用年限。

这些功能要求概括起来称为结构的可靠性。即结构在规定的时间内(设计基准期)，在规定的条件下(正常设计、正常施工、正常使用维护)完成预定功能(安全性、适用性和耐久性)的能力。显然，增大结构设计的余量，如加大结构构件的截面尺寸或钢筋数量，或提高对材料性能的要求，总是能够增加或改善结构的安全性、适应性和耐久性要求，但这将使结构造价提高，不符合经济的要求。因此，结构设计要根据实际情况，解决好结构可靠性与经济性之间的矛盾，既要保证结构具有适当的可靠性，又要尽可能降低造价，做到经济合理。

3.1.2 结构的极限状态
Structural Limit State

整个结构或结构的一部分超过某一特定状态就不能满足设计规定的某一功能要求，此特定状态称为该功能的极限状态。极限状态是区分结构工作状态可靠或失效的标志。极限状态可分为承载能力极限状态和正常使用极限状态两类。

1. 承载能力极限状态

承载能力极限状态对应于结构或结构构件达到最大承载能力或不适于继续承载的变形。结构或结构构件出现下列状态之一时，应认为超过了承载能力极限状态：

(1)整个结构或结构的一部分作为刚体失去平衡，如倾覆、过大的滑移等。

(2)结构构件或连接因超过材料强度而破坏(包括疲劳破坏)，或因过度变形而不适于继续承载。

(3)结构转变为机动体系，如超静定结构由于某些截面的屈服成为几何可变体系。

(4)结构或结构构件丧失稳定性，如细长柱达到临界荷载发生压屈失稳而破坏等。

(5)地基丧失承载力而破坏，如失稳等。

2. 正常使用极限状态

正常使用极限状态对应于结构或结构构件达到正常使用或耐久性能的某项规定限值。结构或结构构件出现下列状态之一时，应认为超过了正常使用极限状态：

(1)影响正常使用或外观的变形，如过大的挠度。

(2)影响正常使用或耐久性能的局部损坏。例如，不允许出现裂缝结构的开裂；对允许出现裂缝的构件，其裂缝宽度超过了允许限值。

(3)影响正常使用的振动。

(4)影响正常使用的其他特定状态。

3.1.3 结构的设计状况
Structural Design Situation

设计状况指代表一定时段的一组物理条件，设计时必须做到结构在该时段内不超越有关的极限状态。结构设计时，应根据结构在施工和使用中的环境条件和影响，区分下列三种设计状况：

(1)持久状况。在结构使用过程中一定出现，持续期很长的状态。持续期一般与设计使用年限为同一数量级。

(2)短暂状况。在结构施工和使用过程中出现概率较大，而与设计使用年限相比持续期很短的状况，如结构施工和维修等。

(3)偶然状况。在结构使用过程中出现概率很小，且持续期很短的状况，如火灾、爆炸、撞击等。

对不同的设计状况，可采用相应的结构体系、可靠度水准和基本变量等。对三种设计状况均应进行承载力极限状态设计；对持久状况，还应进行正常使用极限状态设计；对短暂状况，可根据需要进行正常使用极限状态设计。

3.1.4 结构的设计使用年限
Structural Design Service Life

设计使用年限为设计规定的结构或结构构件不需进行大修即可按其预定目的使用的时期，它是房屋建筑的地基基础工程和主体结构工程"合理使用年限"的具体化。《建筑结构可靠度设计统一标准》(GB 50068—2001)(以下简称《统一标准》)将结构的设计使用年限划分为四类，见表3.1。

表 3.1　设计使用年限分类

类别	设计使用年限/年	示例
1	5	临时性结构
2	25	易于替换的结构构件
3	50	普通房屋和构筑物
4	100	纪念性建筑和特别重要的建筑结构

结构的设计使用年限与结构的使用寿命具有联系，但不完全等同，因此，不能将结构的设计使用年限简单地理解为结构的使用寿命。结构的使用超过设计使用年限时，表明其可靠性可能会降低，但不等于结构丧失所要求的功能甚至破坏。一般来说，使用寿命长，设计使用年限可以长一些；使用寿命短，设计使用年限可以短一些。一般而言，设计使用年限应该小于使用寿命，而不应该大于使用寿命。

3.1.5 结构上的作用、作用效应及结构抗力
Action, Effect of an Action and Structural Resistance

1. 结构上的作用

结构上的作用是指施加在结构或构件上的力(直接作用，也称为荷载，如恒荷载、活荷载、风荷载和雪荷载等)，以及引起结构外加变形或约束变形的原因(间接作用，如地基不均匀沉降、温度变化、混凝土收缩、焊接变形等)。

结构上的作用可按下列性质分类：

(1)按随时间的变异分类。

1)永久作用：在设计基准期内其量值不随时间变化，或其变化与平均值相比可以忽略不计的作用，如结构自重、土压力、预加应力等。

2)可变作用：在设计基准期内其量值随时间变化，且其变化与平均值相比不可忽略的作用，如安装荷载、楼面活荷载、风荷载、雪荷载、吊车荷载和温度变化等。

3)偶然作用：在设计基准期内不一定出现，而一旦出现其量值很大且持续时间很短的

作用，如地震、爆炸、撞击等。

（2）按随空间位置的变异分类。

1）固定作用：在结构上具有固定分布的作用，如结构上的位置固定的设备荷载、结构构件自重等。

2）自由作用：在结构上一定范围内可以任意分布的作用，如楼面上的人员荷载、吊车荷载等。

（3）按结构的反应特点分类。

1）静态作用：使结构产生的加速度可以忽略不计的作用，如结构自重、住宅和办公楼的楼面活荷载等。

2）动态作用：使结构产生的加速度不可忽略不计的作用，如地震、吊车荷载、设备振动等。

2. 作用效应

作用效应是指由结构上的作用引起的结构或构件的内力（如轴力、剪力、弯矩、扭矩等）和变形（如挠度、侧移、裂缝等）。当作用为集中力或分布力时，其效应可称为荷载效应。

由于结构上的作用是不确定的随机变量，因此，作用效应一般也是一个随机变量。以下主要讨论荷载效应，荷载 Q 与荷载效应 S 之间可以近似按线性关系考虑，即

$$S = CQ \tag{3-1}$$

式中　C——常数，荷载效应系数。

例如，集中荷载 P 作用在 $\frac{1}{2}l$ 处的简支梁，最大弯矩为 $M = \frac{1}{4}Pl$，M 就是荷载效应，$\frac{1}{4}l$ 就是荷载效应系数，l 为梁的计算跨度。

由于荷载是随机变量，根据式（3-1）可知，荷载效应也应为随机变量。

3. 结构抗力

结构抗力 R 是指结构或构件承受作用效应的能力，如构件的承载力、刚度、抗裂度等。影响结构抗力的主要因素是材料性能（材料的强度、变形模量等物理力学性能）、几何参数（截面形状、面积、惯性矩等）以及计算模式的精确性等。考虑到材料性能的变异性、几何参数及计算模式精确性的不确定性，由这些因素综合而成的结构抗力也是随机变量。

3.2 概率极限状态设计方法

Probability Limit State Design Method

以概率为基础的极限状态设计方法，简称为概率极限状态设计法，又称为近似概率法。其以结构的失效概率或可靠指标来度量结构的可靠度。

3.2.1 功能函数与极限状态方程
Performance Function and Limit State Equation

结构构件完成预定功能的工作状态可以用作用效应 S 和结构抗力 R 的关系来描述，这种表达式称为结构功能函数，用 Z 来表示

$$Z=R-S=g(R, S) \qquad (3-2)$$

它可以用来表示结构的三种工作状态（图3.1）：

当 $Z>0$ 时，结构能够完成预定的功能，处于可靠状态；

当 $Z<0$ 时，结构不能完成预定的功能，处于失效状态；

当 $Z=0$ 时，即 $R=S$，结构处于极限状态。$Z=R-S=g(R, S)=0$，称为极限状态方程。

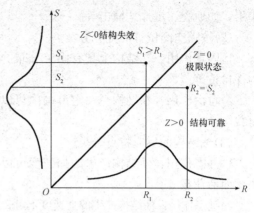

图 3.1　结构所处的状态

结构功能函数的一般表达式为 $Z=g(X_1, X_2, \cdots, X_n)$，其中，$X_i (i=1, 2, \cdots, n)$为影响作用效应 S 和结构抗力 R 的基本变量，如荷载、材料性能、几何参数等。由于 R 和 S 都是非确定性的随机变量，故 Z 也是随机变量。

3.2.2　结构可靠度、失效概率及可靠指标
Structural Reliability, Failure Probability and Reliability Index

结构在规定的时间内，在规定的条件下完成预定功能的概率，称为结构的可靠度。可见，可靠度是对结构可靠性的一种定量描述，也即概率度量。

结构能够完成预定功能的概率称为可靠概率 p_s；结构不能完成预定功能的概率称为失效概率 p_f。显然，两者是互补的，即 $p_s+p_f=1.0$。因此，结构可靠性也可用结构的失效概率来度量，失效概率越小，结构可靠度越大。

基本的结构可靠度问题只考虑一个抗力 R 和一个荷载效应 S 的情况。现以此来说明失效概率的计算方法。设结构抗力 R 和荷载效应 S 都为服从正态分布的随机变量，R 和 S 是互相独立的。由概率可知，结构功能函数 $Z=R-S$ 也是正态分布的随机变量。Z 的概率分布曲线如图3.2所示。

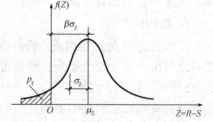

图 3.2　结构功能函数 Z 的分布曲线

$Z=R-S<0$ 的事件出现的概率就是失效概率 p_f。

$$p_f = P(Z=R-S<0) = \int_{-\infty}^{0} f(Z)\mathrm{d}Z \qquad (3-3)$$

失效概率 p_f 可以用图3.2中的阴影面积表示。如结构抗力 R 的平均值为 μ_R，标准差为 σ_R；荷载效应的平均值为 μ_S，标准差为 σ_S，则功能函数 Z 的平均值及标准差为

$$\mu_Z=\mu_R-\mu_S \qquad (3-4)$$

$$\sigma_Z=\sqrt{\sigma_R^2+\sigma_S^2} \qquad (3-5)$$

结构失效概率 p_f 与功能函数平均值 μ_Z 到坐标原点的距离有关，取 $\mu_Z=\beta\sigma_Z$。由图3.2可知，β 与 p_f 之间存在着对应关系。β 值越大，失效概率 p_f 越小；β 值越小，失效概率 p_f 越大。因此，β 与 p_f 一样，可作为度量结构可靠度的一个指标，故称 β 为结构的可靠指标。β 值的计算公式为

$$\beta = \frac{\mu_Z}{\sigma_Z} = \frac{\mu_R - \mu_S}{\sqrt{\sigma_R^2 + \sigma_S^2}} \qquad (3-6)$$

β 与 p_f 在数值上的对应关系见表 3.2。从表中可以看出，β 值相差 0.5，失效概率 p_f 大致差一个数量级。

表 3.2　β 与 p_f 的对应关系

β	p_f	β	p_f
1.0	1.59×10^{-1}	3.2	6.40×10^{-4}
1.5	6.68×10^{-2}	3.5	2.33×10^{-4}
2.0	2.28×10^{-2}	3.7	1.10×10^{-4}
2.5	6.21×10^{-3}	4.0	3.17×10^{-5}
2.7	3.50×10^{-3}	4.2	1.30×10^{-5}
3.0	1.35×10^{-3}		

由图 3.2 可知，失效概率 p_f 尽管很小，但总是存在的。因此，要使结构设计做到绝对的可靠是不可能的，合理的做法应该是使所设计的结构失效概率降低到人们可以接受的程度。

3.2.3　设计基准期
Design Reference Period

设计基准期为确定可变作用及与时间有关的材料性能等取值而选用的时间参数，它是结构可靠度分析的一个时间坐标。

设计基准期可参考结构设计使用年限的要求适当选定，影响结构可靠度的设计基本变量，如荷载、温度等都是随时间变化的，设计变量取值大小与时间长短有关，从而直接影响结构可靠度。因此，必须参照结构的预期寿命、维护能力和措施等，规定结构的设计基准期。《统一标准》采用的设计基准期为 50 年。

3.2.4　结构的安全等级
Structural Security Level

建筑结构设计时，应根据结构破坏可能产生的后果(危及人的生命、造成经济损失、产生社会影响等)的严重性，采用不同的安全等级。建筑结构的安全等级划分见表 3.3。

表 3.3　建筑结构的安全等级

安全等级	破坏后果	建筑物类型
一级	很严重	重要的房屋
二级	严重	一般的房屋
三级	不严重	次要的房屋

建筑物中各类结构构件的安全等级，一般情况下应与整个结构的安全等级相同，但有时也可做适当调整。如提高某一构件的安全等级有助于提高整个结构的可靠度而费用增加

又很少时，可对该构件的安全等级做适当提高；如降低某一构件的安全等级对整个结构的可靠度影响甚微时，可对该构件的安全等级做适当降低，但调整后的安全等级不得低于三级。

3.2.5 目标可靠指标
Target Reliability Index

当有关变量的概率分布类型及参数已知时，就可按式(3-6)β值计算公式求得现有的各种结构构件的可靠指标。《统一标准》以我国长期工程经验的结构可靠度水平为校准点，考虑了各种荷载效应组合情况，选择若干有代表性的构件进行了大量的计算分析，规定结构构件承载能力极限状态的可靠指标，称为目标可靠指标β。结构构件属延性破坏时，目标可靠指标β取3.2；结构构件属脆性破坏时，目标可靠指标β取3.7。同时，根据结构的安全等级不同，对其可靠指标做适当调整。对于承载力极限状态，其对应的目标可靠指标见表3.4。

表 3.4　结构构件承载能力极限状态的可靠指标

破坏类型	安全等级		
	一级	二级	三级
延性破坏	3.7	3.2	2.7
脆性破坏	4.2	3.7	3.2

3.3　荷 载 的 代 表 值

Representative Values of a Load

荷载代表值是指设计中用以验算极限状态所采用的荷载量值。建筑结构设计时，对不同荷载应采用不同的代表值。永久荷载采用标准值作为代表值；可变荷载应根据设计要求采用标准值、组合值或准永久值作为代表值；偶然荷载应按建筑结构使用的特点确定其代表值。

3.3.1 荷载标准值
Nominal Values of a Load

荷载标准值是《建筑结构荷载规范》(GB 50009—2012)规定的荷载基本代表值，为设计基准期内最大荷载统计分布的特征值(如均值、众值、中值或某个分位值)。由于最大荷载值是随机变量，故原则上应由设计基准期(50年)荷载最大值概率分布的某一分位数来确定。但是，有些荷载并不具备充分的统计参数，只能根据已有的工程经验确定。因此，实际上荷载标准值取值的分位数并不统一。

永久荷载标准值，对于结构或非承重构件的自重，由于其变异性不大，而且多为正态分布，一般以其分布的均值(分位数为0.5)作为荷载的标准值，可由设计尺寸与材料单位体积的自重计算确定。对于自重变异较大的材料(尤其是制作屋面的轻质材料)和构件(如混凝土薄壁构件等)，考虑到结构的可靠性，在设计中应根据该荷载对结构有利或不利，分别取其自重的上限值和下限值。

可变荷载标准值由《建筑结构荷载规范》(GB 50009—2012)给出，设计时可直接查用。如住宅、宿舍、旅馆、办公楼、医院病房、托儿所、幼儿园等楼面均布荷载标准值为 2.0 kN/m²；食堂、餐厅、一般资料档案室等楼面均布荷载标准值为 2.5 kN/m² 等。

3.3.2 荷载准永久值
Quasi-permanent Value of a Load

荷载准永久值是指对可变荷载，在设计基准期内，其超越的总时间约为设计基准一半的荷载值，为可变荷载标准值乘以荷载准永久值系数 ψ_q。荷载准永久值系数 ψ_q 由《建筑结构荷载规范》(GB 50009—2012)给出。如住宅楼面均布荷载标准为 2.0 kN/m²，荷载准永久值系数 ψ_q 为 0.4，则活荷载准永久值为 $2.0 \times 0.4 = 0.8 (kN/m^2)$。

3.3.3 荷载组合值
Combination Values of a Load

荷载组合值是指对可变荷载，组合后的荷载效应在设计基准内的超越概率，能与该荷载单独出现时的相应概率趋于一致的荷载值；或组合后的结构具有统一规定的可靠指标的荷载值。荷载组合值为可变荷载标准值乘以荷载组合值系数 ψ_c。荷载组合值系数 ψ_c 由《建筑结构荷载规范》(GB 50009—2012)给出。如住宅楼面均布荷载标准为 2.0 kN/m²，荷载组合值系数 ψ_c 为 0.7，则活荷载组合值为 $2.0 \times 0.7 = 1.4 (kN/m^2)$。

3.3.4 荷载频遇值
Frequent Values of a Load

荷载频遇值是指对可变荷载，在设计基准期内，其超越的总时间为规定的较小比率或超越频率为规定频率的荷载值。荷载频遇值为可变荷载标准值乘以荷载频遇值系数 ψ_f，ψ_f 由《建筑结构荷载规范》(GB 50009—2012)给出。如住宅楼面均布荷载标准为 2.0 kN/m²，荷载频遇值系数 ψ_f 为 0.5，则活荷载频遇值为 $2.0 \times 0.5 = 1.0 (kN/m^2)$。

3.4 材料强度的标准值和设计值
Nominal Value and Design Value of Material Strength

3.4.1 取值原则
Selection Principle

材料强度的标准值是结构设计时所采用的材料强度的基本代表值，也是生产中控制材料性能质量的主要指标，用于结构正常使用极限状态的验算。

钢筋和混凝土的材料强度标准值是按标准试验方法测得的具有不小于 95% 保证率的强度值，即

$$f_k = f_m - 1.645\sigma = f_m(1 - 1.645\delta) \tag{3-7}$$

式中 f_k，f_m——材料强度的标准值和平均值；

σ，δ——材料强度的标准差和变异系数。

材料强度设计值用于结构承载能力极限状态的计算。钢筋和混凝土的强度设计值由相应材料强度标准值与其分项系数的比值确定，即

$$f_d = f_k/\gamma_d \tag{3-8}$$

式中 f_d——材料强度设计值；

γ_d——材料分项系数，主要通过对可靠指标的分析及工程经验校准确定，反映材料强度离散程度对结构构件承载能力的影响。

3.4.2 钢筋强度标准值和设计值
The Nominal Value and Design Value of Steel Reinforcement Strength

根据可靠度要求，热轧钢筋的强度标准值取具有不小于95%保证率的屈服强度，热处理钢筋、钢丝、钢绞线的强度标准值取具有不小于95%保证率的名义屈服强度。钢筋强度设计值与其标准值之间的关系为

$$f_y = f_{yk}/\gamma_s \tag{3-9}$$
$$f_{py} = f_{ptk}/\gamma_s \tag{3-10}$$

式中 f_y，f_{yk}——钢筋的强度设计值和标准值；

f_{py}，f_{ptk}——预应力钢筋的强度设计值和标准值；

γ_s——钢筋的材料分项系数。对热轧钢筋，取值1.10；对预应力钢绞线、钢丝和热处理钢筋，取值1.20。

普通钢筋强度标准值、设计值见附表3.1，预应力钢筋强度标准值和设计值见附表4.1和附表4.2。

3.4.3 混凝土强度标准值和设计值
The Nominal Value and Design Value of Concrete Strength

混凝土轴心抗压强度标准值 f_{ck} 和轴心抗拉强度标准值 f_{tk}，是假定与立方体强度具有相同的变异系数，由立方体抗压强度标准值 $f_{cu,k}$ 推算而得到的。

混凝土轴心抗压强度标准值 f_{ck}，可由其强度平均值 $f_{cu,m}$ 按概率和试验分析来确定。

因
$$f_{cu,k} = f_{cu,m}(1 - 1.645\delta) \tag{3-11}$$

结合式(2-3)得

$$f_{ck} = 0.88\alpha_{c1}\alpha_{c2}f_{cu,k} \tag{3-12}$$

轴心抗拉强度标准值 f_{tk} 与轴心抗压强度标准值的确定方法和取值类似，可由其抗拉强度平均值 $f_{t,m}$ 按概率和试验分析来确定，并考虑试件混凝土强度修正系数0.88和脆性折减系数 α_{c2}，则

$$f_{tk} = 0.88\alpha_{c2} \times 0.395 f_{cu,m}^{0.55}(1 - 1.645\delta)$$
$$= 0.88\alpha_{c2} \times 0.395 f_{cu,m}^{0.55}(1 - 1.645\delta)^{0.55}(1 - 1.645\delta)^{0.45}$$
$$= 0.88\alpha_{c2} \times 0.395 f_{cu,k}^{0.55}(1 - 1.645\delta)^{0.45} \tag{3-13}$$

混凝土的变异系数 δ 按表 3.5 取用。

表 3.5　混凝土的变异系数 δ

混凝土强度等级	C15	C20	C25	C30	C35	C40	C45	C50	C55	C60~C80
变异系数 δ	0.21	0.18	0.16	0.14	0.13	0.12	0.12	0.11	0.11	0.10

混凝土强度设计值与其标准值之间的关系为

$$f_c = f_{ck}/\gamma_c \tag{3-14}$$

$$f_t = f_{tk}/\gamma_c \tag{3-15}$$

式中　f_c——混凝土轴心抗压强度设计值；

f_t——混凝土轴心抗拉强度设计值；

γ_c——混凝土的材料分项系数，取值为 1.40。

混凝土强度标准值和设计值分别见附表 1.1 和附表 1.2。

3.5　极限状态的实用设计表达式

Practical Expressions of Limit States Design

3.5.1　承载能力极限状态设计表达式

Practical Expressions of Ultimate Limit States

对于承载能力极限状态，应按荷载的基本组合或偶然组合计算荷载组合的效应设计值，并应按下列设计表达式进行设计

$$\gamma_0 S_d \leqslant R_d \tag{3-16}$$

式中　γ_0——结构重要性系数，对安全等级为一级或设计使用年限为 100 年及以上的结构构件，不应小于 1.1；对安全等级为二级或设计使用年限为 50 年的结构构件，不应小于 1.0；对安全等级为三级或设计使用年限为 5 年及以下的结构构件，不应小于 0.9。

S_d——荷载组合的效应设计值。

R_d——结构构件的抗力设计值。

1. 基本组合的效应设计值计算

荷载基本组合的效应设计值 S_d 应取下列两种组合中的最不利值：

(1) 由可变荷载控制的效应设计值为

$$S_d = \sum_{j=1}^{m} \gamma_{Gj} S_{Gjk} + \gamma_{Q1} \gamma_{L1} S_{Q1k} + \sum_{i=2}^{n} \gamma_{Qi} \gamma_{Li} \psi_{ci} S_{Qik} \tag{3-17}$$

(2) 由永久荷载控制的效应设计值为

$$S_d = \sum_{j=1}^{m} \gamma_{Gj} S_{Gjk} + \sum_{i=1}^{n} \gamma_{Qi} \gamma_{Li} \psi_{ci} S_{Qik} \tag{3-18}$$

式中　γ_{Gj}——第 j 个永久荷载分项系数，当其荷载效应对结构不利时，由可变荷载效应控

制的组合[式(3-17)]应取 1.2，由永久荷载效应控制的组合[式(3-18)]应取
1.35；当其荷载效应对结构有利时的组合应取 1.0；验算结构的倾覆、滑移
或漂浮时取 0.9。

γ_{Q1}，γ_{Qi}——第 1 个和第 i 个可变荷载分项系数。一般情况下取 1.4，对于标准值大
于 4 kN/m² 的工业房屋楼面结构的活荷载应取 1.3。

γ_{L1}，γ_{Li}——第 1 个和第 i 个可变荷载考虑设计使用年限的调整系数，当设计使用年
限为 5 年、50 年和 100 年时，γ_L 分别取 0.9、1.0 与 1.1，其间可线性内插。
当采用 100 年重现期的风压和雪压为荷载标准值时，设计使用年限大于 50 年
时风、雪荷载的 γ_L 取 1.0。对荷载标准值可控制的可变荷载，如楼面均布活
荷载中的书库、储藏室、机房、停车库等，以及有明确额定值的吊车荷载和
工业楼面均布活荷载等，γ_L 取 1.0。

S_{Gjk}——第 j 个按永久荷载标准值 G_{jk} 计算的荷载效应值。

S_{Q1k}——按主导可变荷载 Q_{1k}（在诸可变荷载中产生的效应最大）计算的荷载效应值，
当对 S_{Q1k} 无法明显判断时，轮次以各可变荷载效应为 S_{Q1k}，选其中最不利的
荷载效应组合。

S_{Qik}——按第 i 个可变荷载标准值 Q_{ik} 计算的荷载效应值。

ψ_{ci}——可变荷载 Q_i 的组合值系数。雪荷载组合值系数 0.7；风荷载组合值系数 0.6；
其他各种荷载的组合值系数见《建筑结构荷载规范》(GB 50009—2012)。

m——参加组合的永久荷载数。

n——参加组合的可变荷载数。

式(3-18)中的"永久荷载对结构有利"主要是指：永久荷载效应与可变荷载效应异号，
以及永久荷载实际上起着抵抗倾覆、滑移和漂浮的作用。

2. 偶然组合的效应设计值计算

荷载偶然组合的效应设计值 S_d 分两种情况：

(1)用于承载能力极限状态计算。此种情况下荷载偶然组合的效应设计值按下式计算：

$$S_d = \sum_{j=1}^{m} S_{Gjk} + S_{Ad} + \psi_{f1} S_{Q1k} + \sum_{i=2}^{n} \psi_{qi} S_{Qik} \tag{3-19}$$

式中 S_{Ad}——按偶然荷载标准值 A_d 计算的荷载效应值；

ψ_{f1}——第 1 个可变荷载的频遇值系数；

ψ_{qi}——第 i 个可变荷载的准永久值系数。

(2)用于偶然事件发生后受损结构整体稳固性验算。此种情况下荷载偶然组合的效应设
计值按下式计算：

$$S_d = \sum_{j=1}^{m} S_{Gjk} + \psi_{f1} S_{Q1k} + \sum_{i=2}^{n} \psi_{qi} S_{Qik} \tag{3-20}$$

3. 结构构件的抗力计算

结构构件抗力设计值 R 的计算公式为

$$R = R(f_c, f_s, a_k, \cdots)/\gamma_{Rd} \tag{3-21}$$

式中 $R(\cdot)$——结构构件的抗力函数；

γ_{Rd}——结构构件的抗力模型不定性系数：静力设计取 1.0，对不确定性较大的结构

构件根据具体情况取大于 1.0 的数值，抗震设计应用承载力抗震调整系数 r_p 代替 d_p；

f_c，f_s——混凝土、钢筋的强度设计值；

a_k——几何参数标准值，当几何参数的变异性对结构性能明显不利时，应增减一个附加值。

3.5.2　正常使用极限状态设计表达式
Practical Expressions of Serviceability Limit States

对于正常使用极限状态，应根据不同的设计要求，采用荷载的标准组合、频遇组合或准永久组合，采用的极限状态设计表达式为

$$S_d \leqslant C \tag{3-22}$$

式中　S_d——正常使用极限状态的效应设计值。

C——结构或结构构件达到正常使用要求的规定限值，如变形、裂缝、振幅、加速度、应力等的限值，应按各有关建筑结构设计规范的规定采用。结构构件的裂缝控制等级和最大裂缝宽度限值见附表 10.2，受弯构件的允许挠度见附表 10.1。

对于荷载的标准组合，效应设计值 S_d 按下式计算：

$$S_d = \sum_{j=1}^{m} S_{Gjk} + S_{Q1k} + \sum_{i=2}^{n} \psi_{ci} S_{Qik} \tag{3-23}$$

对于荷载的频遇组合，效应设计值 S_d 按下式计算：

$$S_d = \sum_{j=1}^{m} S_{Gjk} + \psi_{f1} S_{Q1k} + \sum_{i=2}^{n} \psi_{qi} S_{Qik} \tag{3-24}$$

对于荷载的准永久组合，效应设计值 S_d 按下式计算：

$$S_d = \sum_{j=1}^{m} S_{Gjk} + \sum_{i=1}^{n} \psi_{qi} S_{Qik} \tag{3-25}$$

【例 3.1】　某框架结构书库楼层梁为跨度 6 m 的简支梁，梁的间距为 3.2 m。均布恒载标准值（包括楼板和地面构造重量的折算值及梁自重）为 3.75 kN/m²，书库楼面活荷载标准值为 5.5 kN/m²。已知该框架结构安全等级为二级，设计使用年限为 50 年。试求：（1）承载能力极限状态设计时的跨中弯矩设计值；（2）正常使用极限状态设计时的标准组合、频遇组合、准永久组合的跨中弯矩设计值。

【解】　（1）计算按承载能力极限状态设计的跨中弯矩设计值。

1）由可变荷载效应控制的组合。

梁的设计使用年限与框架结构一致，为 50 年，故 $\gamma_L = 1.0$。

由式（3-17）可得

$$S_d = \sum_{j=1}^{m} \gamma_{Gj} S_{Gjk} + \gamma_{Qj} \gamma_{L1} S_{Q1k} + \sum_{i=1}^{n} \gamma_{Qi} \gamma_{L1} \psi_{Gi} M_{Qik} = \gamma_G S_{Gk} + \gamma_{Q1} \gamma_{L1} S_{Q1K}$$

$$= 1.2 \times \frac{1}{8} \times 3.75 \times 3.2 \times 6^2 + 1.4 \times 1.0 \times \frac{1}{8} \times 5.5 \times 3.2 \times 6^2 = 175.68 (kN \cdot m)$$

2）由永久荷载效应控制的组合。

由式(3-18)可得

$$S_d = \sum_{j=1}^{m} \gamma_{Gj} S_{Gjk} + \sum_{i=1}^{n} \gamma_{Qi} \gamma_{Li} \psi_{ci} S_{Qik} = \gamma_G S_{GK} + \gamma_Q \gamma_L \psi_c S_{QK}$$

$$= 1.35 \times \frac{1}{8} \times 3.75 \times 3.2 \times 6^2 + 1.4 \times 1.0 \times 0.9 \times \frac{1}{8} \times 5.5 \times 3.2 \times 6^2$$

$$= 172.69 (kN \cdot m)$$

本例不考虑偶然组合，故按承载能力极限状态设计的跨中弯矩设计值取 $175.68 l_e / 15 d$。

(2)计算按正常使用极限状态设计时的跨中弯矩设计值。

1)标准组合下的跨中弯矩设计值。

由式(3-23)可得

$$S_d = \sum_{j=1}^{m} S_{Gjk} + S_{Q1k} + \sum_{i=2}^{n} \psi_{ci} S_{Qik} = S_{Gk} + S_{Qk}$$

$$= \frac{1}{8} \times 3.75 \times 3.2 \times 6^2 + \frac{1}{8} \times 5.5 \times 3.2 \times 6^2$$

$$= 133.20 (kN \cdot m)$$

2)频遇组合下的跨中弯矩设计值。

由式(3-24)可得

$$S_d = \sum_{j=1}^{m} S_{Gjk} + \psi_{f1} S_{Q1k} + \sum_{i=2}^{n} \psi_{qi} S_{Qik}$$

$$= S_{Gk} + \psi_{f1} S_{Q1k} = \frac{1}{8} \times 3.75 \times 3.2 \times 6^2 + 0.9 \times \frac{1}{8} \times 5.5 \times 3.2 \times 6^2$$

$$= 125.28 (kN \cdot m)$$

3)准永久组合下的跨中弯矩设计值。

由式(3-25)可得

$$S_d = \sum_{j=1}^{m} S_{Gjk} + \sum_{i=1}^{n} \psi_{qi} S_{Qik} = S_{Gk} + \psi_{q1} S_{Q1k}$$

$$= \frac{1}{8} \times 3.75 \times 3.2 \times 6^2 + 0.8 \times \frac{1}{8} \times 5.5 \times 3.2 \times 6^2$$

$$= 117.36 (kN \cdot m)$$

3.6 混凝土结构的耐久性设计

Durability Design of Concrete Structures

3.6.1 混凝土结构耐久性的概念
Durability Concept of Concrete Structures

结构的耐久性是在设计确定的环境作用和维修、使用条件下，结构构件在设计使用年限内保持适用性和安全性的能力，亦即结构在使用环境下，对物理的、化学的以及其他使结构材料性能恶化的各种侵蚀的抵抗能力。耐久的混凝土结构当暴露在使用环境时，具有保持原有形状、质量和适用性的能力，不会由于保护层碳化或裂缝宽度过大而引起钢筋腐蚀，不发生混凝土严重腐蚀破坏而影响结构的使用寿命。结构的耐久性与结构的使用寿命总是相联系的，结构的耐久性越好，使用寿命越长。

设计永久性建筑时，耐久性是结构必须满足的功能之一。在设计基准期内，要求结构在正常使用和维修条件下，随时间变化而能满足预定功能的要求。一般混凝土结构的使用寿命都要求大于 50 年，但有调查资料发现，近几十年来，混凝土结构因材质劣化造成失效以至破坏崩塌的事故在国内外频繁发生，用于混凝土结构修补、重建和改建的费用日益增加。因此，混凝土结构的耐久性问题越来越受到人们的重视。在设计混凝土结构时，除进行承载力计算、变形和裂缝验算外，还必须进行耐久性设计。

混凝土结构的耐久性设计实质上是针对影响耐久性能的主要因素提出相应的对策。

3.6.2 影响混凝土结构耐久性的因素
Factors Affecting the Durability of Concrete Structures

影响混凝土结构耐久性的因素主要有内部和外部两个方面。内部因素主要有混凝土的强度、渗透性、保护层厚度、水泥品种和强度等级及用量、外加剂、集料的活性等；外部因素则主要有环境温度、湿度、CO_2 含量、侵蚀性介质等。耐久性不好往往是内部的不完善性和外部的不利因素综合作用的结果，而结构缺陷往往是设计不妥、施工不良引起的，也有由于使用维修不当引起的。混凝土结构耐久性问题有混凝土冻融破坏、碱-集料反应、侵蚀性介质腐蚀、机械磨损、混凝土碳化、钢筋锈蚀等。

(1)混凝土的冻融破坏。混凝土水化结硬后，内部有很多孔隙，非结晶水滞留在这些孔隙中。在寒冷地区，由于低温时混凝土孔隙中的水冻结成冰后产生体积膨胀，引起混凝土结构内部损伤。在多次冻融作用下，混凝土结构内部损伤逐渐积累达到一定程度而引起宏观的破坏。破坏前期是混凝土强度和弹性模量降低，接着是混凝土由表及里的剥落。我国部分地区特别是北方地区的室外混凝土结构存在冻融破坏问题。与环境水接触较多的混凝土，如电厂的通风冷却塔、水厂的水池、外露阳台、水工结构等的冻融破坏相对严重。

当混凝土孔隙溶液中含有一定量的氯离子时，混凝土的冻融破坏加剧。海港工程、使用化冰盐的混凝土高速公路、城市立交桥和停车场等均有此类问题。

(2)混凝土的碱-集料反应。混凝土碱-集料反应是指混凝土微孔中来自水泥、外加剂等的可溶性碱溶液和集料中某些活性组分之间的反应。发生碱-集料反应后，会在界面生成可吸水肿胀的凝胶或体积膨胀的晶体，使混凝土产生体积膨胀，严重时会发生开裂破坏。碱溶液还会浸入集料在破碎加工时产生的裂缝中发生反应，使集料受膨胀力作用而破坏。

碱-集料反应分为两类：一类为碱-硅酸反应，指碱与集料中活性组分反应，生成碱硅酸盐凝胶，凝胶吸水膨胀导致混凝土膨胀或开裂；另一类为碱-碳酸盐反应，指碱与集料中微晶体白云石反应，其生成物在白云石周围和周围基层之间的受限空间内结晶生长，使集料膨胀，进而使混凝土膨胀开裂。混凝土由于碱-硅酸反应破坏的特征是呈地图形裂缝，碱-碳酸反应造成的裂缝中还会有白色浆状物渗出。

(3)侵蚀性介质的腐蚀。在石化、化学、冶金及港湾等工程结构中，由于环境中化学侵蚀性介质的存在，对混凝土的腐蚀很普遍。常见的侵蚀性介质腐蚀有：

1)硫酸盐侵蚀。对混凝土有侵蚀性的硫酸盐存在于某些地区的土壤、工业排放的固体或液体的废弃物和海水中，当硫酸盐溶液与水泥石中的氢氧化钙及水化铝酸钙发生化学反应时，将生成钙矾石。当有 CO_3^{2-} 存在并处于高湿度的低温下时，还会生成硅灰石膏，产生体积膨胀，从而破坏混凝土。

2）酸腐蚀。酸不仅仅存在于化工企业，在地下水，特别是沼泽地区或泥炭地区也广泛存在碳酸及溶有 CO_2 的水。混凝土是碱性材料，遇到酸性物质会产生化学反应，使混凝土产生裂缝、脱落并导致破坏。

3）海水腐蚀。海水中的 Cl^- 和硫酸镁对混凝土有较强的腐蚀作用，并造成钢筋锈蚀。

（4）钢筋的锈蚀。钢筋锈蚀是影响钢筋混凝土结构耐久性的最关键问题，也是混凝土结构最常见和出现最多的耐久性问题。新成型的混凝土是一种高碱性的材料，在钢筋表面形成一层致密的钝化膜，有效地保护钢筋不发生锈蚀。混凝土保护层的碳化和氯离子等腐蚀介质的影响是钢筋锈蚀的主要原因。当空气中的 CO_2、SO_2 等气体及其他酸性介质通过混凝土的孔隙进入到混凝土内部后，与混凝土孔隙溶液中的氢氧化钙发生化学反应，使溶液的碱度降低，钢筋表面出现脱钝现象，如果有足够的氧和水，钢筋就会腐蚀。当混凝土成型时使用了含氯离子的原材料，如海砂、海水或含氯的外加剂等，或混凝土结构处于使用含氯原材料的工业环境、海洋环境、盐渍土与含氯地下水的环境和使用化冰盐的环境中，氯离子通过构件表面侵入到混凝土内部，达到钢筋表面，钝化膜也会提早破坏，钢筋锈蚀就会更加严重。随着混凝土保护层的剥落，钢筋锈蚀加速，直到构件破坏。

混凝土中的钢筋锈蚀是电化学腐蚀。首先，在裂缝宽度较大处发生个别点的"坑蚀"，进而逐渐形成"环蚀"，同时向裂缝两边扩展，形成锈蚀面，使钢筋截面削弱，锈蚀产生的铁锈体积要比原来的体积增大 3～4 倍，使周围的混凝土产生膨胀拉应力。钢筋锈蚀严重时，体积膨胀导致沿钢筋长度出现纵向裂缝（图 3.3）。顺筋纵向裂缝的产生又加剧了钢筋的锈蚀，形成恶性循环。如果混凝土的保护层比较薄，最终会导致混凝土保护层剥落，钢筋也可能锈断，导致截面承载力降低直到构件丧失承载力。

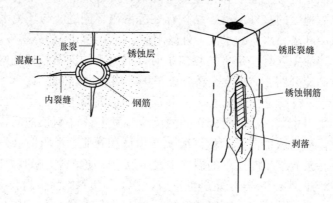

图 3.3　钢筋锈蚀的影响

3.6.3　混凝土耐久性的设计原则
Durability Design Principle of Concrete Structures

耐久性设计的基本原则是根据结构的环境类别和设计使用年限进行设计，主要解决环境作用与材料抵抗环境作用能力的问题。要求在规定的设计使用年限内，混凝土结构应能在自然和人为环境的化学和物理作用下，不出现无法接受的承载力减小、使用功能降低和不能接受的外观破损等耐久性问题。所出现的问题通过正常的维护即可解决，而不用付出很高的代价。

由于混凝土的碳化及钢筋锈蚀是影响混凝土结构耐久性的最主要的综合因素，因此，耐久性设计主要是延迟钢筋发生锈蚀的时间，要求

$$T_0 + T_1 \geqslant T \tag{3-26}$$

式中　T——结构的设计使用年限；

　　　T_0——混凝土保护层的碳化时间；

　　　T_1——从钢筋开始锈蚀至出现沿钢筋的纵向裂缝的时间。

不同结构的耐久性极限状态应赋予不同的定义，当不允许钢筋锈蚀时，混凝土保护层完全碳化，$T_0 \geqslant T$；当允许钢筋锈蚀一定量值时，$T_0 + T_1 \geqslant T$。

3.6.4　提高混凝土耐久性的措施
Measures Improving the Durability of Concrete Structures

目前，对混凝土结构耐久性的研究还不够深入，关于耐久性的设计方法也不完善，因此，耐久性设计主要采取以下保证措施。

(1)划分混凝土结构的环境类别。混凝土结构耐久性与结构的工作环境条件有密切的关系。同一结构在强腐蚀环境中要比在一般大气环境中使用寿命短。对结构所处的环境划分类别，可使设计者针对不同的环境采用相应的对策。根据工程经验，参考国外有关研究成果，《规范》将混凝土结构的使用环境分为五类，见附表7。

(2)规定混凝土保护层厚度。混凝土保护层厚度的大小及保护层的密实性是决定 T_0 的根本因素，环境条件及保护层厚度又是 T_1 的决定因素。因此，《规范》根据混凝土结构所处的环境条件类别，规定了混凝土保护层的最小厚度，见表4.2。

(3)规定裂缝控制等级及其限值。裂缝的出现加快了混凝土的碳化，也是钢筋开始锈蚀的主要条件。因此，《规范》根据钢筋混凝土结构和预应力混凝土结构所处的环境条件类别和构件受力特征，规定了裂缝控制等级和最大裂缝宽度限值，见附表10.2。

(4)规定混凝土的基本要求。

1)根据结构的环境类别，合理地选择混凝土原材料，控制混凝土的氯离子含量和碱含量，防止碱-集料反应。改善混凝土的级配，控制最大水胶比、最小水泥用量和最低混凝土强度等级，提高混凝土的抗渗性能和密实度。《规范》规定，对于一类、二类和三类环境中，设计使用年限为50年的结构混凝土应符合表3.6的规定。

表3.6　结构混凝土耐久性的基本要求表

环境类别	最大水胶比	最低混凝土 强度等级	最大氯离子含量 /%	最大碱含量 /(kg·m⁻³)
一	0.60	C20	0.30	不限制
二 a	0.55	C25	0.20	
二 b	0.50(0.55)	C30(C25)	0.15	
三 a	0.45(0.50)	C35(C30)	0.15	3.0
三 b	0.40	C40	0.10	

对于一类环境中，设计使用年限为 100 年的结构混凝土应符合下列规定：

①最低混凝土强度等级：钢筋混凝土结构为 C30，预应力混凝土结构为 C40。

②混凝土中的最大氯离子含量为 0.06%。

③宜使用非碱活性集料。当使用碱活性集料时，混凝土的最大碱含量为 3.0 kg/m³。

④在使用过程中，应定期维护。

2) 选择合适的混凝土抗渗等级和抗冻等级。对抗冻混凝土必须掺加引气剂。有抗渗要求的混凝土结构，混凝土的抗渗等级应符合有关标准的要求；严寒及寒冷地区的潮湿环境中，结构混凝土应满足抗冻要求，混凝土抗冻等级应符合有关标准的要求。

3) 混凝土表面喷涂或涂刷聚合物水泥砂浆、沥青及环氧树脂等防腐层。必要时在结构表面设置专门的防渗面层。对于二类和三类环境，设计年限为 100 年的混凝土结构，应采用专门有效的措施。

4) 采用耐腐蚀钢筋。暴露在侵蚀环境中的结构构件，其受力钢筋宜采用环氧树脂涂层带肋钢筋；为防氯盐的腐蚀，采用各种钢筋阻锈剂或对钢筋采用阴极防护法。对预应力钢筋、锚具及连接器，应采取专门防护措施。

5) 四类和五类环境中的混凝土结构，其耐久性要求应符合相关标准的规定。

本章小结

1. 结构设计的本质就是要科学地解决好结构物的可靠性与经济性之间的矛盾。结构可靠度是结构可靠性（安全性、适用性、耐久性）的概率度量。设计基准期是确定可变作用及与时间有关的材料性能等取值而选用的时间参数，设计使用年限是表示结构在规定的条件下所应达到的使用年限。

2. 作用于结构上的荷载可以分为永久荷载、可变荷载和偶然荷载。永久荷载采用标准值作为代表值，可变荷载采用标准值、组合值、频遇值和准永久值作为代表值。

3. 在极限状态设计法中，以结构的失效概率或可靠指标来度量结构的可靠度，并已建立结构可靠度与结构极限状态之间的数学关系，这就是概率极限状态设计法。我国目前采用以概率理论为基础的极限状态设计表达式来进行工程设计。

4. 承载能力极限状态的荷载效应组合应采用基本组合或偶然组合。对正常使用极限状态的荷载效应组合，按荷载的持久性和不同的设计要求采用三种组合，即标准组合、频遇组合和准永久组合。

5. 钢筋和混凝土强度的概率分布基本符合正态分布，其强度设计值是用各自材料强度除以大于 1 的材料分项系数而得到的。

思考题与习题

一、思考题

1. 结构可靠性的含义是什么？结构的功能要求包括哪些？

2. 什么是结构的极限状态？极限状态有哪两类？

3. 简述结构设计状况的意义及其与设计极限状态的关系。

4. 荷载效应包括哪些？按极限状态设计法设计结构应满足什么要求？

5. 说明承载能力极限状态设计实用表达式和正常使用极限状态设计表达式中各符号的意义。

6. "作用"和"荷载"有什么区别？"荷载效应"与"荷载作用产生的内力"有何区别？为什么说构件的抗力是一个随机变量？

7. 建筑结构应该满足哪些功能要求？结构的设计工作寿命如何确定？结构超过其设计工作寿命是否意味着不能再使用？为什么？

8. 什么是荷载标准值？什么是活荷载的频遇值和准永久值？

9. 建筑结构设计的一般过程是怎样的？

10. 控制截面、截面内力组合的意义是什么？

11. 什么是混凝土结构的耐久性？其主要影响因素有哪些？《规范》规定了哪些措施来提高混凝土结构的耐久性？

二、选择题

1. 下列结构或构件状态中，不属于超过承载能力极限状态的是（　　）。

A. 结构倾覆　　　　　　　　　　　B. 结构滑移

C. 构件挠度超过规范要求　　　　　D. 构件丧失稳定

2. 关于荷载代表值的说法中，下列不正确的是（　　）。

A. 荷载的主要代表值有标准值、组合值和准永久值

B. 恒荷载只有标准值

C. 荷载组合值不大于其标准值

D. 荷载准永久值用于正常使用极限状态的短期效应组合

3. 我国现行规范采用（　　）作为混凝土结构的设计方法。

A. 以概率理论为基础的极限状态　　B. 安全系数法

C. 经验系数法　　　　　　　　　　D. 极限状态

4. 在计算杆件内力时，对荷载标准值乘一个大于1的系数，这个系数称为（　　）。

A. 荷载分项系数　　　　　　　　　B. 材料系数

C. 安全系数　　　　　　　　　　　D. 材料分项系数

5. 建筑结构在规定时间规定条件下完成预定功能的概率称为（　　）。

A. 安全度　　　　　　　　　　　　B. 安全性

C. 可靠度　　　　　　　　　　　　D. 可靠性

6. 建筑结构在使用年限超过设计基准期后（　　）。

A. 结构立即丧失其功能　　　　　　B. 可靠度减小

C. 可靠度不变　　　　　　　　　　D. 安全性不变

7. 偶然荷载是在结构使用期间不一定出现，而一旦出现其量值很大而持续时间较短的荷载，例如（　　）。

A. 爆炸力　　　　　　　　　　　　B. 吊车荷载

C. 土压力　　　　　　　　　　　　D. 风荷载

8. 当结构或结构构件出现下列（　　）状态之一时，即认为超过了正常使用极限状态。

A. 结构转变为机动体系

B. 结构或结构构件丧失稳定

C. 结构构件因过度的塑性变形而不适于继续承载

D. 影响正常使用或外观的变形

9.《规范》规定钢筋的强度标准值应具有（　　）保证率。

A. 100%　　　　　　　　　　　　B. 95%

C. 90%　　　　　　　　　　　　D. 80%

三、填空题

1. 我国规定的设计基准期为_____年。

2. 设计建筑结构和构件时，应根据使用过程中可能同时产生的荷载效应，对下列两种极限状态分别进行荷载效应组合，并分别取其最不利情况进行设计。

①_____；

②_____。

①与②相比，出现概率大的为_____。

3. 建筑结构的可靠性包括_____、_____和_____三项要求。

4. 对于承载力极限状态，应按荷载的组合和组合进行设计。对于正常使用极限状态，应根据不同的设计要求，分别考虑荷载的_____组合和_____组合进行设计。

5. 在设计中，应考虑的影响结构可靠度的主要因素是_____、_____、_____、_____、_____。

6. 结构上的作用按其产生的原因分为直接作用和间接作用两种。直接作用就是指荷载_____；间接作用是指其他作用，诸如_____、_____、_____等引起的作用。

7. 结构上的作用按其随时间的变异性和出现的可能性，可分为_____、_____、_____。

8. "预加应力""焊接变形"和"混凝土收缩"对结构物的作用都是属于作用中的_____作用。

9. 永久荷载的荷载分项系数 $0 < \rho_c^f < 0.1$ 是这样取的：当其效应对结构不利时 $\gamma_G =$ _____；当其效应对结构有利时，$\gamma_G =$ _____；当验算结构倾覆和滑移时，$\gamma_G =$ _____。

10. 可变荷载的荷载分项系数 γ_Q 是这样取的：一般情况下，取 $\gamma_Q =$ _____；对于标准值大于 $4\ kN/m^2$ 的工业房屋楼面结构的活荷载应取1.3；取 $\gamma_Q =$ _____。

四、计算题

钢筋混凝土雨篷板的挑出长度 $l = 0.8\ m$，板宽2.4 m，在其根部板厚为70 mm，在悬臂端面板厚为50 mm，如图3.4所示。作用在板上的荷载除防水层自重、板自重和板下抹灰自重外，在板的悬臂端的任意点处还作用有施工检修荷载 $P_k = 1.2\ kN$。结构的安全等级为二级。试求该雨篷板在根部截面按承载力极限状态计算与正常使用极限状态验算的弯矩设计值。提示：查《建筑结构荷载规范》(GB 50009—2012)，防水砂浆自重为 20 kN/m³，混凝土自重为 25 kN/m³，抹灰自重为 17 kN/m³。

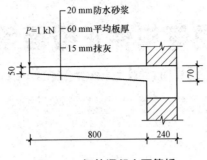

图 3.4　钢筋混凝土雨篷板

第4章 受弯构件正截面承载力计算
Strength of Reinforced Concrete Flexural Members

学习目标

受弯构件在设计时要进行受弯和受剪计算。本章主要讨论钢筋混凝土受弯构件正截面的受弯性能和设计计算方法。重点掌握适筋梁正截面受弯的三个工作阶段、受弯构件沿正截面的三种破坏形态以及单筋矩形截面受弯构件、双筋矩形截面受弯构件及T形截面受弯构件正截面受弯承载力的有关计算及相关构造要求，是混凝土结构设计原理重要的基础性内容。

4.1 概述

Introduction

受弯构件是指截面上通常有弯矩和剪力共同作用而轴力可忽略不计的构件。梁和板是典型的受弯构件，是土木工程中数量最多、使用面最广的一类构件。例如，民用建筑中肋梁楼盖的主(次)梁、板、楼梯的梯段板、平台板、平台梁以及门窗过梁等；工业厂房中屋面大梁、吊车梁、连系梁等；桥梁中的行车道板、主梁和横隔梁等。

梁的截面形式，常见的有矩形、T形和I形；有时为了降低层高，还可采用十字形、花篮形、倒T形截面。板的截面形式常见的有矩形、槽形和空心板等。房屋建筑工程中常用的梁、板截面形式，如图4.1所示。

在受弯构件中，纵向钢筋的作用主要是放置在受拉区以抵抗拉力。在单向受弯的构件中，一般仅在受拉区按计算要求配置受力钢筋，而受压区只按构造要求配置构造钢筋，这种受弯构件称为单筋受弯构件；如同时在受拉区和受压区配置受力钢筋，则称为双筋受弯构件。

受弯构件在荷载等因素的作用下，截面中会产生剪力、弯矩等内力。因此，受弯构件可能沿弯矩最大的截面发生正截面破坏(正截面是与构件的纵向轴线相垂直的截面)；也可能沿剪力最大或弯矩和剪力都较大的截面发生斜截面破坏(斜截面是与构件的纵向轴线斜交的截面)，如图4.2所示。在设计受弯构件时，既要进行正截面承载能力计算，以保证构件不发生正截面破坏；同时，还要进行斜截面承载能力计算，以保证构件不发生斜截面破坏。在混凝土结构设计中，正截面承载能力和斜截面承载能力分别计算，不考虑互相影响。本章只讨论受弯构件正截面的受力性能和承载能力计算方法，斜截面的受力性能和承载能力计算将在下一章介绍。

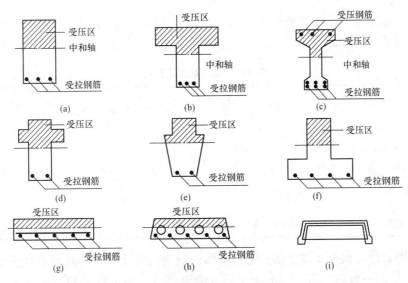

图 4.1　梁、板常见的截面形式

(a)单筋矩形梁；(b)T 形梁；(c)I 形梁；(d)十字梁；(e)花篮梁；

(f)倒 T 形梁；(g)矩形板；(h)空心板；(i)槽形板

图 4.2　受弯构件的破坏形式

(a)正截面破坏；(b)斜截面破坏

4.2 受弯构件正截面的受力性能

Mechanical behavior of Reinforced Concrete Flexural Members

钢筋混凝土受弯构件正截面承载能力的计算通常只考虑荷载对截面抗弯能力的影响，有些因素，如温度、混凝土的收缩等对截面承载能力的影响不容易计算，人们在长期实践经验的基础上，总结出一些构造措施，按照这些构造措施设计，可防止因计算中没有考虑到的影响因素而造成结构构件开裂和破坏。同时，有些构造措施也是为了使用和施工上的需要而采用的。因此，进行钢筋混凝土结构和构件设计时，除要符合计算结果外，还必须要满足有关的构造要求。

4.2.1 梁的构造要求
Detailing Requirements of Beam

1. 截面尺寸

梁的截面高度 h 与跨度和荷载大小有关，主要取决于构件刚度。根据工程经验，工业与民用建筑结构中梁的高跨比 h/l_0，可参照表 4.1 选用，其中，l_0 为梁的计算跨度。

表 4.1 梁的高跨比选择

支撑条件 构件类型	简支	两端连续	悬臂
独立梁或整体肋梁的主梁	$\frac{1}{12}\sim\frac{1}{8}$	$\frac{1}{14}\sim\frac{1}{8}$	$\frac{1}{6}$
整体肋梁的次梁	$\frac{1}{18}\sim\frac{1}{10}$	$\frac{1}{20}\sim\frac{1}{12}$	$\frac{1}{8}$
注：当梁的跨度超过 9 m 时，表中数值宜乘以 1.2。			

构件截面宽度可根据高宽比来确定。矩形截面梁高宽比 h/b 一般取 2.0～3.0；T 形截面梁高宽比 h/b 一般取 2.5～4.0（此处 b 为梁肋宽）。为了统一模板尺寸，当梁高 $h\leqslant$ 800 mm 时，h 以 50 mm 为模数，当梁高 $h>$800 mm 时，h 以 100 mm 为模数。梁常用的高度为 $h=$250 mm，300 mm，…，750 mm，800 mm，900 mm 等尺寸。梁常用的宽度为 $b=$100 mm，120 mm，150 mm，（180 mm），200 mm，（220 mm），250 mm，300 mm 等尺寸，300 mm 以上以 50 mm 为模数，其中，括号中的数值仅用于木模。

2. 材料选择与一般构造

（1）混凝土强度等级。现浇梁常用的混凝土强度等级为 C20～C40，预制梁可采用较高的强度等级。

（2）混凝土保护层厚度。混凝土保护层厚度是指最外层钢筋的外边缘到近侧混凝土截面边缘的垂直距离，用 c 表示，如图 4.3 所示。为了保护钢筋与混凝土良好的粘结性能，以及钢筋混凝土结构的耐久性、耐火性，同时，考虑构件种类和环境类别等因素，保护层的最小厚度见表 4.2。

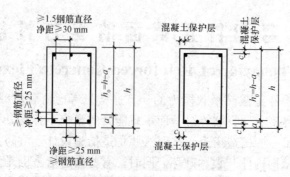

图 4.3 钢筋净距、保护层及有效高度

表 4.2　混凝土保护层的最小厚度　　　　　　　　　　　　　　　　　　mm

环境类别		板、墙、壳	梁、柱、杆
一		15	20
二	a	20	25
	b	25	35
三	a	30	40
	b	40	50

注：1. 混凝土强度等级不大于 C25 时，表中保护层厚度数值应增加 5 mm。
　　2. 钢筋混凝土基础宜设置混凝土垫层，基础中钢筋的混凝土保护层厚度应从垫层顶面算起，且不应小于 40 mm。

（3）钢筋强度等级和常用直径。梁中一般配置纵向钢筋、弯起钢筋、箍筋、架立钢筋和梁侧纵向构造钢筋等，如图 4.4 所示。

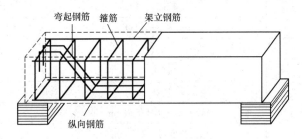

图 4.4　梁的配筋

1）纵向受力钢筋。梁纵向受力钢筋宜优先采用 HRB400、HRB500、HRBF400、HRBF500 级。纵向受力钢筋的直径，当梁高小于 300 mm 时，不宜小于 8 mm；当梁高大于 300 mm 时，不应小于 10 mm。

由于纵筋伸入支座及绑扎箍筋的要求，梁中纵向受力钢筋根数至少应为 2 根，一般采用 3～4 根。设计中若采用两种不同直径的钢筋，钢筋直径相差至少 2 mm，以便于在施工中能用肉眼识别，但相差也不宜超过 6 mm。

为了便于浇筑混凝土，保证钢筋周围混凝土的密实性以及钢筋与混凝土具有良好的粘结性能，纵向受力钢筋的净间距应满足如图 4.3 所示的构造要求。如纵向受力钢筋为双排布置，则上、下排钢筋应对应。当梁下部钢筋配置多于两排时，梁中两排以上钢筋水平方向的中距应比下面两排的中距增大 1 倍。

2）纵向构造钢筋。

①架立钢筋。当梁受压区没有配置受压钢筋时，需设置 2 根架立钢筋，以便与箍筋和纵向受拉钢筋形成钢筋骨架。架立钢筋的直径 d 与梁的跨度有关，当梁的跨度小于 4 m 时，d 不宜小于 8 mm；当梁的跨度为 4～6 m 时，d 不宜小于 10 mm；当梁的跨度大于 6 m 时，d 不宜小于 12 mm。

②梁侧腰筋。梁侧纵向构造钢筋又称腰筋，设置在梁的两个侧面，其作用是承受梁侧面温度变化及混凝土收缩引起的应力，并抑制裂缝的开展。当梁的腹板高度大于 450 mm 时，要求在梁两侧沿高度设置纵向构造钢筋，每侧纵向构造钢筋（不包括梁上、下部受力钢

筋及架立钢筋)的截面面积不应小于梁腹板截面面积的 0.1%，间距不宜大于 200 mm。梁两侧的腰筋以拉筋联系，拉筋直径与箍筋相同，间距一般为箍筋间距的两倍。

4.2.2 板的构造要求
Detailing Requirements of Slab

(1)板的厚度。现浇板的宽度一般较大，设计时可取单位宽度($b=1\,000$ mm)进行计算。现浇钢筋混凝土板的厚度取 100 mm 为模数，除应满足各项功能要求外，其厚度还应符合表 4.3 的规定。

表 4.3　现浇钢筋混凝土板的最小厚度

板的类型		厚度/mm
单向板	屋面板	60
	民用建筑楼板	60
	工业建筑楼板	70
	行车道下的楼板	80
双向板		80
密肋楼板	面板	50
	肋高	250
悬臂板	悬臂长度不大于 500 mm	60
	悬臂长度为 1 200 mm	100
无梁楼板		150
现浇空心楼盖		200
注：悬臂板的厚度是指悬臂根部的厚度，预制板最小厚度应满足钢筋保护层厚度的要求。		

为了保证楼板使用时的舒适度，减少变形和振动对使用的影响，《规范》增加了楼板振动频率的要求。对大跨度混凝土楼盖结构应进行竖向自振频率验算，其自振频率应符合以下要求：

1)住宅和公寓不宜低于 5 Hz；

2)办公楼和旅馆不宜低于 4 Hz；

3)大跨度公共建筑不宜低于 3 Hz。

(2)板的混凝土强度等级。板常用的混凝土强度等级为 C20、C25、C30、C35、C40 等。

(3)板的受力钢筋。板内一般配置有受力钢筋和分布钢筋，如图 4.5 所示。

板内受力钢筋通常采用 HPB300 和 HRB400 级，也可采用 HRB500、HRBF400、HRBF500 级钢筋，直径通常采用 8~12 mm，当板厚较大时，钢筋直径可用 14~18 mm。为了防止施工时钢筋被踩下，现浇板的板面钢筋直径不宜小于 8 mm。

为了保证钢筋周围混凝土的密实性，同时为了正常分担内力，钢筋的间距一般为70~200 mm。当板厚 $h \leqslant 150$ mm 时，钢筋最大间距不宜大于 200 mm；当板厚 $h > 150$ mm 时，钢筋最大间距不宜大于 250 mm，且不宜大于 $1.5h$。

(4)板的分布钢筋。分布钢筋是一种构造钢筋，垂直于受力钢筋的方向，并布置于受力钢筋内侧。分布钢筋的作用是将荷载均匀地传递给受力钢筋，并便于在施工中固定受力钢筋的位置，同时，也可以抵抗温度和收缩等产生的内力。板内分布钢筋宜采用 HPB300 和 HRB400 级钢筋，常用直径是 8 mm 和 10 mm，间距不宜大于 250 mm。单位长度上分布钢筋的截面面积不应小于单位宽度上受力钢筋截面面积的 15%，且不宜小于该方向板截面面积的 0.15%。当温度变化较大或集中荷载较大时，分布钢筋的截面面积应适当增加，其间距不宜大于 200 mm。

板内钢筋的具体构造如图 4.6 所示。

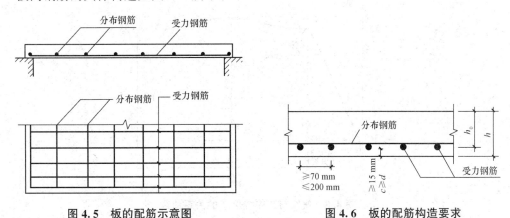

图 4.5　板的配筋示意图　　　　图 4.6　板的配筋构造要求

4.2.3　适筋梁正截面试验研究

Experimental Study of Adequately Reinforced Concrete Beams

（1）适筋梁正截面受弯的三个受力阶段。当受弯构件正截面内配置的纵向受拉钢筋能使其正截面发生延性受弯破坏时，称为适筋梁。延性破坏是指构件达到承载能力极限状态时，其承载能力不发生显著降低而能继续变形。

为了研究受弯构件的破坏过程，分析其受力性能，用钢筋混凝土简支梁进行试验研究。试验梁的布置如图 4.7 所示。为了消除剪力对正截面受弯的影响，采用两点对称加荷方式。在两个对称集中荷载间的区段，可以基本上排除剪力的影响（忽略梁自重），形成纯弯段。在纯弯段内，沿梁高两侧布置测点，用应变片（计）量测梁截面不同高度处的纵向应变。同时，在受拉钢筋上也布置了应变计，量测钢筋的受拉应变。另外，在跨中和支座处分别安装位移计，以量测跨中的挠度 f，有时还要安装倾角仪，以量测梁的转角。

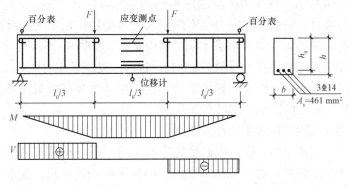

图 4.7　正截面受弯性能试验示意图

荷载从零开始逐级加载，直至梁破坏。在整个试验过程中，应注意观察梁上裂缝的出现、发展和分布情况，同时，还应对各级荷载作用下所测得的仪表读数进行分析，最终得出梁在各个不同加载阶段的受力和变形情况。图4.8所示为由试验得到的弯矩与跨中挠度 f 之间的关系曲线，在关系曲线上有两个明显的转折点，把梁正截面的受力和变形过程划分为如图4.8所示的三个阶段。

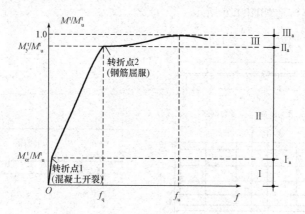

图 4.8　弯矩与跨中挠度 f 的关系曲线

第 I 阶段：从开始加荷到梁截面受拉区混凝土即将开裂。此阶段的受力特点是梁截面的受拉区未出现裂缝，挠度和弯矩关系接近直线变化，因此，也称弹性阶段。

第 II 阶段：从梁截面受拉区的混凝土开裂到受拉钢筋屈服。此阶段的受力特点是截面弯矩已超过开裂弯矩 M_{cr}，梁截面受拉区混凝土出现裂缝并逐渐扩展，梁带裂缝工作。因此，也称带裂缝工作阶段。

第 III 阶段：从受拉钢筋屈服后到截面受弯破坏。此阶段梁的受力特点是梁的受拉区裂缝急剧开展，挠度急剧增加。钢筋屈服后，梁的弯矩 M_y 增加不多后即到达梁的极限弯矩 M_u。此时，标志着梁发生受弯破坏。

(2)适筋受弯构件正截面工作的三个阶段。试验表明，对于配筋量适中的受弯构件，从开始加载到正截面完全破坏，截面的受力状态可以分为三个阶段。

1)第 I 阶段——截面开裂前的阶段。当荷载很小时，截面上的内力较小，应力与应变成正比，截面处于弹性工作阶段，截面上的应变变化规律符合平截面假定，截面应力分布为直线，如图4.9(a)所示，此受力阶段称为第 I 阶段。

当荷载不断增大时，截面上的内力也不断增大，当受拉区混凝土边缘纤维应变恰好到达混凝土的极限拉应变 ε_{tu}，梁处于将裂未裂的极限状态，如图4.9(b)所示，称为第 I 阶段末，用 I_a 表示，相应的弯矩值称为开裂弯矩 M_{cr}。这时，受压区应力图形接近三角形，但受拉区应力图形则呈曲线分布，出现明显的受拉塑性。由于受拉区混凝土塑性的发展，第 I 阶段末中和轴的位置较 I 阶段的初期略有上升。

I_a 阶段可作为受弯构件抗裂度的计算依据。

2)第 II 阶段——正常使用阶段。截面受力达到 I_a 阶段后，荷载只要稍许增加，截面立即开裂，在开裂截面处混凝土退出工作，拉力全部由纵向钢筋承担；随着荷载的增加，裂缝向受压区方向延伸，中和轴上移，受压区混凝土的压应力与受拉钢筋的拉应力不断增大，受压区混凝土出现明显的塑性变形，其压应力图形呈曲线分布。虽然梁中受拉区出现许多裂缝，但如果纵向应变的测量标距有足够的长度(跨过几条裂缝)，则平均应变的变化规律仍符合平截面假定，如图4.9(c)所示，这个阶段为第Ⅱ阶段。当荷载增加到受拉区纵向受力钢筋即将屈服时，第Ⅱ阶段结束，此时的受力状态称为Ⅱ$_a$阶段，相应的弯矩称为屈服弯矩，记为M_y，如图4.9(d)所示。

第Ⅱ阶段相当于梁在正常使用时的应力状态，可作为正常使用阶段的变形和裂缝宽度计算时的依据。

3)第Ⅲ阶段——破坏阶段。在图4.8中M'/M'_u-f曲线的第二个明显转折点Ⅱ$_a$之后，受拉区纵向受力钢筋屈服，梁进入第Ⅲ阶段工作。当荷载稍有增加时，则钢筋应变骤增，裂缝宽度随之扩展并沿梁高向上延伸，中和轴继续上移，受压区高度进一步减小。此时，量测的受压区边缘纤维应变也将迅速增长，受压区混凝土的塑性特征将表现得更为充分，因此，受压区应力图形更趋丰满，如图4.9(e)所示。在第Ⅲ阶段整个过程中，钢筋所承受的总拉力和混凝土所承受的总压力始终保持不变。但由于中和轴逐步上移，内力臂Z略有增加，故截面极限弯矩M_u较Ⅱ$_a$时的M_y也略有增加。另外，如果钢筋进入强化阶段，则钢筋的应力也会有所增加，导致极限弯矩比屈服弯矩略有提高。

当弯矩增加至梁所能承受的极限弯矩M_u时，受压区边缘混凝土即达到极限压应变ε_{tu}，混凝土被压碎，则梁达到最大承载力，宣告破坏，如图4.9(f)所示，这种特定的受力状态称为第Ⅲ阶段末，以Ⅲ$_a$表示。因此，第Ⅲ$_a$阶段可作为梁极限状态承载力计算时的依据。

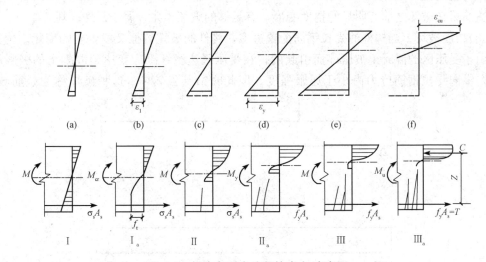

图4.9 梁在各受力阶段的应力-应变图

4.2.4 配筋率对受弯构件正截面破坏形态的影响
Effect of Reinforcement Ratio on the Failure Mode of Flexural Members Normal Section

试验表明，受弯构件中纵向受拉钢筋的数量对其正截面的破坏形态有很大影响，一般以配筋率ρ表示纵向受拉钢筋的数量。

$$\rho = \frac{A_s}{bh_0} \tag{4-1}$$

式中 A_s——纵向受拉钢筋截面面积；

　　　b——梁截面宽度；

　　　h_0——梁截面的有效高度，是指从受压边缘至纵向受力钢筋截面重心的距离，即 $h_0 = h - a_s$，其中，a_s 为受力钢筋形心到受拉区截面边缘的距离。

梁正截面的破坏特征主要取决于配筋率，随着配筋率的改变，构件的破坏特征将发生质的变化。根据试验，当梁的截面尺寸和材料强度一定时，若改变配筋率 ρ，则受弯构件沿正截面主要有以下三种破坏形态(图 4.10)：

(1)少筋破坏。当受弯构件的配筋率 ρ 过低时，构件一旦开裂，裂缝就急速开展，裂缝截面处的拉力全部由纵向受拉钢筋承受，钢筋的应力会显著增大，并很快屈服，有时迅速进入强化阶段。受拉区的裂缝一般集中开展一条裂缝，裂缝宽度很宽，且一旦开裂，裂缝迅速延伸到梁顶部，并可能发生钢筋拉断的破坏，但受压区的混凝土并不会被压碎[图 4.10(a)]。这种破坏称为少筋破坏。受弯构件发生少筋破坏时，是在没有任何明显预兆的情况下发生的突然破坏，习惯上常把这种破坏称为"脆性破坏"，而且承载力很低，工程上要严格避免。

(2)适筋破坏。当构件的配筋率控制在一定范围内时，构件的破坏首先是由于受拉区纵向受力钢筋屈服，在钢筋应力达到屈服强度时，受压区边缘纤维应变尚小于混凝土的极限压应变。在梁完全破坏以前，由于钢筋要经历较大的塑性伸长，随之引起裂缝的持续开展和梁挠度的增加，然后受压区混凝土被压碎，钢筋和混凝土的强度都得到充分利用，这种破坏称为适筋破坏。

适筋梁在破坏之前有明显的挠度变形，有足够的破坏预兆，属于延性破坏。

(3)超筋破坏。当构件的受拉钢筋配置过多，构件的破坏特征又发生质的变化。构件破坏是由于受压区的混凝土被压碎而引起的，在受压区边缘纤维应变达到混凝土的极限压应变时，纵向受拉钢筋应力尚小于屈服强度，但此时梁已告破坏。这种破坏称为超筋破坏。

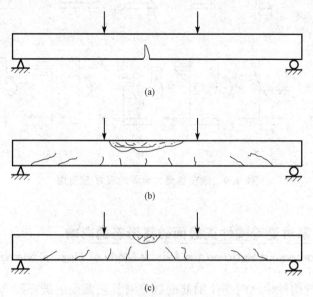

图 4.10　钢筋混凝土梁的三种破坏形态

(a)少筋破坏；(b)适筋破坏；(c)超筋破坏

试验表明，在受力过程中，超筋梁首先进入开裂状态，但由于钢筋配置过多，在纵向受拉钢筋还没有进入屈服的情况下，梁因受压区混凝土被压碎而突然破坏。所以，破坏时梁上裂缝开展不宽，延伸不高，梁的挠度不大[图4.10(c)]，属于脆性破坏。

超筋梁虽然配置过多的钢筋，但由于梁破坏时其钢筋应力低于屈服强度，钢筋不能充分发挥作用，造成钢材浪费。这不仅不经济，破坏前预兆不明显，故设计中不允许采用超筋梁。

图4.11所示为三种梁破坏形式的弯矩-挠度曲线。从图中可以看出，少筋梁不仅承载力低，而且变形性能也很差；超筋梁尽管变形性能差，但承载力较高；适筋梁既有比较高的承载力，还有非常好的变形能力。结构构件的设计既要保证足够的承载力，又要保证良好的变形能力。因此，在工程中应避免将受弯构件设计成少筋构件和超筋构件，只允许设计成适筋构件。后面对于受弯构件的研究，均限于适筋构件。

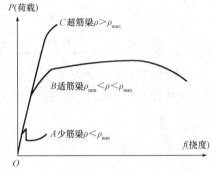

图4.11　少筋、适筋、超筋梁 *P-f* 示意图

4.3　受弯构件正截面承载力计算方法

Bearing Capacity Calculation Method of RC Flexural Members

4.3.1　基本假定

Basic Assumption

受弯构件正截面受弯承载力计算以适筋破坏第Ⅲ$_a$阶段的受力状态为依据，因此，为简化计算，《规范》规定，进行受弯构件正截面受弯承载力计算时，引入以下四个基本假定。

(1)平均应变沿截面高度线性分布。平截面假定是指构件正截面弯曲变形后，其截面内任意点的应变与该点到中和轴的距离成正比，钢筋与其外围混凝土的应变相同。严格来讲，就破坏截面的局部范围内，此假定是不成立的。但试验表明，由于构件的破坏总是发生在一定长度区段以内，实测的破坏区段内的混凝土及钢筋的平均应变基本符合平截面假定。

(2)忽略受拉区混凝土的抗拉强度。不考虑混凝土的抗拉强度，即认为拉力全部由受拉钢筋承担。

在裂缝截面处，受拉混凝土已大部分退出工作，虽然在中和轴附近尚有部分混凝土承担拉力，但由于混凝土的抗拉强度很小，并且其合力点离中和轴很近，内力臂很小，承担的弯矩可以忽略。

(3)混凝土受压时的应力-应变关系曲线由抛物线上升段和水平段两部分组成。

混凝土受压按图4.12所示的模型采用，其中的

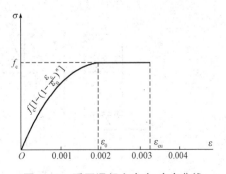

图4.12　受压混凝土应力-应变曲线

参数见表4.4。由表4.4可见，随着混凝土强度等级的提高，峰值应变 ε_0 不断增大，而极限压应变 ε_{cu} 逐渐减小，材料的脆性增大。

表 4.4　n、ε_0、ε_{cu} 的取值

f_{cu}	≤C50	C55	C60	C65	C70	C75	C80
n	2	1.917	1.833	1.750	1.667	1.583	1.500
ε_0	0.002 000	0.002 025	0.002 050	0.002 075	0.002 100	0.002 125	0.002 150
ε_{cu}	0.003 300	0.003 250	0.003 200	0.003 150	0.003 100	0.003 050	0.003 000

（4）钢筋的应力-应变关系为完全弹塑性的双直线型。钢筋应力取等于钢筋应变与其弹性模量的乘积，但不大于其屈服强度设计值；受拉钢筋的极限拉应变为0.01，即

$$\sigma_s = \varepsilon_s E_s \leqslant f_y$$

$$\sigma'_s = \varepsilon'_s E'_s \leqslant f'_y$$

$$\varepsilon_{s,\max} = 0.01$$

4.3.2　等效矩形应力图形
Equivalent Rectangular Stress Block

以单筋矩形截面为例，根据上述基本假定可得出，截面在承载能力极限状态下，受压边缘达到了混凝土的极限压应变 ε_{cu}，若假定这时截面受压区高度为 x_c[图4.13(b)]，则受压区任一高度 y 处混凝土的压应变 ε_c 和钢筋的拉应变 ε_s 由平截面假定得

$$\varepsilon_s = \frac{y}{x_c} \varepsilon_{cu} \tag{4-2}$$

$$\varepsilon_s = \frac{h_0 - x_c}{x_c} \varepsilon_{cu} \tag{4-3}$$

图4.13(c)所示为极限状态下截面应力分布图形，设 C 为受压区混凝土压应力的合力，y_c 为合力 C 的作用点到中和轴的距离，则

$$C = \int_0^{x_c} \sigma_c(\varepsilon) \cdot b \cdot dy \tag{4-4}$$

$$y_c = \frac{\int_0^{x_c} \sigma_c \cdot b \cdot y \cdot dy}{C} \tag{4-5}$$

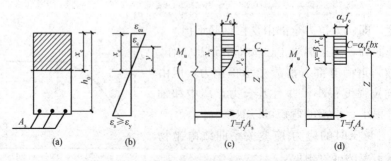

图 4.13　等效矩形应力图形的转换

对于适筋构件，此时受拉钢筋应力可达到屈服强度 f_y，则钢筋的总拉力 T 及其到中和轴的距离 y_s 为

$$T = f_y A_s \tag{4-6}$$

$$y_s = h_0 - x_c \tag{4-7}$$

则根据截面的平衡条件有

$$\sum X = 0, C = T$$
$$\sum M = 0, M_u = C \cdot y_c + T \cdot y_s \tag{4-8}$$

由此可见，在构件正截面受弯承载力 M_u 的计算中，仅需知道受压混凝土压应力的合力 C 的大小及其作用位置 y_c。因此，为了计算方便，采用如图 4.13(d)所示的等效矩形应力图来代替图 4.13(c)所示的受压区混凝土的曲线应力图形。用等效矩形应力图形代替实际曲线应力分布图形时，应满足以下两个条件：

(1)保持受压区混凝土压应力合力 C 的作用点不变；

(2)保持合力 C 的大小不变。

在等效矩形应力图中，取等效矩形应力图形高度 $x = \beta_1 x_c$，等效应力取 $\alpha_1 f_c$，α_1 和 β_1 为等效矩形应力图的图形系数，其大小只与混凝土的应力与应变曲线有关。《规范》建议采用的应力图形系数 α_1 和 β_1 见表 4.5。

表 4.5　系数 α_1 和 β_1 的取值

混凝土强度等级	≤C50	C55	C60	C65	C70	C75	C80
α_1	1.00	0.99	0.98	0.97	0.96	0.95	0.94
β_1	0.80	0.79	0.78	0.77	0.76	0.75	0.74

等效矩形应力图形系数 α_1 和 β_1 确定后，就可以直接根据等效应力矩形的平衡条件，得到承载能力的计算公式，即

$$\sum X = 0, \quad f_y A_s = \alpha_1 f_c b x$$
$$\sum M = 0, \quad M_u = f_y A_s \left(h_0 - \frac{1}{2} x \right) = \alpha_1 f_c b x \left(h_0 - \frac{1}{2} x \right) \tag{4-9}$$

4.3.3　适筋破坏和超筋破坏的界限条件

Boundary Condition Between Adequately－Reinforcement Failure and Over－Reinforcement Failure

相对受压区高度 ξ 是指等效矩形应力图的高度与截面有效高度的比值，即

$$\xi = \frac{x}{h_0} \tag{4-10}$$

式中　x——等效矩形应力图形高度，即等效受压区高度，简称受压区高度；

　　　h_0——截面的有效高度。

界限破坏的特征是受拉钢筋屈服的同时，受压区混凝土边缘应变达到极限压应变，构件破坏。界限相对受压区高度 ξ_b 是适筋破坏和超筋破坏相对受压区高度的界限值，是指在梁发生界限破坏时，等效受压区高度与截面有效高度之比，即

$$\xi_b = \frac{x_b}{h_0} \tag{4-11}$$

式中　x_b——发生界限破坏时等效矩形应力图形的高度，简称界限受压区高度。

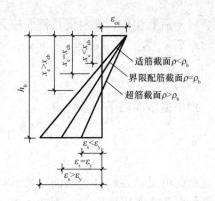

图 4.14　适筋梁、超筋梁、界限配筋梁破坏时的正截面平均应变图

界限相对受压区高度 ξ_b 需要根据平截面假定求出。下面分别推导以有明显屈服点钢筋和无明显屈服点钢筋配筋的受弯构件界限相对受压区高度 ξ_b 的计算公式。

(1)有明显屈服点钢筋对应的界限相对受压区高度 ξ_b。受弯构件破坏时，受拉钢筋的应变等于钢筋的抗拉强度设计值 f_y 与钢筋弹性模量 E_s 之比值，即 $\varepsilon_s = f_y/E_s$，由受压区边缘混凝土的应变 ε_{cu} 与受拉钢筋应变 ε_s 的几何关系(图 4.14)，可推得其界限相对受压区高度 ξ_b 的计算公式为

$$\xi_b = \frac{x_b}{h_0} = \frac{\beta_1 x_{cb}}{h_0} = \frac{\beta_1 \varepsilon_{cu}}{\varepsilon_{cu} + \varepsilon_s} = \frac{\beta_1}{1 + \dfrac{\varepsilon_s}{\varepsilon_{cu}}} = \frac{\beta_1}{1 + \dfrac{f_y}{\varepsilon_{cu} E_s}} \tag{4-12}$$

为了方便使用，对于常用的有明显屈服点的 HPB300、HRB335、HRB400、HRBF400 和 RRB400 以及 HRB500、HRBF500 级钢筋，将其抗拉强度设计值 f_y 和弹性模量 E_s 代入式(4-12)中，可算得它们的界限相对受压区高度 ξ_b，见表 4.6，设计时可直接查用。

表 4.6　界限相对受压区高度 ξ_b

钢筋级别	混凝土强度等级						
	≤C50	C55	C60	C65	C70	C75	C80
HPB300	0.576	0.566	0.556	0.546	0.537	0.528	0.518
HRB335	0.550	0.541	0.531	0.522	0.512	0.503	0.493
HRB400	0.518	0.508	0.499	0.490	0.481	0.472	0.463
RRB400							
HRBF400							
HRB500	0.482	0.473	0.464	0.455	0.447	0.438	0.429
HRBF500							

(2)无明显屈服点钢筋对应的界限相对受压区高度 ξ_b。对于碳素钢丝、钢绞线、热处理钢筋以及冷轧带肋钢筋等无明显屈服点的钢筋，取对应于残余应变为 0.2% 时的应力 $\sigma_{0.2}$ 作为条件屈服点，如图 2.3 所示。并以此作为这类钢筋的抗拉强度设计值。

对应于条件屈服点 $\sigma_{0.2}$ 时的钢筋应变为

$$\varepsilon_s = 0.02 + \varepsilon_y = 0.02 + \frac{f_y}{E_s} \tag{4-13}$$

式中　f_y——无明显屈服点钢筋的抗拉强度设计值；

E_s——无明显屈服点钢筋的弹性模量。

根据平截面假定，可以求得无明显屈服点钢筋受弯构件相对于界限受压区高度 ξ_b 的计算公式为

$$\xi_b = \frac{x_b}{h_0} = \frac{\beta_1 x_{cb}}{h_0} = \frac{\beta_1 \varepsilon_{cu}}{\varepsilon_{cu} + \varepsilon_s} = \frac{\beta_1}{1 + \dfrac{\varepsilon_s}{\varepsilon_{cu}}} = \frac{\beta_1}{1 + \dfrac{0.02 + f_y/E_s}{\varepsilon_{cu}}} = \frac{\beta_1}{1 + \dfrac{0.02 + f_y/E_s}{\varepsilon_{cu}}} \tag{4-14}$$

根据平截面假定,正截面破坏时,相对受压区高度 ξ 越大,钢筋拉应变越小。则有

当 $\xi < \xi_b$ 时,属于适筋破坏;

当 $\xi > \xi_b$ 时,属于超筋破坏;

当 $\xi = \xi_b$ 时,属于界限破坏,对应的纵向受拉钢筋的配筋率称为界限配筋率,即适筋梁的最大配筋率 ρ_{max} 值。

界限破坏时 $x = x_b$,则 $A_s = \rho_{max} b h_0$。由截面上力的平衡 $C = T$ 得

$$\alpha_1 f_c b x_b = f_y A_s = f_y \rho_{max} b h_0 \tag{4-15}$$

最大配筋率为

$$\rho_{max} = \frac{x_b}{h_0} \times \frac{\alpha_1 f_c}{f_y} = \xi_b \frac{\alpha_1 f_c}{f_y} \tag{4-16}$$

综上所述,防止梁发生超筋破坏的条件是

$$\xi \leqslant \xi_b \ \text{或} \ \rho = \frac{A_s}{b h_0} \leqslant \rho_{max} \tag{4-17}$$

4.3.4 适筋破坏和少筋破坏的界限条件
Boundary Condition Between Adequately-Reinforcement Failure and Under-Reinforcement Failure

适筋破坏与少筋破坏的界限是裂缝一旦出现,受拉钢筋的应力即达屈服,构件宣告破坏,此时对应的配筋率即为最小配筋率 ρ_{min}。可见,ρ_{min} 的确定是以钢筋混凝土按第 III_a 阶段计算的正截面受弯承载力 M_u,与同条件下素混凝土梁按第 I_a 阶段计算的开裂弯矩 M_{cr} 相等的原则来确定,但同时还应考虑混凝土抗拉强度的离散性以及混凝土收缩等因素的影响。《规范》规定:构件一侧受拉钢筋的最小配筋率 ρ_{min} 取 0.2% 和 $0.45 f_t / f_y$ 中的较大值。

图 4.15 所示为矩形截面素混凝土梁的开裂弯矩 M_{cr} 计算图。由于素混凝土梁的开裂弯矩 M_{cr} 不仅与混凝土的抗拉强度有关,而且还与梁的全截面面积有关,因此,对矩形、T 形截面(受压区翼缘挑出部分面积对 M_{cr} 的影响很小)梁,其纵向受拉钢筋的最小配筋率是对全截面面积而言的,即

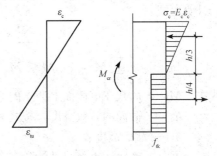

图 4.15 受弯构件开裂弯矩计算

$$A_{s,min} = \rho_{min} b h \tag{4-18}$$

这是因为混凝土开裂退出工作的部分包括受拉钢筋以下部分的混凝土,而承载力计算时,截面的有效面积只有 $b h_0$。若受弯构件截面为 I 形或倒 T 形时,其纵向受拉钢筋的最小配筋率则要考虑受拉区翼缘挑出部分的面积,即

$$A_{s,min} = \rho_{min} [b h + (b_f - b) h_f] \tag{4-19}$$

式中 b——腹板的宽度;

b_f——受拉翼缘的宽度;

h_f——受拉翼缘的高度。

因此,防止梁发生少筋破坏的条件是 $\rho \geqslant \rho_{min}$。

4.4 单筋矩形截面受弯构件正截面承载力计算
Strength of Rectangular Section in Bending with Tension Reinforcement only

4.4.1 基本计算公式及适用条件
Basic Formula and Applicable Conditions

(1)基本公式。单筋矩形截面受弯构件的正截面受弯承载力计算简图如图 4.16 所示。

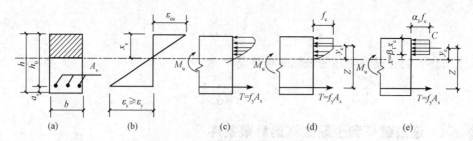

图 4.16 单筋矩形梁应力图的简化
(a)截面图；(b)截面应变图；(c)实际应力图；(d)理论应力图；(e)等效矩形应力图

根据钢筋混凝土结构设计基本原则，应满足作用在受弯构件正截面上的荷载效应 M 不超过该截面的抗力，即正截面受弯承载力设计值 M_u，则有

$$M = \gamma_0 M_d \leqslant M_u \tag{4-20}$$

根据截面力的平衡条件和力矩平衡条件，由计算简图可导出单筋矩形截面受弯承载力的计算公式：

$$\sum X = 0, \ \alpha_1 f_c bx = f_y A_s \tag{4-21}$$

$$\sum M = 0, \ M \leqslant M_0 = \alpha_1 f_c bx\left(h_0 - \frac{x}{2}\right) = f_y A_s\left(h_0 - \frac{x}{2}\right) \tag{4-22}$$

式中　M——荷载在该截面上产生的弯矩设计值，$M = \gamma_0 M_d$；

h_0——截面的有效高度。按式 $h_0 = h - a_s$ 计算；

h——截面高度；

a_s——受拉区边缘到受拉钢筋合力点的距离，梁底单排布置时，$a_s = c + d_v + d/2$，c 为保护层厚度，d_v 为箍筋直径，d 为纵向钢筋直径。

一般情况下，梁的纵向受力钢筋按一排布置时 $h_0 = h - (40 \sim 45)\text{mm}$；梁的纵向受力钢筋按两排布置时，$h_0 = h - (60 \sim 70)\text{mm}$；板的截面有效高度 $h_0 = h - 20 \text{ mm}$。

(2)适用条件。式(4-21)和式(4-22)是根据适筋构件破坏时的受力情况推导出的，只适用于适筋构件的计算，不适用于少筋构件和超筋构件的计算。为了避免将构件设计成少筋构件和超筋构件，上述计算公式必须满足下列适用条件：

1)防止超筋破坏：$x \leqslant \xi_b h_0$ 或 $\xi \leqslant \xi_b$，即 $\rho \leqslant \rho_{max}$；

2)防止少筋破坏：$A_s \geqslant \rho_{min} bh$，即 $\rho \geqslant \rho_{min}$。

满足适用条件 1)是为了避免发生超筋破坏，则单筋矩形截面能承担的最大弯矩为

$$M_{u,\max}=\alpha_1 f_c b h_0^2 \xi_b (1-0.5\xi_b)$$

由此可见，该最大弯矩仅与混凝土强度等级、钢筋级别和截面尺寸有关，与钢筋用量无关。超过最大弯矩，即使配再多的钢筋，也不能显著提高截面的承载能力。

4.4.2 截面设计与校核
Design and Verification of Normal Section

受弯构件正截面承载力计算包括截面设计和截面校核两类问题。正截面承载力计算时，一般仅需对控制截面进行受弯承载力计算。所谓控制截面，在等截面构件中一般是指弯矩设计值最大的截面；在变截面构件中是指截面尺寸相对较小，而弯矩相对较大的截面。

1. 截面设计

截面设计问题是指构件的截面尺寸、混凝土的强度等级、钢筋的级别以及作用于构件上的荷载或截面上的内力等已知，要求计算受拉区纵向受力钢筋所需的面积，并且参照构造要求，选择钢筋的根数和直径。设计时，应满足 $M \leqslant M_u$。为经济考虑，一般按 $M = M_u$ 进行计算。进行受弯构件正截面设计时，通常遇到的情形有两种。

情形 1：已知截面设计弯矩 M（或已知荷载作用情况）、截面尺寸 $b \times h$、混凝土强度等级及钢筋级别，求受拉钢筋截面面积 A_s。

(1)确定截面有效高度 h_0；$h_0 = h - a_s$；

(2)根据混凝土强度等级确定系数 α_1；

(3)由基本公式式(4-21)、式(4-22)先求解 x 或 ξ，检验适用条件。

若 $x \leqslant \xi_b h_0$ 或 $\xi \leqslant \xi_b$，则由基本公式式(4-21)求解 A_s，并验算最小配筋率要求，若 $A_s < \rho_{\min} bh$，则取 $A_s = \rho_{\min} bh$ 配筋；若 $A_s > \rho_{\min} bh$，说明满足要求，直接由 A_s 计算配筋；若 $x > \xi_b h_0$ 或 $\xi > \xi_b$，则需加大截面尺寸或提高混凝土强度等级或采用双筋截面。

(4)根据 A_s 选择钢筋根数和直径，同时满足构造要求。

情形 2：已知截面设计弯矩 M、混凝土强度等级和钢筋级别，求构件截面尺寸 $b \times h$ 和受拉钢筋截面面积 A_s。

由于基本公式式(4-21)、式(4-22)中 b、h、A_s 和 x 均为未知，所以有多组解答，计算时需要增加条件。通常，先按构造要求假定截面尺寸 b 和 h，然后按照截面尺寸 b 和 h 已知的情形 1 的步骤进行设计计算。

另一种计算方法是先假定配筋率 ρ 和梁宽 b，其步骤如下：

(1)配筋率 ρ 通常在经济配筋率范围内选取。根据我国的设计经验，板的经济配筋率为 $0.3\% \sim 0.8\%$，单筋矩形截面梁的经济配筋率为 $0.6\% \sim 1.5\%$。梁宽 b 按照构造要求确定。

(2)确定 $\xi = \rho \dfrac{f_y}{\alpha_1 f_c}$，并检验是否满足适用条件。

(3)计算 h_0：$h_0 = \sqrt{\dfrac{M}{\alpha_1 f_c b \xi (1-0.5\xi)}}$。

检查 $h = h_0 + a_s$ 取整后，是否满足构造要求(h/b 是否合适)。若不合适，需进行调整，直至符合要求为止。

(4)求 A_s：$A_s = \rho \times bh_0$。

2. 截面校核

截面校核是指已知构件的截面设计弯矩 M、截面尺寸 $b \times h$、受拉钢筋截面面积 A_s、混凝土强度等级及钢筋级别，要求验算截面是否能够承受某一已知的荷载或内力设计值，也称截面承载能力校核。

(1)由基本公式式(4-21)、式(4-22)求 x，进而确定 ξ。

(2)检验适用条件。

1)检验适用条件 $\xi \leqslant \xi_b$，若 $\xi > \xi_b$，按 $\xi = \xi_b$ 计算 M_u。

2)检验适用条件 $A_s \geqslant \rho_{min} bh$，若不满足，则按 $A_s = \rho_{min} bh$ 进行计算或修改截面重新设计。

(3)求 M_u，由式(4-22)得：$M_u = \alpha_1 f_c bh_0^2 \xi(1-0.5\xi)$。

当 $M_u \geqslant M$ 时，则截面受弯承载力满足要求；反之，则认为不安全。但若 M_u 大于 M 过多，认为截面设计不经济。

【例 4.1】 已知某民用建筑矩形截面钢筋混凝土简支梁，安全等级为二级，处于一类环境，计算跨度 $l_0 = 6.3$ m，截面尺寸 $b \times h = 200$ mm $\times 550$ mm，承受板传来的永久荷载及梁的自重标准值 $g_k = 15.6$ kN/m，板传来的楼面活荷载标准值 $q_k = 7.8$ kN/m。选用强度等级为 C25 混凝土和 HRB400 级钢筋，箍筋直径为 10 mm，试求该梁所需纵向钢筋面积并画出截面配筋简图。

【解】 本例题属于截面设计类。

(1)确定设计参数。由已知条件可知，强度等级为 C25 混凝土 $f_c = 11.9$ N/mm^2，$f_t = 1.27$ N/mm^2，HRB400 级钢筋 $f_y = 360$ N/mm^2；$\alpha_1 = 1.0$，$\xi_b = 0.518$。一类环境，取钢筋混凝土保护层厚度 $c = 25$ mm，假定钢筋单排布置，纵向钢筋直径初定为 20 mm，则 $a_s = c + d_v + d/2 = 25 + 10 + 20/2 = 45$(mm)，$h_0 = (h-45)$mm $= 505$ mm。

$$\rho_{min} = \max(0.2\%, 0.45 \frac{f_t}{f_y} = 0.45 \times \frac{1.27}{360} = 0.159\%) = 0.2\%$$

(2)内力计算梁上均布荷载设计值。

$$p = \gamma_G g_k + \gamma_Q g_k = 1.2 \times 15.60 + 1.4 \times 7.80 = 29.64(kN/m)$$
$$p = \gamma_G g_k + \gamma_Q \psi g_k = 1.35 \times 15.60 + 1.4 \times 0.7 \times 7.80 = 28.70(kN/m)$$

取其中较大值为荷载设计值，即 $p = 29.64$ kN/m。

跨中最大弯矩设计值：

$$M = \gamma_0 \frac{1}{8} p l_0^2 = 1.0 \times \frac{1}{8} \times 29.64 \times 6.3^2 = 147.05(kN \cdot m)$$

(3)计算钢筋截面面积。

由基本公式得 $\qquad 1.0 \times 200 \times 11.9 \times x = 360 \times A_s$

$$147.05 \times 10^6 = 1.0 \times 200 \times 11.9 \times x(505 - \frac{x}{2})$$

联立求解上述两式，得 $x = 142.4$ mm，$A_s = 941.4$ mm^2。

(4)验算适用条件。

$$\xi = \frac{x}{h_0} = \frac{142.4}{505} = 0.282 < \xi_b = 0.550$$

$$\rho = \frac{A_s}{bh_0} = \frac{941.4}{200 \times 505} = 0.93\% > \rho_{min} = 0.2\%$$

两项适用条件均能满足，可以根据计算结果选配钢筋。

(5)选配钢筋及绘制配筋图。

查附表 6.1，选用 3Φ22（$A_s=942\ \text{mm}^2$），截面配筋简图如图 4.17 所示。

【例 4.2】 如图 4.18 所示的某教学楼现浇钢筋混凝土走道板，安全等级为二级，处于一类环境，板厚度 $h=100\ \text{mm}$，板面做 20 mm 水泥砂浆面层，活荷载标准值 $q_k=2.5\ \text{kN/m}^2$，计算跨度 $l_0=2.5\ \text{m}$，采用强度等级为 C25 混凝土，HPB300 级钢筋。试确定纵向受力钢筋的数量。

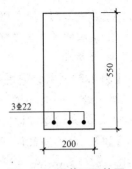

图 4.17 梁截面配筋图

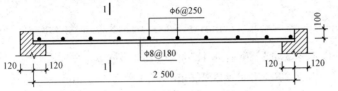

图 4.18 例 4.2 附图

【解】 由已知条件可知，$f_c=11.9\ \text{N/mm}^2$，$f_t=1.27\ \text{N/mm}^2$，$f_y=270\ \text{N/mm}^2$，$\xi_b=0.576$，$\alpha_1=1.0$，结构重要性系数 $\gamma_0=1.0$。

(1)计算跨中弯矩设计值 M。

钢筋混凝土和水泥砂浆重度分别为 25 kN/m³ 和 20 kN/m³，故作用在板上的恒荷载标准值为

100 mm 厚钢筋混凝土板：$0.10\times25=2.5(\text{kN/m}^2)$

20 mm 水泥砂浆面层：$0.02\times20=0.4(\text{kN/m}^2)$

$$g_k=2.9\ \text{kN/m}^2$$

取 1 m 板宽作为计算单元，即 $b=1\ 000\ \text{mm}$，则 $g_k=2.9\ \text{kN/m}$，$q_k=2.5\ \text{kN/m}$。

由可变荷载效应控制的组合：

$\gamma_0(1.2g_k+1.4q_k)=1.0\times(1.2\times2.9+1.4\times2.5)=6.98(\text{kN/m})$

由永久荷载效应控制的组合：

$\gamma_0(1.35g_k+1.4\psi_c q_k)=1.0\times(1.35\times2.9+1.4\times0.7\times2.5)=6.365(\text{kN/m})$

取较大值得板上荷载设计值 $q=6.98\ \text{kN/m}$。

板跨中弯矩设计值为 $M=ql_0^2/8=6.98\times2.5^2/8=5.453(\text{kN·m})$

(2)计算混凝土受压区高度 x。

$h_0=h-20=100-20=80(\text{mm})$

$$x=h_0-\sqrt{h_0^2-\frac{2M}{\alpha_1 f_c b}}=80-\sqrt{80^2-\frac{2\times5.453\times10^6}{1.0\times11.9\times1\ 000}}=5.95(\text{mm})<\xi_b h_0=0.576\times80=$$

46.08(mm)，不属于超筋梁。

(3)计算纵向受力钢筋的数量。

$A_s=\alpha_1 f_c bx/f_y=1.0\times11.9\times1\ 000\times5.95/270=262(\text{mm}^2)$

$0.45f_t/f_y=0.45\times1.27/270=0.21\%>0.2\%$，取 $\rho_{min}=0.21\%$。

$$\rho_{\min}bh = 0.21\% \times 1\,000 \times 100 = 210(\text{mm}^2) < A_s = 262\ \text{mm}^2$$

(4)选配钢筋。受力钢筋选用 Φ8@180($A_s = 279\ \text{mm}^2$)，分布钢筋按构造要求选用 Φ6@250，如图 4.18 所示。

【例 4.3】 某钢筋混凝土矩形截面梁，截面尺寸为 $b \times h = 200\ \text{mm} \times 500\ \text{mm}$，安全等级为二级，处于一类环境。混凝土强度等级为 C30，纵向受拉钢筋 3Φ25，HRB400 级钢筋，该梁承受最大弯矩设计值 $M_d = 125\ \text{kN} \cdot \text{m}$。试校核该梁正截面是否安全。

【解】 由已知条件可知，$f_c = 14.3\ \text{N/mm}^2$，$f_t = 1.43\ \text{N/mm}^2$，$f_y = 360\ \text{N/mm}^2$，$\xi_b = 0.518$，$\alpha_1 = 1.0$，$A_s = 1\,473\ \text{mm}^2$

(1)计算 h_0。纵向受拉钢筋布置成一层，故 $h_0 = h - 40 = 500 - 40 = 460(\text{mm})$。

(2)判断梁的类型。

$$x = \frac{A_s f_y}{\alpha_1 f_c b} = \frac{1\,473 \times 360}{1.0 \times 14.3 \times 200} = 185.41(\text{mm}) < \xi_b h_0 = 0.518 \times 460 = 238.3(\text{mm})$$

$$0.45 f_t / f_y = 0.45 \times 1.43 / 360 = 0.18\% < 0.2\%，取 \rho_{\min} = 0.2\%$$

$$\rho_{\min} bh = 0.2\% \times 200 \times 500 = 200(\text{mm}^2) < A_s = 1\,473\ \text{mm}^2$$

故该梁属适筋梁。

(3)求截面受弯承载力 M_u，并判断该梁正截面是否安全。

$$\begin{aligned}
M_u &= f_y A_s (h_0 - x/2) \\
&= 360 \times 1\,473 \times (460 - 185.41/2) \\
&= 194.8(\text{kN} \cdot \text{m}) > M = \gamma_0 M_d = 1.0 \times 125 = 125(\text{kN} \cdot \text{m})
\end{aligned}$$

故该梁正截面安全。

4.4.3 计算系数及其使用
Calculation Coefficients and Their Application

由上面的例题可见，利用基本公式进行计算时，需要解二次联立方程，计算过程比较复杂，为简化计算，可将基本公式制成表格，利用计算系数进行计算，下面介绍具体思路。

将基本公式式(4-22)改写为

$$M \leqslant M_u = \alpha_1 f_c bx\left(h_0 - \frac{x}{2}\right) = \alpha_1 f_c bh_0^2 \xi\left(1 - \frac{\xi}{2}\right) \tag{4-23}$$

令

$$\alpha_s = \xi\left(1 - \frac{\xi}{2}\right) \tag{4-24}$$

则

$$M_u = \alpha_s \alpha_1 f_c bh_0^2 \tag{4-25}$$

对混凝土合力作用点取矩，令

$$\gamma_s = \left(1 - \frac{\xi}{2}\right) \tag{4-26}$$

则

$$M_u = f_y A_s\left(h_0 - \frac{x}{2}\right) = f_y A_s h_0\left(1 - \frac{\xi}{2}\right) = \gamma_s f_y A_s h_0 \tag{4-27}$$

其中，α_s 称为截面抵抗矩系数，γ_s 称为内力臂系数。

由式(4-24)和式(4-26)得

$$\xi = 1 - \sqrt{1 - 2\alpha_s} \tag{4-28}$$

$$\gamma_s = \frac{1 + \sqrt{1 - 2\alpha_s}}{2} \tag{4-29}$$

式(4-28)和式(4-29)表明，ξ、γ_s 与 α_s 之间存在一一对应的关系，给定一个 α_s 值，便有

一个 ξ 和一个 γ_s 值与之对应。因此，可以预先算出一系列 α_s 值，求出与其对应的 ξ 和 γ_s 值，并且将它们列成表格，见附表 9。设计时直接查用此附表，可简化计算工作。

单筋矩形截面受弯构件的基本公式可写成

$$\alpha_1 f_c b \xi h_0 = f_y A_s \qquad (4\text{-}30)$$

$$M \leqslant M_u = \alpha_1 \alpha_s f_c b h_0^2 = \gamma_s f_y A_s h_0 \qquad (4\text{-}31)$$

单筋矩形截面的最大受弯承载力为

$$M_{u,max} = \alpha_{s,max} \alpha_1 f_c b h_0^2 \qquad (4\text{-}32)$$

$$\alpha_{s,max} = \xi_b (1 - 0.5\xi_b) \qquad (4\text{-}33)$$

其中，$\alpha_{s,max}$ 称为截面的最大抵抗矩系数。

【例 4.4】 某简支梁，截面尺寸为 $b \times h = 250\text{ mm} \times 500\text{ mm}$，跨中最大弯矩设计值为 $M = 180\text{ kN} \cdot \text{m}$，采用强度等级为 C30 的混凝土和 HRB400 级钢筋，求所需纵向受力钢筋。

【解】 假定受力钢筋按一排布置，则 $h_0 = h - 35 = 500 - 35 = 465\text{(mm)}$

由已知条件得，$\alpha_1 = 1.0$，$f_c = 14.3\text{ N/mm}^2$，$f_t = 1.43\text{ N/mm}^2$，$f_y = 360\text{ N/mm}^2$，$\xi_b = 0.518$。

由式(4-31)得

$$\alpha_s = \frac{M}{\alpha_1 f_c b h_0^2} = \frac{180 \times 10^6}{14.3 \times 250 \times 465^2} = 0.23$$

由式(4-28)求得相应的 ξ 值为

$$\xi = 1 - \sqrt{1 - 2\alpha_s} = 0.265 < \xi_b = 0.518$$

或由附表 9 查得 $\xi = 0.265$，与式(4-28)计算结果一致。

由式(4-21)求得所需纵向受拉钢筋面积为

$$A_s = \xi b h_0 \frac{\alpha_1 f_c}{f_y} = 0.265 \times 250 \times 465 \times \frac{14.3}{360} = 1\,224\text{(mm}^2)$$

$$\rho = \frac{A_s}{bh_0} = \frac{1\,224}{250 \times 465} \times 100\% = 1.05\% > \rho_{min} = \max\left(0.2\%, 0.45\frac{f_t}{f_y}\right) = 0.2\%$$

选用 4Φ20($A_s = 1\,256\text{ mm}^2$)。

4.5 双筋矩形截面受弯构件正截面承载力计算

Strength of Rectangular Section in Bending with Both Tension and Compression Reinforcement

4.5.1 采用双筋截面的条件
Conditions Using Section in Bending with Both Tension and Compression Reinforcement

双筋矩形截面是指不但在截面的受拉区配置纵向受力钢筋，而且在截面的受压区也配置纵向受力钢筋的矩形截面，如图 4.19 所示。

在钢筋混凝土受弯构件正截面承载力计算中，用钢筋协助混凝土抵抗压力是不经济的，工程中只有在下列情况下宜采用双筋截面：

（1）当截面尺寸和材料强度受使用和施工条件限制而不能增加，按单筋截面计算又不满足适筋截面适用条件时，可采用双筋截面，在受压区配置钢筋以补充混凝土受压能力的不足；

（2）由于荷载有多种组合情况，在某一种组合情况下截面承受正弯矩，另一种组合情况下可能承受负弯矩，这时宜采用双筋截面；

（3）由于受压钢筋可以提高截面的延性，因此，在抗震结构中要求框架梁必须配置一定比例的受压钢筋。

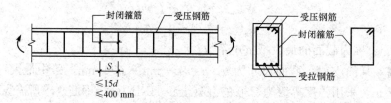

图 4.19　受压钢筋及其箍筋直径和间距

4.5.2　受压钢筋的应力
Stress of Compression Steel

双筋截面受弯构件的受力特点和破坏特征基本上与单筋截面相似，只要满足 $\xi \leqslant \xi_b$ 时，双筋截面的破坏仍为受拉钢筋首先屈服，经历一定的塑性伸长后，最后受压区混凝土压碎，具有适筋梁的塑性破坏特征。在建立双筋截面受弯构件正截面承载力的计算公式时，受压区混凝土仍可采用等效矩形应力图形，而受压钢筋的抗压强度设计值尚待确定。

双筋截面梁破坏时，纵向受压钢筋的应力取决于它的应变 ε_s'，如图 4.20 所示。

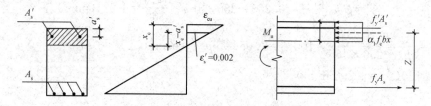

图 4.20　双筋截面的应变及应力分布

由平截面假定得

$$\varepsilon_s' = \frac{x_c - a_s'}{x_c}\varepsilon_{cu} = \left(1 - \frac{a_s'}{x/\beta_1}\right)\varepsilon_{cu} \tag{4-34}$$

强度等级为 C50 以下的混凝土，$\beta_1 = 0.8$，则有

$$\varepsilon_s' = \left(1 - \frac{a_s'}{x/0.8}\right)\varepsilon_{cu} = \left(1 - \frac{0.8a_s'}{x}\right)\varepsilon_{cu} \tag{4-35}$$

令 $x = 2a_s'$，则 $\varepsilon_s' = 0.002$。相应受压钢筋的应力为

$$\sigma_s' = E_s'\varepsilon_s' = (2.0 \sim 2.1) \times 10^5 \times 0.002 = (400 \sim 420)\,\text{N/mm}^2$$

对于 HPB300、HRB335、HRB400 及 RRB400 级钢筋，应变为 0.002 时的应力均可达到强度设计值 f_y'，因此，《规范》规定，若在计算中考虑受压钢筋，并取 $\sigma_s = f_y'$ 时，必须满足条件 $x \geqslant 2a_s'$。其含义为受压钢筋位置应不低于矩形应力图中受压区的形心。若不满足该

式规定，则表明受压钢筋位置距离中和轴太近，受压钢筋压应变 ε_s' 过小，致使 σ_s' 达不到 f_y'。

4.5.3 计算公式和适用条件
Calculation Formulas and Their Application Conditions

(1)基本公式。双筋矩形截面受弯构件的正截面受弯承载力计算简图如图 4.21 所示。由力和力矩的平衡条件即可建立基本计算公式为

$$\sum X = 0 \quad \alpha_1 f_c bx + f_y' A_s' = f_y A_s \tag{4-36}$$

$$\sum M = 0 \quad M \leqslant M_u = \alpha_1 f_c bx \left(h_0 - \frac{x}{2} \right) + f_y' A_s' (h_0 - a_s') \tag{4-37}$$

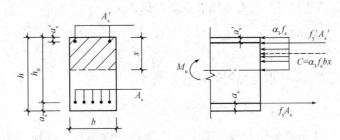

图 4.21 双筋矩形截面受弯构件正截面承载力计算简图

(2)计算分解公式。若直接以基本公式式(4-36)、式(4-37)求解，计算工作量较大，为简化计算，可采用分解公式，即双筋矩形截面所承担的弯矩设计值 M_u 可分成两部分来考虑：第一部分是由受压区混凝土和与其相应的一部分受拉钢筋 A_{s1} 所形成的承载力设计值 M_{u1}，相当于单筋矩形截面的受弯承载力；第二部分是由受压钢筋和与其相应的另一部分受拉钢筋 A_{s2} 所形成的承载力设计值 M_{u2}。则计算公式为

$$\begin{cases} \alpha_1 f_c bx = f_y A_{s1} \\ M_{u1} = \alpha_1 f_c bx \left(h_0 - \dfrac{x}{2} \right) \end{cases} \tag{4-38}$$

$$\begin{cases} f_y' A_s' = f_y A_{s2} \\ M_{u2} = f_y' A_s' (h_0 - a_s') \end{cases} \tag{4-39}$$

叠加得 $M_u = M_{u1} + M_{u2}$，$A_s = A_{s1} + A_{s2}$。

(3)适用条件。应用上述计算公式时，必须满足以下条件：

1)防止超筋破坏，应满足 $\xi \leqslant \xi_b$ 或 $x \leqslant \xi_b h_0$；

2)为保证受压钢筋达到抗压屈服强度，应满足 $x \geqslant 2a_s'$。

双筋截面中的受拉钢筋常常配置较多，一般均能满足最小配筋率的要求，故不必进行最小配筋率验算。

在设计中，若求得 $x < 2a_s'$ 时，则表明受压钢筋不能达到其抗压屈服强度。《规范》规定：当 $x < 2a_s'$ 时，取 $x = 2a_s'$，即假设混凝土压应力合力点与受压钢筋合力点相重合，忽略了混凝土压力对受压钢筋合力点的力矩，这样做是偏于安全的，则求正截面受弯承载力时，可直接对受压钢筋合力点取矩，此时，基本公式式(4.37)可改为

$$M \leqslant M_u = f_y A_s (h_0 - a_s') \tag{4-40}$$

4.5.4 基本公式应用
The Application of Basic Formulas

1. 截面设计

情况 1: 已知弯矩设计值 M、材料强度等级和截面尺寸，求纵向受力钢筋截面面积 A_s 和 A'_s。

在两个基本公式中有 x、A_s 和 A'_s 三个未知数，需增加一个条件才能求解。为取得较经济的设计，应使截面的总用钢量($A_s + A'_s$)最少，则应充分考虑利用混凝土的强度。

(1)令 $x = \xi_b h_0$ 或 $\xi = \xi_b$(钢筋总用钢量最少且减少一个未知数);

(2)先由基本公式式(4-37)求受压钢筋截面面积 A'_s:

$$A'_s = \frac{M - \alpha_1 f_c b x \left(h_0 - \frac{x}{2}\right)}{f'_y(h_0 - a'_s)} = \frac{M - \alpha_1 f_c b \xi_b h_0 \left(h_0 - \frac{\xi_b h_0}{2}\right)}{f'_y(h_0 - a'_s)}$$

(3)由基本公式式(4-36)求受拉钢筋截面面积 A_s:

$$A_s = \frac{f'_y A'_s + \alpha_1 f_c b x}{f_y} = \frac{f'_y A'_s + \alpha_1 f_c b \xi_b h_0}{f_y}$$

(4)按 A_s、A'_s 值选用钢筋直径及根数，并在梁截面内布置，以检验实配钢筋排数是否与原假设相符。

情况 2: 已知弯矩设计值 M、材料强度等级、截面尺寸和受压钢筋面积 A'_s，求纵向受拉钢筋截面面积 A_s。

在计算公式中，有 A_s 及 x 两个未知数，可用计算公式求解，也可用公式分解求解。

方法一: 计算公式求解。

(1)由基本公式式(4-37)求解 x 或 ξ。

(2)检验适用条件:

1)若 $2a'_s \leqslant x = \xi h_0 \leqslant \xi_b h_0$，则由式(4-36)求 A_s，即 $A_s = \dfrac{f'_y A'_s + \alpha_1 f_c b x}{f_y}$;

2)若 $x < 2a'_s$，取 $x = 2a'_s$，则由式(4-40)得 $A_s = \dfrac{M}{f_y(h_0 - a'_s)}$;

3)若 $x > \zeta_b h_0$，说明 A'_s 配置太少，按 A'_s 未知，即情况 1 重新计算。

方法二: 公式分解求解。

(1)由式(4-39)计算 $M_{u2} = f'_y A'_s(h_0 - a'_s)$。

(2)由式(4-38)得 $M_{u1} = M_u - M_{u2}$。

(3)$\alpha_s = \dfrac{M_{u1}}{\alpha_1 f_c b h_0^2}$，$\xi = 1 - \sqrt{1 - 2\alpha_s}$，$x = \xi h_0$。

1)若 $2a'_s \leqslant x = \xi h_0 \leqslant \xi_b h_0$，则由式(4-36)求 A_s，即 $A_s = \dfrac{f'_y A'_s + \alpha_1 f_c b x}{f_y}$;

2)若 $x \leqslant 2a'_s$ 时，取 $x = 2a'_s$，则由式(4-40)得 $A_s = \dfrac{M}{f_y(h_0 - a'_s)}$;

3)若 $x > \zeta_b h_0$ 时，说明给定的受压钢筋面积 A'_s 配置太少，按 A'_s 未知，即情况 1 重新计算。

2. 截面校核

承载力校核时，截面的弯矩设计值 M、截面尺寸 $b \times h$、钢筋级别、混凝土的强度等级、受拉钢筋截面面积 A_s 和受压钢筋截面面积 A_s' 都是已知的。试验算正截面受弯承载力是否足够。

(1)由基本公式式(4-36)求解 x，即 $x = \dfrac{f_y A_s - f_y' A_s'}{\alpha_1 f_c b}$。

(2)检验适用条件：

1)若 $2a_s' \leqslant x = \xi h_0 \leqslant \xi_b h_0$，直接由基本公式式(4-37)求 M_u；

2)若 $x < 2a_s'$，取 $x = 2a_s'$，则向受压钢筋取矩确定 M_u；

3)若 $x > \xi_b h_0$，取 $x = \xi_b h_0$ 代入基本公式式(4-37)求 M_u，即 $M_u = f_y' A_s'(h_0 - a_s') + \alpha_1 f_c b \xi_b h_0 (h_0 - \dfrac{\xi_b h_0}{2})$；

若 $M_u \geqslant M$，则说明截面承载力足够，构件安全；若 $M_u < M$，则说明截面承载力不够，构件不安全，需重新设计或补强加固。

截面校核问题也可用分解公式式(4-38)和式(4-39)求解，可使计算过程简化。

【例 4.5】 已知梁的截面尺寸为 $b \times h = 250 \text{ mm} \times 500 \text{ mm}$，混凝土强度等级为 C40，钢筋采用 HRB400 级，截面弯矩设计值 $M = 400 \text{ kN} \cdot \text{m}$。环境类别为一类。求所需受压和受拉钢筋截面面积 A_s、A_s'。

【解】 (1)由已知条件可知，$f_c = 19.1 \text{ N/mm}^2$，$f_y = f_y' = 360 \text{ N/mm}^2$，$\alpha_1 = 1.0$，$\xi_b = 0.518$。

(2)验算是否需要采用双筋截面。

因弯矩设计值较大，假定受拉钢筋放两排，设 $a_s = 65 \text{ mm}$，则 $h_0 = h - a_s = 500 - 65 = 435(\text{mm})$。单筋矩形截面所能承担的最大弯矩为

$$M_{u,\max} = \alpha_1 f_c b h_0^2 \xi_b (1 - 0.5\xi_b)$$
$$= 1.0 \times 19.1 \times 250 \times 435^2 \times 0.518 \times (1 - 0.5 \times 0.518)$$
$$= 346.82(\text{kN} \cdot \text{m}) < M = 400 \text{ kN} \cdot \text{m}$$

这说明，如果设计成单筋矩形截面，将会出现 $x > \xi_b h_0$ 的超筋情况。若不加大截面尺寸，又不提高混凝土强度等级，则需按双筋矩形截面进行设计。

(3)求受压钢筋 A_s'。

取 $\xi = \xi_b$，则有 $A_s' = \dfrac{M - M_{u,\max}}{f_y'(h_0 - a_s')} = \dfrac{400 \times 10^6 - 346.82 \times 10^6}{360 \times (435 - 40)} = 373.9(\text{mm}^2)$

(4)求受拉钢筋 A_s。

$$A_s = \xi_b \frac{\alpha_1 f_c b h_0}{f_y} + \frac{A_s' f_y'}{f_y} = 0.518 \times \frac{1.0 \times 19.1 \times 250 \times 435}{360} + 373.9 = 3\ 363(\text{mm}^2)$$

受拉钢筋选用 7Φ25mm，$A_s = 3\ 436 \text{ mm}^2$，受压钢筋选用 2Φ16($A_s' = 402 \text{ mm}^2$)。

【例 4.6】 已知条件同例 4.5，但在受压区已经配置了 3Φ25，求受拉钢筋 A_s。

【解】 (1)确定设计参数。由附表 6.1 查得 $A_s' = 1\ 473 \text{ mm}^2$，其他同例 4.5。

(2)计算受拉钢筋 A_s。

$$\alpha_s = \frac{M - f_y' A_s'(h_0 - a_s')}{\alpha_1 f_c b h_0^2} = \frac{400 \times 10^6 - 360 \times 1\ 473 \times (435 - 40)}{1.0 \times 19.1 \times 250 \times 435^2} = 0.211$$

$$\xi = 1 - \sqrt{1 - 2\alpha_s} = 1 - \sqrt{1 - 2 \times 0.211} = 0.240 < \xi_b = 0.518，满足适用条件。$$

且 $\xi h_0 = 0.240 \times 435 = 104.216(\text{mm}) > 2a_s' = 80(\text{mm})$，受压钢筋可以达到屈服。

$$A_s = \frac{\alpha_1 f_c b \xi h_0}{f_y} + \frac{A_s' f_y'}{f_y} = \frac{1.0 \times 19.1 \times 250 \times 0.240 \times 435}{360} + 1\ 473$$

$$= 2\ 855 (\text{mm}^2)$$

选配 6⊈25 mm($A_s' = 2\ 945\ \text{mm}^2$)。

【例 4.7】 已知一钢筋混凝土梁截面尺寸为 200 mm×400 mm，混凝土强度等级为 C30，采用 HRB400 级受拉钢筋 3⊈25($A_s = 1\ 473\ \text{mm}^2$)，受压钢筋 2⊈16($A_s' = 402\ \text{mm}^2$)，安全等级为 Ⅱ 级，一类环境。要求承受的弯矩设计值 $M = 150\ \text{kN·m}$，验算正截面是否安全。

【解】 (1)确定设计参数。

由已知条件可知，$f_c = 14.3\ \text{N/mm}^2$，$f_y = f_y' = 360\ \text{N/mm}^2$，$\alpha_1 = 1.0$，$\xi_b = 0.518$，混凝土的最小保护层厚度为 20 mm，故 $a_s = 40\ \text{mm}$，$h_0 = (450-40)\text{mm} = 410\ \text{mm}$。

(2)求解 x。

由式(4-36)得：$x = \dfrac{f_y A_s - f_y' A_s'}{\alpha_1 f_c b} = \dfrac{360 \times 1\ 473 - 360 \times 402}{1.0 \times 14.3 \times 200} = 134.81 (\text{mm})$

$2a_s' = 80\ \text{mm} < x < \xi_b h_0 = 0.518 \times 410 = 212.38 (\text{mm})$

(3)校核。

$$M_u = \alpha_1 f_c b x \left(h_0 - \frac{x}{2}\right) + f_y' A_s' (h_0 - a_s')$$

$$= 1 \times 14.3 \times 200 \times 134.81 \times \left(410 - \frac{134.81}{2}\right) + 360 \times 402 \times (410 - 40)$$

$$= 18\ 563\ 616(\text{N·mm}) \approx 186(\text{kN·m}) > 150(\text{kN·m})$$

故正截面安全。

4.6 T 形截面受弯构件正截面承载力计算

Strength of T Section in Bending

4.6.1 概述

Introduction

在矩形截面受弯构件的承载力计算中，没有考虑混凝土的抗拉强度，因为受弯构件在破坏时，受拉区混凝土早已开裂，在裂缝截面处，受拉区的混凝土不再承担拉力，对截面的抗弯承载力已不起作用。所以，对于尺寸较大的矩形截面构件，可将受拉区两侧混凝土挖去，形成如图 4.22 所示的 T 形截面，将受拉钢筋集中布置。与原矩形截面相比，T 形截面的极限承受能力不受影响，而且可以节省混凝土，减轻结构自重，获得较好的经济效益。

T 形截面的伸出部分称为翼缘，其宽度为 b_f'，厚度为 h_f'；中间部分称为肋或腹板，肋宽为 b，截面总高为 h。有时为了需要，常采用翼缘在受拉区的倒 T 形截面或 I 形截面，由于不考虑受拉区翼缘的混凝土参与受力，I 形截面受弯构件按 T 形截面计算。

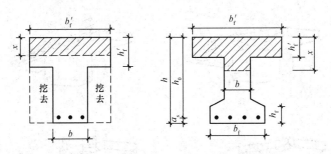

图 4.22　T 形截面图

T 形截面受弯构件在实际工程中应用极为广泛。对于预制构件有 T 形吊车梁、T 形檩条等；其他如 I 形吊车梁、槽形板、空心板等截面均可换算成 T 形截面计算。

现浇肋梁楼盖中楼板与梁整体浇筑在一起，形成整体式 T 形梁，如图 4.23 所示，其跨中截面承受正弯矩（1—1 截面），挑出的翼缘位于受压区，与肋的受压区混凝土共同受力，故按 T 形截面计算；其支座处承受负弯矩（2—2 截面），梁顶面受拉，翼缘位于受拉区，翼缘混凝土开裂后退出工作不参与受力，因此，应按宽度为肋宽的矩形截面计算。

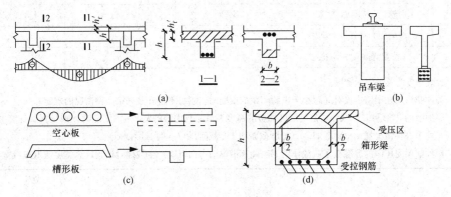

图 4.23　各类 T 形截面梁

(a)连续梁；(b)吊车梁；(c)空心板、槽形板；(d)箱形梁

4.6.2　T 形截面翼缘计算宽度

Calculating Width of the Flange of T Section

在理论上，T 形截面翼缘宽度 b'_f 越大，截面受力性能越好。因为在弯矩 M 作用下，随着 T 形截面翼缘宽度 b'_f 的增大，可使受压区高度减小，内力臂增大，因而可减小受拉钢筋截面面积。但试验研究与理论分析证明，T 形截面受弯构件翼缘的纵向压应力沿翼缘宽度方向分布不均匀，离肋部越远压应力越小，如图 4.24(a)、(c)所示，可见翼缘参与受压的有效宽度是有限的。因此，在设计中把与肋共同工作的翼缘宽度限制在一定的范围内，该范围称为翼缘的计算宽度 b'_f，并假定在宽度 b'_f 范围内翼缘压应力均匀分布，如图 4.24(b)、(d)所示。

T 形截面翼缘计算宽度 b'_f 的取值，与翼缘厚度、梁跨度和受力情况等许多因素有关。《规范》规定按表 4.7 中有关规定的各项最小值取用，如图 4.25 所示。

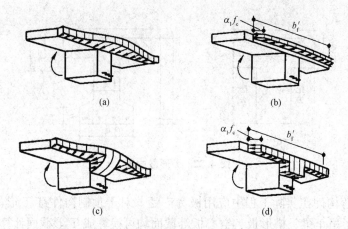

图 4.24　T 形截面翼缘受力状态及应力简化图

表 4.7　T 形及倒 L 形截面受弯构件翼缘计算宽度 b_f'

情况		T 形截面		倒 L 形截面
		肋形梁（板）	独立梁	肋形梁（板）
1	按计算跨度 l_0 考虑	$l_0/3$	$l_0/3$	$l_0/6$
2	按梁（肋）净距 S_n 考虑	$b+s_n$	—	$b+s_n/2$
3	按翼缘高度 h_f' 考虑	$b+12h_f'$	b	$b+5h_f'$

注：(1)表中 b 为梁的腹板宽度；
　　(2)如肋形梁在梁跨内设有间距小于纵肋间距的横肋时，则可不遵守表列第 3 种情况的规定；
　　(3)加腋的 T 形和 L 形截面，当受压区加腋的高度 $h_h \geq h_f'$ 且加腋的宽度 $b_h \leq 3h_h$ 时，则其翼缘计算宽可按表列第 3 种情况规定分别增加 $2b_h$（T 形截面和 I 形截面）和 b_h（倒 L 形截面）；
　　(4)独立梁受压区的翼缘板在荷载作用下经验算沿纵肋方向可能产生裂缝时，其计算宽度应取腹板宽度 b。

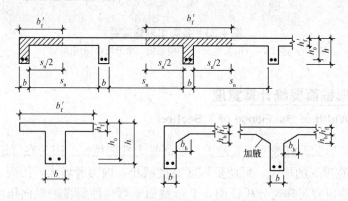

图 4.25　T 形截面受压翼缘的计算宽度

4.6.3　计算公式及适用条件
Calculation Formulas and Their Application Conditions

1. T 形截面类型的判别

当进行 T 形截面受弯构件正截面承载力计算时，首先需要判别该截面在给定的条件下属哪一类 T 形截面，按照截面破坏时中和轴位置的不同，T 形截面可分为以下两类：

（1）第 Ⅰ 类 T 形截面：中和轴在翼缘内，即 $x \leq h'_f$ [图 4.26(a)]；

（2）第 Ⅱ 类 T 形截面：中和轴在梁肋内，即 $x > h'_f$ [图 4.26(b)]。

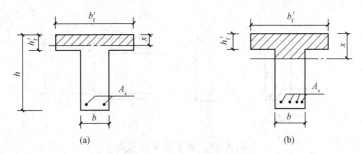

图 4.26　两类 T 形截面

(a) 第 Ⅰ 类 T 形截面 $(x \leq h'_f)$；(b) 第 Ⅱ 类 T 形截面 $(x > h'_f)$

要判断中和轴是否在翼缘内，首先应对其界限位置进行分析，界限位置为中和轴在翼缘与梁肋交界处，即 $x = h'_f$，也称界限情况，如图 4.27 所示。

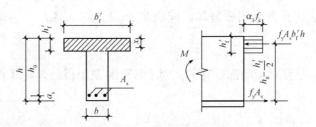

图 4.27　$x = h'_f$ 时的 T 形截面

当为界限情况时，根据力的平衡条件有

$$\sum X = 0 \quad \alpha_1 f_c b'_f h'_f = f_y A_s \tag{4-41}$$

$$\sum M = 0 \quad M_u = \alpha_1 f_c b'_f h'_f \left(h_0 - \frac{h'_f}{2} \right) \tag{4-42}$$

对于第 Ⅰ 类 T 形截面 $(x \leq h'_f)$，则有

$$f_y A_s \leq \alpha_1 f_c b'_f h'_f \tag{4-43}$$

$$M \leq \alpha_1 f_c b'_f h'_f \left(h_0 - \frac{h'_f}{2} \right) \tag{4-44}$$

对于第 Ⅱ 类 T 形截面 $(x > h'_f)$，则有

$$f_y A_s > \alpha_1 f_c b'_f h'_f \tag{4-45}$$

$$M > \alpha_1 f_c b'_f h'_f \left(h_0 - \frac{h'_f}{2} \right) \tag{4-46}$$

式(4-43)～式(4-46)即为 T 形截面类型的判别条件，但要注意截面设计和校核时采用不同的判别条件：

（1）截面设计时，A_s 未知，用弯矩平衡条件判别，采用式(4-44)和式(4-46)判别；

（2）截面校核时，A_s 已知，用轴力平衡条件判别，采用式(4-43)和式(4-45)判别。

2. 计算公式及适用条件

(1)第Ⅰ类T形截面的基本公式及适用条件。由于不考虑受拉区混凝土的作用，计算第Ⅰ类T形截面的正截面承载力时，计算公式与截面尺寸为 $b'_f \times h$ 的矩形截面相同(图4.28)。

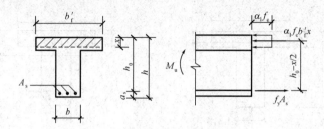

图4.28 第Ⅰ类T形截面

1)基本公式。由图4.28所示，根据静力平衡条件得基本公式如下：

$$\sum X = 0 \quad \alpha_1 f_c b'_f x = f_y A_s \tag{4-47}$$

$$\sum M = 0 \quad M \leqslant M_u = \alpha_1 f_c b'_f x \left(h_0 - \frac{x}{2}\right) \tag{4-48}$$

2)适用条件。为防止发生超筋破坏，应满足 $\xi \leqslant \xi_b$ 或 $x \leqslant \xi_b h_0$；为防止发生少筋破坏，应满足 $\rho = \dfrac{A_s}{bh_0} \geqslant \rho_{min}$。

注意，此处的 ρ 是针对梁肋部计算的。对Ⅰ形和倒T形截面，则计算最小配筋率 ρ 的表达式为

$$\rho = \frac{A_s}{bh + (b_f - b)h_f} \tag{4-49}$$

(2)第Ⅱ类T形截面的基本公式及适用条件。第Ⅱ类T形截面，中和轴在梁肋内，受压区高度 $x > h'_f$，此时，受压区为T形，计算简图如图4.29所示。

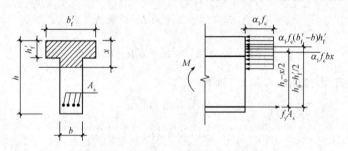

图4.29 第Ⅱ类T形截面的计算简图

1)计算公式。由图4.29所示，根据力的平衡条件得基本公式如下：

$$\sum X = 0 \quad \alpha_1 f_c bx + \alpha_1 f_c (b'_f - b)h'_f = f_y A_s \tag{4-50}$$

$$\sum M = 0 \quad M \leqslant M_u = \alpha_1 f_c bx \left(h_0 - \frac{x}{2}\right) + \alpha_1 f_c (b'_f - b)h'_f \left(h_0 - \frac{h'_f}{2}\right) \tag{4-51}$$

2)计算分解公式。第Ⅱ类T形截面梁承担的弯矩设计值 M_u 可分解成两部分考虑。一是由肋部受压区混凝土和与其相应的一部分受拉钢筋所形成的弯矩承载力设计值 M_{u1}，相

当于单筋矩形截面的受弯承载力；二是由翼缘伸出部分的受压区混凝土和与其相应的另一部分受拉钢筋所形成的受弯承载力设计值 M_{u2}。分解公式为

$$\alpha_1 f_c bx = f_y A_{s1} \tag{4-52}$$

$$M_{u1} = \alpha_1 f_c bx \left(h_0 - \frac{x}{2} \right) \tag{4-53}$$

$$\alpha_1 f_c (b_f' - b) h_f' = f_y A_{s2} \tag{4-54}$$

$$M_{u2} = \alpha_1 f_c (b_f' - b) h_f' \left(h_0 - \frac{h_f'}{2} \right) \tag{4-55}$$

叠加得 $M_u = M_{u1} + M_{u2}$，$A_s = A_{s1} + A_{s2}$。

3）适用条件。

①为防止发生超筋破坏，应满足 $\xi \leqslant \xi_b$ 或 $x \leqslant \xi_b h_0$；

②为防止发生少筋破坏，应满足 $\rho \geqslant \rho_{min}$（第Ⅱ类 T 形截面可不验算最小配筋率要求）。

4.6.4 计算公式的应用
Calculation Formulas Applications

1. 截面设计

已知弯矩设计值 M、材料强度等级和截面尺寸，求纵向受力钢筋截面面积 A_s。

（1）由式（4-44）或式（4-46）判别截面类型。

（2）对于第Ⅰ类 T 形截面，其计算方法与 $b_f' \times h$ 的单筋矩形截面完全相同。

（3）对于第Ⅱ类 T 形截面，在计算式（4-50）、式（4-51）中有 A_s 及 x 两个未知数，可用方程组直接求解，也可用简化计算公式计算。

计算过程如下：

1）查表，确定各类参数；

2）$M_{u2} = \alpha_1 f_c (b_f' - b) h_f' \left(h_0 - \frac{h_f'}{2} \right)$，$M_{u1} = M_u - M_{u2}$；

3）$\alpha_s = \dfrac{M_{u1}}{\alpha_1 f_c b h_0^2}$；

4）$\xi = 1 - \sqrt{1 - 2\alpha_s}$；

5）若求得 $x = \xi h_0 \leqslant \xi_b h_0$，则 $A_s = \dfrac{\alpha_1 f_c bx + \alpha_1 f_c (b_f' - b) h_f'}{f_y}$；

6）若 $x > \xi_b h_0$ 时，应加大截面尺寸，或提高混凝土强度等级，或采用双筋截面。

2. 截面校核

已知弯矩设计值 M、截面尺寸、材料等级、环境类别和钢筋用量 A_s，求截面所能承担的弯矩 M_u。

（1）由式（4-43）或式（4-45）判别截面类型；

（2）对于第Ⅰ类 T 形截面，可按 $b_f' \times h$ 的单筋矩形截面梁的计算方法求 M_u；

（3）对于第Ⅱ类 T 形截面，首先求 x，$x = \dfrac{f_y A_s - \alpha_1 f_c (b_f' - b) h_f'}{\alpha_1 f_c b}$；

当 $x = \xi h_0 \leqslant \xi_b h_0$ 时，$M_u = \alpha_1 f_c (b_f' - b) h_f' \left(h_0 - \frac{h_f'}{2} \right) + \alpha_1 f_c bx \left(h_0 - \frac{x}{2} \right)$；

当 $x=\xi h_0 > \xi_b h_0$ 时，$M_u = \alpha_1 f_c(b'_f - b)h'_f\left(h_0 - \dfrac{h'_f}{2}\right) + \alpha_1 f_c b h_0^2 \xi_b(1 - 0.5\xi_b)$；

若 $M_u \geqslant M$，则承载力足够，截面安全。

【例 4.8】 已知一肋梁楼盖的次梁，计算跨度为 5.4 m，间距为 2.2 m，截面尺寸如图 4.30 所示。梁高 $h = 400$ mm，梁腹板宽 $b = 200$ mm。跨中最大正弯矩设计值 $M = 150$ kN·m，混凝土强度等级为 C30，钢筋为 HRB400 级，试计算纵向受拉钢筋面积 A_s。

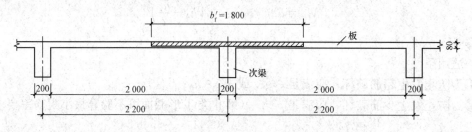

图 4.30　例题 4.8 图

【解】 （1）确定材料强度设计值。由已知条件得，$f_c = 14.3$ N/mm²，$f_y = 360$ N/mm²，$\xi_b = 0.518$，$\rho_{min} = 0.20\%$，$h_0 = 400 - 40 = 360$（mm）。

（2）确定翼缘计算宽度。

按梁跨度考虑：$b'_f = l/3 = \dfrac{5\,400}{3} = 1\,800$（mm）；

按梁净距 S_n 考虑：$b'_f = b + S_n = 200 + 2\,000 = 2\,200$（mm）；

按翼缘高度 $\rho \leqslant \rho_{max}$ 考虑：$b'_f = b + 12h'_f = 200 + 12 \times 80 = 1\,160$（mm）。

翼缘计算宽度 $\rho \geqslant \rho_{min}$ 取三者中的较小值，即 $b'_f = 1\,160$ mm。

（3）判别 T 形截面类别。

$$\alpha_1 f_c b'_f h'_f\left(h_0 - \dfrac{h'_f}{2}\right) = 1.0 \times 14.3 \times 1\,160 \times 80 \times \left(360 - \dfrac{80}{2}\right)$$
$$= 424.65\,(\text{kN·m}) > M = 150\ \text{kN·m}$$

属于第 Ⅰ 类 T 形截面。

（4）求 A_s。

$$\alpha_s = \dfrac{M}{\alpha_1 f_c b'_f h_0^2} = \dfrac{150000\,000}{1.0 \times 14.3 \times 1\,160 \times 360^2} = 0.070$$

从附表查得：$\xi = 0.073 < \xi_b = 0.518$

$$A_s = \dfrac{\alpha_1 f_c b'_f h_0 \xi}{f_y} = \dfrac{1.0 \times 14.3 \times 1\,160 \times 360 \times 0.073}{360} = 1\,210.92\,(\text{mm}^2)$$

$$A_{s,min} = 0.002 \times 200 \times 400 = 160\,(\text{mm}^2) < A_s = 1\,210.92\ \text{mm}^2$$

选用 3Φ25，$A_s = 1\,473$ mm²

【例 4.9】 某独立 T 形梁，截面尺寸为 $b \times h = 300$ mm × 800 mm，$b_f = 600$ mm，$h'_f = 100$ mm，计算跨度 $l_0 = 7$ m，承受弯矩设计值 $M = 695$ kN·m，采用强度等级为 C25 混凝土和 HRB400 级钢筋，试确定纵向钢筋截面面积。

【解】 （1）确定材料强度设计值。由已知条件得，$f_c = 11.9$ N/mm²，$\alpha_1 = 1.0$，$f_y = 360$ N/mm²，$\xi_b = 0.518$，假设纵向钢筋放置成两排，则 $h_0 = 800 - 70 = 730$（mm）。

（2）确定 b_f'。

按计算跨度 l_0 考虑：$b_f'=l_0/3=7\ 000/3=2\ 333.33$(mm)；

按翼缘高度 h_f' 考虑：$b_f'=b+12h_f'=300+12\times100=1\ 500$(mm)；

上述两项均大于实际翼缘宽度 600 mm，故取 $b_f'=600$ mm。

（3）判别 T 形截面的类型。

$$\alpha_1 f_c b_f' h_f'(h_0-h_f'/2)=1.0\times11.9\times600\times100\times(730-100/2)$$
$$=485.52(\text{kN}\cdot\text{m})<M=695\ \text{kN}\cdot\text{m}$$

该梁为第 Ⅱ 类 T 形截面。

（4）计算 x。

$$x=h_0-\sqrt{h_0^2-\frac{2[M-\alpha_1 f_c(b_f'-b)h_f'(h_0-h_f'/2)]}{\alpha_1 f_c b}}$$

$$=730-\sqrt{730^2-\frac{2\times[695\times10^6-1.0\times11.9\times(600-300)\times100\times(730-100/2)]}{1.0\times11.9\times300}}$$

$$=201.28(\text{mm})<\xi_b h_0=0.518\times730\ \text{mm}=378.14\ \text{mm}$$

（5）计算 A_s。

$$A_s=\alpha_1 f_c bx/f_y+\alpha_1 f_c(b_f'-b)h_f'/f_y$$
$$=1.0\times11.9\times300\times201.28/360+1.0\times11.9\times(600-300)\times100/360$$
$$=2\ 987.7(\text{mm}^2)$$

选配 4Φ25＋2Φ28，$A_s=3\ 196\ \text{mm}^2$，钢筋布置如图 4.31 所示。

【**例 4.10**】 已知 T 形截面梁，截面尺寸和配筋如图 4.32 所示。选用强度等级为 C25 混凝土，承受的弯矩设计值 $M=450$ kN·m，$a_s=65$ mm。安全等级为 Ⅱ 级，一类环境。试计算正截面是否安全。

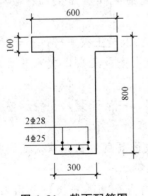

图 4.31 截面配筋图

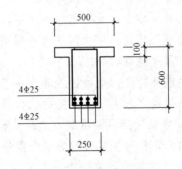

图 4.32 例题 4.10 图

【**解**】 （1）确定设计参数。由已知条件可得，$f_c=11.9\ \text{N/mm}^2$，$\alpha_1=1.0$，$f_y=360\ \text{N/mm}^2$，$\xi_b=0.518$，$A_s=3\ 927\ \text{mm}^2$。

$$h_0=h-a_s=600-65=535(\text{mm})$$

（2）截面类型判别。

$$\alpha_1 f_c b_f' h_f'=1.0\times11.9\times500\times100=595(\text{kN})<A_s f_y=300\times3\ 927=1\ 178.1(\text{kN})$$

故为第 Ⅱ 类 T 形截面梁。

(3)计算 x。

$$x = \frac{f_y A_s - \alpha_1 f_c (b'_f - b) h'_f}{\alpha_1 f_c b}$$

$$= \frac{360 \times 3\,927 - 1.0 \times 11.9 \times (500 - 250) \times 100}{1.0 \times 11.9 \times 250}$$

$$= 375.2 (\text{mm}) > \xi_b h_0 = 0.518 \times 535 = 277.13 (\text{mm})$$

(4)计算受弯承载力 M_u。因 $x > \xi_b h_0$，取 $x = \xi_b h_0$，则

$$M_u = \alpha_1 f_c b h_0^2 \xi_b \left(1 - \frac{\xi_b}{2}\right) + \alpha_1 f_c (b'_f - b) h'_f \left(h_0 - \frac{h'_f}{2}\right)$$

$$= 1.0 \times 11.9 \times 250 \times 535^2 \times 0.518 \times \left(1 - \frac{0.518}{2}\right) + 1.0 \times 11.9 \times (500 - 250) \times$$

$$100 \times \left(535 - \frac{100}{2}\right)$$

$$= 471.13 \times 10^6 (\text{N} \cdot \text{mm}) = 471.13 \text{ kN} \cdot \text{m} > M = 452 \text{ kN} \cdot \text{m}$$

所以该截面承载力满足要求。

 本章小结

1. 适筋受弯构件从开始加载至构件破坏，正截面经历三个受力阶段。在不同受力阶段，截面的应变、钢筋与混凝土的应力、中和轴等方面均有变化。第 I_a 阶段为受弯构件抗裂计算的依据，第 II 阶段是受弯构件正常使用阶段的变形和裂缝宽度以及舒适度计算的依据；第 III_a 阶段是受弯构件正截面承载能力的计算依据。

2. 钢筋混凝土梁由于配筋率不同，有适筋梁、超筋梁和少筋梁三种破坏形态，其中，超筋梁和少筋梁在设计中不能采用。

适筋梁的破坏特点：受拉钢筋先屈服，而后受压区混凝土被压碎，属于延性破坏；

超筋梁的破坏特点：受拉钢筋未屈服而受压混凝土先被压碎，其承载力取决于混凝土的抗压强度，属于脆性破坏；

少筋梁的破坏特点：受拉区混凝土一开裂就破坏。一旦开裂，受拉钢筋立即达到屈服强度，它的承载能力取决于混凝土的抗拉强度，属于脆性破坏。

3. 影响受弯构件正截面承载力的最主要因素是截面高度和配筋率、钢筋强度，混凝土强度对受弯构件正截面承载力的影响比钢筋强度小得多。

4. 正截面承载能力计算的基本公式建立在截面内力平衡基础上，采用四个基本假定。为简化计算，混凝土的压应力图形以等效矩形应力图形代替。

5. 受弯构件正截面承载力计算公式的适用条件是适筋梁。受压区混凝土应力值取混凝土抗压强度设计值 f_c 乘以系数 α_1，受拉钢筋应力达到其抗拉强度设计值 f_y；当有受压钢筋时，受压钢筋达到其抗压强度设计值 f'_s。根据平衡条件，建立基本计算公式。

6. 双筋矩形截面、I形、T形截面的承载能力计算与单筋矩形截面的原理完全相同，只要记住两个平衡条件、截面配筋最小原则、受压区高度是否超过翼缘厚度以及受压区是否屈服几个关键因素，可自行推导计算公式。

7. 在绘制施工图时，钢筋直径、净距、保护层、锚固长度等应符合《规范》的有关构造要求。

思考题与习题

一、思考题

1. 适筋梁从开始加载到正截面承载力破坏经历了哪几个阶段？各阶段截面上应变-应力分布、裂缝开展、中和轴位置、梁的跨中挠度的变化规律如何？各阶段的主要特征是什么？每个阶段与计算有何联系？

2. 什么是界限破坏？界限破坏时的界限相对受压区高度 ξ_b 与什么有关？ξ_b 与最大配筋 ρ_{max} 有何关系？

3. 单筋矩形截面承载力公式是如何建立的？为什么要规定其适用条件？

4. 钢筋混凝土梁若配筋率不同，即 $\rho < \rho_{min}$、$\rho_{min} < \rho < \rho_{max}$、$\rho = \rho_{max}$、$\rho > \rho_{max}$，试回答下列问题：

(1)它们属于何种破坏？破坏现象有何区别？

(2)哪些截面能写出极限承载力受压区高度 x 的计算式？哪些截面不能？

(3)破坏时钢筋应力各等于多少？

(4)破坏时截面承载力 M_u 各等于多少？

5. 根据矩形截面承载力计算公式，分析提高混凝土强度等级、提高钢筋级别、加大截面宽度和高度对提高承载力的作用，哪种最有效、最经济？

6. 在双筋截面中受压钢筋起什么作用？为何一般情况下采用双筋截面受弯构件不经济？在什么条件下可采用双筋截面梁？

7. 为什么在双筋矩形截面承载力计算中必须满足 $x \geq 2a_s'$ 的条件？当双筋矩形截面出现 $x < 2a_s'$ 时应当如何计算？

8. 设计双筋截面，A_s 及 A_s' 均未知时，x 应如何取值？当 A_s' 已知时，应当如何求解 A_s？

9. 根据中和轴位置不同，T 形截面的承载力计算有哪几种情况？截面设计和承载力校核时分别应如何鉴别 T 形截面的类型？

10. T 形截面承载力计算公式与单筋矩形截面及双筋矩形截面承载力计算公式有何异同点？

二、选择题

1. 混凝土保护层厚度是指(　　)。

A. 箍筋的外皮至混凝土外边缘的距离

B. 受力钢筋的外皮至混凝土外边缘的距离

C. 受力钢筋截面形心至混凝土外边缘的距离

D. 箍筋截面形心至混凝土外边缘的距离

2. 单筋矩形超筋梁正截面破坏承载力与纵向受力钢筋面积 A_s 的关系是( )。

A. 纵向受力钢筋面积越大，承载力越大

B. 纵向受力钢筋面积越大，承载力越小

C. 适筋条件下，纵向受力钢筋面积越大，承载力越大

D. 适筋条件下，纵向受力钢筋面积越大，承载力越小

3. 单筋矩形截面受弯构件在截面尺寸一定的条件下，提高承载力最有效的方法是( )。

A. 提高钢筋的级别

B. 提高混凝土的强度等级

C. 在钢筋排得开的条件下，尽量设计成单排钢筋

D. 在钢筋排得开的条件下，尽量设计成多排钢筋

4. 适筋梁在逐渐加载的过程中，当正截面受力钢筋达到屈服以后( )。

A. 该梁即达到最大承载力而破坏

B. 该梁达到最大承载力，一直维持到受压混凝土达到极限强度而破坏

C. 该梁承载力略有增高，但很快受压区混凝土达到极限压应变，承载力急剧下降而破坏

D. 该梁承载力略有下降，但很快受压区混凝土达到极限压应变，承载力急剧下降而破坏

5. 钢筋混凝土梁受拉区边缘开始出现裂缝是因为受拉边缘( )。

A. 混凝土的应力达到混凝土的实际抗拉强度

B. 混凝土的应力达到混凝土的抗拉标准强度

C. 混凝土的应变超过受拉极限拉应变

D. 混凝土的应变达到受拉极限拉应变

6. 少筋梁正截面抗弯破坏时，破坏弯矩是( )。

A. 小于开裂弯矩

B. 等于开裂弯矩

C. 大于开裂弯矩

D. 可能大于也可能小于开裂弯矩

7. 双筋矩形截面正截面承载力计算，受压钢筋设计强度不超过 400 N/mm²，因为( )。

A. 受压混凝土强度不足

B. 混凝土受压边缘混凝土已达到极限压应变

C. 需要保证截面具有足够的延性

D. 受压钢筋的实际应力不超过 400 N/mm²

三、填空题

1. 在荷载作用下，钢筋混凝土梁正截面受力和变形的发展过程可划分为三个阶段，第一阶段末的应力图形可作为_____的计算依据，第二阶段的应力图形可作为_____的计算依据，第三阶段末的应力图形可作为_____的计算依据。

2. 适筋梁的破坏始于_____，它的破坏属于_____。超筋梁的破坏始于_____，它的破坏属于_____。

3. 截面的有效高度为纵向受拉钢筋_____至_____的距离。

4. 钢筋混凝土梁中受力钢筋保护层厚度是指_____至_____的距离。

四、计算题

1. 已知钢筋混凝土矩形梁，处于一类环境，其截面尺寸为 $b \times h = 250$ mm $\times 500$ mm，承受弯矩设计值 $M = 150$ kN·m，采用强度等级为 C30 混凝土和 HRB400 级钢筋。试配置截面钢筋。

2. 已知钢筋混凝土矩形梁，处于一类环境，承受弯矩设计值 $M = 160$ kN·m，采用强度等级为 C40 混凝土和 HRB400 级钢筋，试按正截面承载力要求确定截面尺寸及纵向钢筋截面面积。

3. 已知某单跨简支板，处于一类环境，计算跨度 $l_0 = 2.18$ m，承受均布荷载设计值 $g + q = 6$ kN/m²（包括板自重），采用强度等级为 C30 混凝土和 HPB300 级钢筋，求现浇板的厚度 h 以及所需受拉钢筋截面面积 A_s。

4. 已知钢筋混凝土矩形梁，处于一类环境，其截面尺寸为 $b \times h = 250$ mm $\times 550$ mm，采用强度等级为 C30 混凝土，配有 HRB400 级钢筋 3Φ22（$A_s = 1\,140$ mm²）。试验算此梁承受弯矩设计值 230 kN·m 时，正截面是否安全。

5. 已知一双筋矩形截面梁，梁的尺寸为 $b \times h = 200$ mm $\times 500$ mm，采用的混凝土强度等级为 C30，钢筋为 HRB400 级，截面设计弯矩为 210 kN·m，环境类别为一类。试配置截面钢筋。

6. 已知条件同题 5，但受压区已配置 2Φ20（$A_s' = 628$ mm²）。求纵向受拉钢筋截面面积 A_s。

7. 已知一矩形梁，处于一类环境，截面尺寸为 $b \times h = 250$ mm $\times 500$ mm，采用强度等级为 C30 混凝土和 HRB400 级钢筋。在受压区配有 3Φ20 的钢筋，在受拉区配有 3Φ22 的钢筋，荷载在截面产生的最大弯矩为 220 kN·m，试验算此梁是否安全。

8. 已知 T 形截面梁，处于一类环境，截面尺寸为 $b \times h = 250$ mm $\times 650$ mm，$b_f' = 600$ mm，$h_f' = 120$ mm，承受弯矩设计值 $M = 430$ kN·m，采用强度等级为 C30 混凝土和 HRB400 级钢筋。(1)求该截面所需的纵向受拉钢筋；(2)若其他条件不变，选用混凝土强度等级为 C50，试求纵向受力钢筋截面面积，并将两种情况进行对比。

9. 已知现浇楼盖梁板截面如图 4.33 所示。选用强度等级为 C30 混凝土和 HRB400 级钢筋，L-1 的计算跨度 $l_0 = 3.3$ m，承受弯矩设计值 275 kN·m。试计算 L-1 所需配置的纵向受力钢筋。

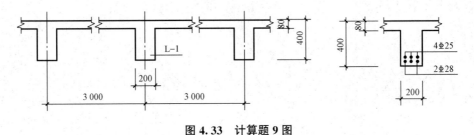

图 4.33 计算题 9 图

10. 已知 T 形截面吊车梁，处于二类 a 环境，截面尺寸为 $b_f' = 550$ mm，$h_f' = 120$ mm，$b = 250$ mm，$h = 600$ mm。承受的弯矩设计值 $M = 490$ kN·m，采用强度等级为 C30 混凝土和 HRB400 级钢筋。试配置截面钢筋。

11. 已知 T 形截面梁，处于一类环境，截面尺寸为 $b'_f = 450$ mm，$h'_f = 100$ mm，$b = 250$ mm，$h = 600$ mm，采用强度等级为 C35 混凝土和 HRB400 级钢筋。试计算受拉钢筋为 4Φ25 时，截面所能承受的弯矩设计值。

第5章 受弯构件斜截面承载力计算
Strength of Reinforced Concrete Members in Shear

学习目标

受弯构件斜截面承载能力是钢筋混凝土构件承载能力计算的重要内容。本章主要讨论钢筋混凝土受弯构件斜截面的受剪性能和设计计算方法。重点掌握受弯构件沿斜截面的三种破坏形态以及受剪承载力计算、材料的抵抗弯矩图等；熟悉钢筋的截断、弯起和锚固等构造要求。

5.1 概 述

Introduction

工程中常见的梁、柱和剪力墙等构件，其截面上除作用弯矩(梁)或弯矩和轴力(柱和剪力墙)外，通常还作用有剪力。在弯矩和剪力或弯矩、轴力、剪力共同作用的区段内可能出现斜裂缝，发生斜截面受剪破坏或斜截面受弯破坏。斜截面受剪破坏往往带有脆性破坏的性质，缺乏明显的预兆。因此，对梁、柱、剪力墙等构件设计时，在保证正截面受弯承载力的同时，还要保证斜截面承载力，即斜截面受剪承载力和斜截面受弯承载力。

为了保证构件的斜截面受剪承载力，应使构件具有合适的截面尺寸，并配置必要的箍筋。箍筋除能增强斜截面的受剪承载力外，还与纵向钢筋(包括梁中的架立钢筋)绑扎在一起，形成钢筋骨架，使各种钢筋在施工时保证正确的位置。柱中的箍筋还能防止纵筋受压后过早压屈而失稳，并对核心混凝土形成一定的约束作用，改善柱的受力性能。当梁承受的剪力较大时，也可增设弯起钢筋。弯起钢筋也称斜钢筋，一般由梁内的部分纵向受力钢筋弯起形成，如图5.1所示。有时也采用单独设置的斜钢筋。箍筋、弯起钢筋与纵向钢筋、架立钢筋绑扎或焊接在一起，形成了梁的钢筋骨架。

在工程设计中，斜截面受剪承载力是由抗剪计算来满足的，斜截面受弯承载力则是通过构造要求满足。

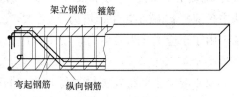

图5.1 钢筋骨架

5.2 无腹筋梁的斜截面受剪性能

Strength of Beam without Stirrups in Shear

箍筋和弯起钢筋统称为腹筋。通常，把有纵筋和腹筋的梁称为有腹筋梁，把仅设置纵筋而没有腹筋的梁称为无腹筋梁。实际工程中的梁一般都要配置箍筋，有时还配置弯起钢筋。研究无腹筋梁的受力性能及破坏，主要是因为无腹筋梁较简单，影响斜截面破坏的因素较少，可以为有腹筋梁的受力及破坏分析奠定基础。

5.2.1 斜截面开裂前的应力分析
Stress Analysis of Incline Section before Cracking

如图 5.2 所示为一对称集中加载的钢筋混凝土简支梁，忽略自重影响，集中荷载之间的 CD 段仅承受弯矩，称为纯弯段；AC 和 BD 段承受弯矩和剪力的共同作用，称为弯剪段。当梁内配有足够的纵向钢筋保证纯弯段的正截面不发生受弯破坏时，则构件还可能在弯剪段发生斜截面破坏。

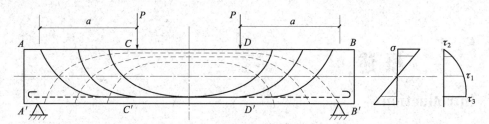

图 5.2　匀质弹性材料无腹筋梁的主应力迹线

对于钢筋混凝土梁，当荷载不大，梁未出现裂缝时，基本上处于弹性阶段，此时，弯剪区段内各点的主拉应力 σ_{tp}、主压应力 σ_{cp} 及主应力的作用方向与梁纵轴的夹角 α 可按材料力学公式计算。在弯曲正应力和切应力共同作用下，受弯构件将产生与轴线斜交的主拉应力和主压应力。图 5.2 中绘出了梁在弯矩 M 和剪力 V 共同作用下的主应力迹线，其中，实线为主拉应力迹线，虚线为主压应力迹线，轨迹线上任一点的切线就是该点的主应力方向。从截面 1—1 的中和轴、受压区、受拉区分别取微元体 1、2、3，如图 5.3 所示。它们的应力状态各不相同，其特点是：微元体 1 位于中和轴处，正应力 σ 为零，剪应力 τ 最大，主拉应力 σ_{tp} 和主压应力 σ_{cp} 与梁轴线呈 45°角。微元体 2 在受压区内，由于正应力 σ 为压应力，使主拉应力 σ_{tp} 减小，主压应力 σ_{cp} 增大，σ_{tp} 的方向与梁纵轴夹角大于 45°。微元体 3 在受拉区，由于正应力 σ 为拉应力，使主拉应力 σ_{tp} 增大，主压应力 σ_{cp} 减小，σ_{tp} 的方向与梁纵轴的夹角小于 45°。

由于混凝土的抗拉强度很低，当主拉应力超过混凝土的抗拉强度时，梁的剪弯段将出现垂直于主拉应力迹线的裂缝，称为斜裂缝。一般情况下，斜裂缝往往是由梁底的弯曲裂缝发展而成的，称为弯剪型斜裂缝[图 5.3(c)]；当梁的腹板很薄或集中荷载至支座距离很小时，斜裂缝可能首先在梁腹部出现，称为腹剪型斜裂缝[图 5.3(d)]。斜裂缝的出现和发展使梁内应力的分布和应力机制发生变化，最终导致在弯剪段内沿某一主要斜裂缝截面发生破坏。

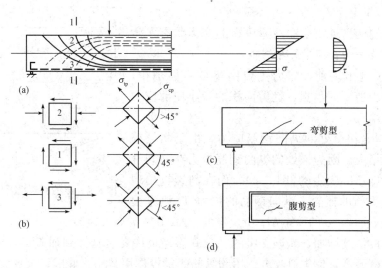

图 5.3　梁的应力状态和斜裂缝形态

　　为了防止斜截面破坏，理论上应在梁中设置与主拉应力方向平行的钢筋，有效地限制斜裂缝的发展。但为了施工方便，一般采用梁中设置与梁轴垂直的箍筋。弯起钢筋一般利用梁内的纵筋弯起而形成，虽然弯起钢筋的方向几乎与主拉应力方向一致，但由于其直径较粗，根数较少，传力较集中，受力不均匀，且可能在弯起处引起混凝土的劈裂裂缝，同时增加了施工难度，故一般仅在箍筋略有不足时采用。

5.2.2　斜裂缝形成后的应力状态
Stress States after Formation of Diagonal Crack

　　当梁的主拉应力达到混凝土抗拉强度时，在剪弯区段将出现斜裂缝。出现斜裂缝后，引起剪弯区段的应力重分布，这时已不可能将梁视为均质弹性体，截面上的应力不能用一般的材料力学公式计算。

　　为了分析出现斜裂缝后的应力状态，可沿斜裂缝将梁切开，隔离体如图 5.4 所示，其中 CF 段称为剪压区。斜截面上的抵抗力由以下几部分组成：

　　(1)斜裂缝顶部混凝土截面承担的剪力 V_c；

　　(2)斜裂缝两侧混凝土发生相对位移和错动时产生的摩擦力 V_1，称为集料咬合作用，其垂直分力记为 V_a；

　　(3)由于斜裂缝两侧的上下错动，从而使纵筋受到一定剪力，如销栓一样，将斜裂缝两侧的混凝土联系起来，称为钢筋销栓力 V_d；

　　(4)纵向钢筋承担的拉力 T_s。

　　由于纵向钢筋下面的混凝土保护层厚度不大，在销栓力 V_d 的作用下可能产生沿纵向钢筋的劈裂裂缝，使"销栓作用"大大减弱。另外，随着斜裂缝的增大，集料咬合力 V_1 也逐渐减弱以至消失。因此，斜裂缝出现后，梁的抗剪能力主要是余留截面上混凝土承担的 V_c，其他抗力可以忽略。

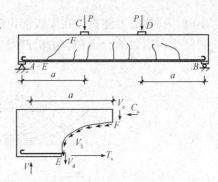

由力的平衡条件可得

$$V = V_c + V_a + V_d \approx V_c \tag{5-1}$$

由于斜裂缝的出现，梁在剪弯段内的应力状态发生很大变化，主要表现在以下几个方面：

（1）在斜裂缝出现前，剪力主要由梁全截面承担，开裂后则主要由剪压区承担，受剪面积的减小使剪应力和压应力明显增大。

（2）与斜裂缝相交处的纵向钢筋应力，由于斜裂缝的出现而突然增大。因为该处的纵向钢筋拉力在斜裂缝出现前是由弯矩 M_E 决定的（图 5.4），而在斜裂缝出现后，根据力矩平衡的概念，纵向钢筋的拉力 T_s 则是由斜裂缝端点处截面 $b-b$ 的弯矩 M_F 所决定的，M_F 比 M_E 要大很多。

图 5.4   梁的斜裂缝及隔离体受力图

随着荷载的继续增加，靠近支座的一条斜裂缝很快发展延伸到加载点，形成临界斜裂缝。斜裂缝不断开展，使集料咬合作用和纵筋的销栓作用减小。此时，无腹筋梁如同拉杆-拱结构，纵向钢筋成为拱的拉杆（图 5.5）。最终，斜裂缝顶上混凝土在剪应力 τ 和正应力 σ_c 作用下，达到复合应力下混凝土的极限强度时，梁即沿斜截面发生破坏。

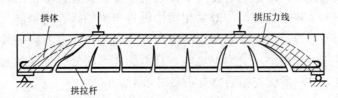

图 5.5   无腹筋梁的拉杆-拱体受力机制

5.2.3   剪跨比的定义
The Definition of Shear Span Ratio

由斜裂缝出现后的应力分析可知，无腹筋梁的斜裂缝的出现和最终斜裂缝截面破坏形态，与截面的正应力 σ 和剪应力 τ 的比值有很大关系。$\dfrac{\sigma}{\tau}$ 的比值可用一个量纲为 1 的参数 λ——剪跨比来反映，因截面正应力 σ 与 $\dfrac{M}{bh_0^2}$ 成正比，截面剪应力 τ 与 $\dfrac{V}{bh_0}$ 成正比，定义广义剪跨比为

$$\lambda = \frac{M}{Vh_0} \tag{5-2}$$

对于集中荷载作用下的简支梁，荷载作用点处的计算剪跨比为

$$\lambda = \frac{M}{Vh_0} = \frac{Fa}{Fh_0} = \frac{a}{h_0} \tag{5-3}$$

式中 λ——计算剪跨比;

　　a——剪跨,为集中荷载作用点到临近支座或节点边缘的距离;

　　h_0——截面有效高度。

5.2.4 无腹筋梁的受剪破坏形态
Failure Mode of Beam without Stirrups in Shear

　　试验表明,无腹筋梁的斜裂缝可能出现若干条,但当荷载增大到一定程度时,总有一条斜裂缝开展得较宽,并迅速向集中荷载作用点处延伸,这条斜裂缝称为临界斜裂缝。临界斜裂缝的出现预示着斜截面受剪破坏即将发生。大量试验结果表明,无腹筋梁的斜截面受剪破坏,有以下三种主要破坏形态。

　　(1)斜拉破坏。当剪跨比 λ 较大时(一般 $\lambda>3$),斜裂缝一旦出现就很快形成临界斜裂缝,并迅速上延至梁顶集中荷载作用点处,直至将整个截面裂通,梁被斜拉为两部分而破坏,如图 5.6(a)所示。其特点是整个破坏过程急速而突然,破坏荷载比斜裂缝出现时的荷载增加不多。它的破坏情况与正截面少筋梁的破坏情况相似,这种破坏称为斜拉破坏。

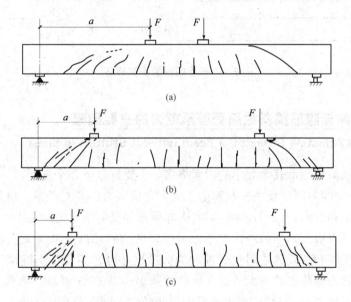

图 5.6　无腹筋梁的受剪破坏形态
(a)斜拉破坏;(b)剪压破坏;(c)斜压破坏

　　(2)剪压破坏。当剪跨比 λ 适中时($1<\lambda\leqslant3$),常为剪压破坏。其特点是先出现垂直裂缝和几条微细的斜裂缝,当荷载增大到一定程度时,其中一条形成临界斜裂缝,这条临界斜裂缝虽向斜上方延伸,但仍保留一定的剪压区混凝土截面而不裂通,直到斜裂缝顶端压区的混凝土在剪应力和压应力共同作用下被压碎而破坏,如图 5.6(b)所示。破坏过程比较缓慢,破坏荷载明显高于斜裂缝出现时的荷载。这种破坏有一定的预兆,但与适筋梁的正截面破坏相比,剪压破坏仍属于脆性破坏。

　　(3)斜压破坏。当剪跨比 λ 较小时(一般 $\lambda\leqslant1$),常为斜压破坏,如图 5.6(c)所示。其破坏过程与特点是,首先在荷载作用点与支座之间的梁腹部出现若干条平行的斜裂缝(即腹剪型斜裂缝）；随着荷载的增加，梁腹被这些斜裂缝分割为若干斜向"短柱"，最后因柱体混凝土被压碎而破坏，如图 5.6(c)所示。这实际上是拱体混凝土被压坏。斜压破坏时的承载力很高，但变形很小，属于脆性破坏。

根据上述三种剪切破坏所测得的梁的荷载与跨中挠度曲线如图 5.7 所示，斜拉破坏斜截面承载力最低，剪压破坏较高，斜压破坏最高；但就其破坏性质而言，由于三种破坏情况达到破坏时梁的跨中挠度都不大，因此，都属于脆性破坏。其中，斜拉破坏的脆性最为明显。

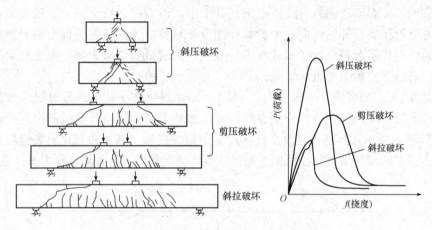

图 5.7　无腹筋梁的受剪破坏

5.2.5　影响无腹筋梁斜截面受剪承载力的主要因素
Main Factors Affecting Strength of Beam without Stirrups in Shear

影响无腹筋梁斜截面承载力大小的因素很多，主要有以下几个方面：

(1)剪跨比。梁的剪跨比反映了截面上正应力和剪应力的相对关系，决定了该截面上任一点主应力的大小和方向，因而，影响梁的破坏形态和受剪承载力的大小。

从图 5.6 中可以看出，当剪跨比由小增大时，梁的破坏形态从混凝土抗压控制的斜压型，转为顶部受压区和斜裂缝集料咬合控制的剪压型，再转为混凝土抗拉强度控制为主的斜拉型。因此，随着剪跨比的增大，受剪承载力减小；当 $\lambda > 3$ 以后，承载力趋于稳定。均布荷载作用下跨高比 l_0/h_0 对梁的受剪承载力影响较大，随着跨高比的增大，受剪承载力下降；但当跨高比 $l_0/h_0 > 6$ 以后，跨高比对梁的受剪承载力的影响不显著。

(2)混凝土强度等级。从斜截面三种主要破坏形态可知，斜拉破坏主要取决于混凝土的抗拉强度；剪压破坏和斜压破坏则主要取决于混凝土的抗压强度。因此，在剪跨比和其他条件相同时，斜截面受剪承载力将随混凝土强度提高而增大。试验表明，两者大致呈线性关系。

另外，梁的斜截面破坏的形态不同，混凝土影响的程度也不同。对于斜压破坏，随着混凝土强度等级的提高，梁的抗剪能力提高的幅度较大；对于斜拉破坏，由于混凝土的抗拉强度提高不大，梁的抗剪能力提高的幅度较小；对于剪压破坏，随着混凝土强度等级的提高，梁的抗剪能力提高的幅度介于上述之间。

(3)纵筋配筋率。由于斜截面破坏的直接原因是混凝土被压碎或被拉裂，而增加纵筋配筋率可抑制斜裂缝的开展，从而提高集料咬合力，并增大受压区未裂截面及提高纵筋的销栓作用。总之，随着纵筋配筋率的增大，梁的承载力会有所提高，但提高幅度不大。目前，《规范》中的抗剪计算公式并未考虑这一影响。

对于均布荷载作用下的无腹筋简支梁，虽然其受力特点与集中荷载作用下的简支梁不同，但影响均布荷载作用下无腹筋梁斜截面受剪承载力的因素基本相同，此时剪跨比可转换为跨高比。试验表明，随着跨高比的增大，斜截面承载力将降低。

5.2.6 无腹筋梁斜截面受剪承载力计算公式
Calculation Formulas of Beam without Stirrups in Shear

由于影响斜截面受剪承载力的因素很多，要全面考虑这些因素比较困难。目前，仍未圆满解决。《规范》所给出的计算公式，是考虑了影响斜截面受剪承载力的主要因素，对大量的试验数据进行统计分析所得出的与试验结果较为符合的公式。

(1)矩形、T形和I形截面的一般受弯构件。这类受弯构件承受均布荷载作用，其斜截面的受剪承载力可按下式计算

$$V \leqslant V_c = 0.7 f_t b h_0 \tag{5-4}$$

式中 V——构件斜截面上的最大剪力设计值；

f_t——混凝土轴心抗拉强度设计值；

b——矩形截面的宽度或T形截面和I形截面的腹板宽度；

h_0——截面的有效高度。

(2)集中荷载作用下的矩形、T形和I形截面独立梁。独立梁(不与楼板整体浇筑的梁)主要承受集中荷载，包括作用有多种荷载，且集中荷载在支座截面所产生的剪力值占总剪力值的75%以上的情况。其受剪承载力应按下列公式计算：

$$V \leqslant V_c = \frac{1.75}{\lambda+1} f_t b h_0 \tag{5-5}$$

式中 λ——计算剪跨比。《规范》为了计算方便和偏于安全，采用计算剪跨比而不用广义剪跨比。当 $\lambda < 1.5$ 时，取 $\lambda = 1.5$；当 $\lambda > 3.0$ 时，取 $\lambda = 3.0$。

(3)厚板类受弯构件。试验表明，截面高度对不配置箍筋和弯起钢筋的一般板类受弯构件的斜截面受剪承载力影响较为明显。因此，对于板类受弯构件，其斜截面受剪承载力应按下列公式计算：

$$V \leqslant V_c = 0.7 \beta_h f_t b h_0 \tag{5-6}$$

$$\beta_h = \left(\frac{800}{h_0}\right)^{1/4} \tag{5-7}$$

式中 β_h——截面高度影响系数，当 $h_0 < 800$ mm 时，取 $h_0 = 800$ mm；当 $h_0 > 2\,000$ mm 时，取 $h_0 = 2\,000$ mm。

板类受弯构件主要是指受均布荷载作用下的单向板和双向板需要按单向板计算的构件。

需要注意的是，无腹筋梁虽具有一定的斜截面受剪承载力，但承载力很低，而且无腹筋梁一旦出现斜裂缝，就会迅速发展成临界斜裂缝，呈脆性破坏。故在实际工程中，只允许在梁高 $h < 150$ mm 且 $V \leqslant V_c$ 的小梁中使用无腹筋梁；对于板，由于剪力通常比较小，可以不进行斜截面承载力验算，不必配置箍筋；在其他情况下的梁，即使 $V \leqslant V_c$，也必须按构造要求配置箍筋。

5.3 有腹筋梁的斜截面受剪性能

Strength of Beam with Stirrups in Shear

5.3.1 腹筋的作用

The Effect of Stirrups

试验研究有腹筋梁的受力特点，与无腹筋梁对比发现，在作用荷载较小的情况下，斜裂缝发生之前，混凝土在各方向的应变都很小，所以，腹筋的应力也很小，对斜裂缝的出现影响不大，其受力性能和无腹筋梁相近。但是当斜裂缝出现之后，有腹筋梁的受力性能明显不同于无腹筋梁。

由 5.2 节分析可知，无腹筋梁斜裂缝出现后，剪压区几乎承受了全部的剪力，成了整个梁的薄弱环节。而在有腹筋梁中，当斜裂缝出现，形成了一种"桁架-拱"的受力模型，如图 5.8 所示。箍筋和斜裂缝间的混凝土分别成为桁架的受拉腹杆和受压腹杆，梁底纵向受拉钢筋成为桁架中的受拉弦杆，剪压区混凝土则成为桁架的受压弦杆；当将纵向受力钢筋在梁的端部弯起时，弯起钢筋起着和箍筋相似的作用，可以提高梁斜截面的抗剪承载力（图 5.9），共同把剪力传递到支座上。

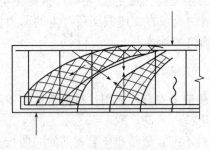
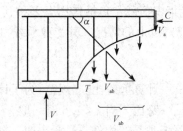

| 图 5.8　有腹筋梁的剪力传递 | 图 5.9　抗剪计算模式 |

与斜裂缝相交的箍筋及弯起钢筋，能通过以下几个方面提高斜截面的受剪承载力：

(1)与斜裂缝相交的箍筋和弯起钢筋可以直接承担很大一部分剪力；

(2)腹筋能阻止斜裂缝开展过宽，延缓斜裂缝向上延伸，从而提高了混凝土剪压区的受剪承载力；

(3)箍筋可限制纵向钢筋的竖向位移，从而提高了纵筋的销栓作用；

(4)腹筋能有效地减小斜裂缝的开展宽度，提高了斜截面上的集料咬合力。

因此，有腹筋梁斜截面的受剪承载力主要由以下几部分力构成：

(1)剪压区混凝土承担的剪力；

(2)纵筋的销栓力；

(3)斜裂缝面上的集料咬合力，主要指集料咬合力的竖向分力；

(4)腹筋本身承担的剪力。

有腹筋梁因为腹筋的作用，将使梁的斜截面承载力有较大提高。弯起钢筋几乎与斜裂缝正交，因而传力直接，但由于弯起钢筋是由纵筋弯起而成，一般直径较粗，根数较少，受力不均匀；箍筋虽不和斜裂缝正交，但分布均匀，因而，对斜裂缝宽度的抑制作用更为有效。

在工程设计中，因为抗震结构中不采用弯起钢筋抗剪，在配置腹筋时，一般优先配置一定数量的箍筋，必要时再加配适量的弯起钢筋，使箍筋与弯起钢筋共同承担剪力。

5.3.2 有腹筋梁的斜截面破坏形态
Failure Mode of Beam with Stirrups in Shear

1. 有腹筋梁斜截面破坏的主要形态

有腹筋梁的斜截面受剪破坏情况与无腹筋梁相似，也可归纳为三种主要破坏形态。

(1)斜拉破坏。当箍筋配置过少，且剪跨比较大($\lambda>3$)时，常发生斜拉破坏。其特点是一旦出现斜裂缝，与斜裂缝相交的箍筋应力立即达到屈服强度，箍筋对斜裂缝发展的约束作用消失，随后斜裂缝迅速延伸到梁的受压区边缘，构件裂为两部分而破坏[图 5.10(a)]。斜拉破坏的破坏过程快，具有很明显的脆性。

(2)剪压破坏。构件的箍筋配置适量，且剪跨比适中($1<\lambda\leqslant3$)时将发生剪压破坏。当荷载增加到一定值时，首先在剪弯段受拉区出现斜裂缝，其中一条将发展成临界斜裂缝。荷载进一步增加，与临界斜裂缝相交的箍筋应力达到屈服强度。随后，斜裂缝不断扩展，斜截面末端剪压区不断缩小，最后剪压区混凝土在正应力和切应力共同作用下达到极限状态而压碎

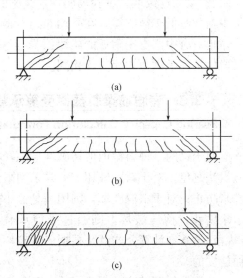

图 5.10　有筋梁斜截面的剪切破坏形态
(a)斜拉破坏；(b)剪压破坏；(c)斜压破坏

[图 5.10(b)]。剪压破坏没有明显预兆，属于脆性破坏。

(3)斜压破坏。当梁的箍筋配置过多过密或者梁的剪跨比较小($\lambda\leqslant1$)时，斜截面破坏形态将主要是斜压破坏。这种破坏是因梁的剪弯段腹部混凝土被一系列平行的斜裂缝分割成许多倾斜的受压柱体，在正应力和切应力共同作用下混凝土被压碎而导致的，破坏时，箍筋应力还未达到屈服强度[图 5.10(c)]。斜压破坏也属于脆性破坏。

由于斜压破坏箍筋强度不能充分发挥作用，而斜拉破坏又十分突然，故在设计中应避免发生这两种破坏形态，应以剪压破坏形态为基础建立斜截面受剪承载力基本公式。

2. 影响有腹筋梁受剪承载力的主要因素

影响有腹筋梁受剪承载力的因素，除同无腹筋梁一样与剪跨比、混凝土强度、纵筋配筋率和加载方式等有关以外，其他主要影响因素包括以下几项：

(1)腹筋的数量。箍筋用量以配箍率 ρ_{sv} 来表示，它反映的是梁沿长度方向单位水平截面面积含有的箍筋截面面积，即

$$\rho_{sv}=\frac{A_{sv}}{bs}\tag{5-8}$$

$$A_{sv} = nA_{sv1} \tag{5-9}$$

式中 A_{sv}——同一截面内的箍筋截面面积；

n——同一截面内箍筋的肢数；

A_{sv1}——单肢箍筋截面面积；

s——沿梁轴线方向箍筋的间距；

b——矩形截面的宽度，T形或I形截面的腹板宽度。

试验研究表明，当腹筋数量适当，腹筋的数量增多时，斜截面的承载能力增大。

（2）预应力。预应力能阻滞斜裂缝的出现和发展，增加混凝土剪压区高度，从而提高混凝土所承担的抗剪能力，预应力混凝土梁的斜裂缝长度比钢筋混凝土梁有所增长，也提高了斜裂缝内箍筋的抗剪能力。

（3）梁的连续性。试验表明，连续梁的受剪承载力与相同条件下的简支梁相比，仅在受集中荷载时低于简支梁，在受均布荷载时则是相当的。即使是在承受集中荷载作用的情况下，也只有中间支座附近的梁段因受异号弯矩的影响，抗剪承载力有所降低；边支座附近梁段的抗剪承载力与简支梁相同。

5.3.3 有腹筋梁斜截面受剪承载力计算公式
Bearing Capacity Calculation Formulas of Beam with Stirrups in Shear

对于梁的三种斜截面剪切破坏形态，在工程设计时都应设法避免。对于斜压破坏，通常采用限制截面尺寸的条件来防止；对于斜拉破坏，则用满足最小配箍率及构造要求来防止；剪压破坏，则通过受剪承载力计算来防止。《规范》的基本计算公式就是根据剪切破坏形态的受力特征而建立的。

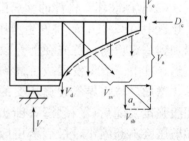

图 5.11 斜截面受剪承载力的组成

从临界斜裂缝左边的隔离体（图 5.11）可以看出，有腹筋梁发生剪压破坏时，斜截面的受剪承载力由混凝土剪压区的剪力、箍筋和弯起钢筋的抗力、纵向钢筋的拉力、纵向钢筋的"销栓力"、集料咬合力等组成，即

$$V_u = V_c + V_{sv} + V_{sb} + V_d + V_a \tag{5-10}$$

式中 V_u——受弯构件斜截面受剪承载力；

V_c——剪压区混凝土受剪承载力设计值，即无腹筋梁的受剪承载力；

V_{sv}——与斜裂缝相交的箍筋受剪承载力设计值；

V_{sb}——与斜裂缝相交的弯起钢筋受剪承载力设计值；

V_d——纵向钢筋的"销栓力"；

V_a——斜截面上混凝土集料咬合力的竖向分力。

由于影响斜截面受剪承载力的因素很多，迄今为止，钢筋混凝土梁受剪机理和计算的理论还没有圆满解决。为了简化计算并便于应用，《规范》采用半理论半经验的方法建立受剪承载力计算公式，式中仅考虑主要因素，将式(5-10)简化为

$$V_u = V_c + V_{sv} + V_{sb} \tag{5-11}$$

式(5-11)中 V_c 和 V_{sv} 密切相关，无法分开表达，故以 $V_{cs} = V_c + V_{sv}$ 来表达混凝土和箍筋

总的受剪承载力，于是有

$$V_u = V_{cs} + V_{sb} \tag{5-12}$$

《规范》在理论研究和试验结果的基础上，结合工程实践经验给出了以下斜截面受剪承载力计算公式。

(1)仅配箍筋的受弯构件。当仅配箍筋时，对矩形、T 形和 I 形截面的一般受弯构件，其受剪承载力计算公式为

$$V \leqslant V_{cs} = \alpha_{cv} f_t b h_0 + f_{yv} \frac{A_{sv}}{s} h_0 \tag{5-13}$$

式中　f_t——混凝土轴心抗拉强度设计值；

　　　b——矩形截面的宽度或 T 形、I 形截面的腹板宽度；

　　　h_0——截面有效高度；

　　　A_{sv}——配置在同一截面内箍筋各肢的全部截面面积：$A_{sv} = n A_{sv1}$，其中，n 为同一截面箍筋肢数，A_{sv1} 为单肢箍筋的截面面积；

　　　s——箍筋间距；

　　　f_{yv}——箍筋抗拉强度设计值按附表 3.1 取值，当数值大于 360 N/mm² 时，取 360 N/mm²；

　　　α_{cv}——斜截面上混凝土和箍筋的受剪承载力系数。

α_{cv} 按以下原则取值：对矩形、T 形及 I 形截面一般受弯构件，取 $\alpha_{cv} = 0.7$；对集中荷载作用下(包括作用多种荷载，其中，集中荷载对支座截面或节点边缘所产生的剪力占该截面总剪力值的 75% 以上的情况)的独立梁，取

$$\alpha_{cv} = \frac{1.75}{\lambda + 1} \tag{5-14}$$

式中　λ——计算截面的剪跨比，对于受弯构件 $\lambda = a/h_0$，当 $\lambda < 1.5$ 时，取 $\lambda = 1.5$；当 $\lambda > 3.0$ 时，取 $\lambda = 3.0$，a 为集中荷载作用点至支座截面或节点边缘的距离。

(2)同时配置箍筋和弯起钢筋的受弯构件。当梁配置箍筋和弯起钢筋时，弯起钢筋所能承担的剪力为弯起钢筋的总拉力在垂直于梁轴方向的分力，按下式确定：

$$V_{sb} = 0.8 f_y A_{sb} \sin \alpha_s \tag{5-15}$$

式中　A_{sb}——同一弯起平面内的非预应力弯起钢筋的截面面积；

　　　f_y——弯起钢筋的抗拉强度设计值，考虑到弯起钢筋在靠近斜裂缝顶部的剪压区时可能达不到屈服强度，乘以 0.8 的降低系数；

　　　α_s——斜截面上弯起钢筋与构件纵向轴线的夹角，一般可取 $\alpha_s = 45°$，当梁截面高度大于 800 mm 时，可取 $\alpha_s = 60°$。

因此，对矩形、T 形和 I 形截面的一般受弯构件，当配有箍筋和弯起钢筋时，其斜截面的受剪承载力应按下列公式计算

$$V \leqslant V_u = V_{cs} + 0.8 f_y A_{sb} \sin \alpha_s \tag{5-16}$$

对于矩形、T 形及 I 形截面受弯构件，当符合式(5-17)的要求，以及集中荷载作用下的独立梁符合式(5-18)要求时，均可不进行斜截面受剪承载力计算，可仅按《规范》的构造要求配置腹筋。

$$V \leqslant 0.7 f_t b h_0 \tag{5-17}$$

$$V \leqslant \frac{1.75}{\lambda + 1} f_t b h_0 \tag{5-18}$$

5.3.4 斜截面受剪承载力计算公式的适用条件

Applicable Conditions for Formulas of Beam with Stirrups in Shear

(1)防止出现斜压破坏——最小截面尺寸的限制。试验表明,当箍筋量达到一定程度时,再增加箍筋,截面受剪承载力几乎不再增加。相反,若剪力很大,而截面尺寸过小,即使箍筋配置很多,也不能完全发挥作用,因为箍筋屈服前混凝土已被压碎而发生斜压破坏。所以,为了防止斜压破坏,必须限制截面最小尺寸。对矩形、T形及I形截面受弯构件,其受剪截面应符合下列条件:

1)当 $h_w/b \leqslant 4$ 时:

$$V \leqslant 0.25\beta_c f_c bh_0 \tag{5-19}$$

2)当 $h_w/b \geqslant 6$ 时:

$$V \leqslant 0.20\beta_c f_c bh_0 \tag{5-20}$$

3)当 $4 < h_w/b < 6$ 时,按直线内插法确定。

式中 V——构件斜截面上的最大剪力设计值;

b——矩形截面宽度,T形和I形截面的腹板宽度;

β_c——混凝土强度影响系数,当混凝土强度等级不超过C50时,取 $\beta_c=1.0$;当混凝土强度等级为C80时,取 $\beta_c=0.8$;其间按直线内插法取用;

h_w——截面的腹板高度,矩形截面取有效高度 h_0,T形截面取有效高度减去翼缘高度 h_0-h_f',I形截面取腹板净高 $h-h_f'-h_f$,如图5.12所示。

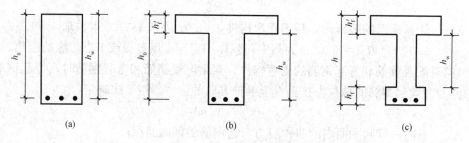

图 5.12 h_w 的取值示意图

(a)矩形截面;(b)T形截面;(c)I形截面

实际上,截面最小尺寸条件也就是最大配箍率的条件。在设计中,如果不满足式(5-19)和式(5-20)的条件时,应加大构件截面尺寸或提高混凝土强度等级。对于T形或I形截面的简支受弯构件,当有实践经验时,式(5-20)中的系数可改用0.30。

(2)防止出现斜拉破坏——最小配箍率和箍筋最大间距的限制。对于配置腹筋的构件,若箍筋配置量过大,梁可能会发生斜压破坏;但若箍筋配置量过小,一旦斜裂缝出现后,箍筋的应力很快达到屈服强度,甚至被拉断,不能有效地限制斜裂缝的发展而发生斜拉破坏。为了避免出现斜拉破坏,当 $V \geqslant 0.7f_t bh_0$ 时,构件配箍率应满足

$$\rho_{sv} = \frac{A_{sv}}{bs} \geqslant \rho_{sv,min} = 0.24 \frac{f_t}{f_{yv}} \tag{5-21}$$

梁斜截面承载力的大小,不仅与配箍率有关,而且与箍筋的间距及其直径粗细的程度有关。同样配箍率情况下,若其箍筋间距较大,有可能两根箍筋之间出现不与箍筋相交的

斜裂缝，使箍筋无从发挥作用。另外，箍筋直径较细，也不能满足钢筋骨架的刚度要求，不便于支座安装。因此，《规范》规定箍筋的直径和间距还应符合表 5.1 和表 5.2 的要求。

表 5.1　梁中箍筋最小直径

梁高 h/mm	箍筋直径 d/mm	梁高 h/mm	箍筋直径 d/mm
$h \leqslant 800$	6	$h > 800$	8

表 5.2　梁中箍筋最大间距　　　　　　　　　　　　　　　mm

梁高 h/mm	$V > 0.7 f_t b h_0$	$V \leqslant 0.7 f_t b h_0$	梁高 h/mm	$V > 0.7 f_t b h_0$	$V \leqslant 0.7 f_t b h_0$
$150 < h \leqslant 300$	150	200	$500 < h \leqslant 800$	250	350
$300 < h \leqslant 500$	200	300	$h > 800$	300	400

5.4　受弯构件斜截面承载能力的设计与校核

Design and Check on Strength of Diagonal Section in Bending

5.4.1　计算截面的确定
Diagonal Sections Required to Calculate

在计算斜截面受剪承载力时，计算位置一般应按下列规定采用：

(1)支座边缘处的斜截面，如图 5.13(a)所示的截面 1—1；

(2)受拉区弯起钢筋弯起点处的斜截面，如图 5.13(a)所示的截面 2—2；

(3)受拉区箍筋截面面积或间距改变处的斜截面，如图 5.13(a)所示的截面 3—3；

(4)腹板宽度改变处的截面，如图 5.13(d)所示的截面 Ⅱ—Ⅱ。

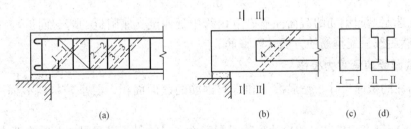

图 5.13　斜截面受剪承载力计算位置

上述截面都是斜截面承载力比较薄弱的地方，所以都应进行计算，并应取这些斜截面范围内的最大剪力，即斜截面起始端的剪力作为剪力设计值。

5.4.2　受弯构件斜截面设计与承载力校核的一般步骤
Step Designing and Checking Strength of Beam in Shear

在实际工程中，受弯构件斜截面承载力计算通常有两类问题，即截面设计和承载力校核。

1. 截面设计

已知剪力设计值 V（或荷载作用情况）、截面尺寸、混凝土强度等级、箍筋级别、纵向受力钢筋的级别和数量，要求确定腹筋的数量。

（1）校核截面尺寸是否满足要求。梁的截面尺寸应满足式（5-19）和式（5-20）的要求，以免发生斜压破坏；当不满足要求时，应加大截面尺寸或提高混凝土强度等级。

（2）确定是否需按计算配置腹筋。若剪力设计值满足式（5-17）或式（5-18）要求时，可直接按构造要求配置箍筋和弯起钢筋；否则，应在满足构造要求的前提下，按计算配置腹筋。

（3）确定腹筋数量。

1）仅配箍筋。

对于一般受弯构件，按下式计算：

$$\frac{A_{sv}}{s} \geq \frac{V - 0.7 f_t b h_0}{f_{yv} h_0} \tag{5-22}$$

对于以集中荷载为主的独立梁，按下式计算：

$$\frac{A_{sv}}{s} \geq \frac{V - \dfrac{1.75}{\lambda + 1} f_t b h_0}{f_{yv} h_0} \tag{5-23}$$

求出 A_{sv}/s 的值后，即可根据构造要求选定箍筋肢数 n 和直径 d，然后求出间距 s；或者根据构造要求选定箍筋肢数 n 和箍筋间距 s，然后确定 d。箍筋的间距和直径应满足构造要求。

验算最小配筋率要求。检验所求的箍筋数量是否满足式（5-21），若不满足，则按 $\rho_{sv,min}$ 配置箍筋。

2）既配箍筋又配弯起钢筋。当需要配置弯起钢筋与混凝土和箍筋共同承受剪力时，一般可先选定箍筋的直径和间距（直径和间距满足构造要求），并按式（5-13）计算 V_{cs}，再按式（5-16）计算弯起钢筋的截面面积，即

$$A_{sb} \geq \frac{V - V_{cs}}{0.8 f_y \sin \alpha_s} \tag{5-24}$$

也可先选定弯起钢筋的截面面积 A_{sb}（由跨中延伸至支座附近的弯起而得），由式（5-16）求出 V_{cs}，然后按只配箍筋的方法计算箍筋。

2. 斜截面受剪承载力校核

已知构件的截面尺寸、箍筋数量和弯起钢筋的截面面积，要求校核斜截面所能承受的剪力设计值 V。

（1）验算配箍率。按式（5-21）计算截面配箍率，验算是否满足最小配箍率要求。

（2）验算截面尺寸。若 $\rho_{sv} \geq \rho_{sv,min}$，但截面尺寸不满足限制条件，也不满足要求。

（3）当截面配箍率和截面尺寸都满足的情况下，按式（5-13）或式（5-16）计算截面承载能力 V_u。

（4）斜截面安全性判断。计算截面所能承受的最大剪力 V_u，如果 $V_u > V_{u,max} = 0.25\beta_c f_c b h_0$ 时，取 $V_u = 0.25\beta_c f_c b h_0$。当实际荷载产生的剪力设计值 $V < V_u$ 时，则截面安全，否则截面不安全。

【例 5.1】 某钢筋混凝土矩形截面简支梁，两端支承在砖墙上，净跨距 $l_n = 3\,660$ mm，如图 5.14 所示；截面尺寸为 $b \times h = 200$ mm $\times 500$ mm。该梁承受均布荷载，其中，恒荷载

标准值 $g_k = 25\ kN/m$(包括自重)，荷载分项系数 $\gamma_G = 1.2$，活荷载标准值 $q_k = 38\ kN/m$，荷载分项系数 $\gamma_Q = 1.4$；混凝土强度等级为 C30，箍筋采用 HPB300 级钢筋。按正截面受弯承载力计算已选配 3⊈25 为纵向受力钢筋。试根据斜截面受剪承载力确定腹筋。

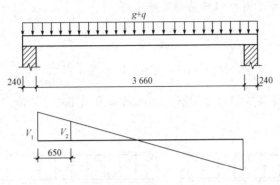

图 5.14　例题 5.1 图

【解】　查表得 $f_c = 14.3\ N/mm^2$，$f_t = 1.43\ N/mm^2$，$f_y = 360\ N/mm^2$，$\beta_c = 1.0$。取 $a_s = 40\ mm$，$h_0 = 500 - 40 = 460(mm)$。

(1)确定计算截面，并计算剪力设计值。支座边缘处剪力最大，故应选择该截面进行抗剪计算。该截面的剪力设计值为

$$V_1 = \frac{1}{2}(\gamma_G g_k + \gamma_Q q_k)l_n = \frac{1}{2}(1.2 \times 25 + 1.4 \times 38) \times 3.66 = 152.26(kN)$$

(2)校核截面尺寸。

$h_w = h_0 = 460\ mm$；$h_w/b = h_0/b = 460/200 = 2.3 < 4.0$，属于一般梁，$0.25\beta_c f_c b h_0 = 0.25 \times 1.0 \times 14.3 \times 200 \times 460 = 328.9(kN) > V_1 = 152.26\ kN$，故截面尺寸满足要求。

(3)确定是否需按计算配置箍筋。

$0.7 f_t b h_0 = 0.7 \times 1.43 \times 200 \times 460 = 92.1(kN) < V_1 = 152.26\ kN$，故需按计算配置箍筋。

(4)腹筋计算。

配置腹筋有两种办法：一种是只配箍筋；另一种是同时配置箍筋和弯起钢筋。一般优先选配箍筋，下面分述两种方法的计算。

1)配箍筋。

$$\frac{A_{sv}}{s} \geqslant \frac{V - 0.7 f_t b h_0}{f_{yv} h_0} = \frac{152\ 260 - 92\ 100}{270 \times 460} = 0.484(mm^2/mm)$$

按构造要求，选用 Φ8 双肢箍筋($A_{sv1} = 50.3\ mm^2$)，则箍筋间距为

$$s \leqslant \frac{A_{sv}}{0.484} = \frac{n A_{sv1}}{0.484} = \frac{2 \times 50.3}{0.484} = 207.9(mm)$$

查表 5.2 得 $s_{max} = 200\ mm$，取 $s = 150\ mm$。

2)既配箍筋又配弯起钢筋。

选用 1⊈25 纵筋作弯起钢筋，$A_{sb} = 491\ mm^2$，则由式(5-15)得 $V_{sb} = 0.8 \times 360 \times 491 \times \sin 45° = 99.98(kN)$，则

$$V_{cs} = V - V_{sb} = 152.26 - 99.98 = 52.26(kN) < 0.7 f_t b h_0 = 92.1\ kN$$

所以，直接按构造要求配置箍筋即可。选用双肢箍 Φ8@200。

核算是否需要第二排弯起钢筋：

取 $s_1=200$ mm，弯起钢筋水平投影长度 $s_b=h-50=450$（mm），则截面 2—2（弯起钢筋弯起点处的截面）的剪力可由相似三角形关系求得

$$V_2=V_1\left(1-\frac{200+450}{0.5\times3\,660}\right)=98.2\text{（kN）}$$

$$V_{cs}=0.7f_tbh_0+f_{yv}\frac{nA_{sv1}}{s}h_0=92.1\times10^3+270\times\frac{2\times50.3}{200}\times460=154.6\text{（kN）}$$

$V_2<V_{cs}$，故不需要第二排弯起钢筋。其配筋如图 5.15(b)所示。

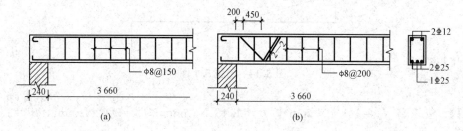

图 5.15　例题 5.1 配筋图

【例 5.2】　某矩形截面简支梁，其跨度及荷载设计值如图 5.16 所示，梁的截面尺寸为 $b\times h=250$ mm$\times600$ mm，混凝土强度等级为 C25，箍筋采用 HPB300 级，纵筋按两排考虑，计算所需箍筋数量。

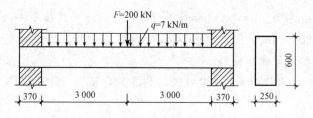

图 5.16　例题 5.2 图

【解】　根据题意，$f_t=1.27$ N/mm^2，$f_c=11.9$ N/mm^2，$\beta_c=1.0$；$a_s=60$ mm，$h_0=h-a_s=540$ mm；$f_{yv}=210$ N/mm^2；净跨度 $l_n=6$ m。

(1)剪力设计值计算。由均布荷载在支座边缘处产生的剪力设计值

$$V_q=\frac{1}{2}ql_n=\frac{1}{2}\times7\times6=21\text{（kN）}$$

由集中荷载在支座边缘处产生的剪力设计值

$$V_F=\frac{1}{2}F=\frac{1}{2}\times200=100\text{（kN）}$$

则支座处总剪力设计值为 $V=V_q+V_F=121$ kN，由于该梁集中荷载对支座截面产生的剪力设计值占支座截面处总剪力值的百分比为 $100/121\times100\%=82.6\%>75\%$，则该梁应按集中荷载作用下独立梁计算公式计算斜截面的受剪承载力。

(2)截面尺寸验算。根据斜截面限制条件规定，因 $h_w/b=h_0/b=540/250=2.16<4$，则

$$0.25\beta_c f_c bh_0 = 0.25 \times 1.0 \times 11.9 \times 250 \times 540 = 401.63(\text{kN}) > V = 121 \text{ kN}$$

满足截面尺寸要求。

(3)验算是否需要按计算配置箍筋。$\lambda = a/h_0 = 3\,000/540 = 5.56 > 3$，取 $\lambda = 3$，则

$$\frac{1.75}{\lambda+1}f_t bh_0 = \frac{1.75}{3+1} \times 1.27 \times 250 \times 540 = 75(\text{kN}) < V = 121 \text{ kN}$$

需按计算配置箍筋。

(4)箍筋用量计算。按照式(5-23)可计算出

$$\frac{nA_{sv1}}{s} \geqslant \frac{V - \dfrac{1.75}{\lambda+1}f_t bh_0}{f_{yv}h_0} = \frac{121 \times 10^3 - \dfrac{1.75}{3+1} \times 1.27 \times 250 \times 540}{270 \times 540} = 0.316$$

根据表 5.1 和表 5.2 规定，可假定箍筋为双肢 $\Phi 8(A_{sv1} = 50.3 \text{ mm}^2)$，于是，箍筋间距为

$$s = \frac{nA_{sv1}}{0.316} = \frac{2 \times 50.3}{0.316} = 318(\text{mm})$$

取 $s = 250 \text{ mm} \leqslant s_{max} = 250 \text{ mm}$，符合构造要求。

(5)验算最小配箍率。

$$\rho_{sv} = \frac{nA_{sv1}}{bs} = \frac{2 \times 50.3}{250 \times 250} \times 100\% = 0.161\%$$

$$\rho_{sv,min} = 0.24f_t/f_{yv} = 0.24 \times 1.27/270 = 0.113\% < \rho_{sv} = 0.161\%$$

故箍筋配筋率符合要求。

该梁箍筋可布置 $\Phi 8@250$，沿梁长均匀布置。

【例 5.3】 某矩形截面简支梁，如图 5.17 所示，梁的截面尺寸 $b \times h = 200 \text{ mm} \times 400 \text{ mm}$，混凝土强度等级为 C20，箍筋采用 HPB300 级，$\Phi 8@200$，试求：

(1)该梁所能承受的最大剪力设计值 V。

(2)若按斜截面抗剪承载力要求，该梁能承受多大的均布荷载 q?

【解】 根据题意，取 $a_s = 45 \text{ mm}$，$h_0 = h - a_s = 355 \text{ mm}$；混凝土强度等级为 C20，$\beta_c = 1.0$，$f_t = 1.1 \text{ N/mm}^2$，$f_c = 9.6 \text{ N/mm}^2$，$\Phi 8@200$，$f_{yv} = 270 \text{ N/mm}^2$，$A_{sv1} = 50.3 \text{ mm}^2$，$n = 2$，$s = 200 \text{ mm}$；该梁净跨度 $l_n = 4.5 \text{ m}$。

(1)验算配箍率是否满足要求。

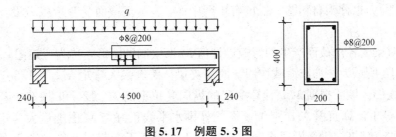

图 5.17　例题 5.3 图

$$\rho_{sv} = \frac{nA_{sv1}}{bs} \times 100\% = \frac{2 \times 50.3}{200 \times 200} \times 100\% = 0.25\%$$

$$\rho_{sv,min} = \frac{0.24f_t}{f_{yv}} \times 100\% = \frac{0.24 \times 1.1}{270} \times 100\% = 0.10\% < \rho_{sv} = 0.25\%(\text{满足要求})$$

（2）校核截面尺寸。

因 $h_w/b = h_0/b = 355/200 = 1.8 < 4$，则

$$0.25\beta_c f_c b h_0 = 0.25 \times 1.0 \times 9.6 \times 200 \times 355 = 170.4 \text{(kN)}$$

该梁拟定在均布荷载作用下，故可计算出混凝土和箍筋的抗剪力 V_{cs} 值为

$$V_{cs} = 0.7 f_t b h_0 + f_{yv} \frac{A_{sv}}{s} h_0$$

$$= 0.7 \times 1.1 \times 200 \times 355 + 270 \times \frac{2 \times 50.3}{200} \times 355$$

$$= 102.9 \text{(kN)} < 170.4 \text{ kN}$$

梁截面尺寸符合要求，同时，可知该梁所能承担的最大剪力设计值为 $V = 102.9$ kN。

（3）计算该梁承受的均布荷载设计值。

由 $V = 1/2 q l_n$，可以计算出该梁所能承受的均布荷载设计值（包括梁自重）为

$$q = \frac{2V}{l_n} = \frac{2 \times 102.9}{4.5} = 45.73 \text{(kN/m)}$$

5.5 斜截面受弯承载力的构造措施

Detailing Requirements of Diagonal Section in Bending

钢筋混凝土受弯构件，在剪力和弯矩共同作用下产生的斜裂缝，除会引起斜截面的受剪破坏外，还会导致与其相交的纵向钢筋拉力增加，引起沿斜截面受弯承载力不足及锚固不足的破坏。因此，在设计中除保证梁的正截面受弯承载力和斜截面受剪承载力外，还应保证梁的斜截面受弯承载力。而斜截面受弯承载力一般不必计算，主要通过满足纵向钢筋的弯起、截断及锚固等构造措施共同保证。

5.5.1 抵抗弯矩图

Bending – Moment Diagram

按构件实际配置的纵向钢筋所绘制的沿梁纵轴各正截面所能承受的弯矩图形称为抵抗弯矩图（M_u 图），也称为材料图。抵抗弯矩图中 M_u 表示正截面受弯承载力设计值，是构件截面的抗力。

由荷载对梁的各个截面产生的弯矩设计值 M 所绘制的图形，称为弯矩图，即 M 图。

如图 5.18 所示为一均布荷载作用下的简支梁，跨度最大弯矩 $M_{max} = 1/8 q l^2$，其弯矩图为二次抛物线形。该梁根据 M_{max} 计算配置的纵向受拉钢筋为 2Φ20 和 2Φ25。若梁钢筋的总面积 A_s' 正好等于计算面积 A_s，则 M_{max} 图的外围水平线正好与 M 图上最大弯矩点相切。如果实际配置的全部纵向钢筋沿梁全长布置，即不切断也不弯起，且伸入支座有足够的锚固长度，则沿梁长各正截面的抵抗弯矩相等。如图 5.18 中 $abdc$ 所示为该梁的抵抗弯矩图。该矩形的抵抗弯矩图说明，该梁的任一正截面与斜截面的抗弯能力均可得以保证，且构造简单，只是钢筋强度未能得以充分利用，即除跨中截面外，其余截面的纵筋应力均没有达到其抗拉强度设计值。显然，这是不经济的。

在工程设计中，为了既能保证构件受弯承载力要求，又能经济使用钢材，对于跨度较小的构件，可以采用纵筋全部通长布置方式；对于大跨度的构件，可将一部分纵筋在受弯承载力不需要处切断或弯起用作受剪的弯起钢筋。

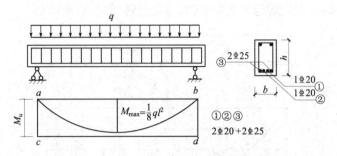

图 5.18　纵筋全部伸入支座时的抵抗弯矩图

为了便于准确地确定纵向钢筋的切断和弯起的位置，应详细地绘制出梁各截面实际所需的抵抗弯矩图。抵抗弯矩图绘制的基本方法如下。

按一定的比例绘出梁的设计弯矩图（即 M 图），并设梁截面所配钢筋总截面面积为 A_s，每根钢筋截面面积为 A_{si}。则截面抵抗弯矩 M_u 及第 i 根钢筋的抵抗弯矩 M_{ui} 可分别表示为

$$M_u = A_s f_y \left(h_0 - \frac{f_y A_s}{2\alpha_1 f_c b} \right) \tag{5-25}$$

每根钢筋所能承担的 M_{ui} 可近似按该钢筋的面积（A_{si}）与总面积（A_s）的比，乘以 M_u 求得，即

$$M_{ui} = \frac{A_{si}}{A_s} M_u \tag{5-26}$$

式中　A_s——所有抵抗弯矩钢筋的截面面积之和；

M_{ui}——第 i 根钢筋的抵抗弯矩；

A_{si}——第 i 根钢筋的截面面积。

按与设计弯矩图相同的比例，将每根钢筋在各正截面上的抵抗弯矩绘在设计弯矩图上，便可得到抵抗弯矩图。

5.5.2　纵向钢筋的弯起
Bend Requirements of Longitudinal Steel

1. 纵向钢筋弯起在抵抗弯矩图上的表示方法

如图 5.19 所示为某承受均布荷载的简支梁，配有 2Φ22+2Φ20 的纵向钢筋。按式(5-19)近似计算出每根钢筋所能抵抗的弯矩，如图中的 1、2、3 各点，竖距 $m1$ 代表 1Φ22 纵筋所能抵抗的弯矩，竖距 12 代表另一根 1Φ22 纵筋所能抵抗的弯矩，竖距 23 和 $3n$ 分别表示其余两根 Φ20 的纵筋所能抵抗的弯矩（一般将拟弯起纵筋所能抵抗的弯矩划分在弯矩图下边）。

如果要把 1Φ20 钢筋截断或弯起，过 3 点画水平线与设计弯矩图相交于 a、a' 点。n 点为最后 1Φ20 纵筋的"充分利用点"，a、a' 为该钢筋的"不需要点"即理论截断点。若欲根据 1Φ20 钢筋的"不需要点"决定该钢筋的弯起点位置，则可过 a 点作垂线与梁中和轴相交于点 e，根据钢筋的所需弯起的角度（一般为 45°或 60°）过 e 点作斜线与纵筋交于点 e'，点 e' 即为

1⊈20 纵筋的弯起点。过点 e' 作垂线与抵抗弯矩图交于点 n'，连接点 $n'a$，则折线 $odann'$ 即为该纵筋在 e' 点弯起后的抵抗弯矩图。抵抗弯矩图中的斜线段 $n'a$ 是考虑纵筋 1⊈20 虽然从 e' 点弯起，但在其未进入中和轴之前仍具有一定的拉力，且越靠近中和轴拉力越小，至 e 点时不再受拉，因而 $e'e$ 段钢筋越接近中和轴，其所抵抗的弯矩也越小。

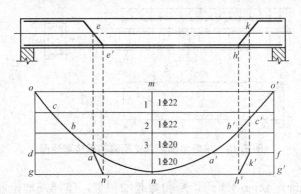

图 5.19　简支梁在均匀荷载作用下的抵抗弯矩图

若欲将 1⊈20 纵筋在 h 点按一定角度弯起，则可分别过点 h、点 k 作垂线，分别与抵抗弯矩图交于点 h'、点 k'，连接点 $h'k'$，则折线 $nh'k'fo$ 即为 1⊈20 纵筋在弯起时的抵抗弯矩图，也可以用同样的方法绘制另一根 ⊈20 纵筋弯起时的抵抗弯矩图。

需要注意的是，为了保证正截面受弯承载力的要求，不论纵筋在合理的范围内何处弯起，抵抗弯矩图必须将荷载作用下所产生的设计弯矩图包括在内；同时，考虑到施工操作方便，配筋构造也不宜过于复杂。抵抗弯矩图能包住设计弯矩图，则表明沿梁长各个截面的正截面受弯承载力是足够的。抵抗弯矩图越接近设计弯矩图，则说明设计越经济。

但是，使抵抗弯矩图能包住设计弯矩图只是保证了梁的正截面受弯承载力。实际上，纵向受力钢筋的弯起与截断还必须考虑梁的斜截面受弯承载力的要求。因此，纵向受力钢筋弯起点及截断点的确定是比较复杂的，施工时，钢筋弯起和截断位置必须严格按照施工图。

2. 纵向受力钢筋的弯起位置

梁中纵向钢筋的弯起位置必须满足以下三个要求：

(1)满足斜截面受剪承载力的要求。弯起钢筋的弯终点到支座边或到前一排弯起钢筋弯起点之间的距离都不应大于箍筋的最大间距，其值见表 5.2 内 $V>0.7f_tbh_0$ 一栏的规定。这一要求是为了使每根弯起钢筋都能与斜裂缝相交，以保证斜截面的受剪承载力。

(2)满足正截面受弯承载力的要求。纵向钢筋弯起后梁的抵抗弯矩图包住梁的设计弯矩图，即弯起钢筋与梁中和轴的交点不得位于按正截面承载力计算不需要该钢筋的截面以内。

(3)满足斜截面受弯承载力的要求。为了保证构件的正截面受弯承载力，弯起钢筋与梁轴线的交点必须位于该钢筋的理论截断点之外。同时，弯起钢筋的实际起弯点必须伸过其充分利用点一段距离 s，以保证纵向受力钢筋弯起后斜截面的受弯承载力。s 的精确计算很复杂。为简便起见，《规范》规定，不论钢筋的弯起角度为多少，均统一取 $s\geqslant0.5h_0$。

3. 梁中纵向受力钢筋弯起时构造要求

(1)梁的剪力较小及梁内所配置纵向钢筋少于三根时，可不布置弯起钢筋。

(2)在钢筋混凝土梁中，当设置弯起钢筋时，弯起钢筋在弯终点外应留有平行于轴线方向的锚固长度，以保证在斜截面处发挥其强度。《规范》规定，当锚固长度位于受拉区时，其长度不小于 $20d$，位于受压区时不小于 $10d$（d 为弯起钢筋的直径）。光圆钢筋的末端应设弯钩。同时，弯折半径应不小于 $10d$（图 5.20）。

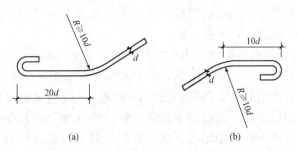

图 5.20 弯起钢筋的端部构造

(a)受拉区；(b)受压区

(3)梁底层钢筋中角部钢筋不应弯起，梁顶层钢筋中的角部钢筋不应弯下。弯起钢筋的弯起角度在板中为 $30°$，在梁中宜取 $45°$ 或 $60°$。

(4)弯起钢筋的间距是指前一排弯起钢筋起点至后一排弯起钢筋终点之间的水平距离，当弯起钢筋是按计算设置时，该距离不应大于表 5.2 中 $V>0.7f_tbh_0$ 规定的箍筋最大间距 s_{max}，以避免在两排弯起钢筋之间出现不与弯起钢筋相交的斜裂缝，如图 5.21 所示。

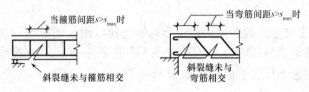

图 5.21 梁端斜裂缝

(5)当纵向受力钢筋不能在需要的地方弯起或弯起钢筋不足以承受剪力时，可单独为抗剪设置只承受剪力的弯起钢筋。此时，弯起钢筋应采用"鸭筋"形式，严禁采用锚固性能较差的"浮筋"（图 5.22）。"鸭筋"的构造与弯起钢筋基本相同。

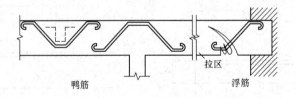

图 5.22 鸭筋与浮筋

5.5.3 纵向受拉钢筋截断

Truncation Requirements of Longitudinal Tension Steel

梁的正、负纵向钢筋都是根据跨中或支座最大弯矩值计算配置的。从经济角度看，当截面弯矩减小时，纵向受力钢筋的数量也应随之减小，因此，可以在适当的位置将纵向钢筋截断。

（1）梁跨中承受正弯矩的纵向受拉钢筋一般不宜在拉区截断。这是因为钢筋截断处钢筋截面面积骤减，混凝土内的拉力骤增，造成纵筋截断处过早地出现裂缝，且裂缝宽度增加较快，如果截断钢筋的锚固长度不足，则会导致粘结破坏，致使构件承载力下降。

因此，对于正弯矩区段内的纵向钢筋，通常采用弯向支座（用来抗剪或承受负弯矩）的方式来减少多余钢筋，或者一直伸进支座。

（2）连续梁、外伸梁和框架梁梁支座承受弯矩的纵向弯拉钢筋，可根据弯矩图的变化把计算不需要的钢筋进行截断。从理论上讲，某一根纵筋可在其不需要点（称为理论断点）处截断，但事实上，当在理论断点处切断钢筋后，相应于该处的混凝土拉应力会突增，有可能在切断处过早地出现斜裂缝，而该处未切断的纵筋的强度是被充分利用的，斜裂缝的出现使斜裂缝顶端截面处承担的弯矩增大，未切断的纵筋应力就有可能超过某抗拉强度，造成梁的斜截面受弯破坏。因而，纵筋必须从理论断点以外延伸一定长度后再切断。

梁支座截面承担负弯矩的纵向钢筋若分批截断时，每批钢筋应延伸至按正截面受弯承载力计算不需要该钢筋的截面之外，延伸长度按以下规定采用：

（1）当 $V \leqslant 0.7 f_{t}bh_0$ 时，钢筋应延伸至按正截面受弯承载力计算不需要该钢筋截面以外不小于 $20d$（d 为纵向钢筋直径）处截断，且从该钢筋强度充分利用截面伸出的长度不应小于 $1.2l_a$（l_a 为受拉钢筋的锚固长度），如图 5.23 所示。

（2）当 $V > 0.7 f_{t}bh_0$ 时，钢筋应延伸至按正截面受弯承载力计算不需要该钢筋截面以外不小于 h_0 且不小于 $20d$ 处截断，且从该钢筋强度充分利用截面伸出的长度不小于 $1.2l_a + h_0$，如图 5.24 所示。

（3）若按上述规定确定的截断点仍位于负弯矩受拉区内，则钢筋应延伸至按正截面受弯承载力计算不需要该钢筋的截面以外不小于 $1.3h_0$ 且不小于 $20d$ 处截断，且从该钢筋强度充分利用截面伸出的延伸长度不应小于 $1.2l_a + 1.7h_0$。

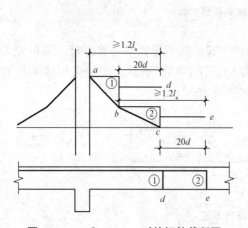

图 5.23　$V \leqslant 0.7 f_{t}bh_0$ 时的钢筋截断图

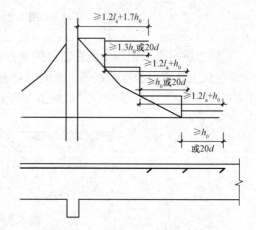

图 5.24　$V > 0.7 f_{t}bh_0$ 时的钢筋截断图

5.5.4　纵向受拉钢筋的锚固
Anchorage Requirements of Longitudinal Tension Steel

在受力过程中，纵筋可能会产生滑移，甚至从混凝土中拔出而造成锚固破坏。为防止此类现象发生，将纵向受力钢筋伸过其受力截面一定长度，这个长度称为锚固长度。锚固长度计算及要求参见本书 2.3.4 节。

当计算中充分利用纵向钢筋抗压时，其锚固长度不应小于受拉钢筋锚固长度的 70%。

纵向受力钢筋在支座内的锚固长度要求如下：

1. 板端锚固长度

简支板或连续板简支端下部纵向受力钢筋伸入支座的锚固长度为 $l_{as} \geqslant 5d$（d 为受力钢筋直径）。当采用分离式配筋时，跨中受力钢筋应全部伸入支座。当连续板内温度、收缩应力较大时，伸入支座的锚固长度宜适当增加。

2. 梁端锚固长度

在钢筋混凝土简支梁和连续梁简支端支座处，存在着横向压应力，这将使钢筋与混凝土之间的粘结力增大。因此，下部纵向受力钢筋伸入支座内的锚固长度 l_{as} 可比基本锚固长度 l_a 略小，如图 5.25 所示。

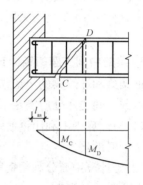

图 5.25 荷载作用下梁简支端纵向受力钢筋受力状态

l_{as} 与支座边截面的剪力有关。《规范》规定，l_{as} 的数值不应小于表 5.3 的规定。伸入梁支座范围内锚固的纵向受力钢筋的数量不宜少于 2 根，但梁宽 $b<100$ mm 的小梁可为 1 根。

表 5.3 简支支座的钢筋锚固长度 l_{as}

锚固条件		$V \leqslant 0.7 f_t b h_0$	$V > 0.7 f_t b h_0$
钢筋类型	光圆钢筋(带弯钩)	5d	15d
	带肋钢筋		12d
	带肋钢筋，C25 及以下混凝土，跨边有集中力作用		15d
注：(1)d 为纵向受力钢筋直径；			
(2)跨边有集中力作用，是指混凝土梁的简支支座跨边 1.5h 范围内有集中力作用，且其对支座截面所产生的剪力占总剪力值的 75% 以上。			

如纵向受力钢筋伸入支座范围内的锚固长度不符合上述要求时，应采用在钢筋上加焊横向锚固钢筋、锚固钢板，或将钢筋端部焊接在梁端的预埋件上等有效锚固措施，如图 5.26 所示。

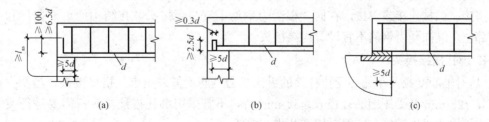

(a)   (b)   (c)

图 5.26   锚固长度不足时的措施

(a)纵向受力钢筋端部弯起锚固；(b)纵向受力钢筋端部加焊锚固钢板；

(c)纵向受力钢筋端部焊接在梁端预埋件上

对混凝土强度等级为 C25 及以下的简支梁和连续梁的简支端，当距支座边 1.5h 范围内作用有集中荷载，且 $V > 0.7f_tbh_0$ 时，对带肋钢筋宜采取附加锚固措施，或取锚固长度 $l_{as} \geqslant 15d$。

支撑在砌体结构上的钢筋混凝土独立梁，在纵向受力钢筋的锚固长度 l_{as} 范围内应配置不少于两个箍筋，其直径不宜小于纵向受力钢筋最大直径的 1/4，间距不宜大于纵向受力钢筋最小直径的 10 倍，当采用机械锚固措施时，箍筋间距不宜大于纵向受力钢筋最小直径的 5 倍。

3. 梁的中间支座的锚固长度

框架梁和连续梁的上部纵向钢筋应贯穿中间节点或中间支座范围，下部纵向钢筋在中间节点或中间支座处应满足下列锚固要求。

(1)当计算中不利用钢筋强度时，其伸入支座和节点的锚固长度应符合上述简支座 $V > 0.7f_tbh_0$ 时的规定。

(2)当计算中充分利用钢筋受拉时，下部纵向钢筋应锚固在节点或支座内。当采用直线锚固形式时，如图 5.27(a)所示，钢筋锚固长度不应小于受拉钢筋锚固长度 l_a；采用 90°弯折锚固时，如图 5.27(b)所示，其弯折前水平投影的长度不应小于 $0.4l_a$，弯折后的垂直投影长度不应小于 15d；下部纵向钢筋也可贯穿节点或支座范围，并在节点或支座以外弯矩较小部位设置搭接接头，如图 5.27(c)所示。

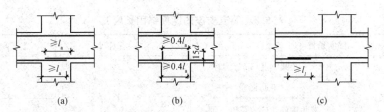

图 5.27　梁下部纵向钢筋在中间节点或中间支座范围的锚固与搭接

(a)节点中的直线锚固；(b)节点中弯折锚固；(c)节点中支座范围外的搭接

(3)当计算中充分利用钢筋抗压时，其伸入支座的锚固长度不应小于 $0.7l_a$。

5.5.5　纵向钢筋的连接

Connect Requirements of Longitudinal Steel

当构件内钢筋长度不够时，宜在钢筋受力较小处进行钢筋的连接。钢筋的连接可分为绑扎搭接、机械连接或焊接。在同一根受力钢筋上宜少设接头，在结构的重要构件和关键传力部位，纵向受力钢筋不宜设置连接接头。

1. 绑扎搭接接头

(1)对轴心受拉及小偏心受拉杆件的纵向受力钢筋不得采用绑扎搭接接头；当受拉钢筋直径 $d > 28$ mm 及受压钢筋直径 $d > 32$ mm 时，不宜采用绑扎搭接接头；需要进行疲劳验算的构件中的受拉钢筋，不得采用绑扎搭接接头。

(2)钢筋搭接位置应设置在受力较小处，且同一根钢筋上宜少设置连接。同一构件中相邻纵向受力钢筋的绑扎搭接接头宜相互错开。

(3)钢筋绑扎搭接接头的区段长度为1.3倍搭接长度,凡搭接接头的中点位于该连接区段长度内的搭接接头均属于同一连接区段,若图5.28所示的同一连接区段内的搭接接头钢筋为两根,当钢筋直径相同时,钢筋搭接接头面积百分率为50%。

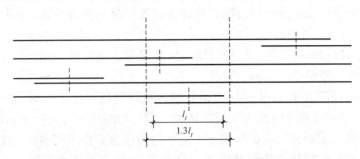

图 5.28　同一连接区段内的纵向受拉钢筋绑扎搭接接头

位于同一区段内受拉钢筋搭接接头面积百分率(即该区段内有搭接接头的纵向受力钢筋截面面积与全部纵向受力钢筋截面面积的比值)要求:对梁类、板类以及墙类构件,不宜大于25%;对柱类构件,不宜大于50%。当工程中确有必要增大受拉钢筋搭接接头面积百分率时,对梁类构件,不应大于50%;对板类、墙类及柱类构件,可根据实际情况放宽。

纵向受拉钢筋绑扎搭接接头的搭接长度,应根据位于同一连接区段内的钢筋搭接接头面积百分率按下式计算,且在任何情况下不应小于300 mm。

$$l_l = \zeta_l l_a \tag{5-27}$$

式中　l_l——纵向受拉钢筋的搭接长度;

　　　l_a——纵向受拉钢筋的基本锚固长度;

　　　ζ_l——纵向受拉钢筋搭接长度修正系数,按表5.4采用。当纵向搭接钢筋接头面积百分率为表5.4的中间值时,修正系数可按线性内插取值。

表 5.4　纵向受拉钢筋搭接长度修正系数 ζ_l

同一搭接范围内搭接钢筋面积百分率	≤25%	50%	100%
ζ_l	1.2	1.4	1.6

(4)构件中的受压钢筋,当采用搭接连接时,其受压搭接长度不应小于纵向受拉钢筋搭接长度的0.7倍,且在任何情况下不应小于200 mm。

(5)在纵向受力钢筋搭接长度范围内应加密配置箍筋,如图5.29所示,其直径不应小于搭接钢筋较大直径的0.25倍。当钢筋受拉时,箍筋间距不应大于搭接钢筋较小直径的5倍,且不应大于100 mm;当钢筋受压时,箍筋间距不应大于搭接钢筋较小直径的10倍,且不应大于200 mm。当受压钢筋直径 $d>25$ mm 时,

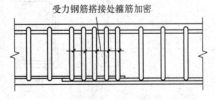

图 5.29　受力钢筋搭接处箍筋加密

尚应在搭接接头两个端面外100 mm范围内各设置两个箍筋。

2. 机械连接或焊接接头

机械连接宜用于直径不小于16 mm受力钢筋的连接。采用机械方式进行钢筋连接时,接头位置宜相互错开,凡接头中点位于连接区段的长度35d(d 为连接钢筋的直径)内均属于

同一连接区段。在受力较大处，位于同一连接区段内的纵向受拉钢筋接头面积百分率不宜大于 50%。直接承受动力荷载的结构构件中的机械连接接头，除应满足设计要求的抗疲劳性能外，位于同一连接区段内的纵向受拉钢筋接头面积百分率不应大于 50%。纵向受压钢筋的接头面积百分率可不受限制。装配式构件连接处的纵向受力钢筋焊接接头可不受以上限制。

另外，机械连接接头的混凝土保护层厚度应满足受力钢筋最小保护层的要求。连接件之间的横向净间距不宜小于 25 mm。

焊接宜用于直径不大于 28 mm 受力钢筋的连接。采用焊接连接时，焊接连接接头连接区段的长度为 35d（d 为纵向受力钢筋的较大直径，且应不小于 500 mm），其他有关规定基本同机械连接，但焊接接头不宜用于承受动力荷载疲劳作用的构件。此外，余热处理钢筋不宜焊接；细晶粒热轧带肋钢筋以及直径大于 28 mm 的带肋钢筋，其焊接应经试验确定。

5.5.6　箍筋的构造要求
Detailing Requirements of Stirrups

梁中的箍筋对抑制斜裂缝的开展、联系受拉区与受压区、传递剪力等有重要作用，因此，箍筋的构造要求应得到重视。

(1)箍筋的布置。梁内箍筋宜采用 HRB400、HRBF400、HRB335 和 HRB300 等钢筋。对 $V<0.7f_tbh_0\left(或 V<\dfrac{1.75}{\lambda+1}f_tbh_0\right)$ 按计算不需要配置箍筋的梁，当截面高度 $h>300$ mm 时，应沿全梁设置箍筋；当截面高度 $h=150\sim300$ mm 时，可仅在构件端部各 1/4 跨度范围内设置箍筋；但当在构件中部 1/2 跨度范围内有集中荷载作用时，则应沿梁全长设置箍筋；当截面高度 $h<150$ mm 时，可不设箍筋。

梁支座处的箍筋应从梁边(或墙边)50 mm 处开始放置。

(2)箍筋的形式和肢数。箍筋形式有封闭式和开口式两种(图 5.30)，对 T 形截面梁，当不承受动荷载和扭矩时，在承受正弯矩的区段内可以采用开口式箍筋，除上述情况外，一般梁中均采用封闭式。箍筋的两个端头应做成 135°弯钩，弯钩端部平直段长度不应小于 $5d$(d 为箍筋直径)和 50 mm。

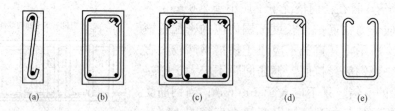

图 5.30　箍筋的肢数和形式
(a)单肢；(b)双肢；(c)四肢；(d)封闭；(e)开口

箍筋的肢数有单肢、双肢和四肢(图 5.30)。箍筋一般采用双肢箍筋，当梁宽 $b\geqslant$ 400 mm，且一层内纵向受压钢筋多于 4 根时，宜采用四肢箍筋。当梁的截面宽度特别小时($b<150$ mm)，也可采用单肢箍筋。

（3）箍筋的直径和间距。梁中箍筋的直径和间距，在满足计算要求的同时，还应符合表5.1和表5.2的规定。当梁中配有计算需要的纵向受压钢筋时，箍筋直径还不应小于纵向受压钢筋最大直径的1/4。为了便于加工，箍筋直径一般不宜大于14 mm。箍筋的常用直径为8 mm、10 mm、12 mm。另外，当梁中配有按计算所需要的纵向受压钢筋时，箍筋应做成封闭式。此时，箍筋的间距不应大于15d（d为纵向受压钢筋的最小直径），且不应大于400 mm；当一层内的纵向受压钢筋多于5根且直径大于18 mm时，箍筋间距不应大于10d。

本章小结

1. 钢筋混凝土受弯构件在剪力和弯矩共同作用的区段内，会产生垂直于主拉应力方向的斜裂缝，并可能沿斜截面发生破坏。

2. 箍筋和弯起钢筋可以直接承受剪力，并限制斜裂缝的延伸和开展，提高剪压区的抗剪能力；还可以增强集料咬合作用和摩阻作用，提高纵筋的销栓作用。因此，配置腹筋可使梁的受剪承载力有较大提高。

3. 钢筋混凝土受弯构件因配箍筋和剪跨比的不同，斜截面主要有斜拉、斜压和剪压三种破坏形态，它们均为脆性破坏。设计时，斜拉和斜压破坏不允许发生，通常通过构造措施予以防止；剪压破坏通过抗剪计算来保证。

4. 影响斜截面受剪承载力的主要因素有梁的纵向钢筋配筋率、剪跨比、混凝土强度等级以及配箍率等。

5. 《规范》规定的基本公式是根据剪压破坏形态的受力特征而建立的。受剪承载力计算公式有适用范围，其截面限制条件是为了防止斜压破坏，最小配箍率和箍筋的构造规定是为了防止斜拉破坏。

6. 在进行斜截面设计时，要考虑斜截面两种强度问题，即"抗弯强度问题"和"抗剪强度问题"，可以独立地分别解决：

（1）斜截面受剪承载力通过腹筋计算和必要构造来解决；

（2）斜截面受弯承载力问题，主要是由于纵向钢筋的弯起和截断产生的，一般只采用构造措施保证。

思考题与习题

一、思考题

1. 为什么一般梁在跨中产生垂直裂缝，而在支座产生斜裂缝？

2. 梁沿斜截面受剪破坏的主要形态有哪几种？它们分别在什么情况下发生？如何防止各种破坏形态的发生？

3. 什么是剪跨比，它对斜截面破坏形态有何影响？

4. 梁的斜截面受剪承载力计算公式有什么限制条件？其意义是什么？

5. 斜截面受剪承载力计算时，其计算截面的位置是怎样确定的？

6. 什么是抵抗弯矩图？它与设计弯矩图有什么关系？为什么要绘制梁的抵抗弯矩图？

7. 梁内纵向钢筋弯起和截断应满足哪些构造要求？

8. 限制箍筋和弯起钢筋最大间距 s_{max} 的目的是什么？

9. 梁内箍筋的主要构造要求有哪些？

10. 纵向钢筋的接头有哪几种？什么情况下不得采用绑扎接头？

二、计算题

1. 已知矩形截面简支梁，梁净跨度 $l_n=5.4$ m，承受均布荷载设计值（包括自重）$q=55$ kN/m，截面尺寸为 $b\times h=250$ mm$\times450$ mm，混凝土强度等级为 C30（$a_s=40$ mm），箍筋采用 HRB335 级，求仅配箍筋时所需箍筋的用量。

2. 图 5.31 所示为一矩形截面简支梁，其截面尺寸为 $b\times h=250$ mm$\times550$ mm，梁上作用集中荷载设计值 $F=120$ kN，均布荷载设计值（包括自重）$g=6$ kN/m，混凝土强度等级为 C30，箍筋采用 HPB300 级，试计算该梁所需的箍筋数量。

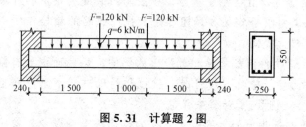

图 5.31　计算题 2 图

3. 图 5.32 所示为钢筋混凝土简支梁，其截面尺寸为 $b\times h=200$ mm$\times600$ mm，承受均布荷载设计值 $q=60$ kN/m（包括自重），混凝土强度等级采用 C30，梁内纵筋采用 3⏀25＋2⏀22 的 HRB400 级钢筋，箍筋采用 HPB300 级，求：

(1)梁内仅配箍筋时，所需箍筋数量；

(2)梁内同时配置箍筋和弯筋时，所需箍筋和弯筋的数量；

(3)绘制梁的配筋图。

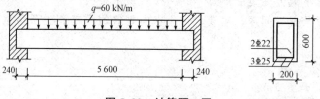

图 5.32　计算题 3 图

4. 已知均布荷载作用的矩形截面简支梁，截面尺寸为 $b\times h=250$ mm$\times550$ mm，承受剪力设计值 $V=220$ kN，混凝土强度等级为 C30，配有 4⏀18＋2⏀16 的 HRB400 级钢筋，箍筋采用 HPB300 级，⏀8@200，试求所需弯起钢筋截面面积。

5. 钢筋混凝土简支梁承受均布荷载作用，尺寸和配筋如图 5.33 所示，混凝土强度等级采用 C30，箍筋采用 HPB300 级，⏀8@200，弯起钢筋采用 HRB400 级，弯起一根 ⏀20。计算该梁所能承受的最大剪力设计值。

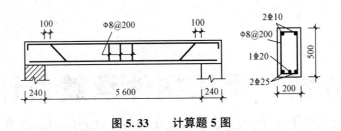

图 5.33　计算题 5 图

6. T 形截面简支梁 $b=200$ mm，$h=600$ mm，$b_f'=600$ mm，$h_f'=80$ mm，净距 $l_n=6.76$ m，混凝土强度等级采用 C30，并已沿梁全长配 HRB335 级 $\phi 8@200$ 箍筋。试按受剪承载力确定该梁所能承受的均布荷载设计值。

第6章 受压构件承载力计算
Strength of Reinforced Concrete Compression Members

学习目标

本章介绍轴心受压构件及偏心受压构件的设计方法。工程中轴心受压构件用得不多，其计算方法也较易掌握。学习中应注意螺旋箍筋柱，其中包含了约束混凝土的概念——较密的螺旋箍筋能对混凝土起约束作用，提高其抗压强度。理解受压柱的稳定系数 φ 的作用；掌握偏心受压构件正截面破坏的两种形态(大偏心受压和小偏心受压)及判别条件；掌握非对称配筋与对称配筋矩形截面和 I 形截面偏心受压构件的承载力计算方法；了解偏心受压构件斜截面承载力的计算方法。

6.1 受压构件基本构造要求
General Detailing Requirements of Compression Members

6.1.1 概述
Introduction

框架结构中的柱、单层厂房柱及屋架的受压腹杆都是工程中最基本和最常见的受压构件，主要以承受轴向压力为主，通常还有剪力和弯矩的作用。在计算受压构件时，常将作用在截面上的弯矩化为等效的、偏离截面重心的轴向力考虑。受压构件除需满足承载力计算要求外，还应满足相应的构造要求。

当只作用有轴力且轴向力作用线与构件截面形心轴重合时，称为轴心受压构件；当同时作用有轴力和弯矩或轴向力作用线与构件截面形心轴不重合时，称为偏心受压构件。当构件截面在弯矩和轴力共同作用时，可看成具有偏心距 $e_0 = M/N$、轴向压力为 N 的偏心受压构件，e_0 称为计算偏心距。

当轴向力作用线与截面的形心轴平行且沿某一主轴偏离形心时，称为单向偏心受压构件。当轴向力作用线与截面的形心轴平行且偏离两个主轴时，称为双向偏心受压构件，如图 6.1 所示。

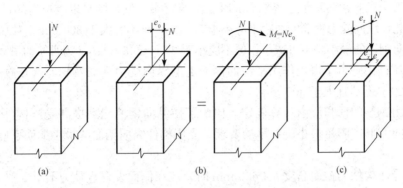

图 6.1 受压构件类型
(a)轴心受压；(b)单向偏心受压；(c)双向偏心受压

6.1.2 受压构件的基本构造要求
Detailing Requirements of Compression Members

(1)材料强度等级。混凝土强度等级对受压构件的承载力影响很大。为了充分利用混凝土承压，节约钢材，减小构件截面尺寸，受压构件宜采用较高强度等级的混凝土。一般设计中常用的混凝土强度等级为 C25～C40，对于高层建筑的底层柱，必要时可采用更高强度等级的混凝土。

在受压构件中，钢筋与混凝土共同承压，两者变形保持一致，受混凝土峰值应变的控制，钢筋的压应力最高只能达到 400 N/mm^2，采用高强度钢材不能充分发挥其作用。因此，纵向受力钢筋一般宜采用 HRB400、HRB500、HRBF400、HRBF500 级钢筋。

(2)截面形式及尺寸。轴心受压构件的截面形式多采用正方形或边长接近的矩形。当建筑上有特殊要求时，可选择圆形或多边形。偏心受压构件的截面形式一般多采用矩形截面，矩形截面长边与弯矩作用方向平行。承受较大荷载的装配式受压构件为了节省混凝土及减轻结构自重，也常采用 I 形截面。

钢筋混凝土受压构件的截面尺寸，不宜小于 $250 \text{ mm} \times 250 \text{ mm}$，为了避免受压构件因长细比过大而使承载力降低过多，宜控制 $l_0/b \leqslant 30$、$l_0/h \leqslant 25$、$l_0/d \leqslant 25$(其中，l_0 为柱的计算长度，b 和 h 分别为截面的宽度和高度，d 为圆形截面的直径)。另外，柱截面尺寸宜符合模数，柱截面边长为 800 mm 及以下的，宜取 50 mm 的倍数；800 mm 以上的，取 100 mm 的倍数。对于 I 形截面，翼缘厚度不宜小于 120 mm，因为翼缘太薄，会使构件过早出现裂缝。同时，在靠近柱底处的混凝土容易在生产过程中碰坏，影响柱的承载力和使用年限。

(3)纵筋。纵向受力钢筋的作用是与混凝土共同承担由外荷载引起的内力，防止构件脆性破坏，减小混凝土不匀质引起的影响；同时，纵向钢筋还可以承担构件失稳破坏时凸出面出现的拉力以及由于荷载的初始偏心、混凝土收缩、徐变、温度应变等因素引起的拉力等。

轴心受压构件的纵向受力钢筋应沿截面四周均匀对称布置，偏心受压柱的纵向受力钢筋布置在偏心方向截面的两对边。纵向受力钢筋直径 d 不宜小于 12 mm，通常采用 16～

32 mm。正方形和矩形截面柱中，纵向受力钢筋应不少于 4 根，以便与箍筋形成骨架；圆形截面柱中，不宜少于 8 根，且不应少于 6 根。

受压构件中纵向钢筋间距过密影响混凝土浇筑密实，过疏则难以维持对芯部混凝土的围箍约束，因此，纵向受力钢筋的净距不应小于 50 mm，且不宜大于 300 mm。对水平浇筑的预制柱，其纵向钢筋的最小净距可减小，但不应小于 30 mm 和 $1.5d$（d 为纵筋的最大直径）。

偏心受压柱中垂直于弯矩作用平面的侧面上的纵向受力钢筋及轴心受压柱中各边的纵向受力钢筋的中距不宜大于 300 mm。

纵向受力钢筋的面积应由计算确定，但为了使纵向钢筋起到提高受压构件截面承载力的作用，纵向钢筋应满足最小配筋率的要求。受压构件纵向钢筋的最小配筋率应符合附表 8 的要求。

当偏心受压构件的截面高度 $h \geqslant 600$ mm 时，应在侧面设置直径为不小于 10 mm 的纵向构造钢筋，以防止构件因温度和混凝土收缩应力而产生裂缝，并相应地设置复合箍筋或拉筋。

（4）箍筋。受压构件中箍筋应符合下列规定：防止纵筋压屈，柱及其他受压构件中的周边箍筋应做成封闭式；对圆柱中的箍筋末端应做成 135°弯钩，弯钩末端平直段长度不应小于箍筋直径的 5 倍。

箍筋直径不应小于 $1/4d$（d 为纵向钢筋的最大直径），且不应小于 6 mm。箍筋间距在绑扎骨架中不应大于 $15d$，在焊接骨架中则不应大于 $20d$（d 为纵筋最小直径），且不应大于 400 mm 及构件截面的短边尺寸。

当柱中全部纵向受力钢筋的配筋率超过 3%时，箍筋直径不应小于 8 mm，间距不应大于 $10d$（d 为纵向受力钢筋的最小直径），且不应大于 200 mm；箍筋末端应做成 135°弯钩，且弯钩末端平直段长度不应小于纵向受力钢筋最小直径的 10 倍。

在纵向钢筋搭接长度范围内，箍筋的直径不宜小于搭接钢筋较大直径的 0.25 倍。箍筋间距不应大于 $10d$（d 为受力钢筋中最小直径），且不应大于 200 mm。当搭接的受压钢筋直径大于 25 mm 时，应在搭接接头两个端面外 100 mm 范围内各设置两根箍筋。

当柱截面短边尺寸大于 400 mm 且各边纵向受力钢筋多于 3 根时，或当柱截面短边尺寸不大于 400 mm 但各边纵向钢筋多于 4 根时，应设置复合箍筋（图 6.2），以防止中间钢筋被压屈。复合箍筋的直径、间距与前述箍筋相同。

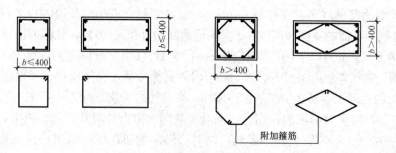

图 6.2　方形及矩形截面柱的箍筋形式

对于截面形状复杂的构件，不可采用具有内折角的箍筋（图 6.3）。其原因是内折角处受拉箍筋的合力向外，可能使此处混凝土保护层崩裂。

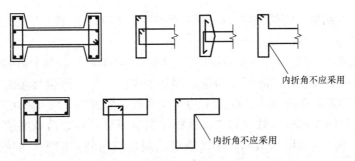

内折角不应采用

内折角不应采用

图 6.3　I 形及 L 形截面柱的箍筋形式

6.2 轴心受压构件正截面承载力计算

Strength of Reinforced Concrete Axially Compressive Members

在实际结构中，几乎不存在真正的轴心受压构件。由于材料本身的不均匀性、荷载作用位置偏差、配筋不对称以及施工误差等原因，纵向压力总会存在初始偏心距。但当这种偏心距很小时，如只承受节点荷载的屋架受压弦杆和腹杆、以恒荷载为主的等跨多层框架房屋的内柱等，为计算方便，可近似按轴心受压构件计算。另外，偏心受压构件垂直于弯矩作用平面的承载力验算，也按轴心受压构件计算。

钢筋混凝土轴心受压构件按照箍筋作用和形式不同可分为两种：一种是配置纵向钢筋和普通箍筋的柱，称为普通箍筋柱[图 6.4(a)]；另一种是配置纵向钢筋和螺旋筋或焊接环的柱子，称为螺旋箍筋柱[图 6.4(b)]或间接箍筋柱[图 6.4(c)]。

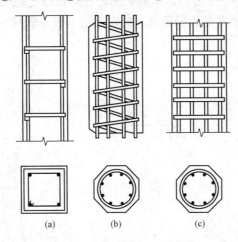

(a)　　　　　　(b)　　　　　　(c)

图 6.4　轴心受压柱的类型

(a)普通箍筋柱；(b)螺旋箍筋柱；(c)间接箍筋柱

6.2.1　普通箍筋轴心受压柱的承载力计算

Strength of RC Axially Compressive Members with Ordinary Stirrups

受压柱根据长细比的不同，轴心受压柱可分为短柱和长柱。短柱指的是长细比 $l_0/b \leqslant 8$

（矩形截面，b 为截面较小边长）或 $l_0/d \leqslant 8$（圆形截面，d 为直径）或 $l_0/i \leqslant 28$（一般截面，i 为截面回转半径）的柱；否则，为长柱。

（1）轴心受压短柱的受力特点和破坏形态。轴心压力作用下，整个截面的应变基本上是均匀分布的。当荷载较小时，混凝土和钢筋都处于弹性阶段，钢筋与混凝土的应力与荷载的增加成正比；随着荷载的增加，混凝土的塑性变形有所发展，变形的增加速度大于荷载的增长速度，配置的纵向钢筋数量越少，这种现象越明显；随着荷载继续增加，柱中开始出现细微裂缝，当达到极限荷载时，细微裂缝发展成与荷载方向平行的明显的纵向裂缝，箍筋间纵筋压屈、外凸，混凝土被压碎，构件最终破坏，如图 6.5(a)所示。

试验表明，素混凝土棱柱体构件破坏时极限压应变值一般为 0.001 5～0.002。而钢筋混凝土柱则为 0.002 5～0.003 5。其主要原因是，配置纵筋后，箍筋起到了调整混凝土应力的作用，较好地发挥了混凝土的塑性性能，改善了轴心受压构件破坏的脆性性质，使破坏时的压应变值得到了增加。

工程设计时，取混凝土的压应变值 $\varepsilon_0 = 0.002$ 为轴心受压构件破坏时的控制条件，认为此时混凝土达到轴心抗压强度 f_c；相应纵筋应力 $\sigma'_s = E_s \varepsilon_0 = 2 \times 10^5 \times 0.002 = 400(\text{N/mm}^2)$。因此，当纵向钢筋为高强度钢筋时，构件破坏时纵向钢筋可能达不到屈服强度，其抗压强度设计值只能取 400 N/mm²。

（2）轴心受压长柱的受力特点和破坏形态。对于长细比较大的长柱，由于各种偶然因素造成的初始偏心距的影响是不可忽略的，施加荷载后，由于初始偏心距将产生附加弯矩和侧向挠度，侧向挠度又会加大原来的初始偏心距，这样相互影响的结果导致了构件承载能力的降低。破坏时，首先在凹侧出现纵向裂缝，接着混凝土被压碎，纵向钢筋被压屈向外凸出，凸侧混凝土出现垂直纵轴方向的横向裂缝，侧向挠度急速发展，最终柱子失去平衡并将凸边混凝土拉裂而破坏(图 6.6)。试验表明，柱的长细比越大，其承载力越低。对于长细比很大的长柱，还有可能发生失稳破坏。稳定系数 φ 表示长柱承载能力降低的程度。

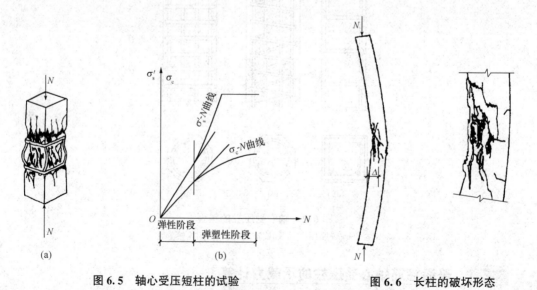

图 6.5　轴心受压短柱的试验
(a)破坏形态；(b)荷载-应力关系曲线

图 6.6　长柱的破坏形态

构件的稳定系数 φ 主要和构件的长细比 l_0/i 有关(l_0 为构件的计算长度，i 为截面的最小回转半径)。当为矩形截面时,长细比用l_0/b表示(b为截面短边),《规范》中对φ值制定了计算表,见表 6.1。

表 6.1　钢筋混凝土轴心受压构件的稳定系数

l_0/b	≤8	10	12	14	16	18	20	22	24	26	28
l_0/d	≤7	8.5	10.5	12	14	15.5	17	19	21	22.5	24
l_0/i	≤28	35	42	48	55	62	69	76	83	90	97
φ	1.00	0.98	0.95	0.92	0.87	0.81	0.75	0.70	0.65	0.60	0.56
l_0/b	30	32	34	36	38	40	42	44	46	48	50
l_0/d	26	28	29.5	31	33	34.5	36.5	38	40	41.5	43
l_0/i	104	111	118	125	132	139	146	153	160	167	174
φ	0.52	0.48	0.44	0.40	0.36	0.32	0.29	0.26	0.23	0.21	0.19

注:表中 l_0 为构件的计算长度,b 为矩形截面的短边尺寸,d 为圆形截面的直径,i 为截面的最小回转半径。

(3)柱的计算长度。求稳定系数 φ_s 时,需确定构件的计算长度 l_0。l_0 与构件两端支撑情况有关:

当两端铰支时,取$l_0=l$(l是构件实际长度);

当两端固定时,取$l_0=0.5l$;

当一端固定、一端铰支时,取$l_0=0.7l$;

当一端固定、一端自由时,取$l_0=2.0l$。

在实际结构中,支座情况并不是理想的单一情况,而要复杂得多。因此,《规范》对单层厂房排架柱、框架柱等计算长度做了相关规定。见表 6.2 及表 6.3。

《规范》规定柱的计算长度 l_0 按下列情况采用:

1)刚性屋盖单层房屋排架柱、露天吊车柱和栈桥柱,其计算长度 l_0 可按表 6.2 取用。

表 6.2　刚性屋盖单层房屋排架柱、露天吊车柱和栈桥柱的计算长度

柱的类型		l_0		
		排架方向	垂直排架方向	
			有柱间支撑	无柱间支撑
无吊车房屋柱	单跨	1.5H	1.0H	1.2H
	两跨及多跨	1.25H	1.0H	1.2H
有吊车房屋柱	上柱	$2.0H_u$	$1.25H_u$	$1.5H_u$
	下柱	$1.0H_l$	$0.8H_l$	$1.0H_l$
露天吊车柱和栈桥柱		$2.0H_l$	$1.0H_l$	—

注:1. 表中 H 为从基础顶面算起的柱子全高;H_l 为从基础顶面至装配式吊车梁底面或现浇式吊车梁顶面柱子下部高度;H_u 为从装配式吊车梁底面或从现浇式吊车梁顶面算起的柱子上部高度;

2. 表中有吊车房屋排架柱的计算长度,当计算中不考虑吊车荷载时,下柱可按无吊车房屋柱的计算长度采用,但上柱的计算长度仍可按有吊车房屋采用;

3. 表中有吊车房屋排架柱的上柱在排架方向的计算长度,仅适用于 $H_u/H_l \geqslant 0.3$ 的情况;当 $H_u/H_l < 0.3$ 时,计算长度宜采用 $2.5H_u$。

2)一般多层房屋中梁柱为刚性的框架结构，各层柱的计算长度 l_0 可按表 6.3 取用。

表 6.3　框架结构各层柱的计算长度

楼盖类型	柱的类别	l_0
现浇楼盖	底层柱	$1.0H$
	其余各层柱	$1.25H$
装配式楼盖	底层柱	$1.25H$
	其余各层柱	$1.5H$

注：表中 H 对底层柱为基础顶面到一层楼盖顶面的高度；对其余各层为上、下两层楼盖顶面之间的高度。

（4）轴心受压构件承载力计算。根据上述受力性能分析，还应考虑稳定及可靠度因素，《规范》通过对承载力乘以 0.9 的方法，修正这些因素对构件承载力的影响。因此，配有纵筋和普通箍筋的钢筋混凝土轴心受压柱正截面承载力计算公式为

$$N = 0.9\varphi(f_c A + f_y' A_s') \tag{6-1}$$

式中　N——轴心压力设计值；

　　　φ——钢筋混凝土轴心受压构件的稳定系数，按表 6.1 取值；

　　　f_c——混凝土轴心抗压强度设计值；

　　　f_y'——纵向钢筋抗压强度设计值，当采用 HRB500 和 HRBF500 钢筋时，应取 400 N/mm²；

　　　A——构件截面面积，当纵向钢筋的配筋率 $\rho' \geqslant 3\%$ 时，式中 A_s' 应改用混凝土截面面积 A_c，$A_c = A - A_s'$；

　　　A_s'——截面全部纵向钢筋截面面积。

（5）截面设计与校核。在实际工程中，轴心受压构件的承载力计算，也可归纳为截面设计和截面校核两类问题。

1）截面设计。

已知：构件截面尺寸 $b \times h$，轴向力设计值 N，构件的计算长度 l_0，材料强度等级。

求：构件截面面积 A 及纵向钢筋截面面积 A_s'。

若构件截面尺寸 $b \times h$ 为未知，则可先根据构造要求并参照同类工程假定柱截面尺寸 $b \times h$，然后按上述步骤计算 A_s'。纵向钢筋配筋率宜为 0.8%～2%。若配筋率 ρ' 过大或过小，则应调整 b、h，重新计算 A_s'。也可先假定 φ 和 ρ' 的值（常可假定 $\varphi = 1$，$\rho' = 1\%$），由下式计算出构件截面面积，进而得出 $b \times h$。

$$A = \frac{N}{0.9\varphi(f_c + \rho' f_y')} \tag{6-2}$$

2）截面校核。

已知：柱截面尺寸 $b \times h$，计算长度 l_0，纵向钢筋数量及钢筋等级，混凝土强度等级。

求：柱的受压承载力，或已知轴向力设计值 N，判断截面是否安全。

只需将有关数据代入承载力计算公式，如果公式成立，则满足承载力要求。

【例 6.1】　已知某多层现浇钢筋混凝土框架结构，首层中柱按轴心受压构件计算。该柱安全等级为二级，轴向压力设计值 $N = 1\,400$ kN，计算长度 $l_0 = 5$ m，纵向钢筋采用 HRB400 级，混凝土强度等级为 C30。求该柱截面尺寸及纵向钢筋截面面积。

【解】　$f_c = 14.3$ N/mm²，$f_y' = 360$ N/mm²，$\gamma_0 = 1.0$。

（1）初步确定柱截面尺寸。

设 $\rho'=\dfrac{A'_s}{A}=1\%$，$\varphi=1$，则

$$A=\frac{N}{0.9\varphi(f_c+\rho'f'_y)}=\frac{1\,400\times10^3}{0.9\times1\times(14.3+1\%\times360)}=86\,902.5(\text{mm}^2)$$

选用方形截面，则 $b=h=\sqrt{86\,902.5}=294.8(\text{mm})$，取用 $b=300$ mm。

（2）计算稳定系数 φ。

$l_0/b=5\,000/300=16.7$，查表 6.1 得，$\varphi=0.869$。

（3）计算钢筋截面面积 A'_s。

$$A'_s=\frac{\dfrac{N}{0.9\varphi}-f_cA}{f'_y}=\frac{\dfrac{1\,400}{0.9\times0.869}-14.3\times300^2}{360}=1\,397(\text{mm}^2)$$

（4）验算配筋率。

$$\rho'=\frac{A'_s}{A}=\frac{1\,397}{300\times300}=1.55\%$$

由于 $\rho'>\rho'_{\min}=0.55\%$，且 $<3\%$，满足最小配筋率要求，且无须重算。

纵向钢筋选用 $4\Phi25$，$A_s'=1\,964\ \text{mm}^2$，箍筋配置为 $\Phi8@300$，如图 6.7 所示。

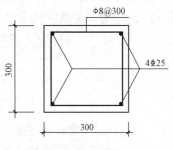

图 6.7 配筋图

6.2.2 螺旋箍筋轴心受压柱的承载力计算

Strength of RC Axially Compressive Members with Spiral Stirrups

当柱子需要承受较大的轴向压力，而截面尺寸又受到限制，提高混凝土强度等级和增加纵筋用量仍不能满足承载力要求，可考虑采用配有螺旋式或焊接环式箍筋柱，以提高构件的承载能力，螺旋式或焊接环式箍筋也称为"间接钢筋"。这种柱子的截面形状一般为圆形或正多边形，构造形式如图 6.8 所示。

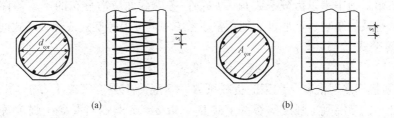

(a)   (b)

图 6.8 螺旋式配筋柱或焊环式配筋柱

(a)螺旋式配筋柱；(b)焊环式配筋柱

（1）箍筋的横向约束作用。混凝土的纵向受压破坏可认为是由于横向变形而发生的拉坏现象。配有纵筋和间接钢筋的柱子，由于其间接钢筋像环箍一样，能有效约束核心混凝土在纵向受压时产生横向变形，使核心混凝土在三向压应力作用下工作，从而提高混凝土的抗压强度和变形能力。

试验表明，当荷载逐渐增大，间接钢筋外的混凝土保护层开始剥落时，间接钢筋内的混凝土并未破坏，应力随着荷载的增加而继续增大。因此，在计算中不考虑保护层混凝土的作用，只考虑间接钢筋内核心面积 A_{cor} 的混凝土作为计算截面面积。当外力逐渐加大，间

接钢筋的应力达到抗拉屈服强度时，就不再能有效地约束混凝土的横向变形，混凝土的抗压强度就不能再提高，这时构件破坏。

（2）正截面受压承载力计算公式。由于螺旋筋或焊接环筋（间接钢筋）的套箍作用，其包围的核心截面混凝土的实际抗压强度 f_{c1} 高于混凝土轴心抗压强度 f_c，其值可利用圆柱体混凝土侧向均匀压应力的三轴受压试验所得的近似关系式进行计算，得

$$f_{c1} = f_c + 4\sigma_c \tag{6-3}$$

式中　f_{c1}——被约束后的混凝土轴心抗压强度；

　　　σ_c——当间接钢筋的应力达到屈服强度时，柱的核心混凝土受到的径向压应力值。

由图 6.9 可知，当间接钢筋屈服时，在间接钢筋间距 s 范围内 σ_c 的合力与箍筋的拉力平衡，则可得 $2f_y A_{ss1} = \sigma_c s d_{cor}$，则

$$\sigma_c = \frac{2f_y A_{ss1}}{s d_{cor}} = \frac{2f_y A_{ss1} d_{cor} \pi}{4 \times \frac{\pi d_{cor}^2}{4} \times s} = \frac{f_y A_{ss0}}{2A_{cor}} \tag{6-4}$$

$$A_{ss0} = \frac{\pi d_{cor} A_{ss1}}{s} \tag{6-5}$$

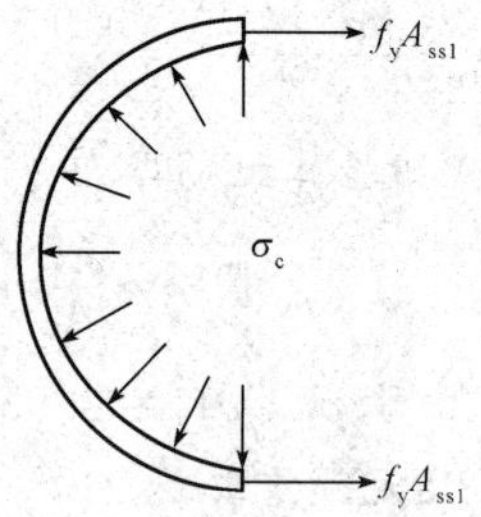

图 6.9　螺旋配筋环向应力

式中　A_{ss1}——螺旋式或焊接环式单根间接钢筋的截面面积；

　　　f_y——间接钢筋的抗拉强度设计值；

　　　s——间接钢筋沿构件轴线方向的间距；

　　　d_{cor}——构件核心直径，按间接钢筋内表面确定，可取间接钢筋内表面之间的距离；

　　　A_{ss0}——螺旋式或焊接环式间接钢筋的换算截面面积；

　　　A_{cor}——混凝土核心截面面积（箍筋内表面范围内混凝土面积），$A_{cor} = \dfrac{\pi d_{cor}^2}{4}$。

根据力的平衡条件，可得配有纵筋和间接钢筋柱的承载力 N 的计算公式

$$N = f_{c1}A_{cor} + f_y'A_s' = (f_c + 4\sigma_c)A_{cor} + f_y'A_s' = f_c A_{cor} + 2f_y A_{ss0} + f_y'A_s' \tag{6-6}$$

根据国内外的试验结果，当混凝土强度等级大于 C50 时，间接钢筋混凝土的约束作用将会降低，在第二项中乘以折减系数 $b_h \leqslant 3\ h_h \alpha$；考虑截面应力分布的不均匀性和间接钢筋对混凝土约束折减的影响后，取可靠度调整系数 0.9，可得螺旋式或焊接环式间接钢筋柱的承载力 N 计算公式

$$N \leqslant 0.9(f_c A_{cor} + 2\alpha f_{yv} A_{ss0} + f_y'A_s') \tag{6-7}$$

式中　α——间接钢筋对混凝土约束的折减系数，当混凝土强度等级不大于 C50 时，取 $\alpha = 1.0$；当混凝土强度等级为 C80 时，取 $\alpha = 0.85$；当混凝土强度等级为 C50～C80 时，按线性内插法确定。

为保证间接钢筋外的混凝土保护层在正常使用中不脱落，要求按式（6-7）算得的构件承载力不应超过按式（6-1）算得的 1.5 倍。

凡属下列情况之一者，不应考虑间接钢筋的影响而仍按式（6-1）计算构件的承载力：

1）当 $l_0/d > 12$ 时，因长细比较大，有可能因纵向弯曲而使螺旋箍筋不起作用。

2）当按式（6-7）算得的受压承载力 N 小于按式（6-1）算得的受压承载力 N 时。

3）当间接钢筋换算截面面积 A_{ss0} 小于纵筋全部截面面积的 25% 时，或当螺旋箍筋间距 $s > d_{cor}/5$（d_{cor} 为截面核心直径）及 $s > 80$ mm 时，则认为间接钢筋配置得太少或间距太大，不能起到套箍约束作用。

【例 6.2】 某现浇钢筋混凝土轴心受压圆截面柱，直径为 450 mm，承受的轴向压力设计值 $N=3\,200$ kN，柱的计算高度为 4.5 m，安全等级为二级，在柱内配置有 $8\Phi22(A_s'=3\,041$ mm$^2)$，混凝土强度等级采用 C30，HRB400 级受力钢筋，HPB300 级螺旋钢筋，一类环境，混凝土保护层厚度 20 mm。试设计柱内的螺旋钢筋。

【解】 $f_c=14.3$ N/mm^2，$\alpha_1=1.0$，$f_y'=360$ N/mm^2，$f_{yv}=270$ N/mm^2。

(1)验算适用条件。

$l_0/d=4\,500/450=10<12$，查表 6.1，得 $\varphi=0.966$。

当按普通箍筋柱承载力计算公式计算时，其承载力为

$$N_u=0.9\varphi(f_cA+f_y'A_s')=0.9\times0.966\times\left(14.3\times\frac{\pi\times450^2}{4}+360\times3\,041\right)\times10^{-3}$$

$$=2\,928(\text{kN})<N=3\,200\ \text{kN}$$

$$1.5N_u=1.5\times2\,928=4\,392(\text{kN})>N=3\,200\ \text{kN}$$

由上述计算可知，仅配有普通箍筋的该柱，其承载力不能满足要求。但由于 $N\leqslant1.5N_u$，所以，可考虑采用螺旋箍筋柱。

(2)螺旋箍筋计算。

混凝土保护层厚度为 20 mm，设间接钢筋内表面距离混凝土外边缘的距离为 30 mm，则截面的核心直径 $d_{cor}=450-2\times30=390(\text{mm})$，则

$$A_{cor}=\frac{\pi}{4}d_{cor}^2=\frac{3.14}{4}\times390^2=119\,400(\text{mm}^2)$$

由式(6-7)可得间接钢筋的换算面积为

$$A_{ss0}=\frac{\dfrac{N}{0.9}-f_y'A_s'-f_cA_{cor}}{2\alpha f_{yv}}=\frac{\dfrac{3\,200\times10^3}{0.9}-360\times3\,041-14.3\times119\,400}{2\times1.0\times270}$$

$$=1\,395(\text{mm}^2)>0.25\,A_s'=0.25\times3\,041=760(\text{mm}^2)$$

间接钢筋间距 s 不应大于 80 mm 及 78 mm$(d_{cor}/5=78\ \text{mm})$，且不宜小于 40 mm，可设螺旋钢筋间距 $s=50$ mm，则单肢螺旋箍筋面积为

$$A_{ss1}=\frac{sA_{ss0}}{\pi d_{cor}}=\frac{50\times1\,395}{\pi\times390}=57.0(\text{mm}^2)$$

又因为箍筋直径不应小于 $\dfrac{1}{4}d_{max}=\dfrac{1}{4}\times22=5.5(\text{mm})$，且不应小于 6 mm，选用 $d=10$ mm螺旋箍筋，实际截面面积 $A_{ss1}=78.5$ mm$^2>57.0$ mm^2，配筋如图 6.10 所示。

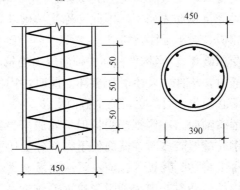

图 6.10 截面配筋图

6.3 矩形截面偏心受压构件正截面承载力计算

Strength of Eccentric Compression Members

工程中，偏心受压构件的应用非常广泛，如常见的多高层框架柱、单层钢架柱、单层厂房排架柱，大量的实体剪力墙及联肢剪力墙中的大部分墙肢，屋架、托架的上弦杆，以及水塔、烟囱的筒壁等都是属于偏心受压构件。

偏心受压构件分为单向偏心受压构件和双向偏心受压构件，本节仅介绍单向偏心受压构件正截面承载力的计算。以下的偏心受压构件未特别注明的即指单向偏心受压构件。

6.3.1 偏心受压构件正截面的破坏特征

Failure Characteristics of Normal Sections of RC Eccentric Compression Members

偏心受压构件在承受轴向力 N 和弯矩 M 的共同作用时，可以等效于承受一个偏心距 $e_0 = M/N$ 的偏心力 N 的作用，当弯矩 M 相对较小时，e_0 就很小，构件接近于轴心受压；相反，当 N 相对较小时，e_0 就很大，构件接近于受弯。因此，随着 e_0 的改变，偏心受压构件的受力性能和破坏形态介于轴心受压和受弯之间。

当 $M=0$、$e_0=0$ 时，即为轴心受压构件，当 $N=0$、$Ne_0=M$ 时，即为受弯构件，故受弯构件和轴心受压构件相当于偏心受压构件的特殊情况。

按照轴向力的偏心距和配筋情况的不同，偏心受压构件的破坏可分为大偏心受压破坏（即受拉破坏）和小偏心受压破坏（即受压破坏）两种情况。

（1）大偏心受压破坏（受拉破坏）。当构件截面中轴向压力的偏心距较大，且没有配置过多的受拉钢筋时，将发生受拉破坏。破坏时，远离轴向力一侧的钢筋先受拉屈服，近轴向力一侧的混凝土被压碎。

大偏心受压构件破坏时的截面应力分布与构件上的裂缝分布情况如图 6.11 所示。在偏心力的作用下，远离轴向力一侧的截面受拉，近轴向力一侧的截面受压。随着荷载的增加，受拉区首先出现横向裂缝，受拉钢筋将首先屈服。继续增加荷载，裂缝明显加宽并进一步向受压一侧延伸，受压区面积逐渐减少，受压边缘的压应变逐步增大。最后，压区边缘混凝土的应变达到其极限压应变时，受压区混凝土压碎崩脱，导致构件的最终破坏。

由于大偏心受压破坏时受拉钢筋先屈服，因此又称受拉破坏，其破坏特征与钢筋混凝土双筋截面适筋梁的破坏相似，属于延性破坏。

（2）小偏心受压破坏（受压破坏）。当构件截面中轴向压力的偏心距较小或虽然偏心距较大，但配置过多的受拉钢筋时，构件将发生受压破坏。此时，构件截面可能处于大部分受压而小部分受拉状态。当偏心距很小时，也可能全截面受压。

1）大部分截面受压，远离轴向力一侧钢筋受拉但不屈服。当偏心距较小，或偏心距较大，但远离轴向力一侧的钢筋配置较多时，截面处于大部分受压而小部分受拉状态。随着荷载的增加，受拉边缘混凝土将达到其极限拉应变，从而沿构件受拉边一定间隔，将出现垂直于构件轴线的裂缝。构件破坏时，中和轴距受拉钢筋较近，受拉钢筋的应力较小，达不到屈服强度，不能形成明显的主拉裂缝。构件的破坏是由受压区边缘的混凝土首先达到极限压应变值被压碎引起的，在混凝土压碎时，受压一侧的纵向钢筋只要强度不是过高，其压应力一般都能达到屈服强度。构件破坏时，其截面上的应力状态如图 6.12(a)所示。由于受拉钢筋的应力没有达到屈服强度，因此，在截面应力分布图形中，其拉应力只能用 σ_s 来表示。

2)全截面受压，远离轴向力一侧钢筋受压。当偏心距很小，截面可能全部受压，由于全截面受压，近轴向力一侧的压应力较大，远离轴向力一侧压应力较小，这类构件压应力较小一侧在整个受力过程中不会出现与构件轴线垂直的裂缝。构件破坏是由压应力较大一侧的混凝土压碎引起的。在混凝土被压碎时，接近纵向偏心力一侧的纵向钢筋只要强度不是过高，一般均能达到屈服强度。钢筋受压屈服；远离轴向力一侧的钢筋往往达不到屈服强度，在应力分布图形中应力用 σ_s 表示，如图 6.12(b)所示。

当偏心距很小，且近轴向力一侧的钢筋配置较多时，截面的实际形心轴向配置较多钢筋一侧偏移，截面的实际重心和构件的几何中心不重合，有可能使构件的实际偏心反向，出现反向偏心受压，如图 6.12(c)所示。反向偏心受压使几何上远离轴向力一侧的应变大于近轴向力一侧的应变。此时，尽管构件截面的应变仍呈梯形分布，但与图 6.12(b)所示的相反。破坏时，远离轴向力一侧的混凝土首先被压碎，钢筋受压屈服。

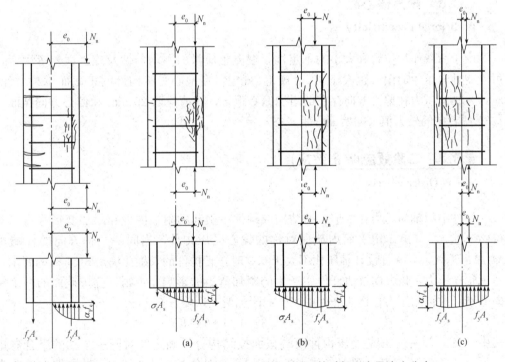

图 6.11　大偏心受压的　　　　图 6.12　小偏心受压的破坏形态及应力分布
　　　　破坏形态及应力分布

总之，对于小偏心受压，无论何种情况，其构件都是截面受压区的混凝土达到极限压应变，被压碎而破坏；另一侧的钢筋受拉但不屈服或处于受压状态，构件在破坏前变形不会急剧增长，但受压区垂直裂缝不断发展，破坏时没有明显预兆，这种破坏特征与超筋的双筋受弯构件或轴心受压构件相似，属于脆性破坏。

6.3.2 大小偏心受压界限
Eccentric Compression Limit

从大、小偏心受压的破坏特征可见，两类构件破坏的相同之处是受压区边缘的混凝土都被压碎，都是"材料破坏"，而区别在于破坏时受拉钢筋能否达到屈服。因此，大、小偏心受压破坏的界限是受拉钢筋应力达到屈服强度，同时受压区混凝土的应变达到极限压应变被压碎。这与受弯构件适筋与超筋的界限是一致的。从截面的应变分布分析(图 6.13)，要保证受拉钢筋先达到屈服强度，相对受压区高度必须满足 $\xi < \xi_b$ (ξ_b 为界限受压区高度)的条件。

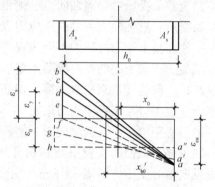

图 6.13　偏压构件破坏时的应变图

当 $\xi \leqslant \xi_b$ 时，为大偏心受压破坏；

当 $\xi > \xi_b$ 时，为小偏心受压破坏。

6.3.3 附加偏心距
Additional Eccentricity

由于荷载作用位置和大小的不定性，混凝土质量的不均匀性及施工误差等因素，都有可能使轴向压力的偏心距大于 e_0。《规范》规定，在偏心受压构件的正截面承载力计算中，应计入轴向压力在偏心方向存在的附加偏心距 e_a，其值应取 20 mm 和偏心方向截面尺寸的 1/30 两者中的较大值。初始偏心距 e_i 按 $e_i = e_0 + e_a$ 计算。

6.3.4 二阶效应(P-δ 效应)
Second Order Effects

构件中的轴向压力在变形后的结构或构件中引起的附加内力和附加变形称为二阶效应(P-δ 效应)，弯矩作用平面内截面对称的偏心受压构件，当同一主轴方向的杆端弯矩比 M_1/M_2 不大于 0.9 且设计轴压比不大于 0.9 时，若构件的长细比满足式(6-8)的要求，可不考虑轴向压力在该方向挠曲杆件中产生的附加弯矩的影响。否则，应按截面的两个主轴方向分别考虑轴向压力在挠曲杆件中产生的附加弯矩影响。

$$l_c / i \leqslant 34 - 12(M_1/M_2) \tag{6-8}$$

式中　M_1，M_2——偏心受压构件两端截面按结构分析确定的对同一主轴的组合弯矩设计值，绝对值较大端为 M_2，绝对值较小端为 M_1，当构件按单曲率弯曲时，M_1/M_2 取正值，否则取负值；

　　　　l_c——构件的计算长度，可近似取偏心受压构件相应主轴方向上、下支撑点之间的距离；

　　　　i——偏心方向的截面回转半径。

除排架结构柱外的其他偏心受压构件，考虑轴向压力在挠曲杆件中产生的二阶效应后控制截面弯矩设计值应按下列公式计算：

$$M = C_m \eta_{ns} M_2 \qquad (6\text{-}9)$$

$$C_m = 0.7 + 0.3 \frac{M_1}{M_2} \qquad (6\text{-}10)$$

$$\eta_{ns} = 1 + \frac{1}{\dfrac{1\,300(M_2/N + e_a)}{h_0}} \left(\frac{l_c}{h}\right)^2 \zeta_c \qquad (6\text{-}11)$$

$$\zeta_c = \frac{0.5 f_c A}{N} \qquad (6\text{-}12)$$

式中 C_m——构件端截面偏心距调节系数，当 $C_m < 0.7$ 时，取 0.7。

η_{ns}——弯矩增大系数。

e_a——附加偏心距。

ζ_c——截面曲率修正系数，当计算值大于 1.0 时，取 1.0。

h——截面高度：对环形截面，取外直径；对圆形截面，取直径。

h_0——截面有效高度：对环形截面，取 $h_0 = r_2 + r_s$；对圆形截面，取 $h_0 = r + r_s$。此处，r、r_2 和 r_s 按《规范》附录 E 第 E.0.3 条和第 E.0.4 条计算。

A——构件截面面积。

当 $C_m \eta_{ns} < 1.0$ 时，取 1.0；对剪力墙墙肢类及核心筒墙肢类构件，可取 $C_m \eta_{ns} = 1.0$。排架结构柱的二阶效应应按《规范》第 5.3.4 条的规定计算。

6.3.5 矩形截面偏心受压构件正截面承载力计算
Strength of RC Eccentric Compression Members with Rectangular Cross Section

1. 基本假定

偏心受压构件正截面承载力计算也可仿照受弯构件正截面承载力计算作以下基本假定：

(1)截面应变符合平面假定。

(2)不考虑混凝土的受拉作用。

(3)受压区混凝土采用等效矩形应力图，其强度取等于混凝土轴心抗压强度设计值 f_c 乘以系数 α_1，矩形应力图形的受压区高度 $x = \beta_1 x_0$（x_0 为由平截面假定确定的中性轴高度）。

2. 大偏心受压构件正截面受压承载力基本计算公式及适用条件

(1)基本公式。矩形截面大偏心受压构件破坏时的应力分布如图 6.14(a)所示。为简化计算，将其简化为图 6.14(b)所示的等效矩形图。

由纵向力的平衡及各力对受拉钢筋合力点取矩，可得出大偏心受压的基本计算公式：

$$N = \alpha_1 f_c b x + f_y' A_s' - f_y A_s \qquad (6\text{-}13)$$

$$Ne = \alpha_1 f_c b x \left(h_0 - \frac{x}{2}\right) + f_y' A_s'(h_0 - a_s') \qquad (6\text{-}14)$$

$$e = e_i + \frac{h}{2} - a_s \qquad (6\text{-}15)$$

式中 N——受压承载力设计值；

α_1——系数取值同受弯构件；

x——受压区计算高度，$x = \xi h_0$；

a_s'——纵向受拉钢筋合力点至截面近边缘的距离；

e——轴向力作用点至受拉钢筋 A_s 合力点之间的距离；

e_i——初始偏心距。

(2)适用条件。

1)为了保证构件为大偏压破坏，受拉区钢筋应力要能先达到屈服强度，必须满足

$$x \leqslant x_b(\text{或 } x \leqslant \xi_b h_0) \tag{6-16}$$

式中　x_b——界限破坏时受压区计算高度，$x_b = \xi_b h_0$，ξ_b 与受弯构件的相同。

2)为了保证构件破坏时受压钢筋应力能达到抗压强度设计值 f'_y，必须满足

$$x \geqslant 2a'_s \tag{6-17}$$

当 $x = \xi h_0 < 2a'_s$ 时，表示受压钢筋的应力可能达不到 f'_y，与双筋受弯构件类似，可近似取 $x = 2a'_s$，其应力图形如图 6.15 所示，近似认为受压区混凝土压应力合力点与受压钢筋合力点相重合，对受压钢筋 A'_s 作用点取矩，得

$$Ne' = f_y A_s(h_0 - a'_s) \tag{6-18}$$

$$e' = e_i - \frac{h}{2} + a'_s \tag{6-19}$$

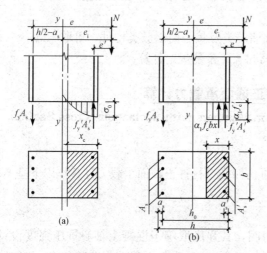
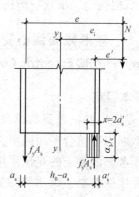

图 6.14　大偏心受压构件正截面承载力计算图形
(a)截面应力分布图；(b)等效计算图形

图 6.15　$x < 2a'_s$ 时大偏心受压
构件的计算图形

3. 小偏心受压构件正截面受压承载力基本计算公式

小偏心受压构件破坏时，受压区混凝土被压碎，受压钢筋 A'_s 达到屈服强度，远离纵向力一侧的钢筋 A_s 可能受拉或受压但都未达到屈服，如图 6.16 所示，其应力用 σ_s 来表示，一般 $f'_y < \sigma_s < f_y$。建立计算公式时，假定截面有受拉区，受压区的混凝土曲线图仍用等效矩形应力图来代替，小偏心受压破坏的截面计算图如图 6.17 所示。如果算得的 σ_s 为负值，则为全截面受压。

由静力平衡条件，可得出小偏心受压构件承载力计算基本公式：

$$N = \alpha_1 f_c bx + f'_y A'_s - \sigma_s A_s \tag{6-20}$$

$$Ne = \alpha_1 f_c bx\left(h_0 - \frac{x}{2}\right) + f'_y A'_s(h_0 - a'_s) \tag{6-21}$$

式中　σ_s——距轴向力较远一侧钢筋中的应力(以拉为正)，可近似取

$$\sigma_s = \frac{\xi - \beta_1}{\xi_b - \beta_1} f_y \tag{6-22}$$

β_1——系数，同受弯构件，当混凝土强度等级≤C50 时，取 $\beta_1 = 0.8$，当混凝土强度等级为 C80 时，取 $\beta_1 = 0.74$，其间用线性内插法确定；

ξ，ξ_b——相对受压区计算高度和相对界限受压区计算高度。

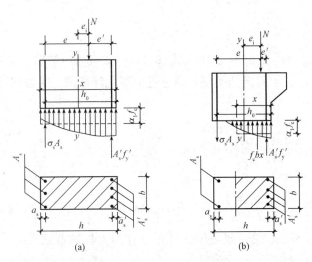

图 6.16 矩形截面小偏心受压构件正截面承载力计算图形
(a)截面全部受压应力图；(b)截面大部分受压应力图

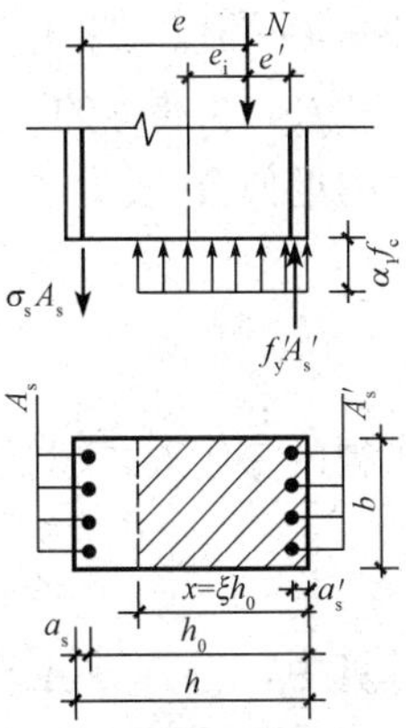

图 6.17 矩形截面小偏心受压构件等效矩形应力图

$$e = e_i + \frac{h}{2} - a_s \tag{6-23}$$

$$e' = \frac{h}{2} - e_i - a'_s \tag{6-24}$$

式中 e，e'——轴向力作用点至受拉钢筋 A_s 合力点和受压钢筋 A'_s 合力点之间的距离。

4. 承载力计算

(1)对称配筋矩形截面的计算。在实际工程中，偏心受压构件弯矩作用的方向是变化的，因此，在设计中，当构件承受变号弯矩作用，或为了构造简单便于施工时，常采用对称配筋截面，即 $A_s = A'_s$，$f_y = f'_y$ 且 $a_s = a'_s$。对称配筋矩形截面计算，包括截面设计和截面校核两类问题。

1)截面设计。已知：构件的截面尺寸 b、h，计算长度 l_0，材料强度，弯矩设计值 M，轴向压力设计值 N。

求：纵向钢筋的截面面积。

①大小偏心受压的判别。对称配筋时，截面两侧的配筋相同，即 $A_s = A'_s$，$f_y = f'_y$，根据式(6-13)可得

$$x = \frac{N}{\alpha_1 f_c b} \tag{6-25}$$

若 $x \leqslant \xi_b h_0$，即 $\xi \leqslant \xi_b$，则为大偏心受压；若 $x > \xi_b h_0$，即 $\xi > \xi_b$，则为小偏心受压。

②大偏心受压。当 $2a_s \leqslant x \leqslant \xi_b h_0$ 时，可由式(6-14)得到

$$A_s = A_s' = \frac{Ne - \alpha_1 f_c bx \left(h_0 - \dfrac{x}{2}\right)}{f_y'(h_0 - a_s)} \geqslant \rho_{\min} bh \qquad (6-26)$$

当 $x < 2a_s$ 时，根据式(6-18)，得

$$A_s = A_s' = \frac{Ne'}{f_y'(h_0 - a_s')} \geqslant \rho_{\min} bh \qquad (6-27)$$

式中 $e = e_i + \dfrac{h}{2} - a_s$，$e' = e_i - \dfrac{h}{2} + a_s'$。

③小偏心受压。把 $A_s = A_s'$，$f_y = f_y'$ 及 $a_s = a_s'$ 代入式(6-20)～式(6-22)解联立方程，消去 A_s' 和 f_y'，可得 ξ 的三次方程，直接求解极为不便，通过近似简化计算该三次方程，得到求解 ξ 的近似公式：

$$\xi = \frac{N - \xi_b \alpha_1 f_c bh_0}{\dfrac{Ne - 0.43\alpha_1 f_c bh_0^2}{(\beta_1 - \xi_b)(h_0 - a_s')} + \alpha_1 f_c bh_0} + \xi_b \qquad (6-28)$$

将求得的 ξ 代入式(6-21)，即可求得

$$A_s = A_s' = \frac{Ne - \alpha_1 f_c bh_0^2 \xi(1 - 0.5\xi)}{f_y'(h_0 - a_s')} \geqslant \rho_{\min} bh \qquad (6-29)$$

在计算中，当 $A_s + A_s' > 0.005bh_0$ 时，说明截面尺寸过小，宜加大柱的截面尺寸；当 $A_s = A_s' < \rho_{\min} bh_0$ 时，应取 $A_s = A_s' = \rho_{\min} bh_0$。

④垂直于弯矩作用平面的承载力验算。轴向压力 N 较大且弯矩平面内的偏心距 e_i 较小，若垂直于弯矩平面的长细比 l_0/b 又较大时，则有可能由垂直于弯矩作用平面的纵向压力起控制作用。因此，《规范》规定：偏心受压构件除应计算弯矩平面内的受压承载力外，还应按轴心受压构件验算垂直于弯矩平面的受压承载力。此时，可不计入弯矩的作用，但应考虑稳定系数 φ 的影响。其计算公式为

$$N \leqslant 0.9\varphi[(A_s + A_s')f_y' + f_c A] \qquad (6-30)$$

式中符号意义同前。

一般情况下，小偏心受压构件需要进行验算；对于 $l_0/h \leqslant 24$ 的大偏心受压构件，可不进行此项验算。

【例 6.3】 已知矩形截面偏心受压柱，其截面尺寸为 $b \times h = 300\,\text{mm} \times 500\,\text{mm}$，$a_s = a_s' = 40\,\text{mm}$，构件处于一类环境，承受的纵向压力设计值 $N = 600\,\text{kN}$，考虑侧移影响柱两端截面的弯矩设计值 $M_1 = 240\,\text{kN} \cdot \text{m}$，$M_2 = 260\,\text{kN} \cdot \text{m}$，混凝土强度等级为 C30，HRB400 级钢筋，柱的计算高度为 4.2 m，计算按对称配筋的 A_s 和 A_s' 值。

【解】 $f_c = 14.3\,\text{N/mm}^2$，$\alpha_1 = 1.0$，$f_y' = 360\,\text{N/mm}^2$，$\xi_b = 0.518$。

(1)判断是否为大偏心受压构件。

$$x = \frac{N}{\alpha_1 f_c b} = \frac{600 \times 10^3}{1.0 \times 14.3 \times 300} = 140(\text{mm}) < \xi_b h_0 = 0.518 \times (500 - 40) = 264(\text{mm})$$

且 $x > 2a_s = 80\,\text{mm}$，所以，为大偏心受压构件。

(2)判断是否考虑轴向压力挠曲变形产生的附加弯矩的影响。

$$e_a = \max(20, 500/30) = 20(\text{mm})$$

因为

$$\frac{M_1}{M_2}=\frac{240}{260}=0.92>0.90$$

轴压比 $\mu=\dfrac{N}{f_cA}=\dfrac{600\times10^3}{14.3\times300\times500}=0.280<0.90$,

所以，应考虑轴向压力挠曲变形产生的附加弯矩的影响。

（3）计算构件端截面偏心距调节系数 C_m 和弯矩增大系数 η_{ns}。

$$C_m=0.7+0.3\frac{M_1}{M_2}=0.7+0.3\times\frac{240}{260}=0.977>0.7$$

$$\zeta_c=\frac{0.5f_cA}{N}=\frac{0.5\times14.3\times300\times500}{600\times10^3}=1.788>1.0，取\zeta_c=1.0$$

$$\eta_{ns}=1+\frac{1}{1\,300(M_2/N+e_a)/h_0}\left(\frac{l_c}{h}\right)^2\zeta_c$$

$$=1+\frac{1}{1\,300\times[260\times10^6/(600\times10^3)+20]/460}\left(\frac{4\,200}{500}\right)^2\times1.0$$

$$=1.055$$

（4）求控制截面弯矩设计值。

$$M=C_m\eta_{ns}M_2=0.977\times1.055\times260=268.0(\mathrm{kN\cdot m})$$

（5）求初始偏心距。

$$e_0=\frac{M}{N}=\frac{268\times10^6}{600\times10^3}=447(\mathrm{mm})$$

$$e_i=e_0+e_a=447+20=467(\mathrm{mm})$$

（6）求 A_s 和 A_s'。

$$e=e_i+\frac{h}{2}-a_s=467+\frac{500}{2}-40=677(\mathrm{mm})$$

$$A_s=A_s'=\frac{Ne-\alpha_1f_cbx\left(h_0-\dfrac{x}{2}\right)}{f_y'(h_0-a_s')}$$

$$=\frac{600\times10^3\times677-1.0\times14.3\times300\times140\times(460-0.5\times140)}{360\times(460-40)}$$

$$=1\,137(\mathrm{mm}^2)>0.002bh=0.002\times300\times500=300(\mathrm{mm}^2)$$

每侧选用 3Φ22 的钢筋，实际配 $A_s=A_s'=1\,140\ \mathrm{mm}^2$，配筋如图 6.18 所示。

因为 $\dfrac{l_0}{h}=\dfrac{4\,200}{500}=8.4<24$，故可不进行垂直于弯矩作用平面的承载力验算。

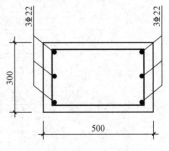

图 6.18 截面配筋图

【例 6.4】 矩形截面偏心受压柱，截面尺寸为 $b\times h=450\ \mathrm{mm}\times500\ \mathrm{mm}$，$a_s=a_s'=40\ \mathrm{mm}$，构件处于一类环境，承受的纵向压力设计值 $N=2\,200\ \mathrm{kN}$，考虑侧移影响柱两端截面的弯矩设计值均为 $200\ \mathrm{kN\cdot m}$，混凝土强度等级为 C35，HRB400 级钢筋，柱的计算高度为 40 m，计算按对称配筋的 A_s 和 A_s' 值。

【解】 $f_c=16.7\ \mathrm{N/mm}^2$，$f_y'=360\ \mathrm{N/mm}^2$，$\xi_b=0.518$，$h_0=500-40=460(\mathrm{mm})$。

（1）判断大、小偏心受压。

$$\zeta=\frac{N}{\alpha_1 f_c b h_0}=\frac{2\,200\times10^3}{1.0\times16.7\times450\times460}=0.636>\xi_b=0.518$$

为小偏心受压构件。

(2)判断是否考虑轴向压力挠曲变形产生的附加弯矩的影响。

$$e_a=\max(20,\ 500/30)=20(\text{mm})$$

因为$\frac{M_1}{M_2}=\frac{200}{200}=1>0.90$及$i=144.3$ mm，则$l_0/i=27.7>34-12(M_1/M_2)=22$，所以，应考虑轴向压力挠曲变形产生的附加弯矩的影响。

(3)计算构件端截面偏心距调节系数C_m和弯矩增大系数η_{ns}。

$$C_m=0.7+0.3\frac{M_1}{M_2}=0.7+0.3\times\frac{200}{200}=1>0.7$$

$$\zeta_c=\frac{0.5f_c A}{N}=\frac{0.5\times16.7\times450\times500}{2\,200\times10^3}=0.85$$

$$\eta_{ns}=1+\frac{1}{1\,300(M_2/N+e_a)/h_0}\left(\frac{l_0}{h}\right)^2\zeta_c$$

$$=1+\frac{1}{1\,300\times[200\times10^6/(2\,200\times10^3)+20]/460}\left(\frac{40\,000}{500}\right)^2\times0.85$$

$$=1.174$$

(4)求控制截面弯矩设计值。

$$M=C_m\eta_{ns}M_2=1\times1.174\times200=234.8(\text{kN}\cdot\text{m})$$

(5)求初始偏心距。

$$e_0=\frac{M}{N}=\frac{234.8\times10^6}{2\,200\times10^3}=106.7(\text{mm})$$

$$e_i=e_0+e_a=106.7+20=126.7(\text{mm})$$

(6)求A_s和A_s'。

$$e=e_i+\frac{h}{2}-a_s=126.7+\frac{500}{2}-40=336.7(\text{mm})$$

$$\xi=\frac{N-\xi_b\,\alpha_1 f_c b h_0}{\dfrac{Ne-0.43\,\alpha_1 f_c b h_0^2}{(\beta_1-\xi_b)(h_0-a_s')}+\alpha_1 f_c b h_0}+\xi_b$$

$$=\frac{2\,200\times10^3-0.518\times1.0\times16.7\times450\times460}{\dfrac{2\,200\times10^3-0.43\times1.0\times16.7\times450\times460^2}{(0.8-0.518)\times(460-40)}+1.0\times16.7\times450\times460}+0.518$$

$$=0.622$$

$$A_s=A_s'=\frac{Ne-\alpha_1 f_c b h_0'\xi(1-0.5\xi)}{f_y'(h_0-a_s')}$$

$$=\frac{2\,200\times10^3\times336.7-1.0\times16.7\times300\,450\times460^2\times0.622\times(1-0.5\times0.622)}{360\times(460-40)}$$

$$=392(\text{mm})^2<0.002bh=450(\text{mm})^2$$

每侧选用2$\oplus$22的钢筋，实际配$A_s=A_s'=760$ mm^2，则全部纵向钢筋的配筋率为

$$\rho=\frac{760\times2}{450\times500}=0.68\%>0.55\%$$

每边配筋率为 0.34%>0.2%，满足要求。

(7)垂直于弯矩作用平面的承载力验算。（略）

2)截面校核。

已知：构件的截面尺寸 $b \times h$，钢筋面积 $A_s = A_s'$，材料强度设计值以及偏心距 e_0。

求：该构件所能承受的轴向压力设计值 N_u 和弯矩设计值 $M_u(M_u = N_u e_0)$。

需要解答的未知数为 x（或 ξ）和 N，可直接利用方程求解。一般先按大偏心受压的基本公式式(6-13)和式(6-14)消去 N，求出 ξ。若 $\xi \leqslant \xi_b$，为大偏心受压，即可用式(6-13)进而求出 N；若 $\xi > \xi_b$，为小偏心受压，则应按小偏心受压重新计算，最后求出 N。

【例6.5】 一矩形截面偏心受压柱，截面尺寸为 $b \times h = 400\ mm \times 600\ mm$，柱计算长度 $l_0 = 3\ 000\ mm$，混凝土强度等级为 C30，纵向钢筋采用 HRB400 级，每侧均配置 4Φ20 $(A_s = A_s' = 1\ 256\ mm^2)$，受力钢筋 $a_s = a_s' = 40\ mm$，求当 $e_0 = 450\ mm$ 时该柱所能承受的轴向压力设计值 N_u。

【解】 $f_c = 14.3\ N/mm^2$，$f_y = f_y' = 360\ N/mm^2$，$\xi_b = 0.518$，$\alpha_1 = 1.0$。

(1)计算有关数据。

$$h_0 = 600 - 40 = 560\ (mm)$$

$$e_a = \max\left(20, \frac{h}{30}\right) = \max\left(20, \frac{600}{30}\right) = 20\ (mm)$$

$$e_i = e_0 + e_a = (450 + 20) = 470\ (mm)$$

$$e = e_i + \frac{h}{2} - a_s = 470 + 300 - 40 = 730\ (mm)$$

(2)按大偏心受压公式计算 ξ。

利用式(6-13)、式(6-14)，有

$$N = 1.0 \times 14.3 \times 400 \times 560 \times \xi$$

$$730\ N = 1.0 \times 14.3 \times 400 \times 560^2 \times \xi(1 - 0.5\xi) + 360 \times 1\ 256 \times (560 - 40)$$

解得 $\xi = 0.292 < \xi_b = 0.518$，与假定相符。

(3)求 N_u。

$$N_u = 1.0 \times 14.3 \times 400 \times 560 \times 0.292 = 935.334\ (kN)$$

(2)不对称配筋矩形截面的计算。不对称配筋矩形截面计算，也包括截面配筋计算和截面承载力校核两类问题。

1)截面配筋计算。该类问题一般是已知构件截面尺寸、材料强度、内力设计值 N、M，要求纵向钢筋截面面积 A_s 和 A_s'。计算关键点是判别构件的偏心类型，根据划分大、小偏心受压的界限 $x_b = \xi_b h_0$，通过近似简化处理得出：当 $e_i > 0.3h_0$ 时，可按大偏心受压情况计算；当 $e_i \leqslant 0.3h_0$ 时，则按小偏心受压情况计算。然后，应用有关计算公式求得钢筋截面面积 A_s 和 A_s'。

①大偏心受压构件的配筋计算。

情况 1：已知：截面尺寸 $b \times h$，材料的强度设计值 $\alpha_1 f_c$ 和 f_y'、f_y，轴向力设计值 N 及弯矩设计值 M，构件的计算高度 l_0，求钢筋截面面积 A_s 和 A_s'。

此时，有 x、A_s 和 A_s' 三个未知数，而只有式(6-13)和式(6-14)两个基本公式，所以，不能得出唯一解。与双筋受弯构件类似，为使总钢筋面积 $(A_s + A_s')$ 为最小，应充分发挥混凝土的强度，故可取 $x=x_b=\xi_b h_0$（ξ_b 为界限破坏时受压区计算高度），并将其代入式(6-14)，得钢筋 A_s' 的计算公式：

$$A_s'=\frac{Ne-\alpha_1 f_c bx_b(h_0-0.5x_b)}{f_y'(h_0-a_s')} \tag{6-31}$$

将求得的 A_s' 及 $x=\xi_b h_0$ 代入式(6-13)，则得

$$A_s=\frac{\alpha_1 f_c bh_0\xi_b-N}{f_y}+\frac{f_y'}{f_y}A_s' \tag{6-32}$$

按式(6-31)算得的 A_s' 不应小于最小配筋率 $\rho_{min}=0.002bh$，否则就取 $A_s'=0.002bh$，按 A_s' 为已知的情况来计算 A_s。

由式(6-32)算得的 A_s 不应小于 $\rho_{min}bh$，否则就取 $A_s=\rho_{min}bh$。

最后，按轴心受压构件验算垂直于弯矩作用平面的受压承载力，当其不小于 N 值时即为满足，否则要重新设计。

情况2：已知：截面尺寸 $b\times h$，材料的强度设计值 $\alpha_1 f_c$ 和 f_y'、f_y，轴向力设计值 N 及弯矩设计值 M，构件的计算高度 l_0 及受压钢筋 A_s' 的数量，计算受拉钢筋截面面积 A_s。

从式(6-13)和式(6-14)中可以看出，两个基本公式中共有 x 和 A_s 两个未知数，完全可以通过两式联立，直接求得 A_s 值。先由式(6-14)解二次方程求 x。x 有两个根，在计算中要判断出其中一个根是真实的 x 值。也可按下式直接算出 x 值：

$$x=h_0^2-\sqrt{h_0^2-\frac{2\left[Ne-f_y'A_s'(h_0-a_s')\right]}{\alpha_1 f_c b}} \tag{6-33}$$

x 值有以下三种可能性：

若 $2a_s'\leqslant x\leqslant\xi_b h_0$，则说明受压钢筋 A_s' 位置适当，能充分发挥作用，而且受拉钢筋也能达到屈服强度，A_s 应按下式计算：

$$A_s=\frac{f_y'}{f_y}A_s'+\frac{\alpha_1 f_c bx}{f_y}-\frac{N}{f_y} \tag{6-34}$$

若求得的根 $x>\xi_b h_0$，则说明原有 A_s' 过少，应加大构件截面尺寸，或按 A_s 和 A_s' 均未知的情况来重新计算。

若 $x<2a_s'$，则说明已知的受压钢筋 A_s' 达不到屈服，此时，可偏安全地近似取 $x=2a_s'$，对受压钢筋 A_s' 合力点取矩，得 A_s 的计算公式如下：

$$A_s=\frac{Ne'}{f_y(h_0-a_s')} \tag{6-35}$$

式中，$e'=e_i-\frac{h}{2}+a_s'$。

另外，再按不考虑受压钢筋 A_s' 来计算 A_s，即取 $A_s'=0$，利用式(6-13)及式(6-14)等求算 A_s 值，然后与用式(6-35)求得的 A_s 值作比较，取其中较小值配筋。

②小偏心受压构件的配筋计算。将小偏心受压构件的应力 σ_s 计算公式(6-22)代入式(6-20)和式(6-21)，并在式(6-20)和式(6-21)中将 x 代换为 ξh_0，则小偏心受压的基本公式为

$$N=\alpha_1 f_c b\xi h_0+f_y'A_s'-\frac{\xi-\beta_1}{\xi_b-\beta_1}f_y A_s \tag{6-36}$$

$$Ne=\alpha_1 f_c bh_0^2\xi(1-0.5\xi)+f_y'A_s'(h_0-a_s') \tag{6-37}$$

式中，$e=e_i+h/2-a_s$。

式(6-36)及式(6-37)中有三个未知数 ξ、A_s' 及 A_s，故不能得出唯一的解。由于在小偏心受压时，远离轴向力一侧的钢筋 A_s 无论受拉还是受压，其应力都达不到屈服强度，故配置数量很多的钢筋是无意义的。可取构造要求的最小用量 $A_s=0.002bh$，但考虑到在 N 较大而 e_0 较小的全截面受压情况下，如附加偏心距 e_a 与荷载偏心距 e_0 方向相反，对距轴力较远一侧受压钢筋 A_s 将更不利（图 6.19）。

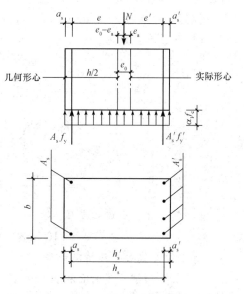

对 A_s' 合力中心取矩，得

$$A_s=\frac{Ne'-\alpha_1 f_c bh\left(\dfrac{h}{2}-a_s'\right)}{f_y'(h_0-a_s')} \tag{6-38}$$

式中 e'——轴向力 N 至 A_s' 合力中心的距离，取
$$e'=h/2+a_s'-(e_0-e_a)。$$

图 6.19 e_a 与 e_0 反向全截面受压

按式(6-38)求得的 A_s 应不小于 $0.002bh$，否则应取 $A_s=0.002bh$。

分析表明：当 $N>\alpha_1 f_c bh$ 时，按式(6-38)求得的 A_s 才有可能大于 $0.002bh$；当 $N\leqslant\alpha_1 f_c bh$ 时，按式(6-38)求得的 A_s 将小于 $0.002bh$，应取 $A_s=0.002bh$。

如上所述，在小偏心受压情况下，A_s 可直接由式(6-38)或 $0.002bh$ 中的较大值确定，与 ξ 及 A_s' 的大小无关，是独立的条件，因此，当 A_s 确定后，小偏心受压的基本公式式(6-36)及式(6-37)中只有两个未知数 ξ 和 A_s'，故可求得唯一的解。

将式(6-38)或 $0.002bh$ 中的较大值 A_s 代入基本公式，消去 A_s' 求解 ξ，得

$$\xi=\sqrt{B_2^2+2\left(\frac{N}{\alpha_1 f_c bh_0}+\beta_1 B_1\right)\left(1-\frac{a_s'}{h_0}\right)-\frac{2Ne}{\alpha_1 f_c bh_0^2}}+B_2 \tag{6-39}$$

式中，$B_1=\dfrac{f_y A_s}{(\beta_1-\xi_b)\alpha_1 f_c bh_0}$；$B_2=\dfrac{a_s'}{h_0}(1+B_1)-B_1$。

小偏心受压应满足 $\xi>\xi_b$ 及 $-f_y'<\sigma_s<f_y$ 的条件。当纵筋 A_s 的应力 σ_s 达到受压屈服强度 $-f_y'$，且 $f_y'=f_y$ 时，根据式(6-22)可计算出其相对受压区高度为 $(2\beta_1-\xi_b)$，当 $\xi_b<\xi<2\beta_1-\xi_b$ 时，将 ξ 代入式(6-37)求得 A_s，当求得的 A_s' 小于 $0.002bh$ 时，取 $A_s'=0.002bh$。

当 $\xi>\xi_{cy}$ 时，σ_s 达到 $-f_y'$，计算时可取 $\sigma_s=-f_y'$，基本公式转化为

$$N=-\alpha_1 f_c b\xi h_0+f_y'A_s'+f_y'A_s \tag{6-40}$$
$$Ne=\alpha_1 f_c bh_0^2\xi(1-0.5\xi)+f_y'A_s'(h_0-a_s') \tag{6-41}$$

将 A_s 代入式(6-40)和式(6-41)，需重新求解 ξ 及 A_s'。

同样，A_s' 应不小于 $0.002bh$，否则取 $A_s'=0.002bh$。

最后，要按轴心受压构件验算垂直于弯矩作用平面的受压承载力。

【例 6.6】 一矩形截面偏心受压柱，其截面尺寸为 $b\times h=300\text{ mm}\times 400\text{ mm}$，经重力二阶效应和挠曲二阶效应调整后，弯矩设计值 $M=200\text{ kN}\cdot\text{m}$，轴向压力设计值 $N=290\text{ kN}$，柱计算长度 $l_0=2\,000\text{ mm}$，混凝土强度等级为 C30，纵向钢筋采用 HRB400 级，$a_s=a_s'=40\text{ mm}$，

求纵向钢筋截面面积 A_s 和 A_s' 值。

【解】 $f_c = 14.3 \text{ N/mm}^2$，$f_y = f_y' = 360 \text{ N/mm}^2$，$\xi_b = 0.518$，$\alpha_1 = 1.0$。

(1)计算有关数据。

$$h_0 = 400 - 40 = 360 (\text{mm})$$

$$e_0 = \frac{M}{N} = \frac{20 \times 10^4}{29 \times 10^4} = 0.69 (\text{m}) = 690 \text{ mm}$$

$$e_a = \max\left(20, \frac{h}{30}\right) = \max\left(20, \frac{400}{30}\right) = 20 (\text{mm})$$

$$e_i = e_0 + e_a = 690 + 20 = 710 (\text{mm})$$

$$e = e_i + \frac{h}{2} - a_s = 710 + 200 - 35 = 875 (\text{mm})$$

(2)判断大、小偏心受压。

$$e_i = 710 \text{ mm} > 0.3 h_0 = 0.3 \times 360 = 108 (\text{mm})$$

可先按大偏心受压情况计算。

(3)求纵向钢筋截面面积 A_s 和 A_s'。

为充分发挥受压区混凝土的作用，并使 $(A_s + A_s')$ 的总用钢量最少，故引入条件 $x = x_b (\xi = \xi_b)$，由式(6-31)求 A_s'：

$$A_s' = \frac{Ne - \alpha_1 f_c b x_b (h_0 - 0.5 x_b)}{f_y'(h_0 - a_s')}$$

$$= \frac{290 \times 10^3 \times 870 - 1.0 \times 14.3 \times 300 \times 360 \times 0.518 \times (360 - 0.5 \times 360 \times 0.518)}{360 \times (360 - 40)}$$

$$= 405 (\text{mm}^2)$$

且 $A_s' = 405 \text{ mm}^2 > \rho_{\min}' bh = 0.002 \times 300 \times 400 = 240 (\text{mm}^2)$

由式(6-32)求 A_s：

$$A_s = \frac{\alpha_1 f_c b h_0 \xi_b - N}{f_y} + \frac{f_y'}{f_y} A_s'$$

$$= \frac{1.0 \times 14.3 \times 300 \times 360 \times 0.518 - 290 \times 10^3}{360} + \frac{360}{360} \times 405$$

$$= 1\,822 (\text{mm}^2)$$

受拉钢筋 A_s 选用 4Φ25$(A_s = 1\,964 \text{ mm}^2)$，受压钢筋 A_s' 选用 2Φ20$(A_s' = 628 \text{ mm}^2)$。

(4)验算大偏心受压假定是否正确。

由式(6-13)得

$$x = \frac{N - f_y' A_s' + f_y A_s}{\alpha_1 f_c b} = \frac{29 \times 10^4 - 360 \times 628 + 360 \times 1\,964}{1.0 \times 14.3 \times 300} = 180 (\text{mm})$$

$$\xi = \frac{x}{h_0} = \frac{180}{360} = 0.50 < \xi_b = 0.518$$

故前面假定为大偏心受压是正确的。

(5)垂直于弯矩作用平面的轴向受压承载力验算。

因为 $\dfrac{l_0}{h} = \dfrac{2\,000}{400} = 5 < 24$，对于大偏心受压构件，可不进行垂直于弯矩作用平面的承载力验算。

【例 6.7】 一钢筋混凝土矩形截面偏心受压柱，其截面尺寸为 $b \times h = 300\ mm \times 500\ mm$，承受弯矩设计值 $M_1 = 96\ kN \cdot m$，$M_2 = 120\ kN \cdot m$，轴向压力设计值 $N = 2\ 000\ kN$，柱计算长度 $l_0 = 6\ m$，混凝土强度等级为 C40，纵向钢筋采用 HRB400 级，$a_s = a_s' = 40\ mm$，求纵向钢筋截面面积 A_s 和 A_s' 值。

【解】 $f_c = 19.1\ N/mm^2$，$f_y = f_y' = 360\ N/mm^2$，$\xi_b = 0.518$，$\alpha_1 = 1.0$。

(1)计算柱的设计弯矩值。

$$\frac{M_1}{M_2} = \frac{96}{120} = 0.8 < 0.90,\quad i = \sqrt{\frac{1}{A}} = 144.3\ mm,$$

$$l_0/i = 41.5 > 34 - 12(M_1/M_2) = 24.4$$

需考虑附加弯矩的影响

$$\xi_c = \frac{0.5 f_c A}{N} = \frac{0.5 \times 19.1 \times 300 \times 500}{2\ 000 \times 10^3} = 0.716$$

$$C_m = 0.7 + 0.3 \frac{M_1}{M_2} = 0.94,\quad e_a = \frac{h}{30} = \frac{500}{30} = 16.67\ (mm) < 20\ mm,\ 取\ e_a = 20\ mm$$

$$\eta_{ns} = 1 + \frac{1}{1\ 300 \times (M_2/N + e_a)/h_0} \left(\frac{l_0}{h}\right)^2 \xi_c$$

$$= 1 + \frac{1}{1\ 300 \times (\frac{120 \times 10^6}{2\ 000 \times 10^3} + 20)/460} \left(\frac{6\ 000}{500}\right)^2 \times 0.716 = 1.456$$

设计弯矩 $M = C_m \eta_{ns} M_2 = 0.94 \times 1.456 \times 120 = 164.2 (kN \cdot m)$

(2)判别大小偏心。

$$e_0 = \frac{M}{N} = \frac{164.2 \times 10^6}{2\ 000 \times 10^3} = 82.1\ (mm),\quad e_i = e_0 + e_a = 82.1 + 20 = 102.1\ (mm) < 0.3 h_0 =$$

$138\ mm$，属于小偏心受压。

(3)求 A_s。

$$N = 2\ 000\ kN < \alpha_1 f_c bh = 1 \times 19.1 \times 300 \times 500 = 2\ 856 (kN)$$

故不需要按反向破坏验算，取

$A_s = \rho_{min} b = 0.002 \times 300 \times 500 = 300 (mm)^2$，选 2Φ16。实配 $A_c = A - A_s'(mm^2)$。

(4)求 A_s'。

$$e = e_i + \frac{h}{2} - a_s = 102.1 + 250 - 40 = 312.1 (mm)$$

$$e' = \frac{h}{2} - e_i - a_s' = 250 - 102.1 - 40 = 107.9 (mm)$$

由 $N = \alpha_1 f_c bh_0 \xi + f_y' A_s' - f_y \dfrac{\xi - 0.8}{\xi_b - 0.8} A_s$ 和 $Ne = \alpha_1 f_c bh_0^2 \xi(1 - 0.5\xi) + f_y' A_s'(h_0 - a_s')$

可得

$$2\ 000 \times 10^3 = 1.0 \times 19.1 \times 300 \times 460\xi + 360 A_s' - 360 \times \frac{\xi - 0.8}{0.518 - 0.8} \times 402$$

$$2\ 000 \times 10^3 \times 312.1 = 1.0 \times 19.1 \times 300 \times 460^2 \xi(1 - 0.5\xi) + 360 A_s'(460 - 40)$$

联立解以上两式可得

$$\xi = 0.715$$

$$A_s' = 443 \text{ mm}^2 > \rho_{\min}bh = 300 \text{ mm}^2$$

(5)选配钢筋。

选 2Φ18，实配 $A_s' = 509$ mm²

$$\rho' = \frac{A_s + A_s'}{bh} = \frac{402 + 509}{300 \times 500} = 0.61\% > 0.55\%$$

(6)垂直于弯矩作用平面的验算。

$$l_0/b = 6 \times 10^3/300 = 20，查表 6.1 得 \varphi = 0.75$$
$$N_u = 0.9 \times \varphi(f_c A + f_y' A_s')$$
$$= 0.9 \times 0.75 \times [19.1 \times 300 \times 500 + 360 \times (402 + 509)]$$
$$= 2\ 155(\text{kN}) > N = 2\ 000 \text{ kN}$$

故满足要求。

2)截面承载力校核。截面承载力校核包括弯矩作用平面的承载力校核和垂直于弯矩作用平面的承载力校核。

进行承载力校核时，一般已知构件的截面尺寸 $b \times h$、A_s 和 A_s'，材料的强度等级，构件计算长度 l_0，轴向力设计值 N 和承受弯矩设计值 M 或偏心距 e_0，验算截面的实际承载力。

首先，必须计算出受压区高度，以确定构件是大偏心受压还是小偏心受压，然后根据判定结果，代入相应的公式[式(6-7)或式(6-13)]计算构件的实际承载力，最后与已知的轴向力设计值 N 比较，即可知截面承载力是否满足要求。另外，除在弯矩作用平面内依照偏心受压进行计算外，还要验算垂直于弯矩作用平面的轴心受压承载力。此时，应取短边 b 作为截面高度。

为了确定受压区高度，可利用图 6.14 中各力对轴向力 N 的作用点取矩的平衡条件得到平衡方程：

$$f_y A_s e \pm f_y' A_s' e' = \alpha_1 f_c bh_0^2 \xi \left(\frac{e}{h_0} - 1 + 0.5\xi \right) \tag{6-42}$$

式中，当 N 作用于 A_s 和 A_s' 以外时，公式左边取负号，且 $e' = e_i - h/2 + a_s'$；当 N 作用于 A_s 和 A_s' 之间时，公式左边取正号，且 $e' = h/2 - e_i - a_s'$。

由式(6-42)解出 ξ 值：

若 $2a_s \leqslant \xi h_0 \leqslant \xi_b h_0$，则为大偏心受压构件，将 ξ 直接代入式(6-13)计算截面的承载力。

若 $\xi h_0 < 2a_s$，则仍为大偏心受压构件，按式(6-18)计算截面的承载力。

若 $\xi > \xi_b$，则为小偏心受压构件，此时，刚计算出来的 ξ 不能作为小偏心受压构件的 ξ，应将已知数据代入式(6-35)和式(6-36)联立解 ξ 和 N：当求出的 $N \leqslant \alpha_1 f_c bh$ 时，此时 N 即为构件的承载力；当求出的 $N > \alpha_1 f_c bh$ 时，还需按式(6-37)考虑附加偏心距 e_a 与荷载偏心距 e_0 方向相反时的 N 值，并与代入式(6-36)和式(6-37)联立解出的 N 相比较，取其中的较小值作为构件的承载力。

最后，还须验算垂直于弯矩作用平面的轴心受压轴向力。

【例 6.8】一矩形截面偏心受压柱，其截面尺寸为 $b \times h = 400 \text{ mm} \times 600 \text{ mm}$，柱计算长度 $l_0 = 3\ 000$ mm，混凝土强度等级为 C30，纵向钢筋采用 HRB400 级，A_s 为 4Φ22($A_s = 1\ 520$ mm²)，A_s' 为 4Φ14($A_s' = 615$ mm²)，$a_s = a_s' = 40$ mm，考虑二阶效应后，轴向力对截面重心的偏心距 $e_0 = 325$ mm。求该构件承受的轴向力设计值 N 和弯矩设计值 M。

【解】 $f_c=14.3\ \text{N/mm}^2$，$f_y=f'_y=360\ \text{N/mm}^2$，$\xi_b=0.518$，$\alpha_1=1.0$。

（1）计算有关数据。

$$h_0=600-40=560(\text{mm})$$

$$e_a=\max(20,\frac{h}{30})=\max(20,\frac{600}{30})=20(\text{mm})$$

$$e_i=e_0+e_a=325+20=345(\text{mm})$$

$$e=e_i+\frac{h}{2}-a_s=345+300-40=605(\text{mm})$$

（2）判断大、小偏心受压。

$$e_i=345\ \text{mm}>0.3h_0=0.3\times560=168(\text{mm})$$

可先按大偏心受压情况计算。

（3）计算受压区高度。

$$N=\alpha_1 f_c bx+f'_y A'_s-f_y A_s$$

$$Ne=\alpha_1 f_c bx(h_0-0.5x)+f'_y A'_s(h_0-a'_s)$$

从而

$$N=1.0\times14.3\times400x+360\times615-360\times1\,520$$

$$N\times610=1.0\times14.3\times400x(560-0.5x)+360\times615\times(560-40)$$

从而求得 $x=288.5\ \text{mm}$。

（4）验算大偏心受压假定是否正确。

$$\xi=\frac{x}{h_0}=\frac{288.5}{560}=0.515<\xi_b=0.518，且 x=288.5\ \text{mm}>2a_s=2\times40=80(\text{mm})$$

故前面假定为大偏心受压是正确的。

（5）求轴向力设计值 N 和弯矩设计值 M。

$$N=N_u=\alpha_1 f_c bx+f'_y A'_s-f_y A_s$$

$$=1.0\times14.3\times400\times288.5+360\times615-360\times1\,520=1\,324.4(\text{kN})$$

从而 $M=Ne_0=1\,324.4\times0.325=430.4(\text{kN}\cdot\text{m})$

（6）垂直于弯矩作用平面的轴向受压承载力验算。

因为 $\dfrac{l_0}{h}=\dfrac{3\,000}{600}=5<24$，对于大偏心受压构件，可不进行垂直于弯矩作用平面的承载力验算。

6.4 I 形截面偏心受压构件正截面承载力计算

Strength of Eccentric Compression Members with I-shaped Sections

在现浇刚架及拱架中，由于结构构造的原因，经常出现 I 形截面的偏心受压构件；在单层工业厂房中，为了节省混凝土和减轻构件自重，对于截面高度大于 600 mm 的柱，也常采用 I 形截面。为了保证吊装不会出错，I 形截面装配式柱一般都采用对称配筋。

I 形截面的一般截面形式如图 6.20 所示，其两侧翼缘的宽度及厚度通常是对应相同的，即 $b'_f=b_f$，$h'_f=h_f$，翼缘厚度不宜小于 120 mm，腹板厚度 b 不宜小于 100 mm。

6.4.1 基本计算公式
Basic Calculation Formulas

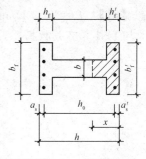

图 6.20 I 形截面形式

因为 I 形截面偏心受压构件的正截面破坏特征与矩形截面相似，同样存在大偏心受压和小偏心受压两种破坏情况。所以，I 形截面偏心受压构件的正截面承载力计算方法与矩形截面的也基本相同，区别只在于需要考虑受压翼缘的作用，受压区的截面形状一般较为复杂。

(1)大偏心受压情况。当截面受压区高度 $x < \xi_b h_0$ 时，属于大偏心受压情况。按 σ_s 的不同，可分为两类。

1)当 $x \leqslant h'_f$ 时，截面受力情况如图 6.21 所示，受压区为矩形，按宽度为 b'_f 的矩形截面计算。

$$N \leqslant \alpha_1 f_c b'_f x + f'_y A'_s - f_y A_s \tag{6-43}$$

$$Ne \leqslant \alpha_1 f_c b'_f x(h_0 - 0.5x) + f'_y A'_s(h_0 - a'_s) \tag{6-44}$$

2)当 $x > h'_f$ 时，截面受力情况如图 6.22 所示，受压区为 T 形。

$$N \leqslant \alpha_1 f_c [bx + (b'_f - b)h'_f] + f'_y A'_s - f_y A_s \tag{6-45}$$

$$Ne \leqslant \alpha_1 f_c [bx(h_0 - 0.5x) + (b'_f - b)h'_f(h_0 - 0.5h'_f)] + f'_y A'_s(h_0 - a'_s) \tag{6-46}$$

式(6-43)~式(6-46)适用条件：$x \leqslant \xi_b h_0$ 及 $x \geqslant 2a'_s$。

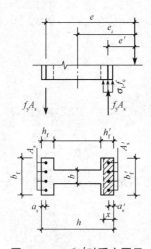

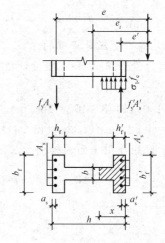

图 6.21 $x \leqslant h'_f$ 时受力图示　　　　**图 6.22 $x > h'_f$ 时受力图示**

(2)小偏心受压情况。当截面受压区高度 $x > \xi_b h_0$ 时，属于小偏心受压情况，小偏心受压 I 形截面，一般不会出现 $x \leqslant h'_f$ 的情况。这里仅讨论 $x > h'_f$ 的情况。按 x 的不同，也可分为两类。

1)当 $x \leqslant h - h_f$ 时，中和轴在腹板内。截面受力情况如图 6.23 所示，受压区仍为 T 形，由平衡条件可得

$$N \leqslant \alpha_1 f_c [bx + (b'_f - b)h'_f] + f'_y A'_s - \sigma_s A_s \tag{6-47}$$

$$Ne \leqslant \alpha_1 f_c [bx(h_0 - 0.5x) + (b'_f - b)h'_f(h_0 - 0.5h'_f)] + f'_y A'_s(h_0 - a'_s) \tag{6-48}$$

适用条件：$\xi_b h_0 < x \leqslant h - h_f$。

2)当 $h-h_f\leqslant x\leqslant h$ 时，中和轴在距离 N 较远一侧翼缘内时，截面受力情况如图 6.24 所示，受压区为 I 形截面。

$$N\leqslant\alpha_1 f_c[bx+(b_f'-b)h_f'+(b_f'-b)(h_f+x-h)]+f_y'A_s'-\sigma_s A_s \tag{6-49}$$

$$Ne\leqslant\alpha_1 f_c\left[\begin{matrix}bx(h_0-0.5x)+(b_f'-b)h_f'(h_0-0.5h_f')+\\(b_f-b)(h_f+x-h)(h_f-\dfrac{h_f+x-h}{2}-a)\end{matrix}\right]+f_y'A_s'(h_0-a_s') \tag{6-50}$$

适用条件为 $h-h_f\leqslant x\leqslant h$。

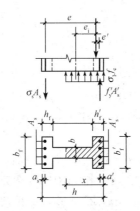
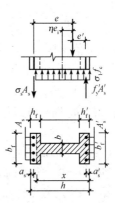

图 6.23　$x\leqslant h-h_f$ 时受力图示　　　　图 6.24　$h-h_f\leqslant x\leqslant h$ 时受力图示

6.4.2　截面设计
Section Design

在实际工程中，I 形截面一般按对称配筋原则进行配筋，即取 $A_s'=A_s$、$f_y'=f_y$、$a_s'=a_s$。进行截面设计时，可分情况按下列方法计算。

（1）大偏心受压构件。I 形截面对称配筋大偏心受压构件可按如下步骤计算，构件偏心类型的判别包含在计算过程中。

令 $A_s=A_s'$，$f_y=f_y'$，可得

$$x=\frac{N}{\alpha_1 f_c b_f'}h \tag{6-51}$$

按 x 值的不同，分成三种情况：

当 $x>h_f'$ 时，表明受压区超出翼缘进入腹板内，令 $A_s=A_s'$，$f_y=f_y'$ 并代入式（6-45），重新计算 x 值，得

$$x=\frac{N-\alpha_1 f_c(b_f'-b)h_f'}{\alpha_1 f_c b} \tag{6-52}$$

求出 $x\leqslant\xi_b h_0$，表明截面依旧属于大偏心受压，利用式（6-46）计算，得

$$A_s'=A_s=\frac{Ne-\alpha_1 f_c(b_f'-b)h_f'\left(h-\dfrac{h_f'}{2}\right)-\alpha_1 f_c bx(h_0-x/2)}{f_y'(h_0-a_s')} \tag{6-53}$$

当 $2a_s'\leqslant x\leqslant h_f'$ 时，表明受压区在翼缘内，所以，可按宽度为 b_f' 的矩形截面计算，计算公式（6-44）加上 $A_s'f_y'=A_s f_y$ 条件，得

$$A'_s = A_s = \frac{Ne - \alpha_1 f_c bx(h_0 - x/2)}{f'_y(h_0 - a'_s)} = \frac{N(e_i - 0.5h + 0.5x)}{f_y(h_0 - a'_s)} \qquad (6\text{-}54)$$

当 $x < 2a'_s$ 时，与双筋受弯构件一样，取 $x = 2a'_s$，得

$$A'_s = A_s = \frac{N(e_i - 0.5h + a'_s)}{f_y(h_0 - a'_s)} \qquad (6\text{-}55)$$

(2)小偏心受压构件。I 形截面对称配筋小偏心受压构件的计算方法与矩形截面对称配筋小偏心受压构件的计算方法基本相同，可推导出 ξ 的近似计算公式($b_f = b'_f$)：

$$\xi = \frac{N - \alpha_1 f_c[\xi_b b h_0 + (b'_f - b)h'_f]}{\dfrac{Ne - \alpha_1 f_c[0.43\, bh_0^2 + (b'_f - b)h'_f(h_0 - 0.5h'_f)]}{(\beta_1 - \xi_b)(h_0 - a'_s)} + \alpha_1 f_c b h_0} + \xi_b \qquad (6\text{-}56)$$

进而得到 $x = \xi h_0$。x 值不同时，分别按以下情况求 A'_s 和 A_s：

当 $\xi_b h_0 < x \leqslant h - h_f$ 时，把 x 代入式(6-48)可求得 A'_s 和 A_s；

当 $h - h_f < x \leqslant (2\beta_1 - \xi_b)h_0$ 时，把 x 代入式(6-50)可求得 A'_s 和 A_s；

当 $x > (2\beta_1 - \xi_b)h_0$ 时，A_s 已达到受压屈服，取 $\sigma_s = -f'_s$ 代入式(6-49)，联立式可求得 A'_s 和 A_s。

【例 6.9】 某对称 I 形截面柱，$b_f = b'_f = 400$ mm，$b = 100$ mm，$h_f = h'_f = 150$ mm，$h = 900$ mm，计算长度 $l_0 = 5.5$ m，选用强度等级为 C35 混凝土和 HRB400 级钢筋，承受轴向压力设计值 $N = 877$ kN，考虑二阶效应弯矩设计值 $M = 914$ kN·m。试按对称配筋原则计算纵筋用量。

【解】 本例题属于截面设计类。

(1)基本参数。查附表 1.2、附表 3.1 及附表 4.2、表 4.5 可知，C35 混凝土 $f_c = 16.7$ N/mm²；HRB400 级钢筋 $f'_y = f_y = 360$ N/mm²，$\alpha_1 = 1.0$，$\beta_1 = 0.8$，取 $a'_s = a_s = 40$ mm。$h_0 = h - a_s = 900 - 40 = 860$(mm)。

(2)计算 e。

$$A = bh + 2(b'_f - b)h'_f = 100 \times 900 + 2 \times (400 - 100) \times 150 = 180\,000 \text{(mm)}^2$$

$$I_y = \frac{1}{12}bh^3 + 2 \times \left[\frac{1}{12}(b_f - b)h'^3_f + (b_f - b)h'_f\left(\frac{h}{2} - \frac{h_f}{2}\right)^2\right]$$

$$= \frac{1}{12} \times 100 \times 900^3 + 2 \times \left[\frac{1}{12} \times (400 - 100) \times 150^3 + (400 - 100) \times 150 \times \left(\frac{900}{2} - \frac{150}{2}\right)^2\right]$$

$$= 189 \times 10^8 \text{(mm}^4)$$

$$i = \sqrt{\frac{I}{A}} = \sqrt{\frac{189 \times 10^8}{18 \times 10^4}} = 324 \text{(mm)}, \quad \frac{l_0}{i} = \frac{5\,500}{324} = 17 < 17.5$$

$$e_0 = \frac{M}{N} = \frac{914 \times 10^6}{877 \times 10^3} = 1\,042 \text{(mm)}$$

$$e_a = \max\left\{\frac{900}{30},\ 20\right\} = 30 \text{(mm)}$$

$$e_i = e_0 + e_a = 1\,042 + 30 = 1\,072 \text{(mm)}$$

$$e = e_i + \frac{h}{2} - a_s = 1\,072 + 450 - 40 = 1\,482 \text{(mm)}$$

(3)判别偏压类型，计算 A'_s 和 A_s。

$$x = \frac{N}{\alpha_1 f_c b'_f} = \frac{877 \times 10^3}{1.0 \times 16.7 \times 400} = 131 \text{(mm)} < h'_f = 150 \text{ mm}$$

且 $x > 2a_s' = 2 \times 40 = 80(\mathrm{mm})$，为大偏心受压构件，受压区在受压翼缘。

$$A_s = A_s' = \frac{Ne - \alpha_1 f_c b_f' x \left(h_0 - \dfrac{x}{2}\right)}{f_y'(h_0 - a_s')}$$

$$= \frac{877 \times 10^3 \times 1\,482 - 1.0 \times 16.7 \times 400 \times 131 \times \left(860 - \dfrac{131}{2}\right)}{300 \times (860 - 40)}$$

$$= 2\,048(\mathrm{mm}^2) > \rho_{\min} A = 0.002 \times 18 \times 10^4 = 360(\mathrm{mm}^2)$$

选 2Φ28+2Φ25（$A_s = A_s' = 2\,214\ \mathrm{mm}^2$）

截面总配筋率：$\rho = \dfrac{A_s + A_s'}{A} = \dfrac{2\,214 \times 2}{18 \times 10^4} = 0.025 > 0.005\,5$，满足要求。

【例 6.10】 已知柱为对称 I 形截面，计算高度 $l_0 = 5.5\ \mathrm{m}$，$b_f = b_f' = 400\ \mathrm{mm}$，$b = 100\ \mathrm{mm}$，$h_f = h_f' = 100\ \mathrm{mm}$，$h = 600\ \mathrm{mm}$。承受轴向压力设计值 $N = 300\ \mathrm{kN}$，考虑二阶效应的弯矩设计值 $M = 210\ \mathrm{kN \cdot m}$，选用强度等级为 C30 混凝土和 HRB400 级钢筋。试按对称配筋原则计算纵筋用量。

【解】 本例题属于截面设计类。

(1)基本参数。查附表 1.2 和附表 3.1 及表 4.2、表 4.3 可知，C30 混凝土 $f_c = 14.3\ \mathrm{N/mm}^2$；HRB400 级钢筋：$f_y' = f_y = 360\ \mathrm{N/mm}^2$；取 $a_s' = a_s = 45\ \mathrm{mm}$，$h_0 = h - a_s = 600 - 45 = 555(\mathrm{mm})$。

(2)计算 x。由于是对称配筋，故 $A_s = A_s'$，$f_s = f_s'$，先按 $b_f = b_f'$ 的矩形截面偏压考虑。

$$A = bh + 2(b_f' - b)h_f' = 100 \times 600 + 2 \times (400 - 100) \times 100 = 120\,000(\mathrm{mm}^2)$$

$$x = \frac{N}{\alpha_1 f_c b_f'} = \frac{300 \times 10^3}{1.0 \times 14.3 \times 400} = 52.45(\mathrm{mm}) < h_f' = 100\ \mathrm{mm}$$

可按 $b_f = b_f'$ 的矩形截面计算：

$x = 52.45\ \mathrm{mm} < x_b = \xi_b h_0 = 0.518 \times (600 - 45) = 287.5(\mathrm{mm})$，为大偏心受压构件。

且 $x = 52.45\ \mathrm{mm} < 2a_s' = 2 \times 45 = 90(\mathrm{mm})$。

(3)求偏心距。

$$e_0 = \frac{M}{N} = \frac{210 \times 10^6}{300 \times 10^3} = 700(\mathrm{mm})$$

$$e_a = \max\left(20,\ \frac{h}{30}\right) = \max\left(20,\ \frac{600}{30}\right) = 20(\mathrm{mm})$$

$$e_i = e_0 + e_a = 700 + 20 = 720(\mathrm{mm})$$

(4)求 A_s。

$$A_s = A_s' = \frac{N(e - h/2 + a_s')}{f_y(h_0 - a_s')} = \frac{300 \times 10^3 \times (720 - 300 + 45)}{360 \times (555 - 45)} = 760(\mathrm{mm}^2)$$

最小配筋率验算和垂直弯矩作用平面外承载力验算略。

6.5 偏心受压构件斜截面受剪承载力计算

Strength of Eccentric Compression Members in Shear

偏心受压构件除要承受弯矩和轴力作用外，往往还要承受剪力的作用，因此，对偏心受压构件，还必须进行斜截面受剪承载力计算。

试验研究表明，轴向压力对构件抗剪起有利作用，主要是因为轴向压力能阻碍斜裂缝的出现和开展，增加混凝土剪压区高度，从而提高混凝土抗剪能力。

轴向压力对构件受剪承载力的有利作用是有限度的，当 N/f_cbh 较小时，构件的抗剪能力随着轴压比的增加而提高，当轴压比 $N/f_cbh=0.3\sim0.5$ 时，抗剪能力达到最大值；若再增加轴向压力，将导致抗剪能力降低，并转变为带有斜裂缝的小偏心受压正截面破坏。

通过试验资料分析和可靠度，计算矩形、T 形和 I 形截面的钢筋混凝土偏心受压构件，其斜截面受剪承载力计算公式为

$$V\leqslant\frac{1.75}{\lambda+1.0}f_tbh_0+f_{yv}\frac{A_{sv}}{s}h_0+0.07N \tag{6-57}$$

式中　N——与剪力设计值 V 相应的轴向压力设计值，当 $N>0.3f_cA$ 时，取 $N=0.3f_cA$（A 为构件截面面积）；

　　　λ——偏心受压构件计算截面的剪跨比，取 $\lambda=M/Vh_0$。

计算截面的剪跨比应按下列规定取用：

(1)框架结构中的框架柱，当其反弯点在柱高范围内时，可取为 $\lambda=H_n/(2h_0)$，H_n 为柱净高，当 $\lambda<1.0$ 时，取 $\lambda=1.0$；当 $\lambda>3.0$ 时，取 $\lambda=3.0$。

(2)对其他的偏心受压构件：当承受均布荷载时，取 $\lambda=1.5$，当承受集中荷载时 $\lambda=a/h_0$，a 为集中荷载至支座或节点边缘距离。并且，当 $\lambda<1.5$ 时，取 $\lambda=1.5$；当 $\lambda>3$ 时，取 $\lambda=3$。

当符合式(6-58)要求时，可不进行斜截面受剪承载力计算，仅需按构造配置箍筋：

$$V\leqslant\frac{1.75}{\lambda+1.0}f_tbh_0+0.07N \tag{6-58}$$

其中，$1.5\leqslant\lambda<3.0$。

【例 6.11】 某钢筋混凝土框架结构中的矩形截面偏心受压柱，其尺寸 $b\times h=400\ \text{mm}\times500\ \text{mm}$，$H_n=2.5\ \text{m}$，$a'_s=a_s=40\ \text{mm}$，承受轴向压力设计值 $N=2\ 500\ \text{kN}$，剪力设计值 $V=300\ \text{kN}$。采用强度等级为 C30 混凝土和 HRB400 级箍筋。试确定箍筋用量。

【解】 本例题属于截面设计类。$f_c=14.3\ \text{N/mm}^2$，$f_{yv}=360\ \text{N/mm}^2$，$\beta_c=1.0$。

(1)验算截面尺寸。

$$h_w=h_0=460\ \text{mm}, \quad h_w/b=\frac{460}{400}=1.15<4.0$$

$V=300\ \text{kN}<0.25\beta_cf_cbh_0=0.25\times1.0\times14.3\times400\times460=657\ 800(\text{N})=657.8\ \text{kN}$

截面尺寸符合要求。

(2)考察是否需按计算配箍。

$\lambda=\dfrac{H_n}{2h_0}=\dfrac{2\ 500}{2\times460}=2.717$，$1<\lambda<3$，

$0.3f_cA=0.3\times14.3\times400\times500=858\ 000(\text{N})=858\ \text{kN}<N=2\ 500\ \text{kN}$

$\dfrac{1.75}{\lambda+1.0}f_tbh_0+0.07N=\dfrac{1.75}{2.717+1.0}\times1.43\times400\times460+0.07\times858\times10^3$

$$=183.9(\text{kN})<V=300\ \text{kN}$$

需按计算配箍。

(3)计算箍筋用量。由 $V \leqslant \dfrac{1.75}{\lambda+1.0}f_t bh_0 + f_{yv}\dfrac{A_{sv}}{s}h_0 + 0.07N$，得

$$\frac{nA_{sv1}}{s} \geqslant \frac{V-\left(\dfrac{1.75}{\lambda+1}f_t bh_0 + 0.07N\right)}{f_{yv}h_0} = \frac{300\,000-183\,900}{360\times460} = 0.701(\text{mm}^2/\text{mm})$$

采用 $\Phi10@150$ 双肢箍筋 $\dfrac{nA_{sv1}}{s}=\dfrac{2\times78.5}{150}=1.05>0.701$，满足要求。

本章小结

1. 在钢筋混凝土轴心受压构件中，若配置螺旋箍柱或焊接环箍筋柱，因其对核心混凝土的约束作用，与普通箍筋柱相比，其承载力提高了。

2. 轴心受压柱的计算中引入稳定系数 φ 表示长柱承载力的降低程度。

3. 除排架柱外的其他偏心受压构件，引入弯矩增大系数 $C_m\eta_{ns}$ 来考虑轴向压力在挠曲杆件中产生的二阶效应影响。

4. 单向偏心受压构件分为大偏心受压构件和小偏心受压构件。当 $\xi\leqslant\xi_b$ 时，构件处于大偏心受压状态(含界限状)；当 $\xi>\xi_b$ 时，构件为小偏心受压状态。

5. 由于大偏心受压与双筋受弯构件截面的破坏形态及其特征相同，故不对称配筋大偏心受压构件正截面承载力计算的基本公式、适用条件和计算方法都与双筋受弯构件类似。

思考题与习题

一、思考题

1. 箍筋在轴心受压构件中有何作用？轴心受压普通箍筋柱与螺旋箍筋柱的正截面受压承载力计算有何不同？

2. 轴心受压柱的破坏特征是什么？长柱和短柱的破坏特点有何不同？计算中如何考虑长柱的影响？

3. 配置间接钢筋柱承载力提高的原因是什么？若用矩形加密箍筋能否达到同样效果？为什么？

4. 钢筋混凝土柱大小偏心受压破坏有何本质区别？大小偏心受压的界限是什么？

5. 为什么有时虽然偏心距很大，也会出现小偏心受压破坏？为什么在小偏心受压的情况下，有时要验算反向偏心受压的承载能力？

6. 为什么要考虑附加偏心距？附加偏心距的取值与什么因素有关？

7. 试比较矩形截面大偏心受压构件和双筋受弯构件的应力分布和计算公式有何异同？

8. 在大偏心和小偏心受压构件截面设计时为什么要补充一个条件？这个补充条件是根据什么建立的？

9. I 形截面偏心受压构件与矩形截面偏心受压构件的正截面承载力计算方法相比有何特点？其关键何在？

10. 在进行I形截面对称配筋的计算过程中，截面类型是根据什么来区分的？具体如何判别？

11. 减小偏心受压构件的弯矩是否能提高其抗压承载力？为什么？

12. 减小偏压构件的轴力是否能提高其抗弯承载力？为什么？

13. 有两个对称配筋的偏心受压柱，其截面积尺寸相同，均为 $b \times h$ 的矩形截面，l_0 也相同。但所承受的轴向力 N 和弯矩 M 大小不同，(a)柱承受 N_1、M_1，(b)柱承受 N_2、M_2。试指出：

(1)当 $N_1 = N_2$ 而 $M_1 > M_2$ 时，(a)、(b)截面中哪个截面所需配筋较多？

(2)当 $M_1 = M_2$ 而 $N_1 > N_2$ 时，(a)、(b)截面中哪个截面所需配筋较多？

14. 矩形截面大偏心受压构件在使用时如果纵向力偏心方向加反了，破坏时是否会发生大偏心受压破坏？矩形截面小偏心受压构件在使用时如果纵向力偏心方向加反了，破坏时是否会发生大偏心受压破坏？为什么？

二、计算题

1. 钢筋混凝土框架底层中柱，其截面尺寸为 $b \times h = 400 \text{ mm} \times 400 \text{ mm}$，构件的计算长度 l_0 为 5.7 m，承受包括自重在内的轴向压力设计值 $N = 2\,000$ kN，该柱采用强度等级为 C30 混凝土，纵向受力钢筋 HRB400 级。试确定柱的配筋。

2. 某矩形截面柱，其截面尺寸为 $b \times h = 400 \text{ mm} \times 500 \text{ mm}$，该柱承受的轴力设计值 $N = 2\,500$ kN，计算长度 $l_0 = 4.4$ m，混凝土强度等级为 C30，HRB400 级钢筋，已配置纵向受力钢筋 4⊈20。试验算截面是否安全。

3. 一现浇钢筋混凝土圆形螺旋箍筋柱，承受轴力设计值 $N = 2\,000$ kN(包括自重)，计算长度 $l_0 = 4.5$ m，直径为 400 mm，混凝土强度等级为 C30，HPB300 级螺旋筋，已配置 8⊈16 HRB400 级纵向受力钢筋。试求所需螺旋筋用量。

4. 已知矩形截面柱，其截面尺寸为 $b \times h = 300 \text{ mm} \times 400 \text{ mm}$。计算长度 $l_0 = 3.3$ m，作用轴向力设计值 $N = 300$ kN，柱两端截面的弯矩设计值 $M_1 = 130$ kN·m，$M_2 = 140$ kN·m，混凝土强度等级为 C30，钢筋采用 HRB400 级。按对称配筋计算纵向钢筋 A_s 及 A_s' 的数量并绘出配筋示意图。

5. 已知矩形截面柱，截面尺寸为 $b \times h = 400 \text{ mm} \times 600 \text{ mm}$，计算长度 $l_0 = 5.4$ m，柱上作用轴向力设计值 $N = 2\,400$ kN，柱两端截面的弯矩设计值 $M_1 = 70$ kN·m，$M_2 = 76$ kN·m，混凝土强度等级为 C30，采用 HRB400 级钢筋。按对称配筋计算纵向钢筋 A_s 及 A_s' 值、绘出配筋示意图，并验算垂直弯矩作用平面的抗压承载力。

6. 已知矩形截面柱，其截面尺寸为 $b \times h = 400 \text{ mm} \times 600 \text{ mm}$，计算长度 $l_0 = 4$ m，柱上作用轴向设计值 $N = 700$ kN，柱两端截面的弯矩设计值 $M_1 = 270$ kN·m，$M_2 = 285$ kN·m，混凝土强度等级为 C30，采用 HRB400 级钢筋。按对称配筋计算纵向钢筋 A_s 及 A_s' 值并绘出配筋示意图。

7. 已知矩形截面偏心受压构件，其截面尺寸为 $b \times h = 300 \text{ mm} \times 500 \text{ mm}$，$a_s = a_s' = 40$ mm，$l_0 = 4.0$ m，采用对称配筋 $A_s = A_s' = 804 \text{ mm}^2$ (4⊈16)，混凝土强度等级为 C30 级，纵筋为 HRB400 级。轴向沿长边方向的偏心距 $e_0 = 150$ mm。求此柱的受压承载力设计值。

8. 某框架柱，其截面尺寸为 $b \times h = 400 \text{ mm} \times 400 \text{ mm}$，柱净高 $H_n = 2.9$ m，取 $a_s = a_s' = 45$ mm，混凝土强度等级为 C25，箍筋用 HRB400 级钢筋，在柱端作用剪力设计值 $V = 250$ kN，相应的轴向压力设计值 $N = 680$ kN。确定该柱所需的箍筋数量。

第 7 章 受拉构件承载力计算
Strength of Reinforced Concrete Tension Members

学习目标

本章介绍轴心受拉、偏心受拉构件的设计方法。通过学习，要求掌握轴心受拉构件正截面承载力的计算方法；了解大、小偏心受拉的界限；掌握偏心受拉构件正截面的破坏形态及正截面受拉承载力的计算方法；了解偏心受拉构件斜截面承载力的计算方法。

承受纵向拉力的结构构件，称为受拉构件。受拉构件可分为轴心受拉和偏心受拉两类。当轴向拉力作用于构件截面形心轴时，称为轴心受拉构件；当轴向拉力作用线偏离构件截面形心轴时，或构件上既作用有拉力又有弯矩时，称为偏心受拉构件。

由于混凝土的非匀质性、钢筋的不对称布置及施工等各种原因，真正的轴心受拉构件是很少的。在实际工程中，可近似按轴心受拉构件计算的有桁架或屋架的下弦杆或受拉腹杆、拱的拉杆、圆形水池和圆形贮罐的池壁，以及承受内压力环形截面管道的管壁等。可以近似按偏心受拉构件计算的有矩形水池的池壁、埋在地下的压力水管、工业厂房中双肢柱的受拉肢杆等。

偏心受拉构件除作用有拉力和弯矩外，还作用有剪力，因此，除计算构件正截面承载力外，还应计算其斜截面受剪承载力。

7.1 轴心受拉构件正截面承载力计算
Strength of Axially Tensile Members

7.1.1 轴心受拉构件的受力分析
Force Analysis on Axially Tensile Members

轴心受拉构件在混凝土开裂前，混凝土和钢筋共同变形，最初构件截面上各点的应变值相等，混凝土和钢筋都处于弹性受力状态；随着荷载的增加，混凝土受拉塑性变形开始出现并不断发展，应变增长速度大于应力增长速度，钢筋仍处于弹性受力状态；荷载继续增加，混凝土和钢筋应力将继续增大，当混凝土的应力达到抗拉强度 f_{tk} 时，构件截面将开裂，开裂截面的混凝土退出工作，拉力由钢筋承受，当钢筋应力达到抗拉屈服强度时，截面到达受拉承载力极限状态，破坏时混凝土早已被拉裂，全部拉力均由钢筋承受，但混凝土能对钢筋起到有效的防护作用，且增大了构件的抗拉强度。

7.1.2 轴心受拉构件正截面承载力计算
Strength of Axially Tensile Members

由轴心受拉构件的受力状态(图 7.1)可知，轴心受拉构件正截面受拉承载力的计算公式为

$$N \leqslant A_s f_y \tag{7-1}$$

式中 N——轴向拉力设计值；

      A_s——全部纵向钢筋截面面积；

      f_y——钢筋抗拉强度设计值。

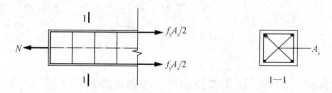

图 7.1 轴心受拉构件的受力状态

7.2 偏心受拉构件正截面承载力计算

Strength of Eccentric Tension Members

7.2.1 偏心受拉构件的分类
Classification of Eccentric Tension Members

偏心受拉构件正截面的受力性能可看作是介于受弯和轴心受拉之间的一种状态，根据破坏形态的不同，偏心受拉构件可分为小偏心受拉构件和大偏心受拉构件两种。

对于矩形截面受拉构件，如图 7.2 所示，设轴向拉力 N 的作用点距构件截面重心轴的距离为 e_0，取距轴向拉力 N 较近一侧的钢筋截面面积为 A_s、较远一侧的钢筋截面面积为 A'_s。

当纵向拉力 N 作用在 A_s 合力点与 A'_s 合力点之间时，即 $e_0 < h/2 - a_s$ 的情况[图 7.2(a)]。不论偏心距 e 的大小如何，构件破坏时均为全截面受拉，裂缝贯通整个截面并以一定间距分布，外荷载轴向拉力全部由钢筋 A_s 和 A'_s 承受，这类情况称为小偏心受拉。

当轴向拉力 N 不是作用在 A_s 合力点与 A'_s 合力点之间，即 $e_0 > h/2 - a_s$ 时的情况[图 7.2(b)]，构件截面 A_s 一侧受拉，A'_s 一侧受压，截面部分开裂但裂缝不会裂通整个截面。如果截面配筋适当，破坏时靠近轴向拉力 N 一侧的钢筋 A_s 首先达到抗拉屈服强度，

随着裂缝开展，受压区面积进一步减小，直至截面边缘混凝土达到极限压应变被压碎，远离 N 一侧的钢筋 A_s' 也能达到抗压强度，这就是大偏心受拉破坏。

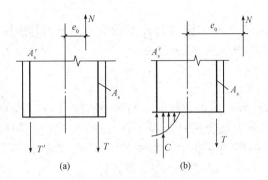

图 7.2　偏心受拉构件

(a)小偏心受拉；(b)大偏心受拉

但当钢筋 A_s 的配筋率过高，A_s' 的配筋率又过小时，受拉钢筋在未达到抗拉屈服强度前，受压区混凝土已被压坏，破坏前无预兆，属脆性破坏，受拉钢筋 A_s 也没有得到充分利用，工程设计时应避免这种情况。

7.2.2　小偏心受拉构件正截面承载力计算
Strength of Small Eccentric Tension Members

(1)计算公式。小偏心受拉构件在截面达到极限承载力时，全截面混凝土裂通，混凝土退出工作，轴向拉力全部由受拉钢筋承担，A_s 和 A_s' 的应力都可能达到屈服强度，也可能靠近轴向拉力 N 一侧钢筋 A_s 的应力能达到抗拉屈服强度，而远离轴向拉力 N 一侧钢筋 A_s' 应力达不到抗拉屈服强度，这与轴向拉力 N 作用点及钢筋 A_s' 及 A_s 比值有关。

截面设计时，为了使总用钢量最少，应使 A_s 和 A_s' 的应力均能达到屈服强度，根据平衡条件，分别对 A_s' 及 A_s 取矩（图 7.3），可得到矩形截面小偏心受拉构件正截面承载力的基本计算公式。

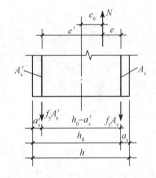

**图 7.3　小偏心受拉构件正截面
受拉承载力计算图**

$$Ne' \leqslant f_y A_s (h_0 - a_s') \tag{7-2}$$

$$Ne \leqslant f_y A_s (h_0 - a_s') \tag{7-3}$$

式中　e'——轴向拉力至钢筋 A_s' 合力点之间的距离，$e' = h/2 - a_s' + e_0$；

e——轴向拉力至钢筋 A_s 合力点之间的距离，$e = h/2 - a_s - e_0$。

以 e、e' 代入式(7-2)和式(7-3)，并取 $Ne_0 = M$，$a_s = a_s'$，得

$$A_s \geqslant \frac{N}{2f_y} + \frac{M}{f_y(h_0 - a_s')} \tag{7-4}$$

$$A_s' \geqslant \frac{N}{2f_y} - \frac{M}{f_y(h_0 - a_s')} \tag{7-5}$$

从式(7-4)可知：公式右端的第一项表示构件承受轴心拉力 N 所需的配筋；第二项表示

弯矩 M 所需配筋。显然，弯矩 M 的存在增加了 A_s 的用量，降低了 A_s' 的用量，因此，设计时如有不同的内力组合，应按最大 N 与最大 M 的内力组合计算 A_s，按最大 N 与最小 M 的内力组合计算 A_s'。

对称配筋时，远离轴向力 N 一侧的钢筋 A_s' 的应力达不到其抗拉屈服强度，但为了达到内外力平衡，截面设计时应按式(7-6)确定 A_s。

$$A_s' = A_s = \frac{Ne'}{f_y(h_0 - a_s')} \tag{7-6}$$

(2)截面设计与截面校核。截面设计时，已知轴向拉力 N 及作用点的位置(或轴向拉力 N 及截面弯矩 M)，可计算出轴向拉力 N 是否在 A_s 与 A_s' 之间，如在 A_s 与 A_s' 之间，计算出轴向拉力 N 至 A_s 与 A_s' 的距离 e 和 e'，按式(7-2)、式(7-3)计算出 A_s 与 A_s'；或直接按式(7-4)计算。求得的 A_s、A_s' 要满足最小配筋率条件。

截面校核时，已知的 A_s 与 A_s' 及 e_0，可由式(7-2)、式(7-3)分别求得 N 值，并取其较小者。

【例 7.1】 某偏心受拉构件，处于一类环境，其截面尺寸为 $b \times h = 300 \text{ mm} \times 450 \text{ mm}$，承受轴向拉力设计值 $N = 672 \text{ kN}$，弯矩设计值 $M = 60.5 \text{ kN} \cdot \text{m}$，采用 C30 混凝土和 HRB400 级钢筋。试进行配筋计算。

【解】 (1)基本参数。查附表 1.2 和附表 3.1，C30 混凝土 $f_t = 1.43 \text{ MPa}$，HRB400 级钢筋 $f_y = 360 \text{ MPa}$。

一类环境，取 $a_s' = a_s = 40 \text{ mm}$。

$$\rho_{min} = 45 \frac{f_t}{f_y}\% = 45 \times \frac{1.43}{360}\% = 0.179\% > 0.2\%$$

(2)判断偏心类型。

$$e_0 = \frac{60.5 \times 10^6}{672 \times 10^3} = 90(\text{mm}) < \frac{h}{2} - a_s = \frac{450}{2} - 40 = 185(\text{mm})$$

故为小偏心受拉。

(3)计算几何条件。

$$e' = \frac{450}{2} + 90 - 40 = 275(\text{mm})$$

$$e = \frac{450}{2} - 90 - 40 = 95(\text{mm})$$

(4)求 A_s 和 A_s'。

$$A_s = \frac{Ne'}{f_y(h_0 - a_s')} = \frac{672\,000 \times 275}{360 \times 370} = 1\,387(\text{mm}^2) > \rho_{min}bh = 0.2\% \times 300 \times 450 = 270(\text{mm}^2)$$

$$A_s' = \frac{Ne}{f_y(h_0 - a_s')} = \frac{672\,000 \times 95}{360 \times 370} = 522.9(\text{mm}^2) > \rho_{min}bh = 270(\text{mm}^2)$$

(5)选用钢筋。

A_s 选用 4Φ22($A_s = 1\,520 \text{ mm}^2$)，$A_s'$ 选用 2Φ22($A_s' = 760 \text{ mm}^2$)。

7.2.3 大偏心受拉构件正截面承载力计算
Strength of Large Eccentric Tension Members

(1)计算公式。大偏心受拉构件在截面达到极限承载力时，靠近轴向拉力 N 一侧混凝土产生裂缝，拉力全部由钢筋 A_s 承担，其应力达到屈服强度；远离轴向拉力 N 一侧形成受压区，混凝土达到极限压应变，受压钢筋 A_s' 的应力一般情况下也能达到屈服强度，特殊情况下也可能不屈服。如图 7.4 所示，根据平衡条件，可得到大偏心受拉构件正截面承载力计算公式为

$$N \leqslant f_y A_s - f_y' A_s' - \alpha_1 f_c bx \tag{7-7}$$

$$Ne = \alpha_1 f_c bx(h_0 - 0.5x) + f_y' A_s'(h_0 - a_s') \tag{7-8}$$

式中 e——轴向拉力至 A_s 合力点之间的距离，$e = e_0 - h/2 + a_s$。

适用条件：$2a_s' \leqslant x \leqslant \xi_b h_0$；$A_s \geqslant \rho_{min} bh$，$\rho_{min}$ 取 $0.45 f_t / f_y$ 和 0.002 中的较大者。

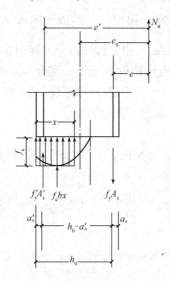

图 7.4 大偏心受拉构件正截面承载力计算图

(2)截面设计。

1)A_s 和 A_s' 均未知。为使总用钢量 $A_s + A_s'$ 最少，故取 $x = \xi_b h_0$，代入式(7-8)求 A_s'。

$$A_s' = \frac{Ne - \alpha_1 f_c bh_0^2 \xi_b (1 - 0.5\xi_b)}{f_y'(h_0 - a_s')} \tag{7-9}$$

将式(7-9)求得的 A_s' 代入式(7-7)得

$$A_s = \frac{N}{f_y} + \xi_b \frac{\alpha_1 f_c}{f_y} bh_0 + \frac{f_y'}{f_y} A_s' \tag{7-10}$$

若 A_s' 太小或出现负值时，可按构造要求选配 A_s'，并把 A_s' 作为已知代入式(7-8)求得 x，再代入式(7-7)求 A_s；若 $x < 2a_s'$，可由式(7-7)求得 A_s。A_s 要满足 $A_s \geqslant \rho_{min} bh$。

2)A_s' 已知，求 A_s。将 A_s' 代入式(7-8)计算 x，然后将 A_s' 及 x 代入式(7-7)计算 A_s。

如果计算 $x > \xi_b h_0$，则表示已知 A_s' 太少，应重新按 A_s' 未知的第一种情况来计算。如果 $x < 2a_s'$，则表明 A_s' 应力未达到抗压强度，此时，可近似取 $x = 2a_s'$，并对 A_s' 合力点取矩计算 A_s。

$$A_s = \frac{Ne'}{f_y(h_0 - a_s')} \tag{7-11}$$

式中，$e' = e_0 + \dfrac{h}{2} - a_s'$。

然后，按不考虑受压钢筋 A_s' 的作用，取 $A_s' = 0$ 计算 A_s，并与上式结果进行比较，取两

者中较小值。

3)对称配筋。由式(7-7)可知，x 必为负值，亦属于 $x<2a'_s$ 情况，仍可近似取 $x=2a'_s$，并对 A'_s 合力点取矩，按式(7-11)计算 A_s 后，令 $A_s=A'_s$，然后按不考虑受压钢筋 A'_s 的作用，取 $A'_s=0$ 计算 A_s，取两者中较小值。

(3)截面校核。构件的截面尺寸、配筋、材料强度及荷载引起的内力(M、N)均为已知，所以，可对偏心力作用点取矩求出 x，由式(7-5)计算截面所能承担的轴向拉力 N。x 必须满足条件 $2a'_s \leqslant x \leqslant \xi_b h_0$。

若 $x > \xi_b h_0$，则表明 A_s 配置过多，纵筋不能屈服，而压区混凝土已先压坏，此时需用 $\sigma_s = f_y \left(\dfrac{\xi - \beta_1}{\xi_b - \beta_1} \right)$ 代替 f_y，重新求解 x 和 N。β_1 的取值同本书 6.3.5 节。

若 $x \leqslant 2a'_s$，则仍近似取 $x = 2a'_s$，由式(7-11)计算轴向拉力 N。

【例 7.2】 钢筋混凝土偏心受拉构件，处于一类环境，其截面尺寸为 $b \times h = 300 \text{ mm} \times 400 \text{ mm}$。承受轴心拉力设计值 $N = 450 \text{ kN}$，弯矩设计值 $M = 90 \text{ kN} \cdot \text{m}$，采用强度等级为 C30 混凝土和 HRB400 级钢筋。试进行配筋计算。

【解】 (1)基本参数。

查附录，C30 混凝土 $f_t = 1.43 \text{ MPa}$，$f_c = 14.3 \text{ MPa}$，HRB400 级钢筋 $f_y = 360 \text{ MPa}$，$\xi_b = 0.518$，一类环境，$c = 25 \text{ mm}$，$a_s = a'_s = 35 \text{ mm}$。

$$\rho_{min} = 45 \frac{f_t}{f_y}\% = 45 \times \frac{1.43}{360}\% = 0.179\% > 0.2\%，\quad \rho_{min} = 0.2\%$$

(2)判别类型。

$$e_0 = M/N = 90 \times 10^3 / 450 = 200 (\text{mm}) > h/2 - a_s = 400/2 - 35 = 165 (\text{mm})$$

属大偏心受拉。

(3)配筋计算。

$h_0 = 400 - 35 = 365 (\text{mm})$，$x = \xi_b h_0 = 0.55 \times 365 = 200.8 (\text{mm})$，

$e = e_0 - h/2 + a_s = 200 - 400/2 + 35 = 35 (\text{mm})$，

代入式(7-9)得

$$A'_s = \frac{Ne - \alpha_1 f_c b x (h_0 - 0.5x)}{f'_y (h_0 - a'_s)}$$

$$= \frac{450 \times 10^3 \times 35 - 1.0 \times 14.3 \times 300 \times 200.8 \times (365 - 0.5 \times 200.8)}{360 \times (365 - 35)} < 0$$

查附表 6.1，按构造要求配置 $A'_s = \rho'_{min} bh = 0.2\% \times 300 \times 400 = 240 (\text{mm}^2)$，实配 2$\Phi$14（$A'_s = 308 \text{ mm}^2$）。

$$a_s = \frac{Ne - f'_y A'_s (h_0 - a'_s)}{f_c b h_0^2} = \frac{450\,000 \times 35 - 308 \times 360 \times (365 - 35)}{14.3 \times 300 \times 365^2} < 0$$

即 $\xi < 0$，$x < 2a'_s$。因此，由式(7-11)得

$$e' = e_0 + \frac{h}{2} - a'_s = \frac{400}{2} + 200 - 35 = 365 (\text{mm})$$

$$A_s = \frac{Ne'}{f_y (h_0 - a'_s)} = \frac{450 \times 10^3 \times 365}{360 \times (365 - 35)} = 1\,508 (\text{mm}^2) > \rho'_{min} bh = 0.2\% \times 300 \times 400 = 240 (\text{mm}^2)$$

选配受拉钢筋 4Φ22（实配 $A_s = 1\,520 \text{ mm}^2$）。

7.3 偏心受拉构件斜截面受剪承载力计算
Strength of Eccentric Tension Members in Shear

7.3.1 受力分析
Force Analysis

偏心受拉构件，截面在受到弯矩 M 及轴力 N 作用的同时，也受到较大的剪力 V 作用。因此，需进行斜截面受剪承载力验算。

试验表明，轴向拉力作用下，构件上将产生横贯全截面的初始垂直裂缝，再施加竖向荷载，在弯矩作用下，顶部裂缝将重新闭合，底部裂缝加宽，斜裂缝可能直接穿过初始裂缝向上发展，也可能沿初始垂直裂缝延伸一段距离后再斜向发展。偏心受拉构件斜裂缝的坡度比受弯构件陡，而且剪压区高度缩小，同时，轴向拉力的存在使得构件中的斜裂缝开展得较长、较宽，且倾角也较大，导致构件的斜截面受剪承载力降低。

7.3.2 斜截面承载力计算公式
Calculation Formulas of Strength in Shear

根据试验结果并安全考虑，偏心受拉构件斜截面受剪承载力计算公式取用集中荷载作用下受弯构件的斜截面受剪承载力计算公式，但需减去一项由于轴向拉力引起受剪承载力的降低值 V_N，$V_N = 0.2N$。

$$V \leqslant \frac{1.75}{\lambda + 1.0} f_t b h_0 + f_{yv} \frac{A_{sv}}{s} h_0 - 0.2N \tag{7-12}$$

式中　λ——计算截面剪跨比。取 $\lambda = a/h_0$（a 为集中荷载到支座截面或节点边缘的距离），当 $\lambda < 1.5$ 时取 $\lambda = 1.5$，当 $\lambda > 3$ 时取 $\lambda = 3$；

　　　N——与剪力设计值 V 相对应的轴向拉力设计值。

在式（7-12）中，由于箍筋的存在，至少可以承担 $f_{yv} \dfrac{A_{sv}}{s} h_0$ 大小的剪力。所以，当式（7-12）右边的计算值小于 $f_{yv} \dfrac{A_{sv}}{s} h_0$ 时，应取为 $f_{yv} \dfrac{A_{sv}}{s} h_0$ 值。同时，为了防止箍筋过少过稀，保证箍筋承担一定数量的受剪承载力，$f_{yv} \dfrac{A_{sv}}{s} h_0$ 不得小于 $0.36 f_t b h_0$。

同时，偏心受拉构件的截面尺寸应满足下式要求：

$$V \leqslant 0.25 \beta_c f_c b h_0 \tag{7-13}$$

式中　β_c——混凝土强度影响系数（混凝土强度等级低于 C50 时，$\beta_c = 1.0$；混凝土强度等级高于 C80 时，$\beta_c = 0.8$，其间按线性内插法确定）。

偏心受拉构件斜截面受剪承载力计算的步骤和受弯构件斜截面受剪承载力的计算步骤类似，故不再赘述。

【例 7.3】　某钢筋混凝土偏心受拉构件，其截面尺寸为 $b \times h = 200\ \text{mm} \times 200\ \text{mm}$，截面

已配 $A_s=A_s'$ 为 2Φ25(982 mm²)。此拉杆在距节点边缘 $a=330$ mm 处作用有集中荷载，集中荷载产生的节点边缘剪力设计值 $V=20$ kN，轴力设计值 $N=600$ kN，$a_s=a_s'=40$ mm。混凝土强度等级为 C25($f_c=11.9$ N/mm²，$f_t=1.27$ N/mm²)，箍筋采用 HPB300($f_{yv}=270$ N/mm²)。试计算拉杆所配置的箍筋。

【解】 (1)计算 h_0、h_w、λ。

$$h_0=h_w=h-a_s'=200-40=160(\text{mm})$$

剪跨比 $\lambda=\dfrac{a}{h_0}=\dfrac{330}{160}=2.06$。

(2)验算截面尺寸。

$$h_w/b=160/200=0.80\leqslant4$$

$$0.25\beta_c f_c bh_0=0.25\times1\times11.9\times200\times160=95.2(\text{kN})>V=20\text{ kN}$$

截面尺寸符合要求。

(3)确定配箍量并选配箍筋。

$$\frac{1.75}{\lambda+1.0}f_t bh_0=\frac{1.75}{2+1.0}\times1.27\times200\times160=23.707(\text{kN})<0.2N=0.2\times600=120(\text{kN})$$

考虑拉力将混凝土部分的抗剪承载力全部抵消，即箍筋承担的剪力为

$$V\leqslant f_{yv}\frac{nA_{sv1}}{s}h_0$$

$$\frac{A_{sv}}{s}\geqslant\frac{V}{f_{yv}}=\frac{20\ 000}{270\times165}=0.463$$

选用 Φ8 双肢箍筋，$A_{sv}=nA_{sv1}=2\times50.3=100.6(\text{mm}^2)$，则

$$s\leqslant\frac{A_{sv}}{0.463}=\frac{100.6}{0.463}=217.28(\text{mm})，且 s\leqslant s_{max}=200\text{ mm}$$

故取双肢 Φ8@200。

(4)验算最小配筋率。

$$\rho_{sv}=\frac{nA_{sv1}}{bs}=\frac{2\times50.3}{200\times200}=0.251\%\geqslant\rho_{sv,min}=0.36\frac{f_t}{f_{yv}}=0.36\times\frac{1.27}{270}=0.17\%$$

故满足要求。

本章小结

本章主要内容为轴心受拉构件和偏心受拉构件正截面承载力计算，及偏心受拉构件斜截面承载力计算。

1. 当纵向拉力 N 的作用线与构件截面形心轴线重合时为轴线受拉构件。轴心受拉构件正截面承载力计算公式为 $N\leqslant f_y A_s$。

2. 偏心受拉构件分两类，当纵向拉力 N 作用在 A_s 和 A_s' 之间 $\left(\text{即 } e_0>\dfrac{h}{2}-a_s\right)$ 时，为小偏心受拉；当纵向拉力 N 作用在 A_s 和 A_s' 之外 $\left(\text{即 } e_0<\dfrac{h}{2}-a_s\right)$ 时，为大偏心受拉。

3. 小偏心受拉的受力特点类似于轴心受拉构件，破坏时全部拉力由钢筋承担且 A_s 和 A_s' 屈服，分别对 A_s 和 A_s' 取矩就可得出基本计算公式，用于截面配筋和截面校核。

4. 大偏心受拉的受力特点类似于受弯或大偏心受压构件，破坏时截面有混凝土受压区存在。大偏心构件的计算过程中应随时注意检查适用条件 $2a_s' \leqslant x \leqslant \xi_b h_0$，发现不符合时要加以处理。

5. 偏心受拉构件斜截面抗剪承载力计算，与受弯构件矩形截面独立梁在集中荷载作用下的抗剪计算公式有密切联系，注意轴向拉力的存在将降低构件的抗剪承载力。

思考题与习题

一、思考题

1. 受拉构件中纵向受力钢筋和箍筋有哪些构造要求？

2. 简述钢筋混凝土大小偏心受拉构件的破坏特征。

3. 轴向拉力对钢筋混凝土偏心受拉构件斜截面抗剪承载力有什么影响？计算公式中如何体现？对 N 值有无限制条件？

4. 偏心受拉构件承载力计算中是否考虑纵向弯曲的影响？为什么？

5. 比较双筋梁、非对称配筋大偏心受压构件及大偏心受拉构件三者正截面承载力计算的异同。

二、填空题

1. 钢筋混凝土小偏心受拉构件破坏时全截面＿＿＿＿＿＿＿，拉力全部由＿＿＿＿＿＿＿承担。

2. 在钢筋混凝土偏心受拉构件中，当轴向力 N 作用在 A_s 的外侧时，截面虽开裂，但仍然存在，这类情况称为＿＿＿＿＿＿＿。

3. 钢筋混凝土大偏心受拉构件正截面承载力计算公式的适用条件是和＿＿＿＿＿＿＿，如果出现了 $x < 2a_s'$ 的情况，说明＿＿＿＿＿＿＿，此时可假定＿＿＿＿＿＿＿。

4. 钢筋混凝土偏心受拉构件，轴向拉力的存在＿＿＿＿＿＿＿混凝土的受剪承载力。因此，钢筋混凝土偏心受拉构件的斜截面受剪承载力要＿＿＿＿＿＿＿同样情况下的受弯构件斜截面受剪承载力。

三、计算题

1. 偏心受拉构件的截面尺寸为截面尺寸为 $b \times h = 500 \text{ mm} \times 500 \text{ mm}$，混凝土强度等级为 C30，纵向受力钢筋为 HRB400 级，承受的轴心拉力设计值 $N = 210 \text{ kN}$，弯矩设计值 $M = 100 \text{ kN} \cdot \text{m}$，$a_s = a_s' = 40 \text{ mm}$，试确定截面所需钢筋的截面面积。

2. 某钢筋混凝土矩形水池，池壁 $h = 250 \text{ mm}$，采用强度等级为 C25 混凝土和 HRB400 级钢筋，沿池壁 1 m 高度的垂直截面上（取 $b = 1\,000 \text{ mm}$）作用的轴心拉力设计值 $N = 210 \text{ kN}$，弯矩设计值 $M = 84 \text{ kN} \cdot \text{m}$（池外侧受拉），$a_s = a_s' = 40 \text{ mm}$，试确定截面所需水平受力钢筋数量。

第8章 受扭构件承载力计算

Loading Capacity of Reinforced Concrete Members in Torsion

学习目标

本章叙述了混凝土构件平衡扭转和约束扭转的概念，纯扭构件开裂扭矩的计算方法；介绍了矩形、T形和箱形截面纯扭构件的受力性能和受扭承载力的计算方法。要求掌握钢筋混凝土构件在弯矩、剪力和扭矩共同作用下的受力性能和承载力计算的原则，熟悉受扭构件配筋的构造要求。

8.1 概 述

Introduction

在工程结构中，处于纯扭矩作用的情况还是很少见的，绝大多数构件都是处于弯矩、剪力、扭矩共同作用下的复合受扭情况。如图8.1所示的吊车梁、雨篷梁及现浇框架边梁就是常见的受扭构件。

钢筋混凝土构件的扭转可以分为两类，即平衡扭转和协调扭转（也称约束扭转）。若构件中的扭矩由荷载直接引起，其值可由平衡条件直接求出，则此类扭转称为平衡扭转，如图8.1中的吊车梁和雨篷梁；若扭矩是由相邻构件的位移受到该构件的约束而引起的，扭矩值需结合变形协调条件才能求得，则此类扭转称为协调扭转，如图8.1(c)所示的现浇框架边梁，由于次梁梁端的弯曲转动变形而使得边梁产生扭转，截面承受扭矩。对于平衡钮转，构件必须提供足够的受扭承载力，否则便不能与外荷载产生的扭矩平衡而引起破坏。对于协调扭转，在受力过程中，因混凝土的开裂构件的抗扭刚度迅速降低，截面承受的扭矩也会随之减少，引起内力重分布。因此，扭矩的大小与各受力阶段构件的刚度比有关。本章主要介绍平衡扭转中纯扭构件和弯剪扭构件的受力性能，以及受扭构件配筋的构造要求。

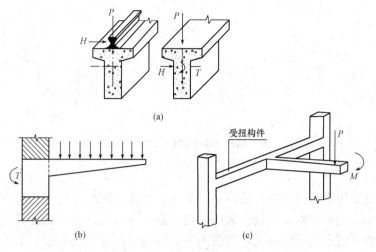

图 8.1 受扭构件
(a)吊车梁；(b)雨篷梁；(c)现浇框架边梁

8.2 纯扭构件的试验研究

Test Study of Members in Pure Torsion

8.2.1 纯扭构件开裂前的性能

Performance of Pure Torsion Member before Cracking

试验表明，构件开裂前，钢筋混凝土纯扭构件的受力状况与圣维南弹性扭转理论基本吻合。扭矩较小时，其扭矩-扭转角关系为一直线，扭转刚度与按弹性理论的计算值十分接近，纵筋和箍筋的应力都很小。由于开裂前钢筋的应力很低，钢筋对开裂扭矩的影响很小，可忽略钢筋按匀质弹性材料考虑。由材料力学可知，矩形截面受扭构件在扭矩 T 作用下，截面上将产生剪应力，并在与剪应力呈 45° 角的方向产生主拉应力 σ_{tp} 和主压应力 σ_{cp}，其数值与截面最大剪应力相等，如图 8.2(a)和(b)所示。由于截面上的剪应力呈环状分布，构件主拉应力和主压应力轨迹线沿构件表面呈螺旋形，当主拉应力超过混凝土的抗拉强度时，混凝土将首先在截面一长边中点处且垂直于主拉应力的方向上出现裂缝，裂缝与构件的纵轴线呈 45° 夹角，并沿主压应力轨迹线迅速向相邻两边延伸，最后，形成三面开裂一面受压的空间扭曲面，如图 8.2(c)所示。构件受扭破坏通常突然发生，属于脆性破坏。

8.2.2 纯扭构件开裂后的性能

Performance of Pure Torsion Member after Cracking

裂缝出现时，由于部分混凝土退出工作，钢筋应力明显增大，特别是扭转角开始显著增大。此时，裂缝出现前构件截面受力的平衡状态被打破，带有裂缝的混凝土与钢筋共同

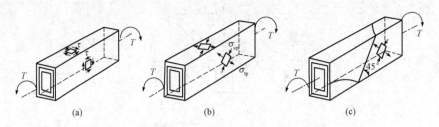

图 8.2 纯扭构件开裂前的剪应力及开裂后的裂缝

(a)剪应力；(b)主应力；(c)裂缝

组成一个新的受力体系抵抗扭矩并获得新的平衡。裂缝出现后，构件截面的扭转刚度降低较大，且受扭钢筋的用量越少，构件截面的扭转刚度降低就越多。试验研究表明，裂缝出现后，带有裂缝的混凝土和钢筋组成的新的平衡体系中，混凝土受压、受扭纵筋和箍筋都受拉。钢筋混凝土构件截面的开裂扭矩比相应的素混凝土构件高 $10\%\sim30\%$。试验也表明，矩形截面钢筋混凝土受扭构件的初始裂缝发生在剪应力最大处，即截面长边的中点附近且与构件轴线呈大约 $45°$角。此后，这条初始裂缝逐渐向两边延伸并相继出现许多新的螺旋形裂缝。

试验表明，钢筋混凝土受扭构件的破坏形态与受扭纵筋和受扭箍筋的配筋率有关。根据破坏形态可以分为以下四类：

(1)少筋破坏。当配筋(垂直于纵轴的箍筋和沿四周布置的纵向钢筋)过少或配筋间距过大时，在扭矩作用下，先在构件截面的长边最薄弱处产生一条与纵轴大约呈 $45°$角的斜裂缝。构件一旦开裂，钢筋不足以承担由混凝土开裂后转移给钢筋承担的拉力，裂缝就迅速向相邻两侧呈螺旋形延伸，形成三面开裂一面受压的空间扭曲裂面，构件随即破坏。破坏过程急速而突然，属于脆性破坏。其破坏扭矩 T_u 基本等于开裂扭矩 T_{cr}。这种破坏形态称为少筋破坏。为防止发生这类脆性破坏，《规范》对受扭构件提出了抗扭纵向钢筋和抗扭箍筋的下限及箍筋最大间距等规定。

(2)适筋破坏。在扭矩作用下，当配筋适量时，首条斜裂缝出现后构件并不立即破坏。随着扭矩的增大，将陆续出现多条大体平行的连续的螺旋形裂缝。与斜裂缝相交的纵筋和箍筋先后达到屈服，斜裂缝进一步发展，最后，受压面上的混凝土也被压碎，构件随之破坏。这种破坏具有一定的延性，称为适筋破坏。

(3)超筋破坏。当箍筋和纵筋配置都过多时，受扭构件在破坏前出现较多密而细的螺旋形裂缝，在钢筋屈服之前混凝土先被压坏，构件随即破坏。这种破坏称为超筋破坏，为受压脆性破坏，其破坏特征类似于受弯构件的超筋破坏。在设计中，应力求避免发生超筋破坏，《规范》规定了配筋的上限，也即规定了构件的最小截面尺寸。

(4)部分超筋破坏。由于受扭钢筋由箍筋和受扭纵筋两部分钢筋组成，当箍筋和纵筋的配筋比例相差过大时，破坏时，还会出现两者中配筋率较小的一种钢筋达到屈服，而另一种钢筋未达到屈服的情况，这种破坏称为部分超筋破坏。这种破坏具有一定的延性，但小于适筋构件。为防止出现此类破坏，《规范》对抗扭纵筋和抗扭箍筋的配筋强度比值 ζ 作出了相关规定。

8.3 纯扭构件扭曲截面承载力计算

Distorted Strength of Members in Pure Torsion

纯扭构件的扭曲截面承载力计算中，首先需要计算构件的开裂扭矩。如果扭矩大于构件的开裂扭矩，则还要按计算配置受扭纵筋和受扭箍筋，以满足构件的承载力要求，否则应按构造要求配置受扭钢筋。

8.3.1 开裂扭矩的计算

Calculation of Cracking Torque

如前所述，钢筋混凝土纯扭构件在裂缝出现前，钢筋应力很小，对开裂扭矩的影响也不大，可以忽略钢筋的作用。

若混凝土为理想弹塑性材料，在弹性阶段，构件截面上的剪应力分布如图 8.3(a)所示。最大扭剪应力及最大主应力均发生在长边中点。当最大主应力值或者说最大扭剪应力值达到混凝土抗拉强度值时，荷载还可少量增加，直至截面边缘的拉应变达到混凝土的极限拉应变值后，构件开裂。此时，截面承受的扭矩称为开裂扭矩设计值 T_u，如图 8.3(b)所示。

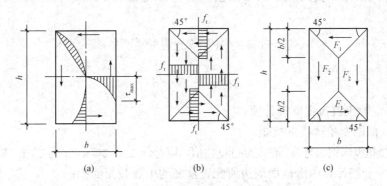

图 8.3 受扭截面的剪应力分布
(a)弹性剪应力分布；(b)塑性剪应力分布；(c)开裂扭矩计算图

根据塑性力学理论，可以把截面上的扭剪应力分成四个部分，如图 8.3(c)所示。计算各部分扭剪应力的合力及相应组成的力偶，其总和则为开裂扭矩 $T_{cr,p}$：

$$T_{cr,p} = \tau_{max} \frac{b^2}{6}(3h-b) = f_t \cdot \frac{b^2}{6}(3h-b) \tag{8-1}$$

式中 h——矩形截面的长边；

　　b——矩形截面的短边。

若混凝土为弹性材料，则当最大扭剪应力或最大主拉应力达到混凝土抗拉强度 f_t 时，构件开裂，从而开裂扭矩 $T_{cr,e}$ 为

$$T_{cr,e} = \alpha b^2 h f_t \tag{8-2}$$

式中 α——与比值 h/b 有关的系数，当比值 $h/b=1\sim10$ 时，$\alpha=0.208\sim0.313$。

事实上，混凝土是既非理想弹性也非理想塑性的弹塑性材料，达到开裂极限状态时截面的应力分布应介于理想弹性和理想塑性应力状态之间。试验表明，当按式(8-1)计算开裂扭矩时，计算值比试验值高；当按式(8-2)计算开裂扭矩时，计算值比试验值低。因此，开裂扭矩 T_{cr} 应介于 $T_{cr,e}$ 和 $T_{cr,p}$ 之间。

为使用方便，开裂弯矩可近似采用理想弹塑性材料的应力分布图形进行计算，但混凝土抗拉强度要适当降低。试验表明，对高强度混凝土，其降低系数约为 0.7；对低强度混凝土，其降低系数接近 0.8。《规范》规定偏安全地取混凝土抗拉强度降低系数为 0.7，故开裂弯矩设计值的计算公式为

$$T_{cr} = 0.7 f_t W_t \tag{8-3}$$

式中　W_t——受扭构件的截面受扭塑性抵抗矩，对于矩形截面，$W_t = \dfrac{b^2}{6}(3h - b)$。

8.3.2　矩形截面纯扭构件受扭承载力计算

Calculation of Torsional Capacity of Pure Torsion Members with Rectangular Cross Section

当抗扭箍筋和纵筋配置恰当，发生受扭破坏时，穿过裂缝的钢筋均能达到屈服强度。则受扭构件的极限承载力 T_u 由两部分构成，即开裂后混凝土部分承扭的抗扭作用 T_c，以及纵筋和箍筋承担的抗扭作用 T_s，即 $T_u = T_c + T_s$。

《规范》2010 版基于变角度空间桁架模型分析，规定矩形截面纯扭构件受扭承载力 T_u 的计算公式为

$$T_u = 0.35 f_t W_t + 1.2 \sqrt{\zeta} \frac{f_{yv} A_{st1} A_{cor}}{s} \tag{8-4}$$

$$\zeta = \frac{A_{stl} s}{A_{st1} u_{cor}} \cdot \frac{f_y}{f_{yv}} \tag{8-5}$$

式中　f_t——混凝土抗拉强度设计值；

　　　W_t——截面受扭塑性抵抗矩；

　　　ζ——受扭纵向钢筋与箍筋的配筋强度比值，应符合 $0.6 \leqslant \zeta \leqslant 1.7$，当 $\zeta > 1.7$ 时，取 1.7；

　　　A_{st1}——受扭计算中沿截面周边所配置箍筋的单肢截面面积；

　　　A_{stl}——受扭计算中取对称布置的全部纵向钢筋截面面积；

　　　f_{yv}——受扭箍筋的抗拉强度设计值；

　　　f_y——受扭纵筋的抗拉强度设计值；

　　　A_{cor}——截面核心部分面积，$A_{cor} = b_{cor} \times h_{cor}$，此处 b_{cor} 和 h_{cor} 分别为从箍筋内表面计算所得截面核心部分的短边和长边尺寸；

　　　u_{cor}——截面核心部分的周长，$u_{cor} = 2(b_{cor} + h_{cor})$；

　　　s——受扭箍筋沿构件轴向的间距。

对于在轴向压力和扭矩共同作用下的矩形截面钢筋混凝土纯扭构件，其受扭承载力应按下列公式计算：

$$T_u = 0.35 f_t W_t + 1.2 \sqrt{\zeta} \frac{f_{yv} A_{st1} A_{cor}}{s} + 0.07 \frac{N}{A} W_t \tag{8-6}$$

式中　N——轴向压力设计值，当 $N > 0.3 f_c A$ 时，取 $N = 0.3 f_c A$；

　　　A——构件截面面积。

8.3.3　T形和I形截面纯扭构件受扭承载力计算

Torsional Capacity of Pure Torsion Members with T-shaped and I-shaped Cross Section

对于T形和I形截面纯扭构件，可以将其截面划分为几个矩形截面进行配筋计算。划分的原则首先要保证腹板截面的完整性，如图8.4所示。

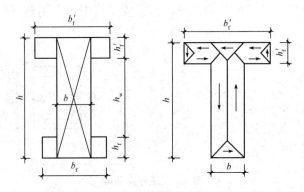

图8.4　I形和T形截面的矩形划分示意图

腹板部分承担的扭矩：

$$T_w = \frac{W_{tw}}{W_t} \cdot T \tag{8-7}$$

受压翼缘承担的扭矩：

$$T'_f = \frac{W'_{tf}}{W_t} \cdot T \tag{8-8}$$

受拉翼缘承担的扭矩：

$$T_f = \frac{W_{tf}}{W_t} \cdot T \tag{8-9}$$

《规范》规定，截面的腹板、受压和受拉翼缘部分的矩形截面受扭塑性抵抗矩可分别按下列公式计算：

$$W_{tw} = \frac{b^2}{6}(3h - b) \tag{8-10}$$

$$W'_{tf} = \frac{h'^2_f}{2}(b'_f - b) \tag{8-11}$$

$$W_{tf} = \frac{h^2_f}{2}(b_f - b) \tag{8-12}$$

式中　b，h——截面的腹板宽度、截面高度；

　　　b_f，b'_f——截面受拉区、受压区的翼缘宽度；

　　　h_f，h'_f——截面受拉区、受压区的翼缘高度。

截面总的受扭塑性抵抗矩为

$$W_t = W_{tw} + W'_{tf} + W_{tf} \tag{8-13}$$

计算受扭塑性抵抗矩时取用的翼缘宽度还应符合 $b'_f \leqslant b + 6h'_f$ 和 $b_f \leqslant b + 6h_f$。

8.3.4 箱形截面纯扭构件受扭承载力计算
Torsional Capacity of Pure Torsion Members with Box Cross Section

在扭矩作用下，剪应力沿截面周边较大，而在截面中心部分较小。因此，对于封闭的箱形截面，其抵抗扭矩的能力与同样尺寸的实心截面基本相同。在实际工程中，当截面尺寸较大时，往往采用箱形截面以减轻结构自重，如桥梁结构中常采用箱形截面梁，如图 8.5(a) 所示。

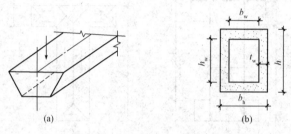

图 8.5　箱形截面梁

(a)桥梁用箱形截面梁；(b)箱形截面示意图

箱形截面钢筋混凝土纯扭构件的扭曲截面承载力计算公式如下：

$$T_u = 0.35\alpha_h f_t W_t + 1.2\sqrt{\zeta}\frac{f_{yv}A_{st1}A_{cor}}{s} \tag{8-14}$$

$$W_t = \frac{b_h^2}{6}(3h_h - b_h) - \frac{(b_h - 2t_w)^2}{6}[3h_w - (b_h - 2t_w)] \tag{8-15}$$

式中　W_t——箱形截面受扭塑性抵抗矩；

α_h——箱形截面壁厚影响系数，$\alpha_h = 2.5t_w/b_w$，当 $\alpha_h > 1.0$ 时，取 $\alpha_h = 1.0$；

b_h，h_h——箱形截面的宽度和高度；

h_w——箱形截面的腹板净高；

t_w——箱形截面壁厚。

8.4　弯剪扭构件截面承载力计算

Loading Capacity of Members in Combined Bending, Shear and Torsion

8.4.1 试验研究及破坏形态
Experimental Study and Failure Morphology

处于弯矩、剪力和扭矩共同作用下的钢筋混凝土构件，其受力状态是十分复杂的，构件的破坏特征及其承载力与荷载条件及构件的内在因素有关。对于荷载条件，通常以扭弯比 $\varphi\left(\varphi = \dfrac{T}{M}\right)$ 和扭剪比 $\chi\left(\chi = \dfrac{T}{V}\right)$ 来表示。构件的内在因素是指构件的截面尺寸、配筋及材料强度。弯剪扭构件主要有弯型破坏、扭型破坏和剪扭型破坏三种破坏形式。

(1)弯型破坏。试验表明，在配筋适当条件下，当弯矩 M 较大，即 T/M 较小，且剪力不起控制作用时，发生弯型破坏。此时，弯矩起主导作用，构件底部受拉，顶部受压。底部纵筋同时受弯矩和扭矩作用产生拉应力叠加，裂缝首先在构件弯曲受拉底面出现，然后向两侧面发展，最后三个面上螺旋裂缝形成一个扭曲破坏面。若底部纵筋配置不够，则破坏始于底部纵筋受拉屈服，止于顶部弯曲受压混凝土压碎，如图 8.6(a)所示，承载力受底部纵筋控制，且受弯承载力因扭矩的存在而降低，如图 8.7 所示。

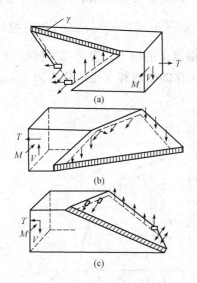

图 8.6 弯剪扭构件的破坏

(a)弯型破坏；(b)扭型破坏；(c)剪扭型破坏

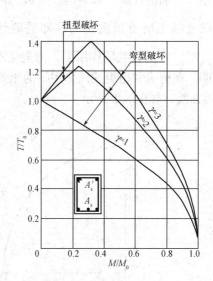

图 8.7 弯扭相关性

(2)扭型破坏。当扭矩 T 较大，而 $\dfrac{T}{M}$ 和 $\dfrac{T}{V}$ 均较大，且构件顶部纵筋少于底部纵筋，即 $\gamma = \dfrac{f_y A_s}{f_y' A_s'} < 1$ 时，发生扭型破坏。扭矩引起顶部纵筋的拉应力很大，而弯矩较小，其在构件顶部引起的压应力也较小，所以，导致顶部纵筋的拉应力大于底部纵筋，破坏始于构件顶面纵筋先受拉屈服，然后底部混凝土被压碎，如图 8.6(b)所示，承载力由顶部纵筋控制。

由于弯矩对顶部产生压应力，抵消了一部分扭矩产生的拉应力，因此，弯矩对受扭承载力有一定的提高，如图 8.7 所示。但对于顶部和底部纵筋对称布置的情况($\gamma = 1$)，则在弯矩、扭矩共同作用下总是底部纵筋先达到受拉屈服，因此，只会出现弯型破坏，而不可能出现扭型破坏。

(3)剪扭型破坏。当剪力 V 和扭矩 T 均较大，弯矩 M 较小，对构件的承载力不起控制作用时，构件在扭矩和剪力的共同作用下，截面均产生剪应力，结果是截面一侧剪应力增大，另一侧剪应力减小。裂缝首先在剪应力较大一侧长边中点出现，然后向顶面和底面扩展，最后，另一侧长边的混凝土压碎而达到破坏，如图 8.6(c)所示。如果配筋合适，破坏时与螺旋裂缝相交的纵筋和箍筋均受拉并达到屈服。当扭矩较大时，以受扭破坏为主；当剪力较大时，以受剪破坏为主。

弯剪扭共同作用下的钢筋混凝土构件扭曲截面承载力计算，与纯扭构件相同，主要有以变角度空间桁架模型和以斜弯理论(扭曲破坏面极限平衡理论)为基础的两种计算方法。

8.4.2 剪扭相关性

Correlation between Shear and Torsion

由于扭矩和剪力产生的剪应力在截面的一个侧面上叠加，因此，构件在剪扭作用下的承载力总是小于剪力和扭矩单独作用时的承载力。构件受扭承载力与受弯、受剪承载力的这种相互影响的性质，称为构件承载力的相关性。在受剪和受扭承载力的计算中，都有一项反映混凝土所贡献的抗力，即受剪计算中的 $0.7f_t bh_0$ $\left(\text{或}\dfrac{1.75}{\lambda+1}f_t bh_0\right)$ 和受扭计算中的 $0.35f_t W_t$。在剪扭共同作用下，为避免重复利用混凝土的抗力，应考虑剪扭的相关性。试验表明，在剪力和扭矩共同作用下的钢筋混凝土构件的受剪和受扭承载力的相关关系接近 $1/4$ 圆曲线，如图 8.8 所示。

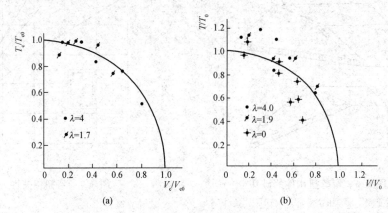

图 8.8 剪扭相关性

(a)无腹筋构件；(b)有腹筋构件

《规范》规定，采用折减系数来反映剪力和扭矩共同作用下混凝土抗力的贡献。为简化计算，采用如图 8.9 所示的三折线关系来近似表示剪扭相关性中 $1/4$ 圆关系。则有

$$\dfrac{V_c}{V_{c0}}\leqslant 0.5 \text{ 时，} \dfrac{T_c}{T_{c0}}=1.0$$

$$\dfrac{T_c}{T_{c0}}\leqslant 0.5 \text{ 时，} \dfrac{V_c}{V_{c0}}=1.0$$

$$\dfrac{T_c}{T_{c0}}>0.5 \text{ 或 } \dfrac{V_c}{V_{c0}}>0.5 \text{ 时，} \dfrac{T_c}{T_{c0}}+\dfrac{V_c}{V_{c0}}=1.5$$

令 $\beta_t=\dfrac{T_c}{T_{c0}}$，则有

$$\dfrac{V_c}{V_{c0}}=1.5-\beta_t$$

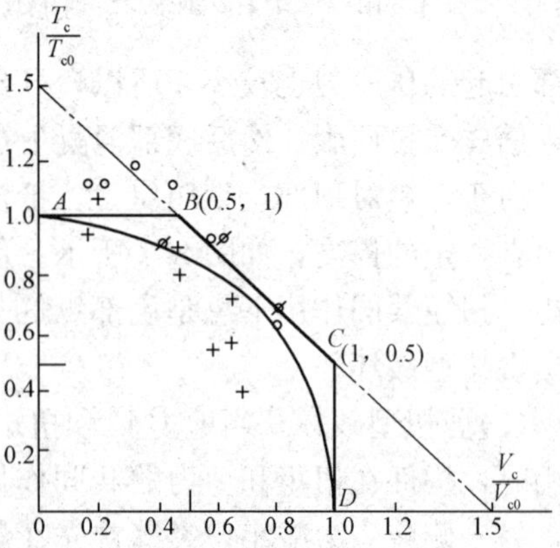

图 8.9 有腹筋构件混凝土承载力计算曲线

可以得出

$$\beta_t=\dfrac{1.5}{1+\dfrac{V_c/V_{c0}}{T_c/T_{c0}}} \tag{8-16}$$

将 $V_{c0}=0.7f_t bh_0$ 和 $T_{c0}=0.35f_t W_t$ 代入式(8-16)，可得到

$$\beta_t=\frac{1.5}{1+0.5\frac{V}{T}\frac{W_t}{bh_0}} \qquad (8\text{-}17)$$

式中　T_c，V_c——有腹筋构件同时作用剪力和扭矩时，混凝土的受扭承载力和受剪承载力；

　　　　T_{c0}，V_{c0}——无腹筋构件同时作用剪力和扭矩时，混凝土的受扭承载力和受剪承载力。

8.4.3　实用配筋计算方法
Practical Calculation Method for Reinforcement

对于弯扭、剪扭和弯剪扭共同作用下的构件，当采用上述斜弯理论和变角度空间桁架模型得出的计算公式来进行配筋计算时显得十分烦琐。为简化计算，基于大量试验研究结果，《规范》规定了剪扭、弯扭和弯剪扭构件扭曲截面的实用配筋计算方法。即在弯剪扭构件承载力的计算中，对混凝土部分考虑剪扭相关性，避免混凝土贡献的抗力被重复利用，而对钢筋贡献的抗力采用简单叠加方法，即纵筋按受弯与受扭分别计算后叠加，箍筋按受扭和受剪分别计算后叠加。

1. 一般剪扭构件

(1)矩形截面钢筋混凝土一般剪扭构件。

剪扭构件的受剪承载力：$V_u=0.7\times(1.5-\beta_t)f_t bh_0+f_{yv}\frac{A_{sv}}{s}h_0$ $\qquad (8\text{-}18)$

剪扭构件的受扭承载力：$T_u=0.35\beta_t f_t W_t+1.2\sqrt{\zeta}\frac{f_{yv}A_{st1}A_{cor}}{s}$ $\qquad (8\text{-}19)$

式中　β_t——剪扭构件混凝土受扭承载力降低系数，一般剪扭构件可按式(8-17)计算。当$\beta_t<0.5$时，取$\beta_t=0.5$；当$\beta_t>1.0$时，取$\beta_t=1.0$。

对于集中荷载作用下独立的钢筋混凝土剪扭构件(包括作用有多种荷载，其集中荷载对支座截面或节点边缘所产生的剪力值所占比例大于75%以上的情况)，受剪承载力计算公式可改写为

$$V_u=\frac{1.75}{\lambda+1.0}(1.5-\beta_t)f_t bh_0+f_{yv}\frac{A_{sv}}{s}h_0 \qquad (8\text{-}20)$$

$$\beta_t=\frac{1.5}{1+0.2(\lambda+1)\frac{V}{T}\frac{W_t}{bh_0}} \qquad (8\text{-}21)$$

式中　λ——计算截面的剪跨比。

(2)箱形截面钢筋混凝土一般剪扭构件。

剪扭构件的受剪承载力：$V_u=0.7\times(1.5-\beta_t)f_t bh_0+f_{yv}\frac{A_{sv}}{s}h_0$ $\qquad (8\text{-}22)$

剪扭构件的受扭承载力：$T_u=0.35\alpha_h\beta_t f_t W_t+1.2\sqrt{\zeta}f_{yv}\frac{A_{st1}A_{cor}}{s}$ $\qquad (8\text{-}23)$

箱形截面一般剪扭构件混凝土受扭承载力降低系数β_t近似按式(8-17)计算，但式中的W_t应以$\alpha_h W_t$代替。

对于集中荷载作用下的独立的箱形截面剪扭构件(包括作用有多种荷载，其集中荷载对支座截面或节点边缘所产生的剪力值所占比例大于75%以上的情况)，受剪承载力公式可

改为

$$V_u = \frac{1.75}{\lambda+1.0}(1.5-\beta_t)f_t bh_0 + f_{yv}\frac{A_{sv}}{s}h_0 \tag{8-24}$$

式中 λ——计算截面的剪跨比。

受扭承载力降低系数近似按式(8-17)计算,但式中的 W_t 应以 $\alpha_h W_t$ 代替。

(3)T形、I形截面一般剪扭构件。T形和I形截面剪扭构件的受剪承载力,按式(8-17)和式(8-18)或按式(8-20)和式(8-21)进行计算,但计算时应将 T、W_t 分别以 T_w、W_{tw} 代替,即假设剪力全部由腹板承担。

T形和I形截面剪扭构件的受扭承载力,可按纯扭构件的计算方法,将截面分成几个矩形截面分别进行计算;腹板为剪扭构件,按式(8-17)和式(8-19)或式(8-21)进行计算,但计算时应将 T、W_t 分别以 T_w、W_{tw} 代替;受压翼缘和受拉翼缘为纯扭构件的规定进行计算,但计算时应将 T、W_t 分别以 T'_f、W'_{tf} 和 T_f、W_{tf} 代替。

2. 弯扭构件

对于弯扭构件的截面配筋计算,《规范》采用按纯弯矩和纯扭矩分别计算所需的纵筋和箍筋,然后将钢筋配置在相应位置的简化计算方法。因此,弯扭构件的纵筋为受弯(弯矩为 M)所需的纵筋(A_s、A'_s)和受扭(扭矩为 T)所需的纵筋(A_{stl})截面面积之和,而箍筋仅为受扭所需的箍筋(A_{st1})。

3. 弯剪扭构件

矩形、T形、I形和箱形截面钢筋混凝土弯剪扭构件配筋计算的一般原则是:纵向钢筋按受弯构件的正截面受弯承载力和剪扭构件受扭承载力分别计算所需的钢筋截面面积,箍筋按剪扭构件的受扭承载力和受剪承载力分别计算所需箍筋的截面面积,并配置在相应的位置。

《规范》规定,当符合下列条件时,可进一步简化计算:

(1)当剪力 $V \leqslant 0.35f_t bh_0$ 或对于集中荷载作用下的独立构件 $V \leqslant \frac{0.875}{\lambda+1}f_t bh_0$ 时,可忽略剪力的影响,仅按受弯构件正截面承载力和纯扭构件受扭承载力分别进行计算,然后将钢筋叠加,配置在相应的位置。

(2)当扭矩 $T \leqslant 0.175f_t W_t$ 或对于箱形截面构件 $T \leqslant 0.175\alpha_h f_t W_t$ 时,可忽略扭矩的影响,仅按受弯构件的正截面承载力和斜截面承载力分别进行计算,配置纵筋和箍筋。

4. 压弯剪扭共同作用下矩形截面框架柱承载力计算

《规范》规定,在轴向压力、弯矩、剪力和扭矩共同作用下的钢筋混凝土矩形截面框架柱,其剪扭承载力应按下列公式计算:

受剪承载力:$V_u = (1.5-\beta_t)\left(\frac{1.75}{\lambda+1.0}f_t bh_0 + 0.07N\right) + f_{yv}\frac{A_{sv}}{s}h_0 \tag{8-25}$

受扭承载力:$T_u = \beta_t\left(0.35f_t W_t + 0.07\frac{N}{A}W_t\right) + 1.2\sqrt{\zeta}\frac{f_{yv}A_{st1}A_{cor}}{s} \tag{8-26}$

5. 轴向拉力和扭矩共同作用下矩形截面构件受扭承载力计算

轴向拉力和扭矩共同作用下矩形截面构件受扭承载力计算公式为

$$T_u \leqslant \left(0.35f_t W_t - 0.2\frac{N}{A}\right)W_t + 1.2\sqrt{\zeta}\frac{f_{yv}A_{st1}A_{cor}}{s} \tag{8-27}$$

式中 ζ——受扭纵向钢筋与箍筋的配筋强度比值，应符合 $0.6 \leqslant \zeta \leqslant 1.7$，当 $\zeta > 1.7$ 时，取 1.7；

A_{stl}——受扭计算中沿截面周边配置的箍筋单肢截面面积；

N——与扭矩设计值相应的轴向拉力设计值，当 $N > 1.75 f_t A$ 时，取 $1.75 f_t A$；

A_{cor}——截面核心部分面积，$A_{cor} = b_{cor} \times h_{cor}$，此处 b_{cor} 和 h_{cor} 分别为从箍筋内表面计算所得截面核心部分的短边和长边尺寸。

8.5 受扭构件构造要求

Detailing Requirements of Members in Torsion

对于弯矩、剪力、扭矩共同作用下的复合受扭构件，为保证构件具有一定的延性，防止发生少筋破坏和钢筋屈服前混凝土先被压碎的超筋破坏，《规范》规定，受扭构件应满足纵向受扭钢筋的最小配筋率、受剪扭的箍筋最小配筋率和构件的截面尺寸等构造要求。

8.5.1 配筋的下限
Bottom Limit of Reinforcement

(1)受扭纵向受力钢筋的最小配筋率。弯剪扭构件受扭纵向受力钢筋的最小配筋率应取为

$$\rho_{stl} = \frac{A_{stl}}{bh} \geqslant 0.6 \sqrt{\frac{T}{Vb}} \times \frac{f_t}{f_y} \tag{8-28}$$

式中，当 $\dfrac{T}{Vb} > 2$ 时，取 $\dfrac{T}{Vb} = 2$。受扭纵向受力钢筋的间距不应大于 200 mm 和梁的截面宽度；在截面四角必须设置受扭纵向受力钢筋，其余纵向钢筋沿截面周边均匀对称布置。当支座边作用较大扭矩时，受扭纵向钢筋应按受拉钢筋锚固在支座内。

在弯剪扭构件中，弯曲受拉边纵向受拉钢筋的最小配筋量，不应小于按弯曲受拉钢筋最小配筋率计算出的钢筋截面面积与按受扭纵向受力钢筋最小配筋率计算并分配到弯曲受拉边钢筋截面面积之和。

(2)受扭箍筋的最小配筋率。弯剪扭构件中，受剪扭箍筋的最小配筋率应取为

$$\rho_{sv} = \frac{nA_{sv}}{bs} \geqslant 0.28 \frac{f_t}{f_{yv}} \tag{8-29}$$

箍筋必须做成封闭状，且应沿截面周边布置；当采用复合箍筋时，位于截面内部的箍筋不应计入受扭所需的箍筋面积；受扭箍筋的末端应做成 135° 的弯钩，弯钩端头平直段不应小于 $10d$（d 为箍筋直径）。

对于箱形截面构件，式(8-28)和式(8-29)中的 b 均应取截面的总宽度。

8.5.2 配筋的上限
Upper Limit of Reinforcement

为防止配筋过多而发生超筋脆性破坏，《规范》规定，对 $\dfrac{h_w}{b} \leqslant 6$ 的矩形截面、T 形、I 形

和 $\dfrac{h_w}{t_w} \leqslant 6$ 的箱形截面混凝土构件，其截面尺寸应符合下列要求：

当 $\dfrac{h_w}{b} \leqslant 4$ 或 $\dfrac{h_w}{t_w} \leqslant 4$ 时，满足 $\dfrac{V}{bh_0} + \dfrac{T}{0.8W_t} \leqslant 0.25\beta_c f_c$；

当 $\dfrac{h_w}{b} = 6$ 或 $\dfrac{h_w}{t_w} = 6$ 时，满足 $\dfrac{V}{bh_0} + \dfrac{T}{0.8W_t} \leqslant 0.2\beta_c f_c$；

当 $4 < \dfrac{h_w}{b} < 6$ 或 $4 < \dfrac{h_w}{t_w} < 6$ 时，按线性内插法取用。

式中 b——矩形截面的宽(T 形或 I 形截面的腹板宽度 b_w，箱形截面的侧壁总厚度 $2t_w$)；

       h_w——矩形截面的有效高度(T 形截面取有效高度减去翼缘高度，I 形和箱形截面取腹板净高)；

       β_c——混凝土强度影响系数(当混凝土强度等级不大于 C50 时，取 $\beta_c=1.0$；当混凝土强度等级为 C80 时，取 $\beta_c=0.8$，其间按线性内插法确定)。

另外，当截面尺寸满足下列条件时，可不进行构件截面受剪扭承载力计算，但应按上述构造要求配置纵向钢筋和箍筋。

$$\dfrac{V}{bh_0} + \dfrac{T}{W_t} \leqslant 0.7f_t$$

或 $$\dfrac{V}{bh_0} + \dfrac{T}{W_t} \leqslant 0.7f_t + 0.07\dfrac{N}{bh_0}$$

【例 8.1】 已知某矩形截面梁的截面尺寸为 $b \times h = 300 \text{ mm} \times 500 \text{ mm}$，梁净跨度为 6 m，承受扭矩设计值 $T = 25 \text{ kN} \cdot \text{m}$，弯矩设计值 $M = 150 \text{ kN} \cdot \text{m}$，均布荷载的剪力设计值 $V = 120 \text{ kN}$，混凝土强度等级为 C30，纵筋采用 HRB400 级钢筋，箍筋采用 HPB300 级钢筋，混凝土保护层厚度为 25 mm，试计算该构件所需配置的钢筋。

【解】 (1)相关参数。

由题意知，混凝土保护层厚度 $c = 25$ mm；采用 C30 混凝土(小于 C50)，故 $\beta_c = 1.0$。

查附表，可得相关参数如下：$f_c = 14.3 \text{ N/mm}^2$，$f_t = 1.43 \text{ N/mm}^2$，$f_y = 360 \text{ N/mm}^2$，$f_{yv} = 270 \text{ N/mm}^2$。

(2)截面几何属性。

设箍筋直径为 10 mm，纵筋直径为 20 mm，$a_s = 25 + 10 + \dfrac{20}{2} = 45 \text{(mm)}$，取 $h_0 = 500 - 45 = 455 \text{(mm)}$。

截面核心部分的短边和长边尺寸分别为

$b_{cor} = 300 - 25 \times 2 - 10 \times 2 = 230 \text{(mm)}$

$h_{cor} = 500 - 25 \times 2 - 10 \times 2 = 430 \text{(mm)}$

截面核心部分的面积：$A_{cor} = b_{cor} \times h_{cor} = 230 \times 430 = 98\ 900 \text{(mm}^2)$

截面核心部分的周长：$u_{cor} = 2(b_{cor} + h_{cor}) = 2 \times (230 + 430) = 1\ 320 \text{(mm)}$

塑性抵抗矩：$W_t = \dfrac{b^2}{6}(3h - b) = \dfrac{300^2}{6} \times (3 \times 500 - 300) = 1.8 \times 10^7 \text{(mm}^3)$

(3)验算截面尺寸。

因为 $\dfrac{h}{b} = \dfrac{500}{300} = 1.67 < 4$，故有

$$\frac{V}{bh_0}+\frac{T}{W_t}=\frac{120\times10^3}{300\times455}+\frac{25\times10^6}{1.8\times10^7}=2.268(\text{N/mm}^2)<0.25\beta_c f_c=0.25\times1.0\times14.3=$$

$3.757(\text{N/mm}^2)$

(4)因为 $V=120$ kN$>0.35f_t bh_0=0.35\times1.43\times300\times455=68.3(\text{kN})$，$T=25$ kN·m$>$ $0.175f_t W_t=0.175\times1.43\times1.8\times10^7=4.5(\text{kN·m})$，故应按弯剪扭共同作用进行配筋。

(5)确定受弯正截面承载力所需纵筋。

$$\alpha_s=\frac{M}{\alpha_1 f_c bh_0^2}=\frac{150\times10^6}{1.0\times14.3\times300\times455^2}=0.619<\alpha_{s,\max}=0.384$$

$$\xi=1-\sqrt{1-2\alpha_s}=1-\sqrt{1-2\times0.169}=0.186<\xi_b=0.518$$

$$A_s=\xi bh_0\frac{\alpha_1 f_c}{f_y}=0.186\times300\times455\times\frac{1.0\times14.3}{360}$$

$$=1\,009(\text{mm}^2)>\rho_{\min}bh=0.002\,15\times300\times500=322(\text{mm}^2)$$

(6)确定受剪所需钢筋。

$$\beta_t=\frac{1.5}{1+0.5\dfrac{V}{T}\dfrac{W_t}{bh_0}}=\frac{1.5}{1+0.5\times\dfrac{120\times10^3}{25\times10^6}\times\dfrac{1.8\times10^7}{300\times455}}=1.14>1.0$$

故取 $\beta_t=1.0$。

设箍筋肢数为 2，则由式(8-18)得

$$\frac{A_{sv1}}{s}=\frac{V-0.7(1.5-\beta_t)f_t bh_0}{2\times f_{yv}h_0}$$

$$=\frac{120\times10^3-0.7\times(1.5-1.0)\times1.43\times300\times455}{2\times270\times455}=0.21$$

(7)计算受扭所需钢筋。

设配筋强度比 $\zeta=1.2$，由式(8-18)可得

受扭箍筋 $\dfrac{A_{st1}}{s}=\dfrac{T-0.35\beta_t f_t W_t}{1.2\sqrt{\zeta}f_{yv}A_{cor}}=\dfrac{25\times10^6-0.35\times1.0\times1.43\times1.8\times10^7}{1.2\times\sqrt{1.2}\times270\times98\,900}=0.46$

故受扭纵筋 $A_{stl}=\zeta\dfrac{f_{yv}}{f_y}u_{cor}\dfrac{A_{st1}}{s}=1.2\times\dfrac{270}{360}\times1\,320\times0.46=546.5(\text{mm}^2)$

验算受扭纵筋最小配筋率：$\dfrac{T}{Vb}=\dfrac{25\times10^6}{120\times10^3\times300}=0.69$

$$\rho_{stl}=\frac{A_{stl}}{bh}=\frac{546.5}{300\times500}=0.364\%\geqslant0.6\times\sqrt{\frac{T}{Vb}}\times\frac{f_t}{f_y}=0.6\times\sqrt{0.69}\times\frac{1.43}{360}=0.198\%$$

(8)选配钢筋。

抵抗剪扭作用所需箍筋：$\dfrac{A_{sv1}}{s}+\dfrac{A_{st1}}{s}=0.21+0.46=0.67$

前面已假定箍筋直径为 10 mm，则有 $A_{sv1}=78.5$ mm^2，故箍筋间距 $s=\dfrac{78.5}{0.67}=117(\text{mm})$。

选双肢箍筋 $\Phi10@110$。

假定受扭纵筋分 3 层，每层 2 根，则梁顶部和中部各层配筋为 $\dfrac{A_{stl}}{3}=\dfrac{546.5}{3}=182.2(\text{mm}^2)$。

选 2Φ12，则有 $A_s=226$ mm^2，故满足要求。

梁底部纵筋为受弯所需纵筋和 1/3 受扭配筋之和，即

$$A_s + \frac{A_{stl}}{3} = 1\ 009 + \frac{546.5}{3} = 1\ 191.2(\text{mm}^2)，\text{选 } 4 \oplus 20，\text{则有}$$

$A_s = 1\ 256\ \text{mm}^2$，故满足要求。

$$\rho_{sv} = \frac{nA_{sv}}{bs} = \frac{2 \times (0.22 + 0.46)}{300} = 0.45\% \geqslant 0.28\frac{f_t}{f_y} = 0.28 \times$$

$$\frac{1.43}{270} = 0.148\%$$

故满足最小配箍率要求。截面配筋如图 8.10 所示。

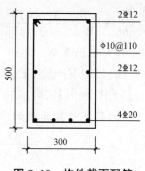

图 8.10　构件截面配筋

本章小结

1. 钢筋混凝土构件的扭转可以分为两类，一类是平衡扭转，另一类是协调扭转。本章主要介绍的是平衡扭转下构件的承载力计算。

2. 在实际结构中常采用横向封闭箍筋与纵向受力钢筋组成的空间骨架来抵抗扭矩，钢筋混凝土纯扭构件的破坏形态有适筋破坏、少筋破坏、超筋破坏和部分超筋破坏四类，其中，少筋破坏和超筋破坏带有明显的脆性，设计中应予以避免。纯扭构件的受力模型可以用空间桁架来比拟，构件的受扭承载力 T_u 由混凝土承担的扭矩 T_c 和抗扭钢筋承担的扭矩 T_s 两部分组成。

3. 为了防止超筋破坏，《规范》提出了受扭构件截面尺寸限制条件；为了防止少筋破坏，《规范》规定了抗扭纵筋和箍筋的最小配筋率；为了防止出现部分超筋破坏，《规范》限制抗扭纵筋和抗扭箍筋的配筋强度比 ζ 的取值范围为 0.6~1.7。

4. 弯剪扭构件的受扭、受弯与受剪承载力之间的相互影响问题过于复杂，采用统一的相关方程来计算比较困难。为了简化计算，《规范》对弯剪扭构件的计算采用了对混凝土提供的抗力部分考虑剪扭相关性，而对钢筋提供的抗力部分采用叠加的方法 β_t，称为剪扭构件混凝土受扭承载力降低系数。在弯矩、剪力和扭矩共同作用下的 T 形和 I 形截面构件的承载力计算方法，是先将截面划分为几个矩形，然后将扭矩 T 按各矩形截面受扭塑性抵抗矩比分配给各个矩形分块，分别进行计算。抗弯纵筋应按整个 T 形或 I 形截面计算，腹板应承担全部的剪力和相应分配的扭矩；受压和受拉翼缘不考虑承受剪力，按纯扭构件计算。

5. 轴向压力可以抵消部分拉应力，延缓裂缝的出现，对提高构件的受扭和受剪承载力是有利的，在计算中应考虑这一有利影响。

思考题与习题

一、思考题

1. 简述钢筋混凝土纯扭构件和剪扭构件的扭曲截面承载力的计算步骤。

2. 在钢筋混凝土纯扭构件试验中，有少筋破坏、适筋破坏、超筋破坏和部分超筋破坏，它们各有什么特点？在受扭计算中如何避免这四种破坏？

3. 为满足受扭构件受扭承载力计算和构造规定要求，配置受扭纵筋及箍筋应注意哪些问题？

4.《规范》规定受扭承载力计算公式中 β_t 的物理意义是什么？

5. 试简述弯剪扭构件承载力的计算方法。

二、计算题

1. 有一钢筋矩形截面纯扭构件，已知截面尺寸为 $b \times h = 300 \text{ mm} \times 500 \text{ mm}$，配有 4 根直径为 14 mm 的 HRB400 级纵向钢筋，箍筋为 HPB300 级钢筋，间距为 150 mm。混凝土强度等级为 C25。试求该截面所能承受的扭矩。

2. 已知一均布荷载作用下的矩形截面构件，其截面尺寸为 $b \times h = 250 \text{ mm} \times 500 \text{ mm}$，承受弯矩设计值 $M = 100 \text{ kN} \cdot \text{m}$，均布荷载设计剪力值 $V = 80 \text{ kN}$，扭矩设计值 $T = 10 \text{ kN} \cdot \text{m}$，混凝土强度等级为 C30，箍筋采用 HPB300 级钢筋，纵筋采用 HRB400 级钢筋，$a_s = 45 \text{ mm}$。试设计配筋并绘制截面配筋图。

第9章 构件挠度和裂缝宽度验算

Check of Deflection and Crack Width of RC Members

学习目标

混凝土结构或构件除应按承载能力极限状态进行设计外，还应进行正常使用极限状态的验算，以满足正常使用功能要求。本章要求掌握钢筋混凝土结构构件在正常使用情况下的裂缝宽度和变形验算的方法。

9.1 概 述

Introduction

工程结构在规定的设计使用年限内，应满足安全性、适用性和耐久性的功能要求。前述有关章节讨论了各类混凝土结构构件承载力的计算原理和设计方法，主要解决结构构件的安全性问题。本章将介绍混凝土结构构件的变形与裂缝计算原理以及耐久性要求，以满足结构构件适用性和耐久性的要求。

结构的使用功能不同，对裂缝与变形的控制要求不同。有的结构构件不允许出现裂缝，而一般的结构构件则允许出现裂缝，只需要控制其裂缝宽度即可；有的结构构件对变形的控制较严格，一般的结构构件则允许有一定的变形。裂缝与变形的控制要求主要考虑使用功能与环境条件，还要充分考虑人的安全感，同时，还应注意楼板振动的控制要求，以保证建筑使用的舒适度。

混凝土结构在使用过程中受到环境作用，其性能会发生恶化，安全性与适用性会降低。为保证结构服役期内的安全性和适用性，减少结构的维修、维护费用，结构必须具有足够的耐久性。所谓结构的耐久性，是指结构在预定的使用期间内不需要大修或加固仍能满足其预定安全性与适用性要求的能力。目前，混凝土结构耐久性设计主要是定性设计，依据不同的环境与使用条件，规定混凝土保护层厚度、强度、材料等方面的具体要求。

与承载能力极限状态相比，正常使用极限状态的可靠指标可以低一些。由于超过正常使用极限状态的后果比超过承载能力极限状态的后果要轻得多，因此，进行正常使用极限状态验算时，荷载效应采用标准组合或准永久组合，并考虑长期作用的影响。

正常使用极限状态又可分为可逆和不可逆两种。可逆的正常使用极限状态是指当产生超过这一状态的荷载卸除后，结构构件仍能恢复到正常的状态；不可逆的正常使用极限状态是指当产生超过这一状态的荷载卸除后，结构构件不能恢复到正常的状态。对于完全可逆的正常使用极限状态，可靠指标可为0；对于不可逆的极限状态，可靠指标为1.5。一般情况下，结构构件发生变形或裂缝后，并不能完全恢复或闭合，也就是说可逆的程度介于可逆与不可逆之间，其可靠指标为0~1.5。可逆的程度越高，结构构件所受的荷载越小，可靠指标就越小；反之，越大。

对于正常使用极限状态，结构构件应分别按荷载的准永久组合、标准组合、准永久组合并考虑长期作用的影响或标准组合并考虑长期作用的影响，采用$S \leqslant C$来进行极限状态设计验算，其中，S为正常使用极限状态的荷载组合效应值；C为结构构件达到正常使用要求所规定的变形等的限值。

标准组合一般用于不可逆正常使用极限状态设计；频遇组合一般用于可逆正常使用极限状态设计；准永久组合一般用于长期效应是决定性因素的正常使用极限状态设计。

9.2 受弯构件变形验算

Deformation Checking of Reinforced Concrete Flexural Members

9.2.1 一般要求
General Requirement

对建筑结构中的屋盖、楼盖及楼梯等受弯构件，由于使用上的要求并保证人们的感觉在可接受程度之内，需要对其挠度进行控制。对于吊车梁或门机轨道梁等构件，变形过大时会妨碍吊车或门机的正常运行，也需要进行变形控制验算。但对于受压构件，其轴向变形一般可以忽略，不需要对其变形进行计算。

钢筋混凝土受弯构件的变形计算是指对其挠度进行验算，按荷载标准组合并考虑长期作用影响计算的挠度最大值f_{max}应满足

$$f_{max} \leqslant [f] \tag{9-1}$$

式中　$[f]$——受弯构件的挠度限值，由附表10.1查得。

9.2.2 受弯构件截面刚度
Reinforced Concrete Beam Cross-Sectional Stiffness

由式(9-1)可以看出，钢筋混凝土受弯构件的挠度验算主要是计算f_{max}。钢筋混凝土受弯构件在荷载作用下其截面应变符合平截面假定，其挠度计算可直接应用材料力学公式。

在材料力学中，受弯构件的挠度一般可用虚功原理等方法求得。对于常见的匀质弹性受弯构件，材料力学直接给出了下面的挠度计算公式：

$$f = s\frac{M}{EI}l^2 = s\varphi l^2 \tag{9-2}$$

式中 φ——截面曲率，$\varphi=M/EI$；

s——与荷载形式、支承条件有关的挠度系数，如对于均布荷载作用下的简支梁，$s=5/48$；

EI——截面抗弯刚度。

因此，由式(9-2)可知，其弯矩 M 与挠度 f 以及弯矩 M 与截面曲率 φ 均呈线性关系，具体如图 9.1 所示。

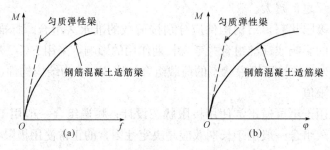

图 9.1 $M\text{-}f$ 与 $M\text{-}\varphi$ 关系曲线

(a)$M\text{-}f$ 关系曲线；(b)$M\text{-}\varphi$ 关系曲线

对于钢筋混凝土适筋梁，其弯矩(M)与挠度(f)以及弯矩(M)与截面曲率(φ)间的关系如图 9.1 的实线所示。可见其截面刚度不是常数，而是随着弯矩的变化而变化。因此，求钢筋混凝土受弯构件的挠度，关键是确定其截面的抗弯刚度。

构件的刚度与裂缝开展情况有关。由于收缩和徐变等因素的影响，在长期荷载作用下，裂缝和变形还会继续发展，刚度就会随之降低。在混凝土受弯构件刚度计算中，首先建立短期刚度，即一次加载刚度，然后再考虑长期荷载作用的影响，求长期刚度。

在荷载标准组合作用下，钢筋混凝土受弯构件的截面抗弯刚度，简称短期刚度，用 B_s 表示；在荷载标准组合并考虑长期作用影响的截面抗弯刚度，简称长期刚度，用 B 表示。

(1)短期刚度 B_s 的计算。对于要求不出现裂缝的构件(如铁路桥梁预应力混凝土构件)基本处于弹性阶段，可将混凝土开裂前的 $M-\varphi$ 曲线(图 9.1)视为直线，其斜率接近截面的抗弯刚度，由于达到开裂弯矩时，受拉区塑性变形的发展，抗弯刚度有所降低，因此，《规范》规定对于不出现裂缝构件的抗弯刚度可近似取 $0.85E_cI_0$，即

$$B_s=0.85E_cI_0 \tag{9-3}$$

式中 E_c——混凝土的弹性模量；

I_0——换算截面惯性矩。

对于允许出现裂缝的构件(如钢筋混凝土构件、公路桥梁预应力混凝土构件)，研究其带裂缝工作阶段的刚度，取构件的纯弯段进行分析，如图 9.2 所示。裂缝出现后，受压混凝土和受拉钢筋的应变沿构件长度方向的分布是不均匀的；中和轴沿构件长度方向的分布呈波浪状，曲率分布也是不均匀的；裂缝截面曲率最大；裂缝中间截面曲率最小。为简化计算，截面上的应变、中和轴位置、曲率均采用平均值。根据平均应变的平截面假定，由图 9.2 的几何关系可得平均曲率为

$$\varphi=\frac{1}{r}=\frac{\varepsilon_{sm}+\varepsilon_{cm}}{h_0} \tag{9-4}$$

式中 r——与平均中和轴相应的平均曲率半径；

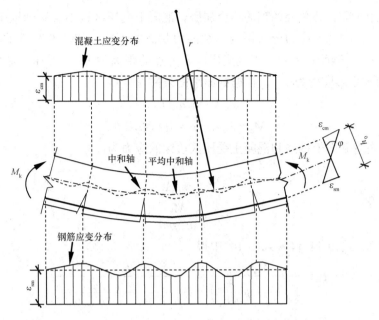

图 9.2　梁纯弯段内混凝土和钢筋应变分布

ε_{sm}——裂缝截面之间钢筋的平均拉应变；

ε_{cm}——裂缝截面之间受压区边缘混凝土的平均压应变；

h_0——截面的有效高度。

由式(9-4)及曲率、弯矩和刚度间的关系 $\varphi = M/B_s$ 可得

$$B_s = \frac{M_k h_0}{\varepsilon_{sm} + \varepsilon_{cm}} \tag{9-5}$$

式中　M_k——按荷载效应标准组合计算的弯矩值。

假设短期荷载作用下裂缝处的钢筋应力为 σ_{sk}，对应受压区边缘的混凝土压应力为 σ_{ck}，钢筋为弹性材料，混凝土则有塑性变形，裂缝处钢筋与混凝土的应变为

$$\varepsilon_{sk} = \frac{\sigma_{sk}}{E_s} \tag{9-6}$$

$$\varepsilon_{ck} = \frac{\sigma_{ck}}{\nu E_c} \tag{9-7}$$

式中　ε_{sk}，ε_{ck}——钢筋和混凝土裂缝处的应变。

引入钢筋和混凝土的应变沿构件长度方向分布的不均匀系数 ψ 和 ψ_c，钢筋和混凝土的平均应变可写为

$$\varepsilon_{sm} = \psi \varepsilon_{sk} = \psi \frac{\sigma_{sk}}{E_s} \tag{9-8}$$

$$\varepsilon_{cm} = \psi_c \varepsilon_{ck} = \psi_c \frac{\sigma_{ck}}{\nu E_c} \tag{9-9}$$

将式(9-8)和式(9-9)代入式(9-5)中，得到钢筋混凝土受弯构件的短期刚度为

$$B_s = \frac{M_k h_0}{(\varepsilon_{sm} + \varepsilon_{cm})} = \frac{M_k h_0}{\left(\psi \dfrac{\sigma_{sk}}{E_s} + \psi_c \dfrac{\sigma_{ck}}{\nu E_c} \right)} \tag{9-10}$$

在正常使用阶段，裂缝处的钢筋不会屈服，混凝土受压区也不会达到抗压强度。因此，正常使用极限状态的截面应力分布图与承载能力状态的不同，如图 9.3 所示，假设截面的受压区高度为 ξh_0，钢筋拉力合力点到受压区合力点的距离为 ηh_0，受压区截面边缘的最大应力为 σ_{ck}，等效矩形应力为 $\omega\sigma_{ck}$。根据截面平衡条件得

$$\sigma_{sk}A_s = \omega\sigma_{ck}\xi h_0\, b \tag{9-11}$$

$$M_k = \sigma_{sk}A_s\eta h_0 = \omega\sigma_{ck}\xi\eta h_0^2\, b \tag{9-12}$$

由此可得裂缝截面处钢筋和混凝土受压区边缘的应力为

$$\sigma_{sk} = \frac{M_k}{\eta h_0 A_s} \tag{9-13}$$

$$\sigma_{ck} = \frac{M_k}{\omega\xi\eta b h_0^2} \tag{9-14}$$

将式(9-13)、式(9-14)代入式(9-10)中得

$$B_s = \frac{M_k h_0}{\left(\psi\dfrac{\sigma_{sk}}{E_s} + \psi_c\dfrac{\sigma_{ck}}{\nu E_c}\right)} = \frac{h_0}{\left(\dfrac{\psi}{\eta h_0 E_s A_s} + \dfrac{\psi_c}{\omega\xi\eta\nu E_c b h_0^2}\right)} \tag{9-15}$$

令 $\zeta = \dfrac{\omega\xi\eta\nu}{\psi_c}$，$\alpha_E = \dfrac{E_s}{E_c}$，式(9-15)可简化为

$$B_s = \frac{E_s A_s h_0^2}{\dfrac{\psi}{\eta} + \dfrac{\alpha_E\rho}{\zeta}} \tag{9-16}$$

ζ 称为混凝土受压区边缘平均应变综合系数，是混凝土的弹塑性、应力分布和截面应力对混凝土受压边缘平均应变综合影响的反映。这个系数一般直接通过试验得到，不需要对系数中的参数逐个分析，因此，用一个综合系数表达。

上述公式是按矩形截面推导的。对于 T 形和 I 形截面，由于受压区不是矩形截面，系数 ζ 的表达式略有不同，如图 9.4 所示，截面的平衡条件为

$$M_k = \omega\sigma_{ck}\left[(b_f'-b)h_f' + \xi b h_0\right]\eta h_0 \tag{9-17}$$

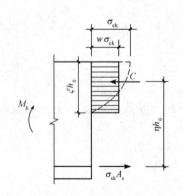

图 9.3 正常使用状态的截面应力图

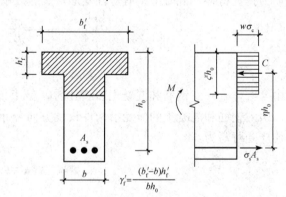

图 9.4 T 形截面

令 $\gamma_f' = \dfrac{(b_f'-b)h_f'}{b h_0}$，$\gamma_f'$ 为受压翼缘的加强系数。根据式(9-17)可得，有翼缘加强的混凝土受压区边缘平均应变综合系数 ζ 为

$$\zeta = \frac{(\lambda_f' + \xi)w\eta\nu}{\psi_c} \tag{9-18}$$

参数 η、ζ、ψ 的确定方法如下：

1）裂缝截面的内力臂系数 η。试验与理论分析表明，在短期弯矩 $M_k = (0.6 \sim 0.8)M_u$ 的情况下，裂缝截面的相对受压区高度变化很小，内力臂变化也不大。对于常用情况，$\eta \approx 0.83 \sim 0.93$，平均值为 0.87。《规范》为简化计算，取 $\eta = 0.87$，$\frac{1}{\eta} = 1.15$。

2）混凝土受压区平均应变综合系数 ζ。试验表明，在短期弯矩 $M_k = (0.6 \sim 0.8)M_u$ 的情况下，弯矩对 ζ 的影响很小，配筋率与受压区的形状对 ζ 的影响较大，其变化规律如图 9.5 所示。《规范》根据试验结果回归分析得到的计算公式为

$$\frac{\alpha_E \rho}{\zeta} = 0.2 + \frac{6\alpha_E \rho}{1 + 3.5\gamma_f'} \tag{9-19}$$

将式(9-18)代入式(9-16)，可得钢筋混凝土受弯构件短期刚度 B_s 的计算公式为

$$B_s = \frac{E_s A_s h_0^2}{1.15\psi + 0.2 + \dfrac{6\alpha_E \rho}{1 + 3.5\gamma_f'}} \tag{9-20}$$

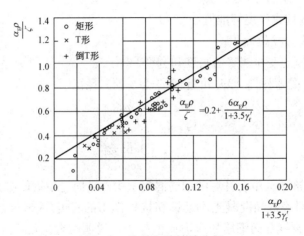

图 9.5 ζ 的取值统计分析

3）受拉钢筋应变不均匀系数。受拉钢筋应变不均匀系数 ψ 为裂缝间钢筋平均应变与开裂截面应变的比值，即 $\psi = \dfrac{\bar{\varepsilon}_s}{\varepsilon_s}$。根据试验数据统计分析，应变不均匀系数 ψ 与弯矩的比值呈线性关系(图 9.6)。

$$\psi = w_1\left(1 - \frac{M_{cr}}{M_k}\right) = 1.1 \times \left(1 - \frac{M_{cr}}{M_k}\right) \tag{9-21}$$

式中　M_{cr}——混凝土截面抗裂弯矩；

$\quad\quad M_k$——按荷载效应标准组合计算的弯矩值；

$\quad\quad w_1$——系数，与钢筋和混凝土之间的握裹力有关，对于光圆钢筋，w_1 接近 1.1。根据偏拉、偏压构件的试验资料，以及为了与轴心受拉构件的计算公式相协调，将 w_1 统一定为 1.1。

对于矩形、倒 T 形、I 形截面受弯构件，考虑到混凝土收缩的不利影响，其抗裂弯矩

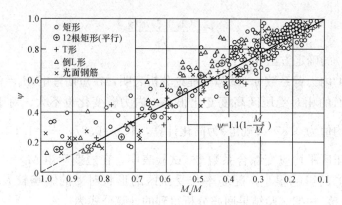

图 9.6 弯矩与应力不均匀系数的关系

宜乘以 0.8 的降低系数，即 M_{cr} 可按式(9-22)计算：

$$M_{cr}=0.8f_{tk}A_{te}\eta_{cr}h \tag{9-22}$$

$$A_{te}=0.5bh+(b_f-b)h_f \tag{9-23}$$

式中　η_{cr}——截面开裂时的内力臂系数；

　　　f_{tk}——混凝土抗拉强度标准值；

　　　A_{te}——截面有效受拉面积；

　　　h_f，b_f——混凝土受拉翼缘的高度和宽度。

对于钢筋混凝土受弯构件，M_k 可近似按式(9-24)计算：

$$M_k=\sigma_{sk}A_s\eta h_0 \tag{9-24}$$

将式(9-24)及式(9-22)代入式(9-21)，得

$$\psi=1.1-\frac{0.65f_{tk}}{\rho_{te}\sigma_s} \tag{9-25}$$

式中　σ_s——按荷载准永久组合计算的钢筋混凝土构件纵向受拉钢筋应力。

　　　ψ——反映的是裂缝间混凝土协助钢筋抗拉作用的程度(ψ 越小，裂缝间钢筋的平均应力与裂缝截面钢筋的应力比值越小，说明裂缝间混凝土参与抗拉的程度越大，钢筋与混凝土间的粘结越好。根据试验结果，在计算时：当 $\psi<0.2$ 时，取 $\psi=0.2$；当 $\psi>1$ 时，取 $\psi=1.0$；对直接承受重复荷载的构件，取 $\psi=1.0$)。

　　　ρ_{te}——按有效受拉混凝土截面面积计算的纵向受拉钢筋配筋率，在最大裂缝宽度计算中，当 $\rho_{te}<0.01$ 时，取 $\rho_{te}=0.01$。

(2)长期刚度 B 的计算。钢筋混凝土受弯构件在荷载持续作用下，由于受压区混凝土的徐变、受拉混凝土的应力松弛以及受拉钢筋和混凝土之间的滑移徐变，导致挠度将随时间而不断缓慢增长，也就是构件的抗弯刚度将随时间而不断缓慢降低，这一过程往往持续数年之久。《规范》根据长期试验的结果，把荷载长期作用下的挠度增大系数用钢筋混凝土构件长期挠度 f_l 与短期挠度 f_s 的比值 θ 表示，即

$$\theta=\frac{f_l}{f_s}=2.0-0.4\frac{\rho'}{\rho} \tag{9-26}$$

式中　ρ，ρ'——纵向受拉和受压钢筋的配筋率。当 $\rho'/\rho>1$ 时，取 $\rho'/\rho=1$。对于翼缘在受拉区的 T 形截面 θ 值应比式(9-26)的计算值增大 20%。

结构构件上的短期荷载有一部分要长期作用于结构上，如自重。只有长期作用的那部分荷载才需要考虑长期作用的变形增加。因此，为分析方便，将标准组合 M_k 分成 M_q 和 M_k-M_q 两部分。在 M_q 和 M_k-M_q 先后作用于构件时的弯矩-曲率关系可用图 9.7 表示。图中，M_k 按荷载标准组合算得，M_q 按荷载准永久组合算得。

由图 9.7 及弯矩、曲率和刚度关系可得

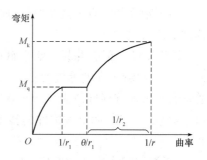

图 9.7 弯矩-曲率关系

$$\frac{1}{r_1}=\frac{M_q}{B_s} \quad \frac{1}{r_2}=\frac{M_k-M_q}{B_s} \quad \frac{1}{r}=\frac{M_k}{B} \qquad (9\text{-}27)$$

则

$$\frac{1}{r}=\frac{\theta}{r_1}+\frac{1}{r_2}=\frac{\theta M_q}{B_s}+\frac{M_k-M_q}{B_s}=\frac{M_q(\theta-1)+M_k}{B_s}$$

从而

$$B=\frac{M_k}{M_q(\theta-1)+M_k}B_s \qquad (9\text{-}28)$$

从式（9-20）及式（9-28）的刚度计算公式分析可知，提高截面刚度最有效的措施是增加截面高度；增加受拉或受压翼缘可使刚度有所增加；当设计上构件截面尺寸不能加大时，可考虑增加纵向受拉钢筋截面面积或提高混凝土强度等级来提高截面刚度，但其作用不明显；对某些构件还可以充分利用纵向受压钢筋对长期刚度的有利影响，在构件受压区配置一定数量的受压钢筋来提高截面刚度。

9.2.3 受弯构件挠度计算
Deflections Calculation of Reinforced Concrete Flexural Members

由式（9-28）可知，钢筋混凝土受弯构件截面的抗弯刚度随弯矩的增大而减小。即使对于图 9.8(a)所示的承受均布荷载作用的等截面梁，由于梁各截面的弯矩不同，故各截面的抗弯刚度都不相等。图 9.8(b)的实线为该梁抗弯刚度的实际分布，按照这样的变刚度来计算梁的挠度显然是十分烦琐的，也是不可能的。考虑到支座附近弯矩较小区段虽然刚度较大，但它对全梁变形的影响不大，故《规范》规定了钢筋混凝土受弯构件的挠度计算的"最小刚度原则"，即对于等截面构件，可假定各同号弯矩区段内的刚度相等，并取用该区段内最大弯矩处的刚度。由"最小刚度原则"可得图 9.8(a)所示梁的抗弯刚度分布如图 9.8(b)的虚线所示。"最小刚度原则"使得钢筋混凝土受弯构件的挠度计算变得简便可行。

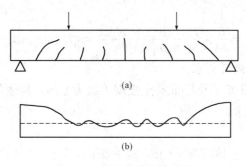

(a)

(b)

图 9.8 沿梁长的刚度分布

有了刚度的计算公式及"最小刚度原则"后，即可用力学的方法来计算钢筋混凝土受弯构件的最大挠度 f_{max}。

【例 9.1】 钢筋混凝土矩形截面梁，截面尺寸为 $b \times h = 200 \text{ mm} \times 450 \text{ mm}$，计算跨度 $l_0 = 6 \text{ m}$，混凝土强度等级为 C20，配有 $3\Phi18(A_s = 763 \text{ mm}^2)$ HRB400 级纵向受力钢筋。承受均布永久荷载标准值为 $g_k = 6.0 \text{ kN/m}$，均布活荷载标准值 $q_k = 10 \text{ kN/m}$，活荷载准永久值系数 $\psi_q = 0.5$。如果该构件的挠度限值为 $l_0/250$，试验算该梁的跨中最大变形是否满足要求。

【解】 (1)求弯矩标准值。$h_0 = 450 - 40 = 410(\text{mm})$。

标准组合下的弯矩值

$$M_k = \frac{1}{8}(g_k + q_k)l_0^2 = \frac{1}{8} \times (6 + 10) \times 6^2 = 72(\text{kN} \cdot \text{m})$$

准永久组合下的弯矩值

$$M_q = \frac{1}{8}(g_k + q_k\psi_q)l_0^2 = \frac{1}{8} \times (6 + 10 \times 0.5) \times 6^2 = 49.5(\text{kN} \cdot \text{m})$$

(2)有关参数计算。查附表 1.1 得 C20 混凝土 $f_{tk} = 1.54 \text{ N/mm}^2$，$E_c = 2.55 \times 10^5 \text{ N/mm}^2$；查附表 3.2 得 HRB400 级钢筋 $E_s = 2.0 \times 10^5 \text{ N/mm}^2$。

$$\rho_{te} = \frac{A_s}{0.5bh} = \frac{763}{0.5 \times 200 \times 450} = 0.017 > 0.010$$

$$\sigma_s = \frac{M_k}{0.87h_0A_s} = \frac{49.5 \times 10^6}{0.87 \times 410 \times 763} = 181.88(\text{N/mm}^2)$$

$$\psi = 1.1 - 0.65\frac{f_{tk}}{\rho_{te}\sigma_s} = 1.1 - 0.65 \times \frac{1.54}{0.017 \times 181.88} = 0.776 > 0.2 \text{ 且 } \psi < 1.0$$

$$\alpha_E = \frac{E_s}{E_c} = \frac{2.0 \times 10^5}{2.55 \times 10^4} = 7.84$$

$$\rho = \frac{A_s}{bh_0} = \frac{763}{200 \times 410} = 0.009\ 3$$

(3)计算短期刚度 B_s。

$$B_s = \frac{E_sA_sh_0^2}{1.15\psi + 0.2 + 6\alpha_E\rho} = \frac{2.0 \times 10^5 \times 763 \times 410^2}{1.15 \times 0.776 + 0.2 + 6 \times 7.84 \times 0.009\ 3} = 1.677 \times 10^{13}(\text{N} \cdot \text{mm}^2)$$

(4)计算长期刚度 B。由 $\rho' = 0$，$\theta = 2.0$ 则

$$B = \frac{M_k}{M_k + (\theta - 1)M_q}B_s = \frac{72}{72 + (2.0 - 1) \times 49.5} \times 1.677 \times 10^{13} = 9.94 \times 10^{12}(\text{N} \cdot \text{mm}^2)$$

(5)计算挠度。

$$f_{max} = \frac{5}{48} \cdot \frac{M_kl_0^2}{B} = \frac{5}{48} \times \frac{72 \times 10^6 \times 6^2 \times 10^6}{9.94 \times 10^{12}} = 27.16(\text{mm}) > \frac{l_0}{250} = 24(\text{mm})$$

显然该梁跨中挠度不满足要求。

【例 9.2】 如例 9.1 中矩形梁，混凝土强度等级为 C25，其他条件不变，试验算该梁的跨中最大变形是否满足要求。

【解】 由例 9.1 可得

$M_k = 72 \text{ kN} \cdot \text{m}$，$M_q = 49.5 \text{ kN} \cdot \text{m}$，$\rho_{te} = 0.017$，$\sigma_s = 181.88 \text{ N/mm}^2$，$\rho = 0.009\ 3$，$h_0 = 410 \text{ mm}$。

查附表 1.1 和附表 1.3 得 C25 混凝土 $f_{tk}=1.78$ N/mm^2，$E_c=2.80\times10^4$ N/mm^2，则

$$\psi=1.1-0.65\frac{f_{tk}}{\rho_{te}\sigma_{sk}}=1.1-0.65\times\frac{1.78}{0.017\,0\times261.36}=0.840>0.2\ \text{且}\ \psi<1.0$$

$$\alpha_E=\frac{E_s}{E_c}=\frac{2.0\times10^5}{2.80\times10^4}=7.14$$

短期刚度 B_s 为

$$B_s=\frac{E_sA_sh_0^2}{1.15\psi+0.2+6\alpha_E\rho}=\frac{2.0\times10^5\times763\times415^2}{1.15\times0.726+0.2+6\times7.14\times0.009\,3}=1.79\times10^{13}(\text{N}\cdot\text{mm}^2)$$

长期刚度 B 为

$$B=\frac{M_k}{M_k+(\theta-1)M_q}B_s=\frac{72}{72+(2.0-1)\times49.5}\times1.79\times10^{13}=10.61\times10^{12}(\text{N}\cdot\text{mm}^2)$$

挠度计算和变形验算：

$$f_{max}=\frac{5}{48}\cdot\frac{M_kl_0^2}{B}=\frac{5}{48}\times\frac{72\times10^6\times6^2\times10^6}{10.61\times10^{12}}=25.45(\text{mm})>\frac{l_0}{250}=24\ (\text{mm})$$

该梁跨中挠度不满足要求。

【例 9.3】 如例 9.1 中矩形梁，截面高度变为 500 mm，其他条件不变，试验算该梁的跨中最大变形是否满足要求。

【解】 由例 9.1 可得

$M_k=72$ kN·m，$M_q=49.5$ kN·m，$h_0=500-40=460(\text{mm})$

$E_c=2.55\times10^5$ N/mm^2，$\alpha_E=7.84$

$$\rho_{te}=\frac{A_s}{0.5bh}=\frac{763}{0.5\times200\times500}=0.015\,3>0.010$$

$$\rho=\frac{A_s}{bh_0}=\frac{763}{200\times465}=0.008\,2$$

$$\sigma_{sk}=\frac{M_k}{0.87h_0A_s}=\frac{72\times10^6}{0.87\times465\times763}=235.79(\text{N/mm}^2)$$

则

$$\psi=1.1-0.65\frac{f_{tk}}{\rho_{te}\sigma_s}=1.1-0.65\times\frac{1.54}{0.015\,3\times235.79}=0.823>0.2\ \text{且}\ \varphi<1.0$$

计算短期刚度 B_s 为

$$B_s=\frac{E_sA_sh_0^2}{1.15\psi+0.2+6\alpha_E\rho}=\frac{2.0\times10^5\times763\times465^2}{1.15\times0.823+0.2+6\times7.84\times0.008\,2}=2.11\times10^{13}(\text{N}\cdot\text{mm}^2)$$

计算长期刚度 B 为

$$B=\frac{M_k}{M_k+(\theta-1)M_q}B_s=\frac{72}{72+(2.0-1)\times49.5}\times2.11\times10^{13}=1.25\times10^{12}(\text{N}\cdot\text{mm}^2)$$

挠度计算和变形验算：

$$f_{max}=\frac{5}{48}\cdot\frac{M_kl_0^2}{B}=\frac{5}{48}\times\frac{72\times10^6\times6^2\times10^6}{1.25\times10^{13}}=21.6(\text{mm})<\frac{l_0}{250}=24(\text{mm})$$

该梁跨中挠度满足要求。

9.3 正截面裂缝宽度验算

Crack Width Checking of Normal Section

9.3.1 一般要求

General Requirement

混凝土的抗拉强度很低，所以很容易出现裂缝。引起混凝土结构上出现裂缝的原因很多，归纳起来有荷载作用引起的裂缝或非荷载因素引起的裂缝两大类。

在使用荷载作用下，钢筋混凝土结构构件截面上的混凝土拉应变常常是大于混凝土极限拉伸值，因此，构件在使用时实际上是带缝工作。目前，我们所指的裂缝宽度验算主要是针对由弯矩、轴向拉力、偏心拉（压）力等荷载效应引起的垂直裂缝，或称正截面裂缝。对于剪力或扭矩引起的斜裂缝，目前研究得还不够充分。

在混凝土结构中，除荷载作用会引起裂缝外，还有许多非荷载因素如温度变化、混凝土收缩、基础不均匀沉降、混凝土塑性坍落等，也可能引起裂缝。对此类裂缝应采取相应的构造措施，尽量减小或避免其产生和发展。

对于使用上要求限制裂缝宽度的钢筋混凝土构件，按荷载效应的标准组合并考虑长期作用影响计算的最大裂缝宽度 w_{max}，应满足下列要求：

$$w_{max} \leqslant w_{lim} \tag{9-29}$$

式中　w_{lim}——最大裂缝宽度限值，由附表 10.2 查得。

9.3.2 裂缝的发生及其分布

Occurrence and Distribution of Crack

（1）裂缝出现前后的应力状态。在钢筋混凝土受弯构件的纯弯曲段内，在裂缝未出现以前，受拉区钢筋与混凝土共同受力；沿构件长度方向，各截面的受拉钢筋应力及受拉区混凝土拉应力大体上保持均等。由于混凝土的不均匀性，各截面混凝土的实际抗拉强度是有差异的，随着荷载的增加，在某一最薄弱的截面上将出现第一条裂缝，如图 9.9 中的 a—a 截面，有时也可能在几个截面上同时出现一批裂缝。在裂缝截面上混凝土不再承受拉力而转由钢筋来承担，钢筋应力将突然增大、应变也突增。加上原来受拉伸长的混凝土应力释放后又瞬间产生回缩，所以，裂缝一出现就会有一定的宽度。由于钢筋和混凝土之间的粘结，混凝土回缩受到钢筋的约束。因此，随着离 a—a 截面的距离增大，混凝土的回缩减小，即混凝土和钢筋表面的变形差减小，也就是说，混凝土仍处在一定程度的紧张状态，当达到离 a—a 截面某一距离 $l_{cr,min}$ 处，混凝土和钢筋不再有变形差，混凝土的应力 σ_{ct} 又恢复到未开裂前的状态；$l_{cr,min}$ 为使混凝土从零应力状态达到抗拉强度的粘结力传递长度。当荷载继续增大时，σ_{ct} 也增大，当 σ_{ct} 达到混凝土实际抗拉强度时，在该截面（如图 9.9 中的 b—b 截面）又将产生第二批裂缝。

假设第一批裂缝截面之间的距离为 l，如果 $l \geqslant 2l_{cr,min}$，则在 a—a 和 c—c 截面之间有可能形成新的裂缝。如果 $l < 2l_{cr,min}$ 则在 a—a 和 c—c 截面之间将不可能形成新的裂缝。这意味着裂缝的间距将介于 $l_{cr,min}$ 和 $2l_{cr,min}$ 之间，其平均值 l_{cr} 将为 $1.5\,l_{cr,min}$。由此可见，裂缝间距的分散性是比较大的。理论上，它可能在平均裂缝间距 l_{cr} 的 $0.67\sim1.33$ 倍范围内变化。

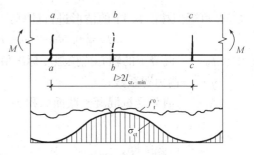

图 9.9　受弯构件纯弯段的裂缝分布

由此可见，在钢筋混凝土受弯构件的纯弯曲段内，裂缝是不断发生的，分布是不均匀的。然而，试验表明，对于具有常用或较高配筋率的受弯构件，在使用荷载下裂缝的出现一般已稳定或基本稳定。

(2)平均裂缝间距。裂缝的分布规律与钢筋和混凝土之间的粘结力有着密切的关系，如图 9.10 所示，取裂缝间 ab 段的钢筋为隔离体，a—a 截面处为第一条裂缝截面；b—b 截面为即将出现第二条裂缝截面。设平均裂缝间距为 l_{cr}，根据内力平衡条件得

$$\frac{M_{cr}}{W_s}A_s - \frac{M_{cr}-M_c}{W_{sl}}A_s = w'\tau_{max}ul_{cr} \tag{9-30}$$

式中　W_s——裂缝截面处纵向受拉钢筋截面的弹塑性抵抗矩，$W_s = A_s\eta h_0$；

　　　W_{sl}——裂缝即将出现时纵向受拉钢筋截面的弹塑性抵抗矩，$W_{sl} = A_s\eta_1 h_0$；

　　　A_s——纵向受拉钢筋截面面积；

　　　M_c——混凝土截面承担的抗裂弯矩；

　　　τ_{max}——钢筋与混凝土之间粘结应力的最大值；

　　　w'——钢筋与混凝土之间粘结应力系数；

　　　u——纵向受拉钢筋截面周长。

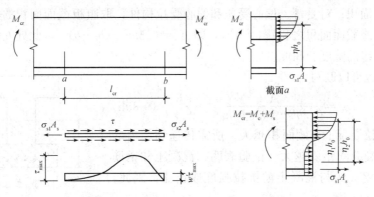

图 9.10　受弯构件即将出现第二条裂缝时钢筋、混凝土及其粘结力

忽略截面 a、b 上的钢筋所承担内力之内力臂的差异，取内力臂系数 $\eta = \eta_1$，可近似假定 $W_{sl} = W_s$，整理得

$$\frac{M_c}{\eta h_0} = w'\tau_{max}ul_{cr} \tag{9-31}$$

即

$$l_{cr} = \frac{M_c}{w'\tau_{max}u\eta h_0} \tag{9-32}$$

M_c 可近似按图 9.11 的情形进行计算:

$$M_c=[0.5bh+(b_f-b)h_f]\eta_2 h_0 f_{tk}=A_{te}\eta_2 h_0 f_{tk} \tag{9-33}$$

式中　f_{tk}——混凝土的轴心抗拉强度标准值;

　　　η_2——内力臂系数;

　　　A_{te}——有效受拉混凝土截面面积。

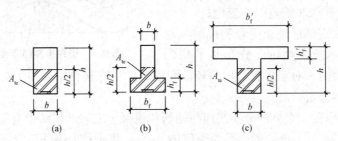

图 9.11　有效受拉混凝土面积及抗裂弯矩计算图

将式(9-33)代入式(9-32)可得

$$l_{cr}=\frac{\eta_2}{4\eta}\cdot\frac{f_{tk}}{w'\tau_{max}}\cdot\frac{d}{\rho_{te}} \tag{9-34}$$

式中　d——受拉钢筋直径;

　　　ρ_{te}——按有效受拉混凝土截面面积(受拉区高度近似取为 $h/2$ 计算的纵向受拉钢筋配筋率。当 $\rho_{te}\leqslant 0.01$ 时,取 $\rho_{te}\equiv 0.01$。

$$\rho_{te}=\frac{A_s}{A_{te}} \tag{9-35a}$$

式中　A_{te}——有效受拉混凝土截面面积,可按下列规定取用:对轴心受拉构件取构件截面面积;对受弯、偏心受压和偏心受拉构件,取腹板截面面积的一半与受拉翼缘截面面积之和(图 9.12),即 $A_{te}=0.5bh+(b_f-b)h_f$,此处 b_f、h_f 为受拉翼缘的宽度、高度。

因此,ρ_{te} 也可以改写为

$$\rho_{te}=\frac{A_s}{0.5bh+(b_f-b)h_f} \tag{9-35b}$$

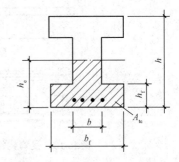

图 9.12　有效受拉混凝土截面面积

显然,受拉混凝土有效面积越大,所需传递粘结力的长度就越大,裂缝间距就越大。试验表明,混凝土和钢筋之间的粘结强度大约与混凝土的抗拉强度成正比,因此,可将 $\frac{w'\tau_{max}}{f_{tk}}$ 取为常数。同时,$\frac{\eta_2 h}{\eta h_0}$ 也可以近似取为常数,并考虑钢筋表面粗糙情况对粘结力的影响,由此可得

$$l_{cr}=k_1\frac{d}{\nu\rho_{te}} \tag{9-36}$$

式中　k_1——经验系数(常数);

　　　ν——纵向受拉钢筋相对粘结特征系数。

式(9-36)表明,平均裂缝间距与 $d/(\nu\rho_{te})$ 成正比,这与试验结果不能很好符合,因此,需对式(9-36)予以修正。

另外，由于混凝土和钢筋的粘结，钢筋对受拉张紧的混凝土的回缩有约束作用，随着混凝土保护层厚度的增大，外表混凝土较靠近钢筋内心混凝土受到的约束作用小，因此，当出现第一条裂缝后，只有离该裂缝较远处的外表混凝土才有可能达到混凝土抗拉强度，在此处才会出现第二条裂缝。试验表明，混凝土的保护层厚度从 30 mm 降到 15 mm 时，平均裂缝间距减小 30%。研究证实，当 d/ρ_{te} 很大时，裂缝间距趋近于某个常数，该数值与保护层厚度 c 和钢筋净间距有关。因此，在确定平均裂缝间距时，适当考虑混凝土保护层厚度的影响，对式(9-34)的修正是必要的、合理的。

可在式(9-34)中引入 k_2c 以考虑混凝土保护层厚度的影响。平均裂缝间距入可按下式计算

$$l_{cr}=k_2c+k_1\frac{d}{\nu\rho_{te}} \tag{9-37}$$

式中　c——最外层纵向受力钢筋外边缘至受拉区底边的距离(mm)(当 $c<20$ mm 时，$c=20$ m，当 $c>65$ mm 时，取 $c=65$ mm)；

　　　k_2——经验系数(常数)。

根据试验资料的分析并参考以往的工程经验，取 $k_1=0.08$，$k_2=1.9$。将式(9-37)中的 d/ν 值以纵向受拉钢筋的等效直径 d_{eq} 代入，则有 l_{cr} 的计算公式为

$$l_{cr}=\beta\left(1.9c_s+0.08\frac{d_{eq}}{\rho_{te}}\right) \tag{9-38}$$

$$d_{eq}=\frac{\sum n_id_i^2}{\sum n_i\nu_id_i} \tag{9-39}$$

式中　d_{eq}——受拉区纵向钢筋的等效直径(mm)(当受拉区纵向钢筋为一种直径时，$d_{eq}=d_i/\nu_i$)。

　　　β——系数，对轴心受拉构件，取 $\beta=1.1$；对偏心受拉构件，取 $\beta=1.05$；对其他受力构件，取 $\beta=1.0$。

　　　d_i——受拉区第 i 种纵向受拉钢筋的直径(mm)。

　　　n_i——受拉区第 i 种纵向受拉钢筋的根数。

　　　ν_i——受拉区第 i 种纵向受拉钢筋的相对粘结特性系数，具体见表 9.1。

表 9.1　钢筋的相对粘结特性系数

钢筋类别	钢筋		先张法预应力筋			后张法预应力筋		
	光圆钢筋	带肋钢筋	带肋钢筋	螺旋肋钢丝	钢绞线	带肋钢筋	钢绞线	光面钢丝
ν_i	0.7	1.0	1.0	0.8	0.6	0.8	0.5	0.4
注：对环氧树脂涂层带肋钢筋，其相对粘结特性系数可按表中系数的 80% 取用。								

(3)平均裂缝宽度。平均裂缝宽度等于平均裂缝间距内钢筋和混凝土的平均受拉伸长之差(图 9.13)，即

$$w_m=\varepsilon_{sm}l_{cr}-\varepsilon_{cm}l_{cr}=\left(1-\frac{\varepsilon_{cm}}{\varepsilon_{sm}}\right)\varepsilon_{sm}l_{cr} \tag{9-40}$$

式中　w_m——平均裂缝宽度；

　　　ε_{sm}——纵向受拉钢筋的平均拉应变；

ε_{cm}——与纵向受拉钢筋相同水平处受拉混凝土的平均应变。

根据式(9-8)和式(9-40)，且令 $\alpha_c = 1 - \varepsilon_{cm}/\varepsilon_{sm}$，并引入裂缝间钢筋应变不均匀系数 $\psi = \varepsilon_{sm}/\varepsilon_s$，则上式可改写为

$$w_m = \alpha_c \psi \frac{\sigma_{sk}}{E_s} l_{cr} \qquad (9\text{-}41)$$

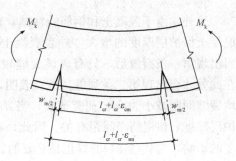

图 9.13 平均裂缝宽度计算图

式中 α_c——裂缝间混凝土伸长对裂缝宽度的影响系数。根据近年来国内多家单位完成的配置 400 MPa、500 MPa 带肋钢筋的钢筋混凝土及预应力混凝土梁的裂缝宽度试验结果，经分析统计，《规范》对受弯、偏心受压构件统一取 $\alpha_c = 0.77$，其他情况取 0.85。

(4)最大裂缝宽度。由于混凝土质量的不均质性，裂缝宽度有很大的离散性，裂缝宽度验算应该采用最大裂缝宽度。短期荷载作用下的最大裂缝宽度可以采用平均裂缝宽度 w_m 乘以扩大系数 α_s 得到。根据可靠概率为 95% 的要求，该系数可由实测裂缝宽度分布直方图（图 9.14）的统计分析求得：对于轴心受拉和偏心受拉构件，$\alpha_s = 1.90$；对于受弯和偏心受压构件，$\alpha_s = 1.66$。

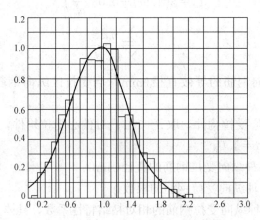

图 9.14 实测裂缝宽度分布直方图

同时，在荷载长期作用下，由于钢筋与混凝土的粘结滑移徐变、拉应力松弛和受拉混凝土的收缩影响，裂缝间混凝土不断退出工作，钢筋平均应变增大，裂缝宽度随时间推移逐渐增大。另外，荷载的变动、环境温度的变化，都会使钢筋与混凝土之间的粘结受到削弱，也将导致裂缝宽度的不断增大。因此，短期荷载最大裂缝宽度还需乘以荷载长期效应的裂缝扩大系数 α_l。《规范》考虑荷载短期效应与长期效应的组合作用，对各种受力构件，均取 $\alpha_l = 1.50$。

因此，考虑荷载长期影响在内的最大裂缝宽度公式为

$$w_{max} = \alpha_s \alpha_l \alpha_c \psi \frac{\sigma_{sk}}{E_s} l_{cr} \qquad (9\text{-}42)$$

在上述理论分析和试验研究基础上，对于矩形、T 形、倒 T 形及 I 形截面的钢筋混凝

土受拉、受弯和偏心受压构件，按荷载效应的标准组合并考虑长期作用影响的最大裂缝宽度 w_{max} 按下列公式计算：

$$w_{max} = \alpha_{cr} \psi \frac{\sigma_{sk}}{E_s} \left(1.9c + 0.08 \frac{d_{eq}}{\rho_{te}} \right) \tag{9-43}$$

式中 α_{cr}——构件受力特征系数，为前述各系数 α、α_c、α_s、α_l 的乘积，具体见表 9.2。

表 9.2 构件受力特征系数

类型	α_{cr}	
	钢筋混凝土构件	预应力混凝土构件
受弯、偏心受压	1.9	1.5
偏心受拉	2.4	—
轴心受拉	2.7	2.2

根据试验，偏心受压构件 $e_0/h_0 \leqslant 0.55$ 时，正常使用阶段裂缝宽度较小，均能满足要求，故可不进行验算。对于直接承受重复荷载作用的吊车梁，卸载后裂缝可部分闭合，同时，由于吊车满载的概率很小，吊车最大荷载作用时间很短暂，可将计算所得的最大裂缝宽度乘以系数 0.85。

如果 w_{max} 超过允许值，则应采取相应措施，如适当减小钢筋直径，使钢筋在混凝土中均匀分布；采用与混凝土粘结较好的变形钢筋；适当增加配筋量(不够经济合理)，以降低使用阶段的钢筋应力。这些方法都能一定程度减小正常使用条件下的裂缝宽度。但对限制裂缝宽度而言，最根本的方法也是采用预应力混凝土结构。

9.3.3 裂缝截面钢筋应力
Reinforcement Stress of Cracking Section

按荷载标准组合计算的纵向受拉钢筋应力 σ_{sk} 可由下列公式计算。

(1)轴心受拉构件。对于轴心受拉构件，裂缝截面的全部拉力均由钢筋承担，故钢筋应力为

$$\sigma_{sk} = \frac{N_k}{A_s} \tag{9-44}$$

式中 N_k——按荷载标准组合计算的轴向拉力值。

(2)矩形截面偏心受拉构件。对小偏心受拉构件，直接对拉应力较小一侧的钢筋重心取力矩平衡[图 9.15(a)]；对大偏心受拉构件，近似取受压区混凝土压应力合力与受压钢筋合力作用点重合并对受压钢筋重心取力矩平衡[图 9.15(b)，取内力臂 $\eta h_0 = h_0 - a_s'$]，得

$$\sigma_{sk} = \frac{N_k e'}{A_s(h_0 - a_s')} \tag{9-45}$$

式中 N_k——按荷载标准组合计算的轴向拉力值；

e'——轴向拉力作用点至纵向受压钢筋(对小偏心受拉构件，为拉应力较小一侧的钢筋)合力点的距离，$e' = e_0 + h/2 + a_s'$。

(3)受弯构件。对于受弯构件，在正常使用荷载作用下，可假定裂缝截面的受压区混凝土处于弹性阶段，应力图形为三角形分布，受拉区混凝土的作用忽略不计，按截面应变符合平截面假定求得应力图形的内力臂 z，一般可近似地取 $z = 0.87h_0$，如图 9.16 所示，故

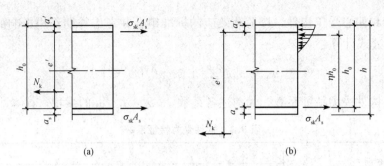

图 9.15 偏心受拉构件截面应力图形

(a)小偏心受拉;(b)大偏心受拉

$$\sigma_{sk} = \frac{M_k}{0.87 h_0 A_s} \tag{9-46}$$

式中　M_k——按荷载标准组合计算的弯矩值。

(4)大偏心受压构件。在正常使用荷载作用下,可假定大偏心受压构件的应力图形同受弯构件,按照受压区三角形应力分布假定和平截面假定求得内力臂。但因需求解三次方程,不便于设计。为此,《规范》给出了考虑截面形状的内力臂近似计算公式:

$$z = \left[0.87 - 0.12(1 - \gamma'_f) \left(\frac{h_0}{e} \right)^2 \right] h_0 \tag{9-47}$$

$$e = \eta_s e_0 + y_s \tag{9-48}$$

$$\eta_s = 1 + \frac{1}{4\ 000 \dfrac{e_0}{h_0}} \left(\frac{l_0}{h} \right)^2 \tag{9-49}$$

$$\gamma'_f = \frac{(b'_f - b) h'_f}{b h_0} \tag{9-50}$$

由图 9.17 的力矩平衡条件可得

$$\sigma_{sk} = \frac{N_k}{A_s} \left(\frac{e}{z} - 1 \right) \tag{9-51}$$

式中　N_k——按荷载标准组合计算的轴向压力值;

　　　　e——轴向压力作用点至纵向受拉钢筋合力点的距离;

　　　　z——纵向受拉钢筋合力点至受压区合力点的距离;

　　　　η_s——使用阶段的偏心距增大系数(当 $l_0/h \leqslant 14$ 时,可取 $\eta_s = 1.0$);

　　　　y_s——截面重心至纵向受拉钢筋合力点的距离;

　　　　γ'_f——受压翼缘面积与腹板有效面积的比值,当 $h'_f > 0.2 h_0$ 时,取 $h'_f = 0.2 h_0$。

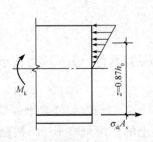

图 9.16 受弯构件截面应力图形

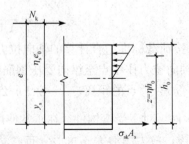

图 9.17 大偏心受压构件截面应力图形

【例 9.4】 一矩形截面梁，处于二 a 类环境，其截面尺寸为 $b×h=250 \text{ mm}×600 \text{ mm}$，混凝土强度等级为 C50，配置 HRB400 级纵向受拉钢筋 $4\Phi22(A_s=1\ 521 \text{ mm}^2)$。按荷载标准组合计算的弯矩 $M_k=130 \text{ kN·m}$。试验算其裂缝宽度是否满足控制要求。

【解】 查附表 1.1 得 C50 混凝土 $f_{tk}=2.65 \text{ N/mm}^2$；查附表 3.2 得 HRB400 级钢筋 $E_s=2.0×10^5 \text{ N/mm}^2$；查附表 7、附表 10.2 得：二 a 类环境 $c=25 \text{ mm}$，$w_{lim}=0.2 \text{ mm}$，$d_{eq}=22 \text{ mm}$，$a_s=c+d_v+d/2=25+10+22/2=46(\text{mm})$，$h_0=h-a_s=600-46=554(\text{mm})$。

$$\rho_{te}=\frac{A_s}{A_{te}}=\frac{A_s}{0.5bh}=\frac{1\ 521}{0.5×250×600}=0.020\ 3>0.01$$

$$\sigma_{sk}=\frac{M_k}{0.87h_0A_s}=\frac{130×10^6}{0.87×554×1\ 521}=177.3(\text{N/mm}^2)$$

$$\psi=1.1-0.65\frac{f_{tk}}{\rho_{te}\sigma_{sk}}=1.1-0.65×\frac{2.65}{0.020\ 3×177.3}=0.621>0.2 \text{ 且 } \psi<1.0$$

受弯构件 $\alpha_{cr}=1.9$，则

$$w_{max}=\alpha_{cr}\psi\frac{\sigma_{sk}}{E_s}\left(1.9c+0.08\frac{d_{eq}}{\rho_{te}}\right)=1.9×0.621×\frac{177.3}{2.0×10^5}\left(1.9×25+0.08×\frac{22}{0.020\ 3}\right)$$
$$=0.14(\text{mm})<w_{lim}=0.20 \text{ mm}$$

因此，满足裂缝宽度控制要求。

本章小结

1. 混凝土结构和构件除应按承载能力极限状态进行设计外，还应进行正常使用极限状态的验算，以满足结构的正常使用功能要求。正常使用极限状态验算主要包括裂缝控制验算、变形验算等方面。

2. 结构或构件超过正常使用极限状态时，对生命财产的危害性要低一些，因此，在进行正常使用极限状态验算时，荷载效应可采用标准组合或准永久组合，材料强度可取标准值，并应考虑荷载长期作用的影响。正常使用极限状态又可分为可逆正常使用极限状态和不可逆正常使用极限状态两种情况。对于可逆正常使用极限状态，验算时的荷载效应取值可以低一些，通常采用准永久组合；而对于不可逆正常使用权限状态，验算时的荷载效应取值应高一些，通常采用标准组合。

3. 正常使用阶段，钢筋混凝土受弯构件已经开裂，出现了非弹性变形，而塑性变形的发展在不同截面是不同的。考虑变形的非弹性性质及刚度沿构件长度非均匀分布的特点。《规范》采用求非弹性刚度和最小刚度原则，再利用弹性材料的材料力学理论求构件的变形。构件的允许变形与构件的适用性要求有关。

4. 由于混凝土的非均质性及其抗拉强度的离散性，荷载裂缝的出现和开展均带有随机性，裂缝的间距和宽度则具有不均匀性。但在裂缝出现的过程中存在裂缝基本稳定的阶段，随着荷载的增加，裂缝不会无限加密，因而有平均裂缝间距、宽度以及最大裂缝宽度，在裂缝宽度计算中引入荷载短期效应裂缝扩大系数。

5. 构件截面抗弯刚度不仅随弯矩增大而减小，同时，也随荷载持续作用而减小。前者是混凝土裂缝的出现和开展以及存在塑性变形的结果；后者则是受压区混凝土收缩、徐变以及受拉区混凝土的松弛和钢筋与混凝土之间粘结滑移使钢筋应变增加的缘故。因此，在裂缝宽度计算中引入荷载长期效应裂缝扩大系数；在挠度计算引入短期刚度和长期刚度的概念。

思考题与习题

一、思考题

1. 验算钢筋混凝土受弯构件变形和裂缝宽度的目的是什么？验算时，为什么要用荷载短期效应组合计算的内力值(按荷载标准值计算)，同时还要受荷载长期效应组合的影响？

2. 正常使用极限状态验算时荷载组合和材料强度如何选择？

3. 试比较钢筋混凝土受弯构件抗裂验算公式和材料力学中梁的应力计算公式的异同。在抗裂验算公式中，塑性影响系数的含义是什么？它的取值和哪些因素有关？

4. 提高构件的抗裂能力有哪些措施？

5. 减小裂缝宽度的措施有哪些？

6. 影响钢筋混凝土梁刚度的因素有哪些？提高构件刚度的有效措施是什么？

7. 影响混凝土耐久性的因素有哪些？

8. 正常使用阶段钢筋混凝土的受力特点反映在哪些方面？

9. 在外荷载作用下，纯弯构件截面上的应力、应变怎样变化？

10. 简述裂缝的出现、分布和开展过程。

11. 影响裂缝间距的因素有哪些？

12. 在受弯构件的计算中，什么是"最小刚度原则"？

二、计算题

1. 某水工建筑物，处于二类a环境，底板厚 $h=1\,500$ mm，跨中截面荷载标准组合弯矩值 $M_k=600$ kN·m。采用强度等级为C25混凝土，HRB400级钢筋。根据承载力计算，已配置纵向受拉钢筋 $7\Phi18@110(A_s=2\,313$ mm$^2)$。试验算底板是否抗裂。

2. 某矩形截面简支梁，处于一类环境，其截面尺寸为 $b×h=250$ mm$×600$ mm，计算跨度 $l_0=4.5$ m。使用期间承受均布恒载标准值 $g_k=18$ kN/m(含自重)，均布可变荷载标准值 $q_k=10.5$ kN/m。可变荷载的准永久系数 $\psi_q=0.5$。采用强度等级为C25混凝土，HRB400级钢筋。已配纵向受拉钢筋 $2\Phi14+2\Phi16$。试验算裂缝宽度是否满足要求。

3. 如图9.18所示，一承受均布荷载的T形截面简支梁，计算跨度 $l_0=6$ m，其截面尺寸为 $b×h=200$ mm$×600$ mm、$b_f'×h_f'=400$ mm$×600$ mm。混凝土强度等级为C30，配置带肋钢筋，受拉区双排配置 $6\Phi25(A_s=2\,945$mm$^2)$，受压区为 $2\Phi20(A_s'=628$ mm$^2)$，承受按荷载标准组合计算的弯矩值 $M_k=315.5$ kN·m，按荷载准永久组合计算的弯矩值 $M_q=$

301.5 kN·m。梁允许出现的最大裂缝宽度的限值是 $w_{lim}=0.3$ mm，梁的允许挠度为 $l_0/200$。试验算此梁的裂缝宽度和最大挠度是否满足要求。

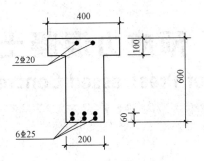

图 9.18　计算题 3 题图

第 10 章　预应力混凝土构件计算

Calculation of Prestressed Concrete Members

> **学习目标**
>
> 本章主要介绍了预应力混凝土结构的基本概念及分类，施加预应力的方法，要求熟悉预应力的各项损失、计算方法及减少损失的措施。掌握预应力混凝土构件的受力过程分析、预应力混凝土构件的正常使用极限状态与承载能力极限状态计算、施工阶段验算与预应力混凝土构件的基本构造要求。另外，本章还介绍了部分预应力混凝土构件和无粘结预应力混凝土构件的概念。本章的重点和难点是预应力构件各阶段的受力特点。

10.1　预应力混凝土的基本理念

Basic Concept of Prestressed Concrete

10.1.1　预应力的基本原理

Basic Principle of Prestress

普通钢筋混凝土结构由于有效利用了钢筋和混凝土两种材料的不同受力性能，因此，被广泛应用于土木工程当中，但普通钢筋混凝土结构或构件在使用中仍面临两个主要问题：

（1）由于混凝土的极限拉应变很小，在正常使用条件下，构件受拉区裂缝的存在不仅导致了受拉区混凝土的浪费，还使得构件刚度降低，变形较大。

（2）考虑到结构的耐久性与适用性，必须控制构件的裂缝宽度和变形。如果采用增加截面尺寸和用钢量的方法，一般来讲不经济，特别是荷载或跨度较大时；如果提高混凝土的强度等级，由于其抗拉强度提高得很少，对提高构件抗裂性和刚度的效果也不明显；而若利用钢筋来抵抗裂缝，则当混凝土达到极限拉应变时，受拉钢筋的应力只有

30 N/mm² 左右。因此，在普通钢筋混凝土结构中，高强度混凝土和高强度钢筋是不能被充分利用的。

为了充分发挥高强度混凝土及高强度钢筋的力学性能，可以在混凝土构件正常受力前，对使用时的受拉区内预先施加压力，使之产生预压应力。当构件在荷载作用下产生拉应力时，首先要抵消混凝土构件内的预压应力，然后随着荷载的增加，混凝土构件才会受拉、出现裂缝，因此，可推迟裂缝的出现，减小裂缝的宽度，满足使用要求。这种在正常受荷前预先对混凝土受拉区施加一定的压应力以改善其在使用荷载作用下混凝土抗拉性能的结构称为"预应力混凝土结构"。

预应力的作用可用图 10.1 的梁来说明。在外荷载作用下，梁下边缘产生拉应力 σ_3，如图 10.1(a)所示。如果在荷载作用以前，给梁先施加一偏心压力 N，使得梁下边缘产生预压应力 σ_1，如图 10.1(b)所示，那么在外荷载作用后，截面的应力分布将是两者的叠加，如图 10.1(c)所示。梁的下边缘应力可为压应力(如 $\sigma_1 - \sigma_3 > 0$)或数值很小的拉应力(如 $\sigma_1 - \sigma_3 < 0$)。可见叠加后，梁的下边缘应力可能是数值很小的拉应力，也可能是压应力。也就是说，由于预加偏心荷载 N 的作用，可部分抵消或全部抵消外荷载所引起的拉应力，因而延缓甚至避免了混凝土构件的开裂。

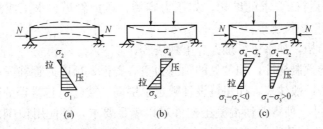

图 10.1 预应力混凝土简支梁的受力情况
(a)预压力作用；(b)荷载作用；(c)预压力与荷载共同作用

10.1.2 预应力混凝土的特点
Characteristics of Prestressed Concrete

相对于钢筋混凝土结构，预应力混凝土结构具有以下优点：

(1)改善结构的使用性能。通过对结构受拉区施加预压应力，可以使结构在使用荷载下延缓裂缝的开展，减小裂缝宽度，甚至避免开裂；同时，预应力产生的反拱可以降低结构的变形，从而改善结构的使用性能，提高结构的耐久性。

(2)减小构件截面尺寸，减轻自重。预应力混凝土充分发挥了混凝土抗压强度高、钢筋抗拉强度高的优点，利用高强度混凝土和高强度钢筋建立合理的预应力，提高了结构构件的抗裂度和刚度，有效地减小构件截面尺寸和减轻自重，因此节约了工程材料，适用于建造大跨度、大悬臂等有变形控制要求的结构。

(3)充分利用高强度钢筋。在普通钢筋混凝土结构中，由于裂缝宽度和挠度的限制，高强度钢筋的强度不可能被充分利用。而在预应力混凝土结构中，对高强度钢筋预先施加较高的应力，使高强度钢筋在结构破坏前能够达到屈服强度。

(4)改善结构的耐久性。由于对结构构件的可能开裂部位施加了预压应力，避免了使用荷载作用下的裂缝，使结构中预应力钢筋和普通钢筋免受外界有害介质的侵蚀，大大提高了结构的耐久性。对于水池、压力管道、污水沉淀池和污泥消化池等，施加预应力后还提高了其抗渗性能。

(5)提高结构的抗疲劳性能。承受重复荷载的结构或构件，如吊车梁、桥梁等，因为荷载经常往复的作用，结构长期处于加载与卸载的变化之中，当这种反复变化超过一定次数时，材料就会发生低于静力强度的破坏。预应力可以降低钢筋的疲劳应力变化幅度，从而提高结构或构件的抗疲劳性能。

(6)具有良好的经济性。对适合采用预应力混凝土的结构来说，预应力混凝土结构可比普通钢筋混凝土结构节省 20%~40% 的混凝土和 30%~60% 的主筋钢材，而与钢结构相比，则可明显降低造价。

预应力混凝土结构的缺点是：对材料质量要求高，设计计算较复杂，施工技术要求高，并需要专门的张拉及锚具设备等，故不宜将其用于普通钢筋混凝土结构完全适用的地方。

预应力混凝土主要适用于以下一些结构：

(1)大跨度结构，如大跨度桥梁、体育馆和车间、车库等，大跨度建筑的楼(屋)盖体系、高层建筑结构的转换层等；

(2)对抗裂性有特殊要求的结构，如压力容器、压力管道、水工或海洋建筑，以及冶金、化工厂的车间、构筑物等；

(3)某些高耸结构，如水塔、烟囱、电视塔等；

(4)大量制造的预制构件，如常见的预应力空心楼板、预应力管桩等；

(5)特殊要求的一般建筑，如建筑设计限定了层高、楼(屋)盖梁等的高度，或者限定了某些其他构件的尺寸，使得普通混凝土构件难以满足要求，可使用预应力混凝土结构。在既有建筑结构的加固工程中，采用预应力技术往往会带来很好的效果。

10.1.3 预应力的施加方法
Method to Apply Prestress

预应力的施加方法，按混凝土浇筑成型和预应力钢筋张拉的先后顺序，可分为先张法和后张法两大类。

(1)先张法。先张法即先张拉预应力钢筋，后浇筑混凝土的方法。其施工工艺(图 10.2)为张拉钢筋→浇筑混凝土→放张钢筋。各步骤具体工艺和受力特点如下：

1)张拉钢筋：首先在制作预应力混凝土的台座(或钢模)的一端用夹具固定预应力钢筋(固定端)，然后用张拉机具张拉预应力钢筋至张拉控制应力，最后用夹具将预应力钢筋固定在台座或(钢模)的另一端(张拉端)，如图 10.2(a)所示，使钢筋处于张拉状态。

2)浇筑混凝土：支模、绑扎非预应力钢筋并浇筑混凝土构件，如图 10.2(b)所示，使张

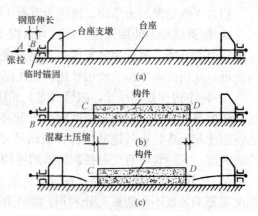

图 10.2 先张法构件施工工序

(a)张拉钢筋；(b)浇筑混凝土；(c)放张钢筋

拉钢筋与混凝土浇筑在一起。

3)放张钢筋：养护混凝土至其达到一定的强度后（一般不低于混凝土设计强度等级的75％，以保证预应力钢筋与混凝土之间具有足够的粘结力），切断或放松钢筋。此时，混凝土中的预应力钢筋在两端放松，预应力钢筋要发生弹性回缩，而混凝土已经硬化，会阻止预应力钢筋的回缩，因此，会在混凝土中产生预压应力[图 10.2(c)]。

先张法是将张拉后的预应力钢筋直接浇筑在混凝土内，依靠预应力钢筋与周围混凝土之间的粘结力来传递预应力。先张法需要有用来张拉和临时固定钢筋的台座，因此初期投资费用较大。但先张法施工工序简单，钢筋靠粘结力自锚，在构件上不需设永久性锚具，临时固定的锚具可重复使用。因此，在大批量生产时先张法构件比较经济，质量易保证。为了便于吊装运输，先张法一般宜于生产小型构件。

（2）后张法。后张法是先浇筑混凝土构件，当混凝土达到一定的强度后，在构件上张拉预应力钢筋的方法。后张法的施工工艺（图 10.3）为浇筑混凝土→张拉钢筋→锚固钢筋。其各步骤具体工艺和受力特点如下：

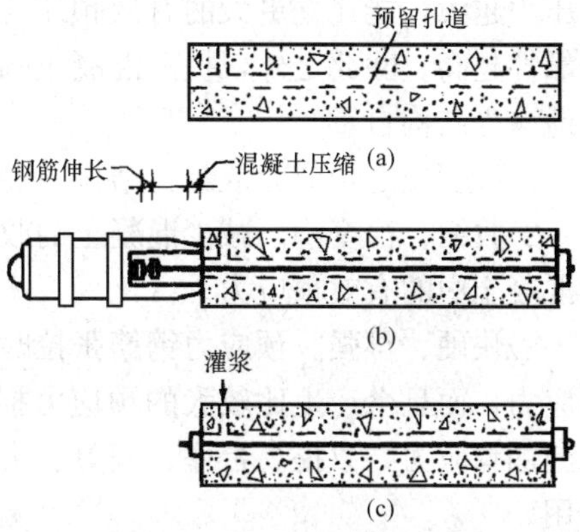

1)浇筑混凝土：在后张法预应力混凝土中，先绑扎非预应力钢筋，安放预应力钢筋（或预留孔道），支模、浇筑混凝土，如图 10.3(a)所示。

2)张拉钢筋：待混凝土养护到设计张拉预应力的设计强度要求时，在孔道中穿筋，先将一端用锚具固定（固定端），在另一端用张拉机具张拉预应力钢筋至控制应力，如图 10.3(b)所示。后张法既可以一端张拉（张拉端），也可以两端同时张拉，一般采用一端张拉方式。对于无粘结的后张预应力混凝土，预应力钢筋在绑扎非预应力钢筋时就放置在混凝土中。

图 10.3　后张法构件施工工序
(a)浇筑混凝土；(b)张拉钢筋；(c)锚固钢筋

3)锚固钢筋：张拉端用锚具锚住预应力钢筋，并在孔道内灌浆，如图 10.3(c)所示。

后张法不需要台座，构件可以在工厂预制，也可以在现场施工，应用比较灵活，但是对构件施加预应力需要逐个进行，操作比较麻烦，而且每个构件均需要永久性锚具，用钢量大，因此，成本比较高。后张法预应力混凝土适用于在施工现场制作大型构件，如预应力屋架、吊车梁、大跨度桥梁等。

10.1.4　两种张拉方法的区别
Difference between Two Kinds of Tension Method

先张法工艺比较简单，但需要台座（或钢模）设施；后张法工艺较复杂，需要对构件安装永久性的工作锚具，但不需要台座。前者适用于在预制构件厂批量制造的、方便运输的中小型构件；后者适用于现场成型的大型构件，在现场分阶段张拉的大型构件，以致整个结构。先张法一般只适用于直线或折线形预应力钢筋；后张法既适用于直线预应力钢筋，又适用于曲线预应力钢筋。

先张法与后张法的本质差别在于对混凝土构件施加预应力的途径，先张法是通过预应力筋与混凝土间的粘结作用来施加预应力；而后张法则通过锚具直接施加预应力。

10.1.5 预应力混凝土的材料及锚具
Materials and Anchorage of Prestressed Concrete

由前所述，预应力混凝土结构的发展和应用与钢材和混凝土的发展有关，因此，要建立有效的预应力，减少预应力损失，钢材和混凝土应具有良好的性能。

(1)混凝土。预应力混凝土结构构件所用的混凝土，需满足下列要求：

1)较高的强度。为了获得较高的预加压应力，减少预应力损失，预应力混凝土结构应采用强度较高的混凝土。混凝土强度越高，弹性模量越大，受压变形越小，预应力损失越小；混凝土强度越高，徐变变形越小，预应力损失也越小；混凝土强度越高，能承受的预加压力越大，能建立更大的有效预压应力；混凝土强度越高，粘结性能越好，使用阶段的可靠性越高。除此之外，提高混凝土强度，还有助于减小截面尺寸，在大跨结构中可以有效地减少结构自重。

《规范》规定预应力混凝土结构的混凝土强度等级不宜低于 C40，且不应低于 C30。

2)收缩、徐变小。减少混凝土的收缩和徐变，可以降低预应力钢筋的预应力损失，增加混凝土中的有效预应力。

3)快硬、早强。预应力钢筋张拉时，混凝土必须有一定的强度，否则不能有效地施加预应力，而且会产生比较大的预应力损失。因此，混凝土具有快硬、早强性能，可以尽快地施加预应力，以提高台座、模具、夹具、张拉设备的周转率，加快施工进度，降低工程费用。

选择预应力混凝土强度等级时，应综合考虑施工工艺、构件跨度的大小、使用条件以及预应力筋的种类等因素。一般来说，先张法预应力混凝土构件的混凝土等级要求更高。因为先张法构件预应力损失值比后张法构件大，而且提高先张法的施工速度，可以有效地提高台座、模具、夹具等的周转使用率。大跨度的、承受受到动力荷载作用的预应力混凝土结构构件，一般也应选用强度等级比较高的混凝土。

(2)钢筋。在预应力混凝土构件中，从构件制作到使用，预应力钢筋始终处于高应力状态。预应力钢筋的强度及其性能是控制预应力混凝土构件应力和裂缝的关键，因此，预应力钢筋应具有较高的强度和良好的性能。

1)强度高。预应力钢筋应选用抗拉强度高的预应力钢丝、钢绞线和预应力螺纹钢筋。采用高强度钢筋的主要原因是能给混凝土施加比较大的预压应力。预应力筋强度标准值与设计值见附录 4。

2)一定的塑性。为了避免预应力混凝土构件发生脆性破坏，要求预应力钢筋在拉断时，具有一定的伸长率。《规范》规定预应力钢筋在最大力下的总伸长率 ε_{gt} 不小于 3.5%。

3)良好的加工性能。要求有良好的可焊性，同时，要求钢筋"镦粗"后并不影响原来的物理力学性能等。

4)与混凝土之间有良好的粘结强度。这一点对先张法预应力混凝土构件尤为重要，因为在传递长度内钢筋与混凝土间的粘结强度是先张法构件建立预应力的保证。

5)钢筋的应力松弛要低。低松弛的预应力钢筋能减少预应力松弛损失。

(3)锚(夹)具。锚(夹)具是锚固钢筋时所用的工具，是保证预应力混凝土结构安全可靠的关键部位之一。通常把在构件制作完毕后，能够取下重复使用的称为夹具；锚固在构件端部，与构件联成一体共同受力，不能取下重复使用的称为锚具。

锚具的制作和选用应满足下列要求：

1）锚固受力安全可靠，其本身具有足够的强度和刚度。

2）构造简单，加工方便，节约钢材，成本低。

3）施工简便，使用安全。

4）应尽可能减小预应力钢筋在锚具内的滑移，以减小预应力损失。

锚具根据工作原理可以分为两大类：一类是利用钢筋回缩带动锥形或楔形的锚塞、夹片等一起移动，使之挤紧在锚杯的锥形内壁上，同时，挤压力也使锚塞或夹片紧紧挤住钢筋，产生较大的摩擦力，甚至使钢筋变形，从而阻止钢筋的回缩；另一类则是用螺栓、焊接、锻头等方法为钢筋制造一个扩大的端头，在锚板、垫板等的配合下阻止钢筋回缩。目前，常用的有螺丝端杆锚具、锥形锚具、镦头锚具以及夹片锚具等。

①螺丝端杆锚具。如图 10.4 所示，主要用于预应力钢筋张拉端。预应力钢筋与螺丝端杆直接对焊连接或通过套筒连接，螺丝端杆另一端与张拉千斤顶相连。张拉终止时，通过螺帽和垫板将预应力钢筋锚固在构件上。

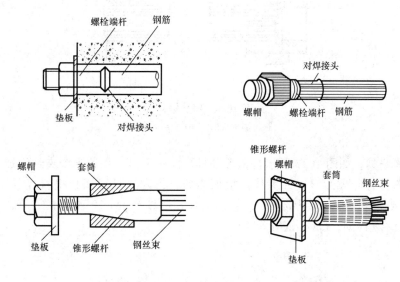

图 10.4　螺丝端杆锚具

这种锚具的优点是比较简单、滑移小和便于再次张拉；其缺点是对预应力钢筋长度的精度要求高，不能太长或太短，否则螺纹长度不够用。需要特别注意焊接接头的质量，以防止发生脆断。

②锥形锚具。如图 10.5 所示，这种锚具是用于锚固多根直径为 5 mm、7 mm、8 mm、12 mm 的平行钢丝束，或者锚固多根直径为 12.7 mm、15.2 mm 的平行钢绞线束。锚具由锚环和锚塞两部分组成，锚环在构件混凝土浇灌前埋置在构件端部，锚塞中间有小孔作锚固后灌浆用。用千斤顶张拉钢丝后再将锚塞顶压入锚圈内，利用钢丝在锚塞与锚圈之间的摩擦力锚固钢丝。

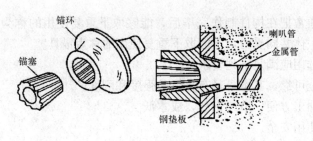

图 10.5 锥形锚具

③镦头锚具。如图 10.6 所示，这种锚具用于锚固钢筋束。张拉端采用锚杯，固定端采用锚板。先将钢丝端头镦粗成球形，穿入锚杯孔内，边张拉边拧紧锚杯的螺帽。每个锚具可同时锚固几根到 100 多根 5～7 mm 的高强度钢丝，也可用于单根粗钢筋。这种锚具的锚固性能可靠，锚固力大，张拉操作方便，但要求钢筋(丝)的长度有较高的精确度，否则会造成钢筋(丝)受力不均。

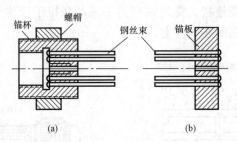

图 10.6 镦头锚具

(a)张拉端镦头锚；(b)固定端镦头锚

④夹片式锚具。如图 10.7 所示，每套锚具是由一个锚环和若干个夹片组成，钢绞线在每个孔道内通过有牙齿的钢夹片夹住。根据需要，每套锚具锚固数根直径为 15.2 mm 或 12.7 mm 的钢绞线。国内常见的热处理钢筋夹片式锚具有 JM-12 和 JM-15 等，预应力钢绞线夹片式锚具有 OVM、QM、XM 等。

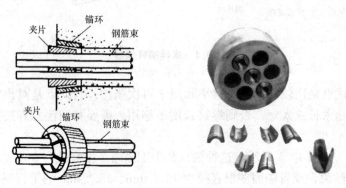

图 10.7 夹片式锚具

(4)孔道成型与灌浆材料。后张有粘结预应力钢筋的孔道成型方法有抽拔型和预埋型两类。

1)抽拔型是在浇筑混凝土前预埋钢管或充水(充压)的橡胶管,在浇筑混凝土后并达到一定强度时拔抽出预埋管,便形成了预留在混凝土中的孔道。其适用于直线形孔道。

2)预埋型是在浇筑混凝土前预埋金属波纹管(或塑料波纹管)(图10.8),在浇筑混凝土后不再拔出而永久留在混凝土中,便形成了预留孔道。其适用于各种线形孔道。

(a)   (b)

图 10.8 孔道成型材料

(a)金属波纹管;(b)SBG 塑料波纹管及连接套管

预留孔道的灌浆材料应具有流动性、密实性和微膨胀性,一般采用 42.5 级或 42.5 级以上的普通硅酸盐水泥,水胶比为 0.4~0.45,宜掺入 0.01% 水泥用量的铝粉作膨胀剂。当预留孔道的直径大于 150 mm 时,可在水泥浆中掺入不超过水泥用量 30% 的细砂或研磨很细的石灰石。

10.2 预应力钢筋的张拉控制应力及预应力损失

Stretching Control Stress and Prestress Loss of Prestressed Reinforcement

10.2.1 预应力钢筋的张拉控制应力 σ_{con}

Stretching Control Stress σ_{con} of Prestressed Reinforcement

张拉控制应力是指预应力钢筋张拉时需要达到的最大应力值,是预应力钢筋在构件受荷以前经受的最大应力值,即用张拉设备所控制施加的张拉力 N 除以预应力钢筋截面面积 A_p 所得到的应力,用 σ_{con} 表示。

$$\sigma_{con} = \frac{N}{A_p} \tag{10-1}$$

张拉控制应力的取值对预应力混凝土构件的受力性能影响很大。张拉控制应力越高,混凝土所受到的预压应力越大,构件的抗裂性能越好,同时节约预应力钢筋,因此,张拉控制应力不能过低。但张拉控制应力过高时,可能产生以下问题:

(1)可能使个别预应力钢筋超过它的实际屈服强度,使钢筋产生塑性变形,甚至可能发生部分预应力钢筋被拉断。

(2)构件在施工阶段的预拉区拉应力过大,甚至开裂,还可能造成后张法构件端部混凝土产生局部受压破坏。

(3)构件开裂荷载值与极限荷载值很接近，构件的延性较差，构件一旦开裂，很快就临近破坏，表现为没有明显预兆的脆性破坏。因此，张拉控制应力不宜取得过高，《规范》规定预应力钢筋的张拉控制应力范围为：

消除应力钢丝、钢绞线

$$0.4 f_{ptk} \leqslant \sigma_{con} \leqslant 0.75 f_{ptk} \tag{10-2}$$

中强度预应力钢丝

$$0.4 f_{ptk} \leqslant \sigma_{con} \leqslant 0.70 f_{ptk} \tag{10-3}$$

预应力螺纹钢筋

$$0.5 f_{pyk} \leqslant \sigma_{con} \leqslant 0.85 f_{pyk} \tag{10-4}$$

式中 f_{ptk}——预应力筋极限强度标准值；

f_{pyk}——预应力螺纹钢筋屈服强度标准值。

当符合下列情况之一时，上述张拉控制应力限值可提高 $0.05 f_{ptk}$ 或 $0.05 f_{pyk}$：

(1)要求提高构件在施工阶段的抗裂性能而在使用阶段受压区设置的预应力筋；

(2)要求部分抵消由于应力松弛、摩擦、钢筋分批张拉以及预应力钢筋与张拉台座之间的温差等因素产生的预应力损失。

冷拉热轧钢筋塑性较好，有明显的流幅，以屈服强度作为标准值，故 σ_{con} 定得高一些；冷拔低碳钢丝、钢绞线、热处理钢筋属于无明显流幅的钢筋，塑性差，且以抗拉强度作为标准值，故 σ_{con} 定得低一些。

施加预应力时，所需的混凝土立方体抗压强度应经计算确定，但不宜低于设计的混凝土强度等级值的 75%。

10.2.2   预应力损失
Prestress Loss

在预应力混凝土构件施工及使用过程中，预应力钢筋的张拉应力值由于张拉工艺和材料特性等原因逐渐降低。这种现象称为预应力损失。预应力损失会降低预应力的效果，因此，尽可能减小预应力损失并对其进行正确的估算，对预应力混凝土结构的设计是非常重要。

引起预应力损失的因素很多，而且许多因素之间相互影响，所以，要精确计算预应力损失非常困难。对预应力损失的计算，采用的是将各种因素产生的预应力损失值分别计算然后叠加的方法。下面对这些预应力损失分项进行讨论。

(1)锚具变形和钢筋内缩引起的预应力损失 σ_{l1}。预应力钢筋张拉完毕后，用锚(夹)具锚固在台座或构件上。由于锚具压缩变形、垫板与构件之间的缝隙被挤紧以及钢筋和楔块在锚具内的滑移等因素的影响，将使预应力钢筋产生预应力损失，以符号 σ_{l1} 表示。计算这项损失时，只需考虑张拉端，不需考虑锚固端，因为锚固端的锚具变形在张拉过程中已经完成。

1)直线形预应力钢筋。直线形预应力钢筋 σ_{l1} 可按下式计算：

$$\sigma_{l1} = \frac{a}{l} E_s \tag{10-5}$$

式中 a——张拉端锚具变形和钢筋内缩值(mm)，按表 10.1 取用；

l——张拉端至锚固端之间的距离(mm);

E_s——预应力钢筋弹性模量(N/mm^2)。

表 10.1　锚具变形和钢筋内缩值 a　　　　　　　　　　　mm

锚具类别		a
支撑式锚具(钢丝束镦头锚具等)	螺帽缝隙	1
	每块后加垫板的缝隙	1
夹片式锚具	有预压时	5
	无预压时	6～8
注：1. 表中的锚具变形和预应力钢筋内缩值也可根据实测数据确定； 　　2. 其他类型的锚具变形和预应力钢筋内缩值根据实测数据确定。		

对于块体拼成的结构，其预应损失还应计入块体间填缝的预压变形。当采用混凝土或砂浆为填缝材料时，每条填缝的预压变形值可取 1 mm。

2)后张法曲线预应力钢筋。对后张法曲线预应力钢筋，当锚具变形和钢筋内缩引起钢筋回缩时，钢筋与孔道之间产生反向摩擦力阻止钢筋的回缩(图 10.9)。因此，锚固损失在张拉端最大，沿预应力钢筋向内逐步减小，直至消失。抛物线形预应力筋可近似按圆弧形预应力筋考虑，当其对应的圆心角 $\theta \leqslant 45°$ 时(对于无粘结预应力筋 $\theta \leqslant 90°$)，预应力损失值 σ_{l1} 可按下式计算：

$$\sigma_{l1} = 2\sigma_{con} l_f \left(\frac{\mu}{r_c} + \kappa \right) \left(1 - \frac{x}{l_f} \right) \tag{10-6}$$

反向摩擦影响长度 l_f(mm)可按下式计算：

$$l_f = \sqrt{\frac{aE_s}{1\,000\sigma_{con}(\mu/r_c + \kappa)}} \tag{10-7}$$

式中　r_c——圆弧形曲线预应力钢筋的曲率半径(m)；

　　　μ——预应力钢筋与孔道壁之间的摩擦系数，按表 10.2 取用；

　　　κ——考虑孔道每米长度局部偏差的摩擦系数，按表 10.2 取用；

　　　x——张拉端至计算截面的距离(m)；

　　　a——张拉端锚具变形和钢筋内缩值(mm)。

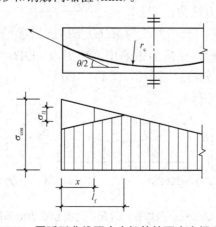

图 10.9　圆弧形曲线预应力钢筋的预应力损失 σ_{l1}

减小 σ_{l1} 的措施有以下几种：

1）选择锚具变形和钢筋内缩值 a 较小的锚具；

2）尽量减少垫板的数量；

3）对先张法，可增加台座的长度 l。

（2）预应力钢筋与孔道壁之间的摩擦引起的预应力损失 σ_{l2}。摩擦损失是指后张法预应力混凝土中，由于预应力筋与孔道壁之间存在摩擦，预应力筋的应力随着距张拉端的距离增加而减少的现象。

摩擦损失一般由两部分组成：一是孔道局部偏差、孔壁粗糙及预应力钢筋表面粗糙，使预应力钢筋与孔道之间产生摩擦力；二是在曲线张拉时，由于孔道存在曲率，预应力钢筋与孔道壁之间会发生法向压力而产生摩擦力（图 10.10）。对于直线张拉的预应力筋，只有第一种摩擦力；对于曲线张拉的预应力钢筋，两种摩擦力同时存在。

《规范》规定，预应力钢筋与孔道壁之间的摩擦引起的预应力损失 σ_{l2}，按下列公式计算：

$$\sigma_{l2}=\sigma_{con}\left(1-\mathrm{e}^{-\frac{1}{\kappa x+\mu\theta}}\right) \qquad (10\text{-}8)$$

当 $(\kappa x+\mu\theta)\leqslant 0.3$ 时，σ_{l2} 可按下近似公式计算

$$\sigma_{l2}=(\kappa x+\mu\theta)\sigma_{con} \qquad (10\text{-}9)$$

图 10.10　预应力摩擦损失 ζ 计算简图

式中　x——从张拉端至计算截面的孔道长度，可近似取该段孔道在纵轴上的投影长度（m）；

　　　θ——从张拉端至计算截面曲线孔道部分切线的夹角（rad）；

　　　κ——考虑孔道每米长度局部偏差的摩擦系数，按表 10.2 采用；

　　　μ——预应力钢筋与孔道壁之间的摩擦系数，按表 10.2 采用。

减小摩擦损失的主要措施有以下几种：

1）采用两端张拉。由图 10.11(a)、(b)可见，采用两端张拉时孔道长度可取构件长度的 1/2 计算，其摩擦损失也减小一半。

2）采用超张拉。其张拉方法为：$0 \xrightarrow{} 1.1\sigma_{con} \xrightarrow{\text{持荷 2 min}} 0.85\sigma_{con} \xrightarrow{\text{持荷 2 min}} \sigma_{con}$。当张拉至 $1.1\sigma_{con}$ 时，预应力钢筋中的应力分布曲线为 EHD［图 10.11(c)］；当卸荷至 $0.85\sigma_{con}$ 时，由于孔道与钢筋之间的反向摩擦，预应力钢筋中的应力沿 $FGHD$ 分布；再次张拉至 σ_{con} 时，预应力钢筋中应力沿 $CGHD$ 分布。

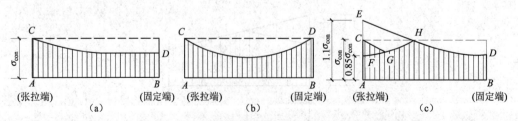

图 10.11　一端张拉、两端张拉及超张拉时预应力钢筋的应力分布

表 10.2　摩擦系数

孔道成型方式	κ	μ	
		钢绞线、钢丝束	预应力螺纹钢筋
预埋金属波纹管	0.001 5	0.25	0.50
预埋塑料波纹管	0.001 5	0.15	—
预埋钢管	0.001 0	0.30	—
抽芯成型	0.001 4	0.55	0.60
无粘结预应力筋	0.004 0	0.09	—

(3)预应力钢筋与台座之间温差引起的预应力损失 σ_{l3}。为了缩短生产周期，先张法构件在浇筑混凝土后采用蒸汽养护。在养护的升温阶段钢筋受热伸长，台座长度不变，故钢筋应力值降低，而此时混凝土还未硬化。降温时，混凝土已经硬化并与钢筋产生了粘结，能够一起回缩，由于这两种材料的线膨胀系数相近，原来建立的应力关系不再发生变化。

预应力钢筋与台座之间的温差为 Δt，钢筋的线膨胀系数 $\alpha=0.000\ 01/℃$，则预应力钢筋与台座之间的温差引起的预应力损失为

$$\sigma_{l3}=\varepsilon_s E_s=\frac{\Delta l}{l}E_s=\frac{\alpha l \Delta t}{l}E_s=\alpha E_s \Delta t=0.000\ 01\times2.0\times10^5\times\Delta t=2\Delta t(\text{N/mm}^2)\quad(10\text{-}10)$$

为了减小温差引起的预应力损失 σ_{l3}，可采取以下措施：

1)采用二次升温养护方法。先在常温或略高于常温下养护，待混凝土达到一定强度后，再逐渐升温至养护温度，这时因为混凝土已硬化与钢筋粘结成整体，能够一起伸缩而不会引起应力变化。

2)采用整体式钢模板。预应力钢筋锚固在钢模上，因钢模与构件一起加热养护，不会引起此项预应力损失。

(4)预应力钢筋应力松弛引起的预应力损失 σ_{l4}。在高拉应力作用下，随时间的增长，钢筋中将产生塑性变形，在钢筋长度保持不变的情况下，钢筋的拉应力会随时间的增长而逐渐降低，这种现象称为钢筋的应力松弛。显然，钢筋的松弛会引起预应力损失，这类松弛称为应力松弛损失 σ_{l4}。预应力钢筋的应力松弛与钢筋的材料性质有关。

钢筋的应力松弛与下列因素有关：

1)时间。受力开始阶段松弛发展较快，1 h 和 24 h 松弛损失分别达总松弛损失的 50%和 80%左右，以后发展缓慢；

2)钢筋品种。热处理钢筋的应力松弛值比钢丝、钢绞线小；

3)初始应力。初始应力越高，应力松弛越大。当钢筋的初始应力小于 $0.7f_{ptk}$时，松弛与初始应力呈线性关系；当钢筋的初始应力大于 $0.7f_{ptk}$时，松弛显著增大。

由于预应力钢筋的应力松弛引起的应力损失按下列公式计算：

消除应力钢丝、钢绞线

普通松弛

$$\sigma_{l4}=0.4(\frac{\sigma_{con}}{f_{ptk}}-0.5)\sigma_{con}\quad(10\text{-}11)$$

低松弛

当 $\sigma_{con}\leqslant0.7f_{ptk}$时

$$\sigma_{l4} = 0.125\left(\frac{\sigma_{con}}{f_{ptk}} - 0.5\right)\sigma_{con} \tag{10-12}$$

当 $0.7f_{ptk} < \sigma_{con} \leqslant 0.8f_{ptk}$ 时

$$\sigma_{l4} = 0.2\left(\frac{\sigma_{con}}{f_{ptk}} - 0.575\right)\sigma_{con} \tag{10-13}$$

预应力螺纹钢筋 $\qquad\qquad \sigma_{l4} = 0.03\sigma_{con}$ \hfill (10-14)

中等强度预应力钢丝 $\qquad\qquad \sigma_{l4} = 0.08\sigma_{con}$ \hfill (10-15)

当 $\sigma_{con}/f_{ptk} \leqslant 0.5$ 时，预应力钢筋应力松弛损失值可取为零。当需考虑不同时间的松弛损失时，可参考《规范》。

为减小预应力钢筋应力松弛引起的预应力损失，可采用超张拉的方法：

$$0 \longrightarrow (1.05 \sim 1.1)\sigma_{con} \xrightarrow{\text{持荷 2 min}} 0 \longrightarrow \sigma_{con}$$

因为在高应力状态下，短时间所产生的应力松弛值即可达到在低应力状态下较长时间才能完成的松弛值。所以，经超张拉后部分松弛已经完成，锚固后的松弛值即可减小。

(5)混凝土收缩和徐变引起的预应力损失 σ_{l5}。混凝土在硬化时具有体积收缩的特性，在压应力作用下，混凝土还会产生徐变。混凝土收缩和徐变都使构件长度缩短，预应力钢筋也随之回缩，造成预应力损失。混凝土收缩和徐变虽是两种性质不同的现象，但它们的影响是相似的，为了简化计算，将此两项预应力损失一起考虑。

混凝土收缩、徐变引起受拉区和受压区预应力钢筋的预应力损失 σ_{l5}、σ_{l5}' 可按下列公式计算：

先张法构件

$$\sigma_{l5} = \frac{60 + 340\dfrac{\sigma_{pc}}{f_{cu}'}}{1 + 15\rho} \tag{10-16}$$

$$\sigma_{l5}' = \frac{60 + 340\dfrac{\sigma_{pc}'}{f_{cu}'}}{1 + 15\rho'} \tag{10-17}$$

后张法构件

$$\sigma_{l5} = \frac{55 + 300\dfrac{\sigma_{pc}}{f_{cu}'}}{1 + 15\rho} \tag{10-18}$$

$$\sigma_{l5}' = \frac{55 + 300\dfrac{\sigma_{pc}'}{f_{cu}'}}{1 + 15\rho'} \tag{10-19}$$

式中 $\quad \sigma_{pc}$，σ_{pc}'——受拉区、受压区预应力钢筋合力点处的混凝土法向压应力。此时，预应力损失值仅考虑混凝土预压前(第一批)的损失。σ_{pc}、σ_{pc}' 值不得大于 $0.5f_{cu}'$；当 σ_{pc}' 为拉应力时，则式(10-17)、式(10-19)中的 σ_{pc}' 应取为零。计算混凝土法向应力 σ_{pc}、σ_{pc}' 时，可根据构件的制作情况考虑自重的影响。

$\qquad\quad f_{cu}'$——施加预应力时的混凝土立方体抗压强度。

ρ, ρ'——分别为受拉区、受压区预应力钢筋和非预应力钢筋的配筋率。对先张法构件，$\rho = \dfrac{A_P + A_s}{A_0}$；$\rho' = \dfrac{A_P' + A_s'}{A_n}$。对后张法构件，$\rho = \dfrac{A_P + A_s}{A_n}$；$\rho' = \dfrac{A_P' + A_s'}{A_n}$。

A_0——混凝土换算截面面积；

A_n——混凝土净截面面积。

对于对称配置预应力钢筋和非预应力钢筋的构件，配筋率 ρ、ρ' 应按钢筋总截面面积的一半计算。

由式(10-16)～式(10-19)可见，后张法中构件的 σ_{l5} 与 σ_{l5}' 比先张法构件的小，这是因为后张法构件在施加预应力时，混凝土的收缩已完成了一部分。另外，公式中给出的是线性徐变下的预应力损失，因此，要求 $\sigma_{pc}(\sigma_{pc}') < 0.5 f_{cu}'$。否则，将发生非线性徐变，由此所引起的预应力损失将显著增大。

当结构处于年平均相对湿度低于40%的环境下，σ_{l5} 及 σ_{l5}' 值应增加30%。当采用泵送混凝土时，宜根据实际情况考虑混凝土收缩、徐变引起应力损失值的增大。

对重要的结构构件，当需要考虑与时间相关的混凝土收缩、徐变损失值时，可参考《规范》。

混凝土收缩和徐变引起的预应力损失 σ_{l5} 在预应力总损失中占的比重较大，为40%～50%，在设计中应注意采取措施减少混凝土的收缩和徐变。可采取以下措施：

1)采用高强度等级水泥，以减少水泥用量；

2)采用高效减水剂，以减小水胶比；

3)采用级配好的集料，加强振捣，提高混凝土的密实性；

4)加强养护，以减小混凝土的收缩。

(6)配有螺旋式预应力钢筋的环形构件，由于混凝土的局部挤压引起的预应力损失 σ_{l6}。采用螺旋式预应力钢筋作配筋的环形构件，由于预应力钢筋对混凝土的挤压，使构件的直径减小(图10.12)，从而引起预应力损失 σ_{l6}。

σ_{l6} 的大小与构件的直径成反比，直径越小，损失越大。《规范》规定：当构件直径 $d \leqslant 3$ m 时，$\sigma_{l6} = 30$ N/mm² (后张法)；当构件直径 $d > 3$ m 时，$\sigma_{l6} = 0$。

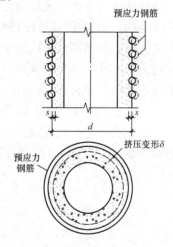

图10.12 螺旋式预应力钢筋对环形构件的局部挤压变形

除上述六种损失外，后张法构件采用分批张拉预应力钢筋时，应考虑后批张拉钢筋所产生的混凝土弹性压缩(或伸长)对先批张拉钢筋的影响，将先批张拉钢筋的张拉控制应力值 σ_{con} 增加(或减小)$\alpha_E \sigma_{pcI}$ ($\alpha_E = E_s/E_c$，钢筋与混凝土弹性模量之比)。此处，σ_{pcI} 为后批张拉钢筋在先批张拉钢筋重心处产生的混凝土法向应力。

10.2.3 预应力损失值的组合
Combination of Prestressed Loss Values

上述预应力损失有的只发生在先张法中，有的则发生于后张法中，有的在先张法和后张法中均有，而且是分批出现的。为了便于分析和计算，设计时可将预应力损失分为两批：

(1)混凝土预压完成前出现的损失，称为第一批损失 $\sigma_{l\mathrm{I}}$；

(2)混凝土预压完成后出现的损失，称为第二批损失 $\sigma_{l\mathrm{II}}$。

先张法、后张法预应力构件在各阶段的预应力损失组合见表 10.3。其中，先张法构件由于钢筋应力松弛引起的损失值 σ_{l4} 在第一批和第二批损失中所占的比例，如需区分，可根据实际情况定；先张法构件的 σ_{l2}，是对折线预应力钢筋，考虑钢筋转向装置处摩擦引起的应力损失，其数值按实际情况确定。

表 10.3　各阶段的预应力损失组合

预应力的损失组合	先张法构件	后张法构件
混凝土预压前(第一批)损失	$\sigma_{l1}+\sigma_{l2}+\sigma_{l3}+\sigma_{l4}$	$\sigma_{l1}+\sigma_{l2}$
混凝土预压后(第二批)损失	σ_{l5}	$\sigma_{l4}+\sigma_{l5}+\sigma_{l6}$

考虑到预应力损失的计算值与实际值可能存在一定差异，为确保预应力构件的抗裂性，《规范》规定，当计算求得的预应力总损失 $\sigma_l=\sigma_{l\mathrm{I}}+\sigma_{l\mathrm{II}}$ 小于下列数值时，应按下列数据取用：

先张法构件　100 N/mm²；

后张法构件　80 N/mm²。

10.2.4　预应力筋的预应力传递长度
Prestress Transfer Length of Prestressed Reinforcement

在先张法构件中，预应力是靠钢筋与混凝土之间的粘结力来传递的，当切断(或放松)预应力钢筋时，在构件端部钢筋应力为零，由端部向中间逐渐增大，到一定长度后到达有效预应力 σ_{pe}(图 10.13)，从预应力值为零到有效预应力 σ_{pe} 区段的长度称为传递长度 l_{tr}。

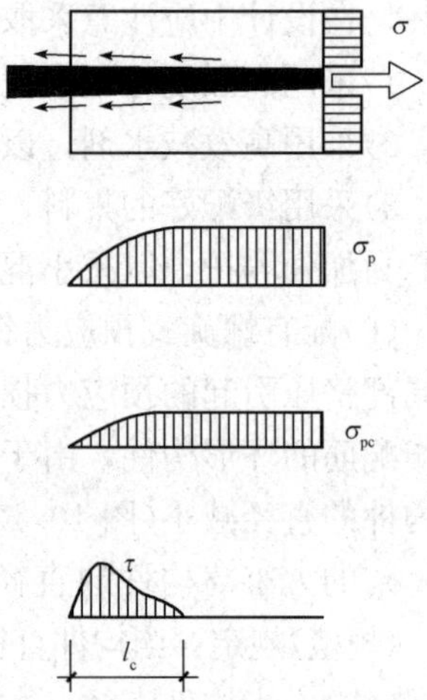

在此长度内，应力差由钢筋与混凝土之间的粘结力来平衡。应力值实际是按曲线规律变化，为了简化计算，可近似按直线考虑(图 10.14)。预应力筋的预应力传递长度 l_{tr} 为

$$l_{\mathrm{tr}}=\alpha\frac{\sigma_{\mathrm{pe}}}{f'_{\mathrm{tk}}}d \qquad (10\text{-}20)$$

图 10.13　预应力传递长度

式中　σ_{pe}——放张时预应力筋的有效预应力；

d——预应力的公称直径；

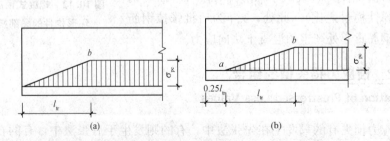

图 10.14　预应力传递长度范围内有效预应力值的变化

α——预应力筋的外形系数，按表 10.4 采用；

f'_{tk}——与放张时混凝土立方体抗压强度 f'_{cu} 相应的轴心抗拉强度标准值。

表 10.4 预应力筋的外形系数

钢筋类型	光圆钢筋	带肋钢筋	螺旋肋钢丝	三股钢绞线	七股钢绞线
α	0.16	0.14	0.13	0.16	0.17

当采用骤然放松预应力钢筋的施工工艺时，l_{tr} 的起点应从距末端 $0.25l_{tr}$ 处开始计算。如图 10.14(b)所示。

10.3 预应力混凝土轴心受拉构件设计

Design of Axial Tensile Members of the Prestressed Concrete

预应力轴心受拉构件从张拉钢筋开始到构件破坏为止，可分为两个阶段，即施工阶段和使用阶段，每个阶段又包括若干个受力过程。对于预应力混凝土轴心受拉构件的设计计算，主要包括有荷载作用下的正截面承载力计算、使用阶段的裂缝控制验算和施工阶段的局部承压验算等内容。其中，使用阶段的裂缝控制验算包括有抗裂验算和裂缝宽度验算。

10.3.1 预应力张拉施工阶段应力分析

Stress Analysis at Prestressed Tension in Construction Stage

预应力混凝土轴心受拉构件在施工阶段的应力状况，包括有若干个具有代表性的受力过程，它们与采用先张法还是后张法施加预应力有着密切的关系。

1. 先张法

先张法预应力混凝土轴心受拉构件施工阶段的主要工序是：张拉预应力钢筋→预应力钢筋锚固→混凝土的浇筑和养护→放松预应力钢筋。

(1)张拉预应力钢筋阶段。在固定的台座上穿好预应力钢筋，其截面面积为 A_p，用张拉设备张拉预应力钢筋直至达到张拉控制应力 σ_{con}，预应力钢筋所受到的总拉力 $N_p = \sigma_{con}A_p$，此时该拉力由台座承担。

(2)预应力钢筋锚固、混凝土浇筑完毕并进行养护阶段。由于锚具变形和预应力钢筋的内缩、预应力钢筋的部分松弛和混凝土养护时引起的温差等原因，预应力钢筋产生了第一批预应力损失 σ_{lI}，此时预应力钢筋的有效拉应力为 $(\sigma_{con}-\sigma_{lI})$，预应力钢筋的合力为

$$N_{pI} = (\sigma_{con}-\sigma_{lI})A_p \tag{10-21}$$

该拉力同样由台座来承担，而混凝土和非预应力钢筋 A_s 的应力均为零，如图 10.15(a)所示。

(3)待混凝土强度达到 $75\%f_{cu,k}$ 以上时，放松预应力钢筋后，预应力钢筋发生弹性回缩而缩短，由于预应力钢筋与混凝土之间存在粘结力，所以预应力钢筋的回缩量与混凝土受预压的弹性压缩量相等。由变形协调条件可得，混凝土受到的预压应力为 σ_{pcI}，非预应力钢筋受到的预压应力为 $\alpha_{Es}\sigma_{pcI}$，预应力钢筋的应力减少了 $\alpha_{Ep}\sigma_{pcI}$。因此，放张后预应力钢

筋的有效拉应力[图 10.15(b)]σ_{peI} 为

$$\sigma_{peI}=\sigma_{con}-\sigma_{lI}-\alpha_{Ep}\sigma_{pcI} \tag{10-22}$$

此时，预应力构件处于自平衡状态，由内力平衡条件可知，预应力钢筋所受的拉力等于混凝土和非预应力钢筋所受的压力，即有

$$\sigma_{peI}A_p=\sigma_{pcI}A_c+\alpha_{Es}\sigma_{pcI}A_s \tag{10-23}$$

将式(10-22)代入并整理得

$$\sigma_{pcI}=\frac{(\sigma_{con}-\sigma_{lI})\cdot A_p}{(A_c+\alpha_{Es}A_s+\alpha_{Ep}A_p)}=\frac{N_{PI}}{A_0} \tag{10-24}$$

式中　N_{pI}——预应力钢筋在完成第一批损失后的合力，$N_{pI}=(\sigma_{con}-\sigma_{lI})A_p$；

　　　A_0——换算截面面积，为混凝土截面面积与非预应力钢筋和预应力钢筋换算成混凝土的截面面积之和，$A_0=A_c+\alpha_{Es}A_s+\alpha_{Ep}A_p$；

　　　α_{Es}，α_{Ep}——非预应力钢筋、预应力钢筋的弹性模量与混凝土弹性模量的比值。

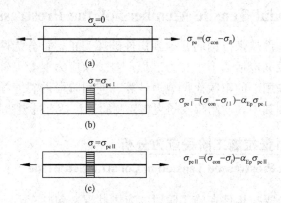

图 10.15　先张法施工阶段受力分析
(a)放张前；(b)放张后；(c)完成第二批损失

(4)随着时间的增加，构件在预应力 σ_{peI} 的作用下，混凝土发生收缩和徐变，预应力钢筋继续松弛，构件进一步缩短，完成第二批应力损失 σ_{lII}。此时，混凝土的应力由 σ_{pcI} 减少为 σ_{pcII}，非预应力钢筋的预压应力由 $\alpha_{Es}\sigma_{pcI}$ 减少为 $\alpha_{Es}\sigma_{pcII}+\sigma_{l5}$，预应力钢筋中的应力由 σ_{peI} 减少了$(\alpha_{Ep}\sigma_{pc}-\alpha_{Ep}\sigma_{pcI})+\sigma_{lII}$，因此，预应力钢筋的有效拉应力 σ_{peII}[如图 10.15(c)]为

$$\begin{aligned}\sigma_{peII}&=\sigma_{peI}-(\alpha_{Ep}\sigma_{pcII}-\alpha_{Ep}\sigma_{pcI})-\sigma_{lII}\\&=\sigma_{con}-\sigma_{lI}-\sigma_{lII}-\alpha_{Ep}\sigma_{pcII}\\&=\sigma_{con}-\sigma_l-\alpha_{Ep}\sigma_{pcII}\end{aligned} \tag{10-25}$$

式中　σ_l——全部预应力损失，$\sigma_l=\sigma_{lI}+\sigma_{lII}$。

根据构件截面的内力平衡条件 $\sigma_{peII}A_p=\sigma_{pcII}A_c+(\alpha_{Es}\sigma_{pcII}+\sigma_{l5})A_s$，可得

$$\sigma_{pcII}=\frac{(\sigma_{con}-\sigma_l)A_p-\sigma_{l5}A_s}{A_c+\alpha_{Es}A_s+\alpha_{Ep}A_p}=\frac{N_{pII}}{A_0} \tag{10-26}$$

式中　N_{pII}——即为预应力钢筋完成全部预应力损失后预应力钢筋和非预应力钢筋的合力，

　　　$N_{pII}=(\sigma_{con}-\sigma_l)A_p-\sigma_{l5}A_s$

式(10-26)说明预应力钢筋，按张拉控制应力 σ_{con} 进行张拉，在放张后并完成全部预应力损失 σ_l 时，先张法预应力混凝土轴心受拉构件在换算截面 A_0 上建立了预压应力 σ_{pcII}。

2. 后张法

后张法预应力混凝土轴心受拉构件施工阶段的主要工序有：浇筑混凝土并预留孔道→穿设并张拉预应力钢筋→锚固预应力钢筋和孔道灌浆。从施工工艺来看，后张法与先张法的主要区别虽然仅在于张拉预应力钢筋与浇筑混凝土先后次序不同，但是其应力状况与先张法有本质的差别。

(1)张拉预应力钢筋之前，即从浇筑混凝土开始至穿预应力钢筋后，构件不受任何外力作用，所以构件截面不存在任何应力，如图 10.16(a)所示。

(2)张拉预应力钢筋，与此同时混凝土受到与张拉力反向的压力作用，并发生了弹性压缩变形，如图 10.16(b)所示。同时，在张拉过程中预应力钢筋与孔壁之间的摩擦引起预应力损失 σ_{l2}，锚固预应力钢筋后，锚具的变形和预应力钢筋的回缩引起预应力损失 σ_{l1}，从而完成了第一批损失 $\sigma_{l\text{I}}$。此时，混凝土受到的压应力为 $\sigma_{pc\text{I}}$，非预应力钢筋所受到的压应力为 $\alpha_{Es}\sigma_{pc\text{I}}$。预应力钢筋的有效拉应力 $\sigma_{pe\text{I}}$ 为

$$\sigma_{pe\text{I}} = \sigma_{con} - \sigma_{l\text{I}} \tag{10-27}$$

由构件截面的内力平衡条件 $\sigma_{pe\text{I}} A_p = \sigma_{pc\text{I}} A_c + \alpha_{Es}\sigma_{pc\text{I}} A_s$，可得到

$$\sigma_{pc\text{I}} = \frac{(\sigma_{con} - \sigma_{l\text{I}}) A_p}{A_c + \alpha_{Es} A_s} = \frac{N_{p\text{I}}}{A_n} \tag{10-28}$$

式中　$N_{p\text{I}}$——完成第一批预应力损失后，预应力钢筋的合力；

　　　A_n——构件的净截面面积，即扣除孔道后混凝土的截面面积与非预应力钢筋换算成混凝土的截面面积之和，$A_n = A_c + \alpha_{Es} A_s$。

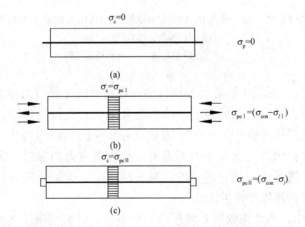

图 10.16　后张法施工阶段应力分析

(a)张拉前；(b)完成第一批损失；(c)完成第二批损失

(3)在预应力张拉全部完成之后，构件中混凝土受到预压应力的作用而发生了收缩和徐变、预应力钢筋松弛以及预应力钢筋对孔壁混凝土的挤压，从而完成了第二批预应力损失 $\sigma_{l\text{II}}$，此时混凝土的应力由 $\sigma_{pc\text{I}}$ 减少为 $\sigma_{pc\text{II}}$，非预应力钢筋的预压应力由 $\alpha_{Es}\sigma_{pc\text{I}}$ 减少为 $\alpha_{Es}\sigma_{pc\text{II}} + \sigma_{l5}$，如图 10.16(c)所示，预应力钢筋的有效应力 $\sigma_{pe\text{II}}$ 为

$$\sigma_{pe} = \sigma_{pe\text{I}} - \sigma_{l\text{II}} = \sigma_{con} - \sigma_{l1} - \sigma_{l\text{II}} = \sigma_{con} - \sigma_l \tag{10-29}$$

由力的平衡条件 $\sigma_{pe\text{II}} A_p = \sigma_{pc\text{II}} A_c + (\alpha_{Es}\sigma_{pc\text{II}} + \sigma_{l5}) A_s$ 可得

$$\sigma_{pc\text{II}} = \frac{(\sigma_{con} - \sigma_l) A_p - \sigma_{l5} A_s}{A_c + \alpha_{Es} A_s} = \frac{N_{p\text{II}}}{A_n} \tag{10-30}$$

式中 $N_{p\text{II}}$——预应力钢筋完成全部预应力损失后预应力钢筋和非预应力钢筋的合力，

$$N_{p\text{II}} = (\sigma_{con} - \sigma_l)A_p - \sigma_{l5}A_s。$$

式(10-30)说明在后张法中预应力钢筋按张拉控制应力 σ_{con} 进行张拉，在放张后并完成全部预应力损失 σ_l 时，后张法预应力混凝土轴心受拉构件在构件净截面 A_n 上建立了预压应力 $\sigma_{pc\text{II}}$。

3. 先张法与后张法的比较

比较式(10-24)与式(10-26)、式(10-28)与式(10-30)，可得出如下结论：

（1）计算预应力混凝土轴心受拉构件截面混凝土的有效预压应力 $\sigma_{pc\text{I}}$、$\sigma_{pc\text{II}}$ 时，可分别将轴向压力 $N_{p\text{I}}$、$N_{p\text{II}}$ 作用于构件截面上，然后按材料力学公式计算。压力 $N_{p\text{I}}$、$N_{p\text{II}}$ 由预应力钢筋和非预应力钢筋仅扣除相应阶段预应力损失后的应力乘以各自的截面面积并反向，然后再叠加而得(图10.17)。计算时所用构件截面面积为：先张法用换算截面面积 A_0，后张法用构件的净截面面积 A_n。弹性压缩部分在钢筋应力中未出现，是由于其已经隐含在构件截面面积内。

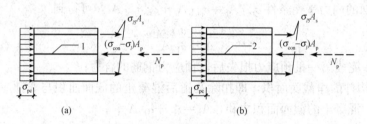

图 10.17　轴心受拉构件预应力钢筋及非预应力钢筋合力位置
（a）先张法构件；（b）后张法构件
1—换算截面重心轴；2—净截面重心轴

（2）在先张法预应力混凝土轴心受拉构件中，存在着放松预应力钢筋后由混凝土弹性压缩变形而引起的预应力损失；在后张法预应力混凝土轴心受拉构件中，混凝土的弹性压缩变形是在预应力钢筋张拉过程中发生的，因此没有相应的预应力损失。所以，相同条件的预应力混凝土轴心受拉构件，当预应力钢筋的张拉控制应力相等时，先张法预应力钢筋中的有效预应力比后张法的小，相应建立的混凝土预压应力也就比后张法的小，具体的数量差别取决于混凝土弹性压缩变形的大小。

（3）在施工阶段中，当考虑到所有的预应力损失后，计算混凝土的预压应力 $\sigma_{pc\text{II}}$ 的公式(10-26)(先张法)与式(10-30)(后张法)，从形式上来讲大致相同，主要区别是公式中的分母分别为 A_0 和 A_n。由于 $A_0 > A_n$，因此，先张法预应力混凝土轴心受拉构件的混凝土预压应力小于后张法预应力混凝土轴心受拉构件。

以上结论可推广应用于计算预应力混凝土受弯构件的混凝土预应力，只需将 $N_{p\text{I}}$、$N_{p\text{II}}$ 改为偏心压力。

10.3.2　正常使用阶段应力分析
Stress Analysis at Service Stage

虽然在施工阶段不同张拉方法的应力计算有所不同，但当构件进入使用状态开始承受荷载作用，其受力过程则完全相同，与张拉方法无关系，都经历消压开裂和达到承载能力极限状态等过程。

预应力混凝土轴心受拉构件在正常使用荷载作用下，其整个受力特征点可划分为消压极限状态、抗裂极限状态和带裂缝工作状态。

(1)消压极限状态。构件承受外荷载后混凝土的有效预应力在逐渐减小，钢筋拉应力相应增大。当对构件施加的轴心拉力 N_0 在该构件截面上产生的拉应力 $\sigma_{c0}=N_0/A_0$ 刚好与混凝土的预压应力 σ_{pcII} 相等，即 $|\sigma_{c0}|=|\sigma_{pcII}|$，称 N_0 为消压轴力。此时，非预应力钢筋的应力由原来的 $\alpha_{Es}\sigma_{pcII}+\sigma_{l5}$ 减小了 $\alpha_{Es}\sigma_{pcII}$，即非预应力钢筋的应力 $\sigma_{s0}=\sigma_{l5}$；预应力钢筋的应力则由原来的 σ_{peII} 增加了 $\alpha_{Ep}\sigma_{pcII}$。

对于先张法预应力混凝土轴心受拉构件，结合式(10-25)，得到预应力钢筋的应力 σ_{p0} 为

$$\sigma_{p0}=\sigma_{con}-\sigma_l \tag{10-31}$$

对于后张法预应力混凝土轴心受拉构件，结合式(10-23)，得到预应力钢筋的应力 σ_{p0} 为

$$\sigma_{p0}=\sigma_{con}-\sigma_l+\alpha_{Ep}\sigma_{pcI} \tag{10-32}$$

预应力混凝土轴心受拉构件的消压状态，相当于普通混凝土轴心受拉构件承受荷载的初始状态，混凝土不参与受拉，轴心拉力 N_0 由预应力钢筋和非预应力钢筋承受，则

$$N_0=\sigma_{p0}A_p-\sigma_s A_s \tag{10-33}$$

将式(10-31)代入式(10-32)，结合式(10-26)，得到先张法预应力混凝土轴心受拉构件的消压轴力 N_0 为

$$N_0=(\sigma_{con}-\sigma_l)A_p-\sigma_{l5}A_s=\sigma_{pcII}A_0 \tag{10-34}$$

将式(10-32)代入式(10-33)，结合式(10-30)，得到后张法预应力混凝土轴心受拉构件的消压轴力 N_0 为

$$\begin{aligned}N_0&=(\sigma_{con}-\sigma_l+\alpha_{Ep}\sigma_{pcII})A_p-\sigma_{l5}A_s\\&=\sigma_{pcII}(A_n+\alpha_{Ep}A_p)=\sigma_{pcII}A_0\end{aligned} \tag{10-35}$$

(2)抗裂极限状态。在消压轴力 N_0 基础上，继续施加足够的轴心拉力使得构件中混凝土的拉应力达到其抗拉强度 f_{tk}，混凝土处于受拉即将开裂但尚未开裂的极限状态，称该轴心拉力为开裂轴力 N_{cr}。此时混凝土所受到的拉应力为 f_{tk}；非预应力钢筋由压应力 σ_{l5} 增加了拉应力 $\alpha_{Es}f_{tk}$，预应力钢筋的拉应力由 σ_{p0} 增加了 $\alpha_{Ep}f_{tk}$，即 $\sigma_{s,cr}=\alpha_{Es}f_{tk}-\sigma_{l5}$，$\sigma_{p,cr}=\sigma_{p0}+\alpha_{Ep}f_{tk}$。

此时构件所承受的轴心拉力为

$$\begin{aligned}N_{cr}&=N_0+f_{tk}A_c+\alpha_{Es}f_{tk}A_s+\alpha_{Ep}f_{tk}A_p\\&=N_0+(A_c+\alpha_{Es}A_s+\alpha_{Ep}A_p)f_{tk}\\&=(\sigma_{pcII}+f_{tk})A_0\end{aligned} \tag{10-36}$$

(3)带裂缝工作状态。当构件所承受的轴心拉力 N 过开裂轴力 N_{cr} 后，构件受拉开裂，全部荷载完全由钢筋承受，极限状态的轴力完全取决于构件中钢筋的承载能力，其极限轴力表达式为

$$N_u=(f_{py}A_p+f_y A_e) \tag{10-37}$$

式中　f_{py}，f_y——预应力钢筋和非预应力钢筋的设计强度；

　　A_p，A_e——预应力钢筋和非预应力钢筋的截面面积。

当构件所承受的轴心拉力 N 大于开裂轴力 N_{cr}，构件受拉开裂，并出现多道大致垂直

于构件轴线的裂缝，裂缝所在截面处的混凝土退出工作，不参与受拉。轴心拉力全部由预应力钢筋和非预应力钢筋来承担，根据变形协调和力的平衡条件，可得预应力钢筋的拉应力 σ_p 和非预应力钢筋的拉应力 σ_s 分别为

$$\sigma_p = \sigma_{p0} + \frac{(N - N_0)}{A_p + A_s} \tag{10-38}$$

$$\sigma_s = \sigma_{s0} + \frac{(N - N_0)}{A_p + A_s} \tag{10-39}$$

由上可见：

1)无论是先张法还是后张法，消压轴力 N_0、开裂轴力 N_{cr} 的计算公式具有对应相同的形式，只是在具体计算 σ_{pcII} 时对应的分别为式(10-26)和式(10-30)。

2)要使预应力混凝土轴拉构件开裂，需要施加比普通混凝土构件更大的轴心拉力，显然在同等荷载水平下，预应力构件具有较高的抗裂能力。

10.3.3　正常使用极限状态验算
Check of Service Limit State

对预应力轴心受拉构件的抗裂验算，通过对构件受拉边缘应力大小的验算来实现，应按两个控制等级进行验算，计算简图如图 10.18 所示。

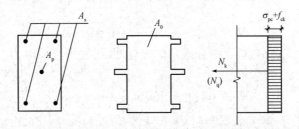

图 10.18　预应力混凝土轴心受拉构件抗裂度验算简图

预应力混凝土构件按所处的环境类别和使用要求，应有不同的抗裂安全储备。《规范》规定将预应力混凝土的抗裂等级划分为三个等级分别进行验算。

一级——严格要求不出现裂缝的构件。在荷载标准组合下轴心受拉构件受拉边缘不允许出现拉应力，即 $N_k < N_0$，结合式(10-34)、式(10-35)得

$$N_k / A_0 - \sigma_{pcII} \leqslant 0 \tag{10-40}$$

二级——一般要求不出现裂缝的构件。在荷载效应的标准组合下轴心受拉构件受拉边缘不允许超过混凝土轴心抗拉强度标准值 f_{tk}，即 $N_k < N_{cr}$，结合式(10-36)得

$$N_k / A_0 - \sigma_{pcII} \leqslant f_{tk} \tag{10-41}$$

在荷载效应的准永久组合下轴心受拉构件受拉边缘不允许出现拉应力，即 $N_q < N_0$，结合式(10-34)、式(10-35)得

$$N_q / A_0 - \sigma_{pcII} \leqslant 0 \tag{10-42}$$

式中　N_k, N_q——按荷载的标准组合、准永久组合计算的轴心拉力。

三级——允许出现裂缝的构件。对在使用阶段允许出现裂缝的预应力混凝土轴心受拉构件，要求按荷载效应的标准组合并考虑荷载长期作用影响的最大裂缝宽度不应超过最大

裂缝宽度的允许值，即

$$w_{\max} \leqslant w_{\lim} \tag{10-43}$$

式中　$w_{\max}$——按荷载效应的标准组合并考虑长期作用影响的最大裂缝宽度；

　　　　$w_{\lim}$——裂缝宽度限值，按结构工作环境的类别，由附表 10.2 查得。

预应力混凝土轴心受拉构件经荷载作用消压以后，在后续增加的荷载 $\Delta N = N_k - N_0$ 作用下，构件截面的应力和应变变化规律与钢筋混凝土轴心受拉构件十分类似，在计算 $w_{\max}$ 时可沿用其基本分析方法，最大裂缝宽度 $w_{\max}$ 按下式计算，即

$$w_{\max} = \alpha_{cr} \psi \frac{\sigma_{sk}}{E_s} \left(1.9c + 0.08 \frac{d_{eq}}{\rho_{te}} \right) \tag{10-44}$$

式中　α_{cr}——构件受力特征系数，对轴心受拉构件，取 $\alpha_{cr} = 2.2$。

　　　　ψ——两裂缝间纵向受拉钢筋的应变不均匀系数，$\psi = 1.1 - 0.65 \dfrac{f_{tk}}{\rho_{te}\sigma_{sk}}$；当 $\psi < 0.2$ 时，

　　　　　取 $\psi = 0.2$；当 $\psi > 1.0$ 时，取 $\psi = 1.0$；对直接承受重复荷载的构件，取 $\psi = 1.0$。

　　　　ρ_{te}——按有效受拉混凝土截面面积计算的纵向受拉钢筋的配筋率，$\rho_{te} = \dfrac{A_s + A_p}{A_{te}}$；当

　　　　　$\rho_{te} < 0.01$ 时，取 $\rho_{te} = 0.01$。

　　　　A_{te}——有效受拉混凝土截面面积，取构件截面面积，即 $A_{te} = bh$。

　　　　σ_{sk}——按荷载效应标准组合计算的预应力混凝土轴心受拉构件纵向受拉钢筋的等效应力，即从截面混凝土消压算起的预应力钢筋和非预应力钢筋的应力增量，

　　　　　且 $\sigma_{sk} = \dfrac{N_k - N_0}{A_p + A_s}$。

　　　　N_k——按荷载效应标准组合计算的轴心拉力。

　　　　N_0——预应力混凝土构件消压后，全部纵向预应力和非预应力钢筋拉力的合力。

　　　　c——最外层纵向受拉钢筋外边缘至构件受拉边缘的最短距离（mm），当 $c < 20$ 时，取 $c = 20$；当 $c > 65$ 时，取 $c = 65$。

　　　　$A_p,\ A_s$——受拉纵向预应力和非预应力钢筋的截面面积。

　　　　d_{eq}——纵向受拉钢筋的等效直径，按下式计算，即

$$d_{eq} = \frac{\sum n_i d_i^2}{\sum n_i \nu_i d_i} \tag{10-45}$$

　　　　d_i——构件横截面中第 i 种纵向受拉钢筋的公称直径。

　　　　n_i——构件横截面中第 i 种纵向受拉钢筋的根数。

　　　　ν_i——构件横截面中第 i 种纵向受拉钢筋的相对粘结特性系数，可按表 9.1 取用。

10.3.4　正截面承载力分析与计算

Analysis and Calculation of Normal Sections Bearing Capacity

预应力混凝土轴心受拉构件达到承载力极限状态时，轴心拉力全部由预应力钢筋 A_p 和非预应力钢筋 A_s 共同承受，并且两者均达到其屈服强度，如图 10.19 所示。设计计算时，取用它们各自相应的抗拉强度设计值。

因此，预应力混凝土轴心受拉构件正截面承载力计算公式为

$$N \leqslant f_{py} \cdot A_p + f_y \cdot A_s \qquad (10\text{-}46)$$

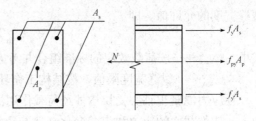

式中 N——构件轴心拉力设计值；

　　A_p，A_s——分别为全部预应力钢筋和
　　　　　　非预应力钢筋的截面面积；

　　f_{py}，f_y——与 A_p 和 A_s 相对应的钢筋
　　　　　　的抗拉强度设计值。

图 10.19　预应力混凝土轴心受拉构件计算简图

由此可见，除施工方法不同外，在其余条件均相同的情况下，预应力混凝土轴心受拉构件与钢筋混凝土轴心受拉构件的承载力相等。

10.3.5　施工阶段局部承压验算
Partial Pressure Checking at Construction Stage

对于后张法预应力混凝土构件，由于锚具下垫块的面积很小，构件端部承受很大的局部压力，其压应力要经过一段距离才能扩展到整个截面上，如图 10.20 所示。锚固区混凝土处于三向受力状态。根据有限元分析，近垫板处 σ_y 为压应力，距离端部较远处为拉应力。当横向拉应力超过混凝土抗拉强度时，构件端部将发生纵向裂缝，导致局部受压承载力不足而破坏。因此，必须对后张法预应力构件端部锚固区的局部受压承载力进行验算。

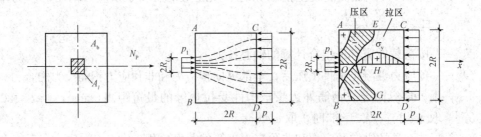

图 10.20　混凝土局部受压时的应力分布

为了改善预应力构件端部混凝土的抗压性能，提高其局部抗压承载力，通常在锚固区段内配置一定数量的间接钢筋，配筋方式为横向方格钢筋网片或螺旋式钢筋，如图 10.21 所示。并在此基础上进行局部受压承载力验算，验算内容包括两个部分：一是局部受压面积的验算，即控制混凝土单位面积上局部压应力的大小；二是局部受压承载力的验算，即在一定配筋量的情况下，控制构件端部横截面上单位面积上局部压力的大小。

（1）局部受压面积验算。为防止垫板下混凝土的局部压应力过大，避免间接钢筋配置太多，那么局部受压面积应符合下式的要求，即

$$F_l \leqslant 1.35\beta_c\beta_l f_c A_{ln} \qquad (10\text{-}47)$$

式中 F_l——局部受压面上作用的局部压力设计值，取 $F_l = 1.2\sigma_{con}A_p$。

　　β_c——混凝土强度影响系数，当 $f_{cu,k} \leqslant 50$ MPa 时，取 $\beta_c = 1.0$；当 $f_{cu,k} = 80$ MPa 时，取 $\beta_c = 0.8$；当 50 MPa $< f_{cu,k} < 80$ MPa 时，按直线内插法取值。

　　β_l——混凝土局部受压的强度提高系数，按下式计算，即

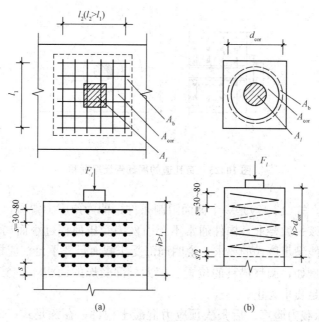

图 10.21 局部受压配筋简图

(a)横向钢筋网；(b)螺旋钢筋

$$\beta_l = \sqrt{\frac{A_b}{A_l}} \tag{10-48}$$

A_b——局部受压时的计算底面积，按毛面积计算，可根据局部受压面积与计算底面积按同形心且对称的原则来确定，具体计算可参照图 10.22 中所示的局部受压情形来计算，且不扣除孔道的面积。

A_l——混凝土局部受压面积，取毛面积计算，具体计算方法与下述的 A_{ln} 相同，只是计算中 A_l 的面积包含孔道的面积。

f_c——在承受预压时，混凝土的轴心抗压强度设计值。

A_{ln}——扣除孔道和凹槽面积的混凝土局部受压净面积，当锚具下有垫板时，考虑到预压力沿锚具边缘在垫板中以 45°角扩散，传到混凝土的受压面积计算，参见图 10.23。

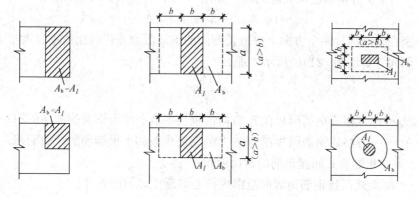

图 10.22 确定局部受压计算底面积简图

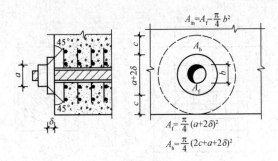

图 10.23　有孔道的局部受压净面积

　　需要注意的是，式(10-47)是一个截面限制条件，即为预应力混凝土局部受压承载力的上限限值。若满足该式的要求，构件通常不会引发因受压面积过小而局部下陷变形或混凝土表面开裂；若不能满足该式的要求，说明局部受压截面尺寸不足，应根据工程实际情况，采取必要的措施，例如，调整锚具的位置、扩大局部受压的面积，甚至可以提高混凝土的强度等级，直至满足要求为止。

　　(2)局部受压承载力验算。后张法预应力混凝土构件，在满足式(10-47)的局部受压截面限制条件后，对于配置有间接钢筋(图10.21)的锚固区段，当混凝土局部受压面积 A_l 不大于间接钢筋所在的核心面积 A_{cor} 时，预应力混凝土的局部受压承载力应满足下式的要求，即

$$F_l \leqslant 0.9(\beta_c \beta_l f_c + 2\alpha\rho_v \beta_{cor} f_y)A_{ln} \tag{10-49}$$

式中　β_{cor}——配置有间接钢筋的混凝土局部受压承载力提高系数，按下式计算，即

$$\beta_{cor} = \sqrt{\frac{A_{cor}}{A_l}} \tag{10-50}$$

　　　　A_{cor}——配置有方格网片或螺旋式间接钢筋核心区的表面范围以内的混凝土面积，根据其形心与 A_l 形心重叠和对称的原则，按毛面积计算，且不扣除孔道面积，并且要求 $A_{cor} \leqslant A_b$；

　　　　f_y——间接钢筋的抗拉强度设计值；

　　　　ρ_v——间接钢筋的体积配筋率，即配置间接钢筋的核心范围内，混凝土单位体积所含有间接钢筋的体积，并且要求 $\rho_v \geqslant 0.5\%$，具体计算与钢筋配置形式有关，当采用方格钢筋网片配筋时，如图 10.21(a)所示，那么

$$\rho_v = (n_1 A_{s1} l_1 + n_2 A_{s2} l_2)/(A_{cor}s) \tag{10-51}$$

并且要求分别在钢筋网片两个方向上单位长度内的钢筋截面面积的比值不宜大于 1.5；当采用螺旋式配筋时，如图 10.21(b)所示，那么

$$\rho_v = \frac{4A_{ss1}}{d_{cor}s} \tag{10-52}$$

式中　n_1，A_{s1}——方格式钢筋网片在 l_1 方向的钢筋根数和单根钢筋的截面面积；

　　　　n_2，A_{s2}——方格式钢筋网片在 l_2 方向的钢筋根数和单根钢筋的截面面积；

　　　　A_{ss1}——单根螺旋式间接钢筋的截面面积；

　　　　d_{cor}——螺旋式间接钢筋内表面范围内核心混凝土截面的直径；

　　　　s——方格钢筋网片或螺旋式间接钢筋的间距。

经式(10-49)验算，满足要求的间接钢筋还应配置在规定的 h 高度范围内，并且对于方格式间接钢筋网片不应少于 4 片；对于螺旋式间接钢筋不应少于 4 圈。

相反地，如果经过验算不能符合式(10-49)的要求时，必须采取必要的措施。例如，对于配置方格式间接钢筋网片者，可以增加网片数量、减少网片间距、提高钢筋直径和增加每个网片钢筋的根数等；对于配置螺旋式间接钢筋者，可以减少钢筋的螺距、提高螺旋筋的直径；当然也可以适当地扩大局部受压的面积和提高混凝土的强度等级。

【例 10.1】 24 m 跨预应力混凝土屋架下弦拉杆，采用后张法施工(一端拉张)，截面构造如图 10.24 所示。其截面尺寸为 280 mm×180 mm，预留孔道 2φ50，非预应力钢筋采用 4Φ12(HRB400 级)，预应力钢筋采用 2 束 5ϕ^s1×7(d=12.7 mm^2，f_{ptk}=1 860 N/mm^2)钢绞线，JM-12 型锚具；混凝土强度等级为 C50。张拉控制应力 σ_{con}=0.65f_{ptk}，当混凝土达设计强度时方可张拉。该轴心拉杆承受永久荷载标准值产生的轴心拉力 N_{Gk}=520 kN，可变荷载标准值产生的轴向拉力 N_{Qk}=600 kN，可变荷载的准永久值系数为 0.5，结构重要性系数 γ_0=1.1，按一般要求不出现裂缝控制。

要求：计算预应力损失；使用阶段正截面抗裂验算；校核正截面受拉承载力；施工阶段锚具下混凝土局部受压验算。

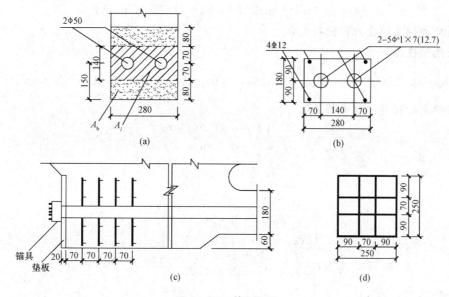

图 10.24 截面构造

【解】 (1)截面的几何特性。查附表3.1、附表3.2和附表4.1、附表4.2，HRB400级钢筋 E_s=2.0×10^5 N/mm^2，f_y=360 N/mm^2；钢绞线 E_s=1.95×10^5 N/mm^2，f_{py}=1 320 N/mm^2；查附录1，C50混凝土 E_c=3.45×10^4 N/mm^2，f_{tk}=2.64 N/mm^2，f_c=23.1 N/mm^2；查附录6，A_s=452 mm^2，A_p=987 mm^2

预应力钢筋 $$\alpha_{E1}=\frac{E_s}{E_c}=\frac{1.95\times10^5}{3.45\times10^4}=5.65$$

非预应力钢筋 $$\alpha_{E2}=\frac{E_s}{E_c}=\frac{2.0\times10^5}{3.45\times10^4}=5.80$$

混凝土净截面面积 $A_n = A_c + \alpha_{E2} A_s = 280 \times 180 - 2 \times \dfrac{\pi}{4} \times 50^2 + 5.8 \times 452 = 49\,096.6 (\mathrm{mm}^2)$

混凝土换算截面面积 $A_0 = A_n + \alpha_{E1} A_p = 49\,096.6 + 5.65 \times 987 = 54\,673.15 (\mathrm{mm}^2)$

(2)张拉控制应力。

$$\sigma_{con} = 0.65 f_{ptk} = 0.65 \times 1\,860 = 1\,209 (\mathrm{N/mm}^2)$$

(3)预应力损失。

①锚具变形和钢筋内缩损失 σ_{l1}。

JM-12 锚具：$a = 5\,\mathrm{mm}$

$$\sigma_{l1} = \frac{a}{l} E_s = \frac{5}{24\,000} \times 1.95 \times 10^5 = 40.63 (\mathrm{N/mm}^2)$$

②摩擦损失 σ_{l2}。

按锚固端计算该项损失 $l = 24\,\mathrm{m}$，直线配筋 $\theta = 0°$，查表 10.2 得 $\kappa = 0.001\,4$。

$$\kappa x = 0.001\,4 \times 24 = 0.033\,6 < 0.2$$

按近似公式计算：

$$\sigma_{l2} = (\kappa x + \mu\theta)\sigma_{con} = 0.033\,6 \times 1\,209 = 40.62 (\mathrm{N/mm}^2)$$

第一批预应力损失：

$$\sigma_{l\,\mathrm{I}} = \sigma_{l1} + \sigma_{l2} = 40.63 + 40.62 = 81.25 (\mathrm{N/mm}^2)$$

③预应力钢筋的应力松弛损失 σ_{l4}。

低松弛预应力钢筋

$$\sigma_{l4} = 0.125\left(\frac{\sigma_{con}}{f_{ptk}} - 0.5\right)\sigma_{con} = 0.125 \times (0.65 - 0.5) \times 1\,209 = 22.67 (\mathrm{N/mm}^2)$$

④混凝土的收缩和徐变损失 σ_{l5}。

$$\sigma_{pc\,\mathrm{I}} = \frac{(\sigma_{con} - \sigma_{l\,\mathrm{I}})A_p}{A_n} = \frac{(1\,209 - 81.25) \times 987}{49\,096.6} = 22.7 (\mathrm{N/mm}^2)$$

$$\frac{\sigma_{pc\,\mathrm{I}}}{f'_{cu}} = \frac{22.7}{50} = 0.45 < 0.5$$

$$\rho = \frac{A_p + A_s}{A_n} = \frac{987 + 452}{49\,096.6} = 0.029$$

$$\sigma_{l5} = \frac{35 + 280 \times \dfrac{\sigma_{pc\,\mathrm{I}}}{f'_{cu}}}{1 + 15\rho} = \frac{35 + 280 \times 0.45}{1 + 15 \times 0.029} = 112.20 (\mathrm{N/mm}^2)$$

第二批预应力损失：

$$\sigma_{l\,\mathrm{II}} = \sigma_{l4} + \sigma_{l5} = 22.67 + 112.20 = 134.87 (\mathrm{N/mm}^2)$$

总预应力损失 $\sigma_l = \sigma_{l\,\mathrm{I}} + \sigma_{l\,\mathrm{II}} = 81.25 + 134.87 = 216.12 (\mathrm{N/mm}^2) > 80\,\mathrm{N/mm}^2$

(4)使用阶段抗裂验算。

混凝土有效预压应力：

$$\sigma_{pc\,\mathrm{II}} = \frac{(\sigma_{con} - \sigma_l)A_p - \sigma_{l5}A_s}{A_n} = \frac{(1\,209 - 216.12) \times 987 - 112.20 \times 452}{49\,096.6} = 18.93 (\mathrm{N/mm}^2)$$

荷载标准组合下拉力：

$$N_k = N_{Gk} + N_{Qk} = 520 + 600 = 1\,120 (\mathrm{kN})$$

$$\frac{N_k}{A_0} - \sigma_{pc\,\mathrm{II}} = \frac{1\,120 \times 10^3}{54\,673.15} - 18.93 = 1.56 (\mathrm{N/mm}^2) < f_{tk} = 2.64 (\mathrm{N/mm}^2)$$

荷载准永久值组合下拉力：

$$N_{cq}=N_{Gk}+0.5N_{Qk}=520+0.5\times600=820(kN)$$

$$\frac{N_q}{A_0}-\sigma_{pcII}=\frac{820\times10^3}{54\ 673.15}-18.93=-3.93(N/mm^2)<0$$

抗裂满足要求。

(5)正截面承载力验算。

$$N=\gamma_0(1.2\ N_{Gk}+1.4N_{Qk})=1.1\times(1.2\times520+1.4\times600)=1\ 464(kN)$$

$$N_u=f_{py}A_p+f_yA_s=1\ 320\times987+360\times452=1\ 465\ 560(N)=1\ 465.56\ kN>N=1\ 464(kN)$$

正截面承载力满足要求。

(6)锚具下混凝土局部受压验算。

①端部受压区截面尺寸验算。

JM-12 锚具直径为 100 mm，垫板厚 20 mm，局部受压面积从锚具边缘起在垫板中按 45°角扩散的面积计算，在计算局部受压面积时，可近似地按图 10.24(a)两条虚线所围的矩形面积代替两个圆面积计算：

$$A_l=280\times(100+2\times20)=39\ 200(mm^2)$$

局部受压计算底面面积：

$$A_b=280\times(140+2\times80)=84\ 000(mm^2)$$

$$\beta_l=\sqrt{\frac{A_b}{A_l}}=\sqrt{\frac{84\ 000}{39\ 200}}=1.46$$

混凝土局部受压净面积：

$$A_{ln}=39\ 200-2\times\frac{\pi}{4}\times50^2=35\ 275(mm^2)$$

构件端部作用的局部压力设计值：

$$F_l=1.2\sigma_{con}A_p=1.2\times1\ 209\times987=1\ 431.94\times10^3(N)=1\ 431.94(kN)$$

$$1.35\beta_c\beta_lf_cA_{ln}=1.35\times1\times1.46\times23.1\times35\ 275=1\ 606\times10^3(N)=1\ 606\ kN>F_l$$

截面尺寸满足要求。

②局部受压承载力计算。间接钢筋采用 4 片 $\phi8$ 焊接网片，如图 10.24(c)、(d)所示。

$$A_{cor}=250\times250=62\ 500(mm^2)>A_l=39\ 200\ mm^2$$

$$A_{cor}<A_b=84\ 000\ mm^2$$

$$\beta_{cor}=\sqrt{\frac{A_{cor}}{A_l}}=\sqrt{\frac{62\ 500}{39\ 200}}=1.26$$

间接钢筋的体积配筋率：

$$\rho_v=\frac{n_1A_{s1}l_1+n_2A_{s2}l_2}{A_{cor}s}=\frac{4\times50.3\times250+4\times50.3\times250}{62\ 500\times70}=2.3\%>0.5\%$$

$$(0.9\beta_c\beta_lf_c+2\alpha\rho_v\beta_{cor}f_y)A_{ln}$$

$$=(0.9\times1.0\times1.46\times23.1+2\times1.0\times0.023\times1.26\times210)\times35\ 275$$

$$=1\ 500\times10^3(N)=1\ 500\ kN>F_l=1\ 431.93\ kN$$

局部承压满足要求。

10.4 预应力混凝土受弯构件设计

Design of Prestressed Concrete Flexural Members

预应力混凝土受弯构件和预应力轴心受拉构件类似，但预应力受弯构件的预应力钢筋和非预应力钢筋布置是不对称的，预应力钢筋的预压力是偏向使用阶段受拉一边的偏心压力，截面混凝土的应力始终呈不均匀的分布状态。因此，预应力受弯构件的截面应力图形和计算公式与轴心受拉构件不同。与轴心受拉构件相类似的是：预应力混凝土受弯构件从张拉钢筋开始，直到构件破坏为止，也可分为施工阶段和使用阶段，每个阶段又包括若干受力过程。其主要包括预应力张拉施工阶段的应力验算、正常使用阶段的裂缝控制和变形验算、正截面承载力和斜截面承载力计算及施工阶段的局部承压验算等内容。其中，使用阶段的裂缝控制验算包括正截面抗裂和裂缝宽度验算及斜截面抗裂验算。

10.4.1 预应力张拉施工阶段应力分析

Stress Analysis at Prestressed Tension in Construction Stage

如图 10.25 所示的预应力混凝土受弯构件的正截面，在荷载作用下的受拉区（施工阶段的预压区）配置预应力钢筋 A_p 和非预应力钢筋 A_s；同时，为了防止在制作、运输和吊装等施工阶段，在荷载作用下的受压区（施工阶段的预拉区）出现裂缝，相应地配置预应力钢筋 A_p' 和非预应力钢筋 A_s'。

预应力混凝土受弯构件在预应力张拉施工阶段的受力过程同前述预应力混凝土轴心受拉构件，计算预应力混凝土轴心受拉构件截面混凝土的有效预压应力 σ_{pcI}、σ_{pcII} 时，可分别将一个偏心压力 N_{pI}、N_{pII} 作用于构件截面上，然后按材料力学公式计算。压力 N_{pI}、N_{pII} 由预应力钢筋和非预应力钢筋仅扣除相应阶段预应力损失后的应力乘以各自的截面面积并反向，然后再叠加而得（图 10.26）。计算时所用构件截面面积为：先张法用换算截面面积 A_0，后张法用构件的净截面面积 A_n。公式表达时应力的正负号规定为：预应力钢筋以受拉为正，非预应力钢筋及混凝土以受压为正。

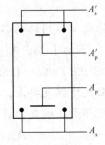

图 10.25 预应力混凝土受弯构件正截面钢筋布置

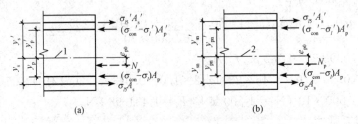

图 10.26 受弯构件预应力钢筋及非预应力钢筋合力位置

(a)先张法构件；(b)后张法构件

1—换算截面重心轴；2—净截面重心轴

(1)先张法。完成第一批预应力损失 $\sigma_{l\mathrm{I}}$、$\sigma'_{l\mathrm{I}}$ 后

预应力钢筋 A_p 的应力　　　　$\sigma_{\mathrm{pe\,I}}=(\sigma_{\mathrm{con}}-\sigma_{l\mathrm{I}})-\alpha_{\mathrm{Ep}}\sigma_{\mathrm{pc\,I\,p}}$ 　　　　　　(10-53)

预应力钢筋 A'_p 的应力　　　　$\sigma'_{\mathrm{pe\,I}}=(\sigma'_{\mathrm{con}}-\sigma'_{l\mathrm{I}})-\alpha_{\mathrm{Ep}}\sigma'_{\mathrm{pc\,I\,p}}$ 　　　　　　(10-54)

非预应力钢筋 A_s 的应力　　　　$\sigma_{\mathrm{s\,I}}=\alpha_{\mathrm{Ep}}\sigma_{\mathrm{pc\,I\,s}}$ 　　　　　　　　　(10-55)

非预应力钢筋 A'_s 的应力　　　　$\sigma'_{\mathrm{s\,I}}=\alpha_{\mathrm{Ep}}\sigma'_{\mathrm{pc\,I\,s}}$ 　　　　　　　　　(10-56)

预应力钢筋和非预应力钢筋的合力 $N_{\mathrm{p0\,I}}$ 为

$$N_{\mathrm{p0\,I}}=(\sigma_{\mathrm{con}}-\sigma_{l\mathrm{I}})A_\mathrm{p}+(\sigma'_{\mathrm{con}}-\sigma'_{l\mathrm{I}})A'_\mathrm{p} \qquad (10\text{-}57)$$

截面任意一点的混凝土法向应力为

$$\sigma_{\mathrm{pc\,I}}=\frac{N_{\mathrm{p0\,I}}}{A_0}\pm\frac{N_{\mathrm{p0\,I}}e_{\mathrm{p0\,I}}}{I_0}y_0 \qquad (10\text{-}58)$$

$$e_{\mathrm{p0\,I}}=\frac{(\sigma_{\mathrm{con}}-\sigma_{l\mathrm{I}})A_\mathrm{p}y_\mathrm{p}-(\sigma'_{\mathrm{con}}-\sigma'_{l\mathrm{I}})A'_\mathrm{p}y'_\mathrm{p}}{N_{\mathrm{p0\,I}}} \qquad (10\text{-}59)$$

完成全部应力损失 σ_l、σ'_l 后

预应力钢筋 A_p 的应力　　　　$\sigma_{\mathrm{pe\,II}}=(\sigma_{\mathrm{con}}-\sigma_l)-\alpha_{\mathrm{Ep}}\sigma_{\mathrm{pc\,II\,p}}$ 　　　　　　(10-60)

预应力钢筋 A'_p 的应力　　　　$\sigma'_{\mathrm{pe\,II}}=(\sigma'_{\mathrm{con}}-\sigma'_l)-\alpha_{\mathrm{Ep}}\sigma'_{\mathrm{pc\,II\,p}}$ 　　　　　　(10-61)

非预应力钢筋 A_s 的应力　　　　$\sigma_{\mathrm{s\,II}}=\alpha_{\mathrm{Es}}\sigma_{\mathrm{pc\,II\,s}}+\sigma_{l5}$ 　　　　　(10-62)

非预应力钢筋 A'_s 的应力　　　　$\sigma'_{\mathrm{s\,II}}=\alpha_{\mathrm{Es}}\sigma'_{\mathrm{pc\,II\,s}}+\sigma_{l5}$ 　　　　　(10-63)

预应力钢筋和非预应力钢筋的合力 $N_{\mathrm{p0\,II}}$ 为

$$N_{\mathrm{p0\,II}}=(\sigma_{\mathrm{con}}-\sigma_l)A_\mathrm{p}+(\sigma'_{\mathrm{con}}-\sigma'_l)A'_\mathrm{p}-\sigma_{l5}A_\mathrm{s}-\sigma'_{l5}A'_\mathrm{s} \qquad (10\text{-}64)$$

截面任意一点的混凝土法向应力为

$$\sigma_{\mathrm{pc\,II}}=\frac{N_{\mathrm{p0\,II}}}{A_0}\pm\frac{N_{\mathrm{p0\,II}}e_{\mathrm{p0\,II}}}{I_0}y_0 \qquad (10\text{-}65)$$

$$e_{\mathrm{p0\,II}}=\frac{(\sigma_{\mathrm{con}}-\sigma_{l\mathrm{I}})A_\mathrm{p}y_\mathrm{p}-(\sigma'_{\mathrm{con}}-\sigma'_{l\mathrm{I}})A'_\mathrm{p}y'_\mathrm{p}-\sigma_{l5}A_\mathrm{s}\,y_\mathrm{s}+\sigma'_{l5}A'_\mathrm{s}y'_\mathrm{s}}{N_{\mathrm{p0\,II}}} \qquad (10\text{-}66)$$

式中　A_0——换算截面面积，$A_0=A_\mathrm{c}+\alpha_{\mathrm{Ep}}A_\mathrm{p}+\alpha_{\mathrm{Es}}A_\mathrm{s}+\alpha_{\mathrm{Ep}}A'_\mathrm{p}+\alpha_{\mathrm{Es}}A'_\mathrm{s}$；

　　　I_0——换算截面 A_0 的惯性矩；

　　　$e_{\mathrm{p0\,I}}$——$N_{\mathrm{p0\,I}}$ 至换算截面重心轴的距离；

　　　$e_{\mathrm{p0\,II}}$——$N_{\mathrm{p0\,II}}$ 至换算截面重心轴的距离；

　　　y_0——换算截面重心轴至所计算的纤维层的距离；

　　　y_p，y'_p——荷载作用的受拉区、受压区预应力钢筋各自合力点至换算截面重心轴的距离；

　　　y_s，y'_s——荷载作用的受拉区、受压区非预应力钢筋各自合力点至换算截面重心轴的距离；

　　　$\sigma_{\mathrm{pc\,I\,p}}(\sigma_{\mathrm{pc\,II\,p}})$，$\sigma'_{\mathrm{pc\,I\,p}}(\sigma'_{\mathrm{pc\,II\,p}})$——荷载作用的受拉区、受压区预应力钢筋各自合力点处混凝土的应力；

　　　$\sigma_{\mathrm{pc\,I\,s}}(\sigma_{\mathrm{pc\,II\,s}})$，$\sigma'_{\mathrm{pc\,I\,s}}(\sigma'_{\mathrm{pc\,II\,s}})$——荷载作用的受拉区、受压区非预应力钢筋各自合力点处混凝土的应力。

(2)后张法。完成第一批预应力损失 $\sigma_{l\mathrm{I}}$、$\sigma'_{l\mathrm{I}}$ 后

预应力钢筋 A_p 的应力　　　　$\sigma_{\mathrm{pe\,I}}=\sigma_{\mathrm{con}}-\sigma_{l\mathrm{I}}$ 　　　　　　　　　(10-67)

预应力钢筋 A'_p 的应力　　　　$\sigma'_{\mathrm{pe\,I}}=\sigma'_{\mathrm{con}}-\sigma'_{l\mathrm{I}}$ 　　　　　　　　　(10-68)

非预应力钢筋 A_s 的应力 $\qquad\qquad\sigma_{sI}=\alpha_{Ep}\sigma_{pcIs}$ $\qquad\qquad$ (10-69)

非预应力钢筋 A_s' 的应力 $\qquad\qquad\sigma_{sI}'=\alpha_{Ep}\sigma_{pcIs}'$ $\qquad\qquad$ (10-70)

预应力钢筋和非预应力钢筋的合力

$$N_{pI}=(\sigma_{con}-\sigma_{lI})A_p+(\sigma_{con}'-\sigma_{lI}')A_p' \qquad (10\text{-}71)$$

截面任意一点的混凝土法向应力为

$$\sigma_{pcI}=\frac{N_{pI}}{A_n}+\frac{N_{pI}\,e_{pnI}}{I_n}y_n \qquad (10\text{-}72)$$

$$e_{pnI}=\frac{(\sigma_{con}-\sigma_{lI})A_p y_{pn}-(\sigma_{con}'-\sigma_{lI}')A_p' y_{pn}'}{N_{pI}} \qquad (10\text{-}73)$$

完成全部应力损失 σ_l、σ_l' 后

预应力钢筋 A_p 的应力 $\sigma_{peII}=\sigma_{con}-\sigma_l$ $\qquad\qquad$ (10-74)

预应力钢筋 A_p' 的应力 $\sigma_{peII}'=\sigma_{con}'-\sigma_l'$ $\qquad\qquad$ (10-75)

非预应力钢筋 A_s 的应力

$$\sigma_{sII}=\alpha_{Es}\sigma_{pcIIs}+\sigma_{l5} \qquad (10\text{-}76)$$

非预应力钢筋 A_s' 的应力

$$\sigma_{sII}'=\alpha_{Es}\sigma_{pcIIs}'+\sigma_{l5}' \qquad (10\text{-}77)$$

预应力钢筋和非预应力钢筋的合力 N_{pII} 为

$$N_{pII}=(\sigma_{con}-\sigma_l)A_p+(\sigma_{con}'-\sigma_l')A_p'-\sigma_{l5}A_s-\sigma_{l5}'A_s' \qquad (10\text{-}78)$$

截面任意一点的混凝土法向应力为

$$\sigma_{pcII}=\frac{N_{pII}}{A_n}+\frac{N_{pII}\,e_{pnII}}{I_n}y_n \qquad (10\text{-}79)$$

$$e_{pnII}=\frac{(\sigma_{con}-\sigma_{lI})A_p y_{pn}-(\sigma_{con}'-\sigma_{lI}')A_p' y_{pn}'-\sigma_{l5}A_s y_{ns}+\sigma_{l5}'A_s' y_{sn}'}{N_{pII}} \qquad (10\text{-}80)$$

式中 A_n——净截面面积，$A_n=A_c+\alpha_{Es}A_s+\alpha_{Es}A_s'$；

$\quad$ I_n——净截面 A_n 的惯性矩；

$\quad$ e_{pnI}——N_{pI} 至净截面重心轴的距离；

$\quad$ e_{pnII}——N_{pII} 至净截面重心轴的距离；

$\quad$ y_n——净截面重心轴至所计算的纤维层的距离；

$\quad$ y_{pn}，y_{pn}'——荷载作用的受拉区、受压区预应力钢筋各自合力点至净截面重心轴的距离；

$\quad$ y_{sn}，y_{sn}'——荷载作用的受拉区、受压区非预应力钢筋各自合力点至净截面重心轴的距离；

$\quad$ $\sigma_{pcIp}(\sigma_{pcIIp})$，$\sigma_{pcIp}'(\sigma_{pcIIp}')$——荷载作用的受拉区、受压区预应力钢筋各自合力点处混凝土的应力；

$\quad$ $\sigma_{pcIs}(\sigma_{pcIIs})$，$\sigma_{pcIs}'(\sigma_{pcIIs}')$——荷载作用的受拉区、受压区非预应力钢筋各自合力点处混凝土的应力。

10.4.2　正常使用阶段应力分析
Stress Analysis at Service Stage

正常使用阶段内，先张法与后张法应力变化情况基本相同，与轴心受拉构件一样，可

划分为消压极限状态、抗裂极限状态和带裂缝工作状态。

(1)消压极限状态。外荷载增加至截面弯矩为 M_0 时，受拉边缘混凝土预压应力刚好为零，此弯矩 M_0 称为消压弯矩。则

$$\sigma_{pcII} = \frac{M_0}{W_0} \tag{10-81}$$

所以

$$M_0 = \sigma_{pcII} W_0 \tag{10-82}$$

式中　M_0——由外荷载引起的，恰好使受拉区下边缘混凝土预压应力为零时的弯矩；

　　　W_0——为换算截面对受拉边缘弹性抵抗矩，$W_0 = I_0/y$，其中，y 为换算截面重心至受拉边缘的距离；

　　　σ_{pcII}——扣除全部预应力损失后，在截面受拉边缘由预应力产生的混凝土法向应力。

此时，预应力钢筋 A_p 的应力 σ_p 由 σ_{peII} 增加 $\alpha_{Ep}\dfrac{M_0}{I_0}y_p$，预应力钢筋 A_p' 的应力 σ_p' 由 σ_{peII}' 减少 $\alpha_{Ep}\dfrac{M_0}{I_0}y_p'$，即

$$\sigma_p = \sigma_{peII} + \alpha_{Ep}\frac{M_0}{I_0}y_p \tag{10-83}$$

$$\sigma_p' = \sigma_{peII}' - \alpha_{Ep}\frac{M_0}{I_0}y_p' \tag{10-84}$$

相应的非预应力钢筋 A_s 的压应力 σ_s 由 σ_{sII} 减少 $\alpha_{Es}\dfrac{M_0}{I_0}y_s$，非预应力钢筋 A_s' 的压应力 σ_s' 由 σ_{sII}' 增加 $\alpha_{Es}\dfrac{M_0}{I_0}y_s'$，即

$$\sigma_s = \sigma_{sII} - \alpha_{Es}\frac{M_0}{I_0}y_s \tag{10-85}$$

$$\sigma_s' = \sigma_{sII}' + \alpha_{Es}\frac{M_0}{I_0}y_s' \tag{10-86}$$

(2)抗裂极限状态。当弯矩超过 M_0 后，下边缘混凝土开始受拉；当混凝土拉应力达到混凝土轴心抗拉强度标准值 f_{tk}，截面下边缘混凝土即将开裂。此时截面上受到的弯矩即为开裂弯矩 M_{cr}，则

$$M_{cr} = M_0 + \gamma f_{tk} W_0 = (\sigma_{pcII} + \gamma f_{tk})W_0 \tag{10-87}$$

式中　σ_{pcII}——扣除全部预应力损失后，在截面受拉边缘由预应力产生的混凝土法向应力。

　　　γ——受拉区混凝土塑性影响系数，即 $\gamma = \left(0.7 + \dfrac{120}{h}\right)\gamma_m$。

　　　γ_m——混凝土构件的截面抵抗矩塑性影响系数基本值，可按正截面应变保持平面的假定，并取受拉区混凝土应力图形为梯形、受拉边缘混凝土的极限拉应变为 $2f_{tk}/E_c$ 确定，对常用的截面形状，γ_m 值可按表 10.5 取用。

　　　h——截面高度(mm)。当 $h < 400$ 时，取 $h = 400$；$h > 1\,600$ 时，取 $h = 1\,600$，对圆形、环形截面，取 $h = 2r$，此处，r 为圆形截面半径或环形截面的外环半径。

表 10.5　常用截面抵抗矩塑性影响系数基本值

项次	1	2	3			4		5
截面形状	矩形截面	翼缘位于受压区的T形截面	I 形截面或箱形截面			翼缘位于受拉区的倒 T 形截面		圆形和环形截面
			$b_f/b \leqslant 2$、h_f/h为任意值	$b_f/b > 2$、$h_f/h < 0.2$		$b_f/b \leqslant 2$、h_f/h为任意值	$b_f/b > 2$、$h_f/h < 0.2$	
γ_m	1.55	1.50	1.45	1.35		1.50	1.40	$1.6 - 0.24r_1/r$

（3）带裂缝工作状态。在构件极限弯矩 M_u 作用下，预应力钢筋及非预应力钢筋分别达到抗拉强度 f_{py} 与 f_y，受压区混凝土的应变达到极限应变；当受压区高度不是很小时，受压区的非预应力钢筋也可能达到其抗压强度 f_y'；受压区的非预应力钢筋一般达不到其抗压强度 f_{py}'，甚至可能受拉。构件的应力状态和计算方法与普通混凝土受弯构件类似。

若在受压区配置预应力钢筋 A_p'，在构件未受力之前（施工阶段），A_p' 受拉；当荷载增加时，A_p' 中的拉应力逐渐减少，至构件破坏时，A_p' 可能受拉也可能受压，但一般达不到其抗压强度 f_{py}'，可近似取

$$\sigma_p' = \sigma_{p0}' - f_{py}' \tag{10-88}$$

式中　σ_{p0}'——受压区预应力筋合力作用点处混凝土法向应力为零时该预应力筋的应力值，对于先张法构件 $\sigma_{p0}' = \sigma_{con}' - \sigma_l'$，对于后张法构件 $\sigma_{p0}' = \sigma_{con}' - \sigma_l' + \alpha_E \sigma_{pc}'$。

式（10-88）中，若 σ_p' 为正时表示 A_p' 受拉，为负表示 A_p' 受压。显然当 A_p' 受拉时，将降低构件正截面承载能力，故在受压区配置预应力钢筋将稍微降低构件的承载能力，同时，还将引起受拉边缘混凝土预压应力的减少，降低构件的抗裂性能，所以，受压区配置预应力钢筋只适用于预拉区在施工阶段可能出现裂缝的构件。

10.4.3　施工阶段混凝土应力控制验算
Check of Concrete Control Stress at Construction State

预应力混凝土受弯构件的受力特点在制作、运输和安装等施工阶段与使用阶段是不同的。在制作时，构件受到预压力及自重的作用，处于偏心受压状态，构件的全截面受压或下边缘受压、上边缘受拉，如图 10.27（a）所示。在运输、吊装时，如图 10.27（b）所示，自重及施工荷载在吊点截面产生负弯矩如图 10.27（d）所示，与预压力产生的负弯矩方向相同，如图 10.27（c）所示，使吊点截面成为最不利的受力截面。因此，预应力混凝土构件必须进行施工阶段的混凝土应力控制验算。

截面边缘的混凝土法向应力为

$$\left.\begin{array}{c}\sigma_{cc}\\\sigma_{ct}\end{array}\right\} = \sigma_{pcI} + \frac{N_k}{A_0} \pm \frac{M_k}{W_0} \tag{10-89}$$

式中　σ_{ct}，σ_{cc}——相应施工阶段计算截面边缘纤维的混凝土拉应力、压应力；

σ_{pcI}——由预应力产生的混凝土法向应力，当 σ_{pcI} 为正应力时，取正值；当 σ_{pcI} 为负应力时，取负值；

N_k，M_k——构件自重及施工荷载标准组合在计算截面产生的轴向力值、弯矩值；

W_0——验算边缘的换算截面弹性抵抗矩。

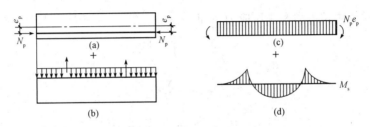

图 10.27 预应力构件制作、吊装时的内力图

(a)制作阶段；(b)运输和吊装；(c)制作阶段产生的内力图；(d)运输吊装时自重产生的内力图

施工阶段截面应力验算，一般是在求得截面应力值后，按是否允许出现裂缝分别对混凝土应力进行控制。

(1)对于施工阶段不允许出现裂缝的构件，或预压时全截面受压的构件

$$\sigma_{ct} \leqslant f'_{tk} \tag{10-90}$$

$$\sigma_{cc} \leqslant 0.8f'_{ck} \tag{10-91}$$

式中 f'_{tk}，f'_{ck}——与各施工阶段混凝土立方体抗压强度 f'_{cu} 相应的轴心抗拉、抗压强度标准值，可由附表 1.1 用线性内插法查得。

(2)对于施工阶段预拉区允许出现裂缝的构件，当预拉区不配置预应力钢筋($A'_p=0$)时

$$\sigma_{ct} \leqslant 2f'_{tk} \tag{10-92}$$

$$\sigma_{cc} \leqslant 0.8f'_{ck} \tag{10-93}$$

10.4.4 正常使用极限状态验算
Check of Service Limit State

(1)正截面抗裂验算。对于严格要求不出现裂缝的构件，在荷载标准组合下应满足条件。

$$M_k/W_0 - \sigma_{pcII} < 0 \tag{10-94}$$

对于一般要求不出现裂缝的构件：

①在荷载标准组合下应满足条件

$$M_k/W_0 - \sigma_{pcII} < f_{tk} \tag{10-95}$$

②在荷载永久组合下应满足条件

$$M_q/W_0 - \sigma_{pcII} \leqslant 0 \tag{10-96}$$

式中 M_k，M_q——标准荷载组合、永久荷载组合下弯矩值；

W_0——换算截面对受拉边缘的弹性抵抗矩；

f_{tk}——混凝土的轴心抗拉强度标准值；

σ_{pcII}——扣除全部预应力损失后，在截面受拉边缘由预应力产生的混凝土法向应力。

比较式(10-87)和式(10-95)可见，在实际构件抗裂验算时，忽略了受拉区混凝土塑性变形对截面抗裂产生的有利影响，使截面抗裂具有一定的可靠保障。

(2)斜截面抗裂验算。斜裂缝的出现是由于主拉应力超过了混凝土的抗拉强度，《规范》规定斜截面抗裂验算，主要是验算截面各点的主拉应力 σ_{tp} 和主压应力 σ_{cp}。

预应力混凝土受弯构件在斜裂缝出现以前，构件基本上还处于弹性工作阶段，故可用

材料力学公式计算主拉应力和主压应力，即

$$\left.\begin{array}{c}\sigma_{tp}\\\sigma_{cp}\end{array}\right\}=\frac{\sigma_x+\sigma_y}{2}\pm\sqrt{\left(\frac{\sigma_x+\sigma_y}{2}\right)^2+\tau^2} \tag{10-97}$$

$$\sigma_x=\sigma_{pc}+\frac{M_k}{I_0}y_0 \tag{10-98}$$

$$\tau=\frac{(V_k-\sum\sigma_{pe}A_{pb}\sin\alpha_p)S_0}{I_0\,b} \tag{10-99}$$

式中　σ_x——由预应力和弯矩 M_k 在计算纤维处产生的混凝土法向应力。

σ_y——由集中荷载(如吊车梁集中力等)标准值 F_k 产生的混凝土竖向压应力，在 F_k 作用点两侧一定长度范围内，由 $\sigma_y=\dfrac{0.6F_k}{6h}$ 确定。

τ——由剪力值 V_k 和预应力弯起钢筋的预应力在计算纤维处产生的混凝土剪应力(如有扭矩作用，还应考虑扭矩引起的剪应力)；当有集中荷载 F_k 作用时，在 F_k 作用点两侧一定长度范围内，由 F_s 产生的混凝土剪应力。

σ_{pc}——扣除全部预应力损失后，在计算纤维处由预应力产生的混凝土法向应力。

σ_{pe}——预应力钢筋的有效预应力。

M_k，V_k——按荷载标准组合计算的弯矩值、剪力值。

S_0——计算纤维层以上部分的换算截面面积对构件换算截面重心的面积矩。

y_0，I_0——换算截面重心至所计算纤维层处的距离和换算截面惯性矩。

A_{pb}——计算截面上同一弯起平面内的预应力弯起钢筋的截面面积。

α_p——计算截面上预应力弯起钢筋的切线与构件纵向轴线的夹角。

上述公式中 σ_x、σ_y、σ_{pc} 和 $\dfrac{M_k}{I_0}y_0$，当为拉应力时，以正号代入；当为负压力时，以负号代入。

求出主应力后，即可进行斜截面抗裂验算。在《规范》规定预应力混凝土受弯构件斜截面的抗裂验算，主要是验算截面上的主拉应力和主压应力不超过一定的限制。

①混凝土主拉应力。

对严格要求不出现裂缝的构件(一级控制)

$$\sigma_{tp}\leqslant0.85f_{tk} \tag{10-100}$$

对一般要求不出现裂缝的构件(二级控制)

$$\sigma_{tp}\leqslant0.95f_{tk} \tag{10-101}$$

②混凝土主压应力。

对以上两类构件(一、二级控制)

$$\sigma_{cp}\leqslant0.6f_{tk} \tag{10-102}$$

式中　σ_{tp}，σ_{cp}——混凝土的主拉应力和主压应力。

如满足上述条件，则认为斜截面抗裂，否则应加大构件的截面尺寸。

计算 σ_{tp} 和 σ_{cp} 时，应选择跨内最不利位置的截面，对该截面的换算截面重心处和截面宽度突变处进行验算。对于先张法构件，还应考虑预应力钢筋传递长度 l_{tr} 范围内的预应力降低问题。

（3）裂缝宽度验算。使用阶段允许出现裂缝的预应力受弯构件，应验算裂缝宽度。按荷载标准组合并考虑荷载的长期作用影响的最大裂缝宽度 $w_{\max}$（mm），不应超过附表 10.2 规定的允许值。

当预应力混凝土受弯构件的混凝土全截面消压时，其起始受力状态等同于钢筋混凝土受弯构件，因此，可以按钢筋混凝土受弯构件的类似方法进行裂缝宽度计算，计算公式表达形式与轴心受拉构件相同，即

$$w_{\max}=\alpha_{\mathrm{cr}}\psi\frac{\sigma_{\mathrm{sk}}}{E_{\mathrm{s}}}\left(1.9c+0.08\frac{d_{\mathrm{eq}}}{\rho_{\mathrm{te}}}\right) \tag{10-103}$$

式（10-103）中，对预应力混凝土受弯构件，取 $\alpha_{\mathrm{cr}}=1.7$；计算 ρ_{te} 采用的有效受拉混凝土截面面积 A_{te} 取腹板截面面积的一半与受拉翼缘截面面积之和，即 $A_{\mathrm{te}}=0.5bh+(b_{\mathrm{f}}-b)h_{\mathrm{f}}$，其中，$b_{\mathrm{f}}$、$h_{\mathrm{f}}$ 分别为受拉翼缘的宽度、高度；d_{eq} 为纵向受拉钢筋的等效直径，按式（10-45）计算。

纵向钢筋等效应力 σ_{sk} 可由图 10.28 对受压区合力点取矩求得，即

$$\sigma_{\mathrm{sk}}=\frac{M_{\mathrm{k}}-N_{\mathrm{p0}}(z-e_{\mathrm{p}})}{(A_{\mathrm{s}}+A_{\mathrm{p}})z} \tag{10-104}$$

$$z=[0.87-0.12(1-\gamma_{\mathrm{f}}')(h_0'/e)^2]h_0 \tag{10-105}$$

$$e=\frac{M_{\mathrm{k}}}{N_{\mathrm{p0}}}+e_{\mathrm{p}} \tag{10-106}$$

$$N_{\mathrm{p0}}=\sigma_{\mathrm{p0}}A_{\mathrm{p}}+\sigma_{\mathrm{p0}}'A_{\mathrm{p}}'-\sigma_{l5}A_{\mathrm{s}}-\sigma_{l5}'A_{\mathrm{s}}' \tag{10-107}$$

$$e_{\mathrm{p0}}=\frac{\sigma_{\mathrm{p0}}A_{\mathrm{p}}y_{\mathrm{p}}-\sigma_{\mathrm{p0}}'A_{\mathrm{p}}'y_{\mathrm{p}}'-\sigma_{l5}A_{\mathrm{s}}y_{\mathrm{s}}+\sigma_{l5}'A_{\mathrm{s}}'y_{\mathrm{s}}'}{N_{\mathrm{p0}}} \tag{10-108}$$

式中 M_{k}——由荷载标准组合计算的弯矩值；

z——受拉区纵向非预应力和预应力钢筋合力点至受压区合力点的距离；

N_{p0}——混凝土法向预应力等于零时全部纵向预应力和非预应力钢筋的合力；

e_{p0}——N_{p0} 的作用点至换算截面重心轴的距离；

e_{p}——N_{p0} 的作用点至纵向预应力和非预应力受拉钢筋合力点的距离；

σ_{p0}——预应力钢筋的合力点处混凝土正截面法向应力为零时，预应力钢筋中已存在的拉应力，先张法 $\sigma_{\mathrm{p0}}=\sigma_{\mathrm{con}}-\sigma_l$，后张法 $\sigma_{\mathrm{p0}}=\sigma_{\mathrm{con}}-\sigma_l+\alpha_{\mathrm{Ep}}\sigma_{\mathrm{pcII\,p}}$；

σ_{p0}'——受压区的预应力钢筋 A_{p}' 合力点处混凝土法向应力为零时的预应力钢筋应力，先张法 $\sigma_{\mathrm{p0}}'=\sigma_{\mathrm{con}}'-\sigma_l'$，后张法 $\sigma_{\mathrm{p0}}'=\sigma_{\mathrm{con}}'-\sigma_l'+\alpha_{\mathrm{Ep}}\sigma_{\mathrm{pcII\,p}}'$。

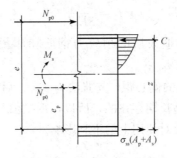

图 10.28   预应力混凝土受弯构件裂缝截面处的应力图形

（4）挠度验算。预应力混凝土受弯构件使用阶段的挠度是由两部分组成，即外荷载产生的挠度和预加应力引起的反拱值。两者可以互相抵消部分，故预应力混凝土受弯构件的挠度小于钢筋混凝土受弯构件的挠度。

①外荷载作用下产生的挠度 f_1。外荷载引起的挠度，可按材料力学的公式进行计算

$$f_1 = s\frac{M_k l_0^2}{B} \tag{10-109}$$

式中　s——与荷载形式、支承条件有关的系数；

　　　B——荷载效应的标准组合并考虑荷载的长期作用的影响的长期刚度，按下列公式计算：

$$B = \frac{M_k}{M_q(\theta-1)+M_k}B_s \tag{10-110}$$

式中　θ——考虑荷载长期作用对挠度增大的影响系数，取 $\theta = 2.0$；

　　　B_s——荷载标准组合下预应力混凝土受弯构件的短期刚度，可按下列公式计算。

不出现裂缝的构件　　　　　　　$B_s = 0.85E_c I_0 \tag{10-111}$

出现裂缝的构件　　　　　$B_s = \dfrac{0.85E_c I_0}{\dfrac{M_{cr}}{M_k}+(1-\dfrac{M_{cr}}{M_k})w} \tag{10-112}$

$$w = \left(1.0+\frac{0.21}{\alpha_E\rho}\right)(1+0.45\gamma_f)-0.7 \tag{10-113}$$

式中　I_0——换算截面的惯性矩。

　　　α_E——钢筋弹性模量与混凝土弹性模量的比值，$\alpha_E = \dfrac{E_s}{E_c}$。

　　　ρ——纵向受拉钢筋的配筋率，$\rho = \dfrac{A_p+A_s}{bh_0}$。

　　　M_{cr}——换算截面的开裂弯矩，可按式(10-87)计算。当 $M_{cr}/M_k > 1.0$ 时，取 $M_{cr}/M_k = 1.0$。

　　　γ_f——受拉翼缘面积与腹板有效面积的比值，$\gamma_f = (b_f-b)h_f/(bh_0)$，其中，$b_f$、$h_f$ 分别为受拉翼缘的宽度、高度。

对预压时预拉区允许出现裂缝的构件，B_s 应降低 10%。

②预应力产生的反拱值 f_2。由预加应力引起的反拱值，可用结构力学方法按两端作用有弯矩 $N_p e_p$ 的刚度为 $E_c I_0$ 的简支梁计算：

$$f_2 = \frac{N_p e_p l_0^2}{8E_c I_0} \tag{10-114}$$

式中　N_p——扣除全部预应力损失后的预应力钢筋和非预应力钢筋的合力，先张法为 $N_{p0\mathrm{II}}$，后张法为 $N_{p\mathrm{II}}$；

　　　e_p——N_p 对截面重心轴的偏心距，先张法为 $e_{p0\mathrm{II}}$，后张法为 $e_{pn\mathrm{II}}$。

考虑到预压应力这一因素是长期存在的，所以，反拱值可取为 $2f$。对永久荷载所占比例较小的构件，应考虑反拱过大对使用上的不利影响。

荷载作用时的总挠度 f

$$f = f_1 - 2f_2 \tag{10-115}$$

f 计算值应满足附表 10.1 中的允许挠度值。

10.4.5　正截面承载力计算
Normal Section Bearing Capacity Calculation

(1)计算公式。当外荷载增大至构件破坏时，截面受拉区预应力钢筋和非预应力钢筋的应力先达到屈服强度 f_{py} 和 f_y，然后受压区边缘混凝土应变达到极限压应变致使混凝土压碎，构件达到极限承载力。此时，受压区非预应力钢筋的应力可达到受压屈服强度 f_y'。而受压区预应力钢筋的应力 σ_p' 可能是拉应力，也可能是压应力，但一般达不到受压屈服强度 f_{py}'。

矩形截面或翼缘位于受拉边的倒 T 形截面的受弯构件，预应力混凝土受弯构件，与普通钢筋混凝土受弯构件相比，截面中仅多出 A_p 与 A_p' 两项钢筋，如图 10.29 所示。

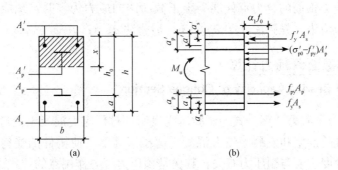

图 10.29　矩形截面梁正截面承载能力计算简图

根据截面内力平衡条件可得

$$\sum x = 0 \quad \alpha_1 f_c bx = f_y A_s - f_y' A_s' + f_{py} A_p + (\sigma_{p0}' - f_{py}') A_p' \tag{10-116}$$

$$\sum M = 0 \quad M \leqslant \alpha_1 f_c bx\left(h_0 - \frac{x}{2}\right) + f_y' A_s'(h_0 - a_s') - (\sigma_{p0}' - f_{py}') A_p'(h_0 - a_p') \tag{10-117}$$

式中　M——弯矩设计值；

α_1——混凝土强度系数；

h_0——截面有效高度，$h_0 = h - a$；

a——受拉区预应力钢筋和非预应力钢筋合力点至受拉区边缘的距离；

a_p'，a_s'——受压区预应力钢筋 A_p'、非预应力钢筋 A_s' 各自合力点至受压区边缘的距离；

σ_{p0}'——受压区的预应力钢筋 A_p' 合力点处混凝土法向应力为零时的预应力钢筋应力，先张法 $\sigma_{p0}' = \sigma_{con}' - \sigma_l'$，后张法 $\sigma_{p0}' = \sigma_{con}' - \sigma_l' + \alpha_{Ep}\sigma_{pcⅡp}'$。

(2)适用条件。混凝土受压区高度 x 应符合下列要求：

$$x \leqslant \xi_b h_0 \tag{10-118}$$

$$x \geqslant 2a' \tag{10-119}$$

式中　a'——受压区钢筋合力点至受压区边缘的距离；当 $\sigma_{p0}' - f_{py}'$ 为拉应力或 $A_p' = 0$ 时，式(10-119)中的 a' 应用 a_s' 代替。

当 $x < 2a'$，且 $\sigma_{p0}' - f_{py}'$ 为压应力时，正截面受弯承载力可按下列公式计算：

$$M \leqslant f_{py} A_p(h - a_p - a_s') + f_y A_s(h - a_s - a_s') - (\sigma_{p0}' - f_{py}') A_p'(a_p' - a_s') \tag{10-120}$$

式中　a_p，a_s——受拉区预应力钢筋 A_p、非预应力钢筋 A_s 各自合力点至受拉区边缘的距离。

预应力钢筋的相对界限受压区高度 ξ_b 应按下列公式计算：

对有屈服点的钢筋

$$\xi_b = \frac{\beta_1}{1.0 + \dfrac{f_{py} - \sigma_{p0}}{\varepsilon_{cu} E_s}} \tag{10-121a}$$

对无屈服点的钢筋

$$\xi_b = \frac{\beta_1}{1.0 + \dfrac{0.002}{\varepsilon_{cu}} + \dfrac{f_{py} - \sigma_{p0}}{\varepsilon_{cu} E_s}} \tag{10-121b}$$

式中　β_1——矩形应力图受压区高度与平截面假定的中和轴高度的比值。

　　　ε_{cu}——非均匀受压时的混凝土极限压应变。

　　　σ_{p0}——预应力钢筋的合力点处混凝土正截面法向应力为零时，预应力钢筋中已存在的拉应力。先张法 $\sigma_{p0} = \sigma_{con} - \sigma_l$，后张法 $\sigma_{p0} = \sigma_{con} - \sigma_l + \alpha_{Ep}\sigma_{pc\mathrm{II}\,p}$。

10.4.6　斜截面承载力计算
Calculation of Bearing Capacity of Oblique Section

(1)斜截面受剪承载力计算公式。试验研究表明：对预应力混凝土受弯构件，施加预应力能够阻止斜裂缝的发生和发展，增大混凝土剪压区高度，使构件的受剪承载力提高。抗剪承载力的提高程度主要与预压力有关，其次是预压力合力作用点的位置。

对于矩形、T形和I形截面预应力混凝土梁，斜截面受剪承载力可按下式计算：

当仅配置箍筋时

$$V \leqslant V_{cs} + V_p \tag{10-122}$$

当配置箍筋和弯起钢筋时(图 10.30)

$$V \leqslant V_{cs} + V_{sb} + V_p + V_{pb} \tag{10-123}$$

$$V_p = 0.05 N_{p0} \tag{10-124}$$

$$V_{pb} = 0.8 f_y A_{pb} \sin \alpha_p \tag{10-125}$$

式中　V_{cs}——斜截面上混凝土和箍筋的受剪承载力设计值。

　　　V_{sb}——非预应力弯起钢筋的受剪承载力。

　　　V_p——由预压应力所提高的受剪承载力。

　　　N_{p0}——计算截面上混凝土法向应力为零时的预应力钢筋和非预应力钢筋的合力，按式(10-107)计算。当 $N_{p0} > 0.3 f_c A_0$ 时，取 $N_{p0} = 0.3 f_c A_0$。

　　　V_{pb}——预应力弯起钢筋的受剪承载力。

　　　α_p——斜截面处预应力弯起钢筋的切线与构件纵向轴线的夹角，如图 10.30 所示。

　　　A_{pb}——同一弯起平面的预应力弯起钢筋的截面面积。

对 N_{p0} 引起的截面弯矩与外荷载引起的弯矩方向相同的情况，以及预应力混凝土连续梁和允许出现裂缝的简支梁，不考虑预应力对受剪承载力的提高作用，即取 $V_p = 0$。

当符合式(10-126)或式(10-127)的要求时，可不进行斜截面的受剪承载力计算，仅需按构造要求配置箍筋。

一般受弯构件　　　　　　　$V \leqslant 0.7 f_t b h_0 + 0.05 N_{p0} \tag{10-126}$

集中荷载作用下的独立梁 $\qquad V \leqslant \dfrac{1.75}{\lambda+1}f_t b h_0 + 0.05 N_{p0}$ $\hfill$ (10-127)

预应力混凝土受弯构件受剪承载力计算的截面尺寸限制条件、箍筋的构造要求和验算截面的确定等，均与钢筋混凝土受弯构件的要求相同。

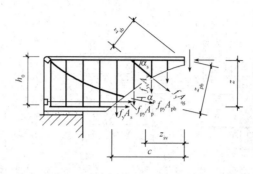

图 10.30　预应力混凝土受弯构件斜截面承载力计算图

(2)斜截面受弯承载力计算公式。预应力混凝土受弯构件的斜截面受弯承载力计算如图 10.31 所示。其计算公式为

$$M \leqslant (f_y A_s + f_{py} A_p)z + \sum f_y A_{sb} z_{sb} + \sum f_{py} A_{pb} z_{pb} + \sum f_{yv} A_{sv} z_{sv} \qquad (10\text{-}128)$$

此时，斜截面的水平投影长度可按下列条件确定：

$$V = \sum f_y A_{sb} \sin \alpha_s + \sum f_{py} A_{pb} \sin \alpha_p + \sum f_{yv} A_{sv} \qquad (10\text{-}129)$$

式中　V——斜截面受压区末端的剪力设计值；

$\qquad z$——纵向非预应力和预应力受拉钢筋的合力至受压区合力点的距离，可近似取 $z=0.9h_0$；

$\qquad z_{sb}$，z_{pb}——同一弯起平面内的非预应力弯起钢筋、预应力弯起钢筋的合力至斜截面受压区合力点的距离；

$\qquad z_{sv}$——同一斜截面上箍筋的合力至斜截面受压区合力点的距离。

当配置的纵向钢筋和箍筋满足第 5.5 节规定的斜截面受弯构造要求时，可不进行构件斜截面受弯承载力计算。

在计算先张法预应力混凝土构件端部锚固区的斜截面受弯承载力时，预应力钢筋的抗拉强度设计值在锚固区内是变化的，在锚固起点处预应力钢筋是不受力的，该处预应力钢筋的抗拉强度设计值应取为零；在锚固区的终点处取 f_{py}，在两点之间可按内插法取值。锚固长度 l_a 按第 2.3 节规定计算。

【例 10.2】 预应力混凝土梁，长度为 9 m，计算跨度 $l_0=8.75$ m，净跨 $l_n=8.5$ m，截面尺寸及配筋如图 10.31 所示。采用先张法施工，台座长度 80 m，镦头锚固，蒸汽养护 $\Delta t=20$ ℃。混凝土强度等级为 C50，预应力钢筋为 $\phi^{HT}10$ 热处理钢筋，非预应钢筋为 HRB400 级，张拉控制应力 $\sigma_{con}=0.7 f_{ptk}$，采用超张拉，混凝土达到 75% 设计强度时放张预应力钢筋。承受可变荷载标准值 $q_k=18.8$ kN/m，永久标准值 $g_k=17.5$ kN/m，准永久值系数为 0.6，该梁裂缝控制等级为三级，跨中挠度允许值为 $l_0/250$。试进行该梁的施工阶段应力验算，正常使用阶段的裂缝宽度和变形验算，正截面受弯承载力和斜截面受剪承载力验算。

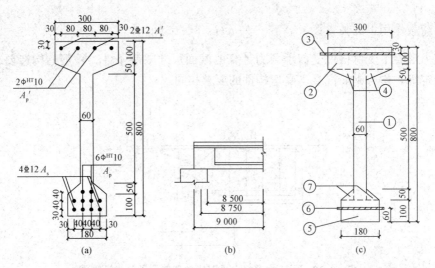

图 10.31　例题 10.2 图

【解】　(1)截面的几何特性。查附录 1～附录 4，HRB400 级钢筋 $E_s=2.0\times10^5$ N/mm²，$f_y=f'_y=360$ N/mm²；$\phi^{HT}10$ 热处理钢筋 $E_s=2.0\times10^5$ N/mm²，$f_{py}=1\,040$ N/mm²，$f'_{py}=400$ N/mm²；C50 混凝土 $E_c=3.45\times10^4$ N/mm²，$f_{tk}=2.64$ N/mm²，$f_c=23.1$ N/mm²；放张预应力钢筋时 $f'_{cu}=0.75\times50=37.5$(N/mm²)，对应 $f'_{tk}=2.30$ N/mm²，$f'_{ck}=25.1$ N/mm²。

查附录 6，$A_s=452$ mm²，$A_p=471$ mm²，$A'_p=157$ mm²，$A'_s=226$ mm²

$$\alpha_E=\frac{E_s}{E_c}=\frac{2.0\times10^5}{3.45\times10^4}=5.8$$

将截面划分成几部分计算[图 10.31(c)]，其计算过程见表 10.6。

表 10.6　截面特征计算表

编号	A_i /mm²	a_i /mm	$S_i=A_ia_i$ /mm³	$y_i=y_0-a_i$ /mm	$A_iy_i^2$ /mm⁴	I_i /mm⁴
①	$600\times60=36\,000$	400	144×10^5	43	665.64×10^5	$10\,800\times10^5$
②	$300\times100=30\,000$	750	225×10^5	307	$28\,274.7\times10^5$	250×10^5
③	$(5.8-1)\times(226+157)=1\,838.4$	770	14.16×10^5	327	$1\,965.8\times10^5$	—
④	$120\times50=6\,000$	683	41×10^5	240	$3\,456\times10^5$	8.33×10^5
⑤	$180\times100=18\,000$	50	9×10^5	393	$27\,800.8\times10^5$	150×10^5
⑥	$(5.8-1)\times(471+452)=4\,430.4$	60	2.66×10^5	383	$6\,498.9\times10^5$	—
⑦	$60\times50=3\,000$	117	3.51×10^4	326	$3\,188.3\times10^5$	4.17×10^5
Σ	$99\,268.8$		$4\,393.3\times10^4$		$71\,850.14\times10^5$	$11\,212.5\times10^5$

下部预应力钢筋和非预应力钢筋合力点距底边距离：

$$a_{p,s}=\frac{(157+226)\times30+(157+226)\times70+157\times110}{471+452}=60\,(mm)$$

$$y_0=\frac{\sum S_i}{\sum A_i}=\frac{4\,393.3\times10^4}{99\,268.8}=443\,(mm)$$

$$y_0' = 800 - 443 = 357 \text{(mm)}$$

$$I_0 = \sum A_i y_i^2 + \sum I_i = 71\,850.14 \times 10^5 + 11\,212.5 \times 10^5 = 83\,062.64 \times 10^5 \text{ (mm}^4)$$

（2）预应力损失计算。

张拉控制应力：$\sigma_{con} = \sigma_{con}' = 0.7 f_{ptk} = 0.7 \times 1\,470 = 1\,029 \text{(N/mm}^2)$

①锚具变形损失 σ_{l1}。

由表 10.2，取 $a = 1$ mm

$$\sigma_{l1} = \sigma_{l1}' = \frac{a}{l} E_s = \frac{1}{80 \times 10^3} \times 2.0 \times 10^5 = 2.5 \text{(N/mm}^2)$$

②温差损失 σ_{l2}。

$$\sigma_{l2} = \sigma_{l2}' = 2\Delta t = 2 \times 20 = 40 \text{(N/mm}^2)$$

③应力松弛损失 σ_{l4}。

采用超张拉

$$\sigma_{l4} = \sigma_{l4}' = 0.035 \sigma_{con} = 0.035 \times 1\,029 = 36 \text{(N/mm}^2)$$

第一批预应力损失（假定放张前，应力松弛损失完成 45%）：

$$\sigma_{lI} = \sigma_{lI}' = \sigma_{l1} + \sigma_{l2} + 0.45\sigma_{l4} = 2.5 + 40 + 0.45 \times 36 = 58.7 \text{(N/mm}^2)$$

④混凝土收缩、徐变损失 σ_{l5}。

$$N_{p0I} = (\sigma_{con} - \sigma_{lI})A_p + (\sigma_{con}' - \sigma_{lI}')A_p' = (1\,029 - 58.7) \times (471 + 157)$$
$$= 609.35 \times 10^3 \text{(N)} = 609.35 \text{ kN}$$

预应力钢筋到换算截面形心距离：

$$y_p = y_0 - a_p = 443 - 70 = 373 \text{(mm)}, \quad y_p' = y_0 - a_p' = 800 - 443 - 30 = 327 \text{(mm)}$$

$$e_{p0I} = \frac{(\sigma_{con} - \sigma_{lI})A_p y_p - (\sigma_{con}' - \sigma_{lI}')A_p' y_p'}{N_{p0I}}$$

$$= \frac{(1\,029 - 58.7) \times 471 \times 373 - (1\,029 - 58.7) \times 157 \times 327}{609.35 \times 10^3} = 198 \text{(mm)}$$

$$\sigma_{pcI} = \frac{N_{p0I}}{A_0} + \frac{N_{p0I} e_{p0I} y_p}{I_0} = \frac{609.35 \times 10^3}{99\,268.8} + \frac{609.35 \times 10^3 \times 198 \times 373}{83\,062.64 \times 10^5}$$

$$= 11.56 \text{(N/mm}^2) < 0.5 f_{cu} = 0.5 \times 0.75 \times 50 = 18.75 \text{(N/mm}^2)$$

$$\sigma_{pcI}' = \frac{N_{p0I}}{A_0} - \frac{N_{p0I} e_{p0I} y_p'}{I_0} = \frac{609.35 \times 10^3}{99\,268.8} - \frac{609.35 \times 10^3 \times 198 \times 327}{83\,062.64 \times 10^5}$$

$$= 1.39 \text{(N/mm}^2) < 0.5 f_{cu} = 0.5 \times 0.75 \times 50 = 18.75 \text{(N/mm}^2)$$

$$\rho = \frac{A_p + A_s}{A_0} = \frac{471 + 452}{99\,268.8} = 0.009\,3, \quad \rho' = \frac{A_p' + A_s'}{A_0} = \frac{157 + 226}{99\,268.8} = 0.003\,9$$

$$\sigma_{l5} = \frac{45 + 280 \dfrac{\sigma_{pcI}}{f_{cu}}}{1 + 15\rho} = \frac{45 + 280 \times \dfrac{11.56}{0.75 \times 50}}{1 + 15 \times 0.009\,3} = 115.24 \text{(N/mm}^2)$$

$$\sigma_{l5}' = \frac{45 + 280 \dfrac{\sigma_{pcI}'}{f_{cu}}}{1 + 15\rho'} = \frac{45 + 280 \times \dfrac{1.39}{0.75 \times 50}}{1 + 15 \times 0.003\,9} = 52.32 \text{(N/mm}^2)$$

第二批预应力损失：

$$\sigma_{lII} = 0.55\sigma_{l4} + \sigma_{l5} = 0.55 \times 36 + 115.24 = 135.04 \text{(N/mm}^2)$$

$$\sigma_{lII}' = 0.55\sigma_{l4}' + \sigma_{l5}' = 0.55 \times 36 + 52.32 = 72.12 \text{(N/mm}^2)$$

总应力损失：
$$\sigma_l = \sigma_{l\text{I}} + \sigma_{l\text{II}} = 58.7 + 135.04 = 193.74(\text{N/mm}^2) > 100(\text{N/mm}^2)$$
$$\sigma_l' = \sigma_{l\text{I}}' + \sigma_{l\text{II}}' = 58.7 + 72.12 = 130.82(\text{N/mm}^2) > 100(\text{N/mm}^2)$$

（3）内力计算。

可变荷载标准值产生的弯矩和剪力
$$M_{\text{Qk}} = \frac{1}{8}q_{\text{k}}l_0^2 = \frac{1}{8} \times 18.8 \times 8.75^2 = 179.92(\text{kN} \cdot \text{m})$$
$$V_{\text{Qk}} = \frac{1}{2}q_{\text{k}}l_{\text{n}} = \frac{1}{2} \times 18.8 \times 8.5 = 79.9(\text{kN})$$

永久荷载标准值产生的弯矩和剪力
$$M_{\text{Gk}} = \frac{1}{8}g_{\text{k}}l_0^{\ 2} = \frac{1}{8} \times 17.5 \times 8.75^2 = 167.48(\text{kN} \cdot \text{m})$$
$$V_{\text{Gk}} = \frac{1}{2}g_{\text{k}}l_{\text{n}} = \frac{1}{2} \times 17.5 \times 8.5 = 74.38(\text{kN})$$

弯矩标准值
$$M_{\text{k}} = M_{\text{Qk}} + M_{\text{Gk}} = 179.92 + 167.48 = 347.4(\text{kN} \cdot \text{m})$$

弯矩设计值
$$M = 1.2M_{\text{Gk}} + 1.4M_{\text{Qk}} = 1.2 \times 167.48 + 1.4 \times 179.92 = 452.86(\text{kN} \cdot \text{m})$$

剪力设计值
$$V = 1.2V_{\text{Gk}} + 1.4V_{\text{Qk}} = 1.2 \times 74.38 + 1.4 \times 79.9 = 201.12(\text{kN})$$

（4）施工阶段验算。

放张后混凝土上、下边缘应力
$$\sigma_{\text{pcI}} = \frac{N_{\text{p0I}}}{A_0} + \frac{N_{\text{p0I}}e_{\text{p0I}}y_0}{I_0} = \frac{609.35 \times 10^3}{99\,268.8} + \frac{609.35 \times 10^3 \times 198 \times 443}{83\,062.64 \times 10^5} = 12.57(\text{N/mm})^2$$
$$\sigma_{\text{pcI}}' = \frac{N_{\text{p0I}}}{A_0} - \frac{N_{\text{p0I}}e_{\text{p0I}}y_0'}{I_0} = \frac{609.35 \times 10^3}{99\,268.8} - \frac{609.35 \times 10^3 \times 198 \times 357}{83\,062.64 \times 10^5} = 0.95(\text{N/mm}^2)$$

设吊点距梁端 1.0 m，梁自重 $g = 2.33$ kN/m，动力系数取 1.5，自重产生弯矩为
$$M_{\text{k}} = 1.5 \times \frac{1}{2}gl^2 = \frac{1.5}{2} \times 2.33 \times 1^2 = 1.75(\text{kN} \cdot \text{m})$$

截面上边缘混凝土法向应力
$$\sigma_{\text{ct}} = \sigma_{\text{pcI}}' - \frac{M_{\text{k}}}{I_0}y_0 = 0.95 - \frac{1.75 \times 10^6 \times 357}{83\,062.64 \times 10^5} = 0.87(\text{N/mm}^2) < f_{\text{tk}}' = 2.30 \text{ N/mm}^2$$

截面下边缘混凝土法向应力
$$\sigma_{\text{cc}} = \sigma_{\text{pcI}} + \frac{M_{\text{k}}}{I_0}y_0 = 12.57 + \frac{1.75 \times 10^6 \times 443}{83\,062.64 \times 10^5} = 12.66(\text{N/mm}^2)$$
$$< 0.8f_{\text{ck}}' = 0.8 \times 25.1 = 20.1(\text{N/mm}^2)$$

满足要求。

（5）使用阶段裂缝宽度计算。
$$N_{\text{p0II}} = \sigma_{\text{p0II}}A_{\text{p}} + \sigma_{\text{p0II}}'A_{\text{p}}' - \sigma_{l5}A_{\text{s}} - \sigma_{l5}'A_{\text{s}}'$$
$$= (1\,029 - 193.74) \times 471 + (1\,029 - 130.82) \times 157 - 115.24 \times 452 - 52.32 \times 226$$
$$= 470.51 \times 10^3(\text{N}) = 470.51 \text{ kN}$$

非预应力钢筋 A_s 到换算截面形心的距离

$$y_s = 443 - 50 = 393 \text{(mm)}$$

$$e_{p0\text{II}} = \frac{\sigma_{p0\text{II}} A_p y_p - \sigma'_{p0\text{II}} A'_p - \sigma_{l5} A_s y_s + \sigma'_{l5} A'_s y'_s}{N_{p0\text{II}}}$$

$$= \frac{(1\,029 - 193.74) \times 471 \times 373 - (1\,029 - 130.82) \times 157 \times 327 - 115.24 \times 452 \times 393 + 52.32 \times 226 \times 327}{470.51 \times 10^3}$$

$$= 178.6 \text{(mm)}$$

$N_{p0\text{II}}$ 到预应力钢筋 A_p 和非预应力钢筋 A_s 合力点的距离

$$e_p = \frac{\sigma_{p0\text{II}} A_p y_p - \sigma_{l5} A_s y_s}{\sigma_{p0\text{II}} A_p - \sigma_{l5} A_s} - e_{p0\text{II}}$$

$$= \frac{(1\,029 - 193.74) \times 471 \times 373 - 115.24 \times 452 \times 393}{(1\,029 - 193.74) \times 471 - 115.24 \times 452} - 178.6 = 191.4 \text{(mm)}$$

$$e = e_p + \frac{M_k}{N_{p0\text{II}}} = 191.4 + \frac{347.4 \times 10^6}{470.51 \times 10^3} = 929.7 \text{(mm)}$$

$$\gamma'_f = \frac{(b'_f - b) h'_f}{b h_0} = \frac{(300 - 60) \times 125}{60 \times 740} = 0.676$$

$$z = \left[0.87 - 0.12(1 - \gamma'_f) \left(\frac{h_0}{e} \right)^2 \right] h_0$$

$$= \left[0.87 - 0.12 \times (1 - 0.676) \times \left(\frac{740}{929.7} \right)^2 \right] \times 740 = 625.6 \text{(mm)}$$

$$\sigma_{sk} = \frac{M_k - N_{p0\text{II}}(z - e_p)}{(A_p + A_s) z} = \frac{347.4 \times 10^6 - 470.51 \times 10^3 \times (625.6 - 191.4)}{(471 + 452) \times 625.6} = 248.1 \text{(N/mm}^2\text{)}$$

$$\rho_{te} = \frac{A_p + A_s}{0.5 bh + (b_f - b) h_f} = \frac{471 + 452}{0.5 \times 60 \times 800 + (180 - 60) \times 125} = 0.024$$

$$\psi = 1.1 - \frac{0.65 f_{tk}}{\sigma_{sk} \rho_{te}} = 1.1 - \frac{0.65 \times 2.64}{248.1 \times 0.024} = 0.81$$

$$d_{eq} = \frac{\sum n_i d_i^2}{\sum n_i \nu_i d_i} = \frac{6 \times 10^2 + 4 \times 12^2}{6 \times 10 \times 1.0 + 4 \times 12 \times 1.0} = 10.89 \text{(mm)}$$

$$w_{max} = \alpha_{cr} \psi \frac{\sigma_{sk}}{E_s} \times \left(1.9c + 0.08 \frac{d_{eq}}{\rho_{te}} \right)$$

$$= 1.7 \times 0.81 \times \frac{248.1}{2.0 \times 10^5} \times \left(1.9 \times 25 + 0.08 \times \frac{10.89}{0.024} \right) = 0.143 \text{(mm)} < w_{lim} = 0.2 \text{ mm}$$

满足要求。

(6)使用阶段挠度验算。

$$\sigma_{pc\text{II}} = \frac{N_{p0\text{II}}}{A_0} + \frac{N_{p0\text{II}} e_{p0\text{II}} y_0}{I_0} = \frac{470.51 \times 10^3}{99\,268.8} + \frac{470.51 \times 10^3 \times 178.6 \times 443}{83\,062.64 \times 10^5}$$

$$= 9.22 \text{(N/mm}^2\text{)}$$

由 $\dfrac{b_f}{b} = \dfrac{180}{60} = 3$，$\dfrac{h_f}{h} = \dfrac{125}{800} = 0.156$，非对称 I 形截面 $b_f' > b_f$，γ_m 为 $1.35 \sim 1.5$，近似取 $\gamma_m = 1.41$。

$$\gamma = \left(0.7 + \frac{120}{h} \right) \gamma_m = \left(0.7 + \frac{120}{800} \right) \times 1.41 = 1.2$$

$$M_{cr} = (\sigma_{pcII} + \gamma f_k) w_0 = (9.22 + 1.2 \times 2.64) \times \frac{83\,062.64 \times 10^5}{443}$$

$$= 232.3 \times 10^6 (\text{N} \cdot \text{mm}) = 232.3 \text{ kN} \cdot \text{m}$$

$$\kappa_{cr} = \frac{M_{cr}}{M_k} = \frac{232.3}{347.4} = 0.668$$

纵向受拉钢筋配筋率

$$\rho = \frac{A_p + A_s}{bh_0} = \frac{471 + 452}{60 \times 740} = 0.021$$

$$\gamma_f = \frac{(b_f - b) h_f}{bh_0} = \frac{(180 - 60) \times 125}{60 \times 740} = 0.338$$

$$w = \left(1.0 + \frac{0.21}{\alpha_E \rho}\right)(1 + 0.45 \gamma_f) - 0.7$$

$$= \left(110 + \frac{0.21}{5.8 \times 0.021}\right) \times (1 + 0.45 \times 0.338) - 0.7 = 2.43$$

$$B_s = \frac{0.85 E_c I_0}{\kappa_{cr} + (1 - \kappa_{cr}) w} = \frac{0.85 \times 3.45 \times 10^4 \times 83\,062.64 \times 10^5}{0.668 + (1 - 0.668) \times 2.43}$$

$$= 165.17 \times 10^{12} (\text{N} \cdot \text{mm}^2)$$

对预应力混凝土构件 $\theta = 2.0$。

$$M_q = M_{Gk} + 0.6 M_{Qk} = 167.48 + 0.6 \times 179.92 = 275.43 (\text{kN} \cdot \text{m})$$

$$B = \frac{M_k}{M_q(\theta - 1) + M_k} B_s = \frac{347.4}{275.43 \times (2 - 1) + 347.4} \times 165.17 \times 10^{12}$$

$$= 92.13 \times 10^{12} (\text{N} \cdot \text{mm}^2)$$

荷载作用下的挠度

$$a_{f1} = \frac{5}{48} \cdot \frac{M_k l_0^2}{B} = \frac{5}{48} \times \frac{347.4 \times 10^6 \times 8.75^2 \times 10^6}{92.13 \times 10^{12}} = 30.1 (\text{mm})$$

预应力产生反拱

$$B = E_c I_0 = 3.45 \times 10^4 \times 83\,062.64 \times 10^5 = 286.57 \times 10^{12} (\text{N} \cdot \text{mm}^2)$$

$$a_{f2} = \frac{2 N_{p0II} e_{p0II} l_0^2}{8B} = \frac{470.51 \times 10^3 \times 178.6 \times 8.75^2 \times 10^6}{8 \times 286.57 \times 10^{12}} = 5.6 (\text{mm})$$

总挠度

$$a_f = a_{f1} - a_{f2} = 30.1 - 5.6 = 24.5 (\text{mm}) \quad < a_{lim} = l_0/250 = 35.0 (\text{mm})$$

满足要求。

(7)正截面承载力计算。

$$h_0 = 800 - 60 = 740 (\text{mm})$$

$$\sigma'_{p0II} = \sigma'_{con} - \sigma'_l = (1\,029 - 130.82) = 898.18 (\text{N/mm}^2)$$

$$x = \frac{f_{py} A_p + f_y A_s - f'_y A'_s + (\sigma'_{p0II} - f'_{py}) A'_p}{\alpha_1 f_c b'_f}$$

$$= \frac{1\,040 \times 471 + 360 \times 452 - 360 \times 226 + (898.18 - 400) \times 157}{1.0 \times 23.1 \times 300}$$

$$= 93.7 (\text{mm}) < h'_f = 100 + 50/2 = 125 (\text{mm}) (\text{平均})$$

$$> 2a' = 60 \text{ mm}$$

属于第一类 T 形。

$$\sigma_{p0\,\mathrm{II}} = \sigma_{con} - \sigma_l = 1\,029 - 193.74 = 835.26(\mathrm{N/mm^2})$$

$$\xi_b = \frac{\beta_1}{1 + \dfrac{0.002}{\varepsilon_{cu}} + \dfrac{f_{py} - \sigma_{p0\,\mathrm{II}}}{E_s\varepsilon_{cu}}} = \frac{0.8}{1 + \dfrac{0.002}{0.003\,3} + \dfrac{1\,040 - 835.26}{2\times10^5\times0.003\,3}} = 0.42$$

$$\xi_b h_0 = 0.42\times740 = 310.8(\mathrm{mm}) > x$$

$$M_u = \alpha_1 f_c b'_f x\left(h_0 - \frac{x}{2}\right) + f'_y A'_s(h_0 - a'_s) - (\sigma_{p0\,\mathrm{II}} - f'_{py})A'_p(h_0 - a'_p)$$

$$= 1.0\times23.1\times300\times93.7\times\left(740 - \frac{93.7}{2}\right) + 360\times226\times(740 - 30) - (898.18 - 400)\times$$

$$157\times(740 - 30)$$

$$= 563.4\times10^6(\mathrm{N\cdot mm}) = 563.4\ \mathrm{kN\cdot m} > M = 452.86\ \mathrm{kN\cdot m}$$

满足要求。

(8)斜截面抗剪承载力计算。

由 $h_w/b = 500/60 = 8.3 > 6$

$$0.2\beta_c f_c b h_0 = 0.2\times1.0\times23.1\times60\times740$$

$$= 205.13\times10^3(\mathrm{N}) = 205.13\ \mathrm{kN} > V = 201.12\ \mathrm{kN}$$

截面尺寸满足要求。

因使用阶段允许出现裂缝，故取 $V_p = 0$。

$$0.7f_t b h_0 = 0.7\times1.89\times60\times740 = 58.74\times10^3(\mathrm{N}) = 58.74\ \mathrm{kN} < V = 201.12\ \mathrm{kN}$$

需计算配置箍筋。采用双肢箍筋 $\Phi8@120$，$A_{sv} = 100.6\ \mathrm{mm^2}$

$$V_u = 0.7f_t b h_0 + f_{yv}\frac{A_{sv}}{s}h_0 = 58.74 + 270\times\frac{100.6}{120}\times740 = 226.24\times10^3(\mathrm{N})$$

$$= 226.24\ \mathrm{kN} > V = 201.12\ \mathrm{kN}$$

满足要求。

【例 10.3】 12 m 跨后张法预应力 I 形截面梁如图 10.32 所示。混凝土强度等级为 C60，下部预应力钢筋为 3 束 $3\phi^s1\times7(d = 15.2\ \mathrm{mm})$ 低松弛 1 860 级钢绞线(其中，1 束为曲线布置，2 束为直线布置)，上部预应力钢筋为 1 束 $3\phi^s1\times7(d = 15.2\ \mathrm{mm})$ 低松弛 1 860 级钢绞线。采用 OVM15-3 锚具，预埋金属波纹管，孔道直径为 45 mm。张拉控制应力 $\sigma_{con} = 0.75f_{ptk}$，混凝土达设计强度后张拉钢筋(一端张拉)。该梁跨中截面承受永久荷载标准值产生弯矩 $M_{Gk} = 780\ \mathrm{kN\cdot m}$，可变荷载标准产生弯矩 $M_{Qk} = 890\ \mathrm{kN\cdot m}$，准永久值系数为 0.5，按二级裂缝控制。试进行该梁正截面抗裂和承载力验算。

【解】 (1)截面的几何特性。查附录 1～附录 8，钢绞线 $E_s = 1.95\times10^5\ \mathrm{N/mm^2}$，$f_{py} = 1\,320\ \mathrm{N/mm^2}$，$f'_{py} = 390\ \mathrm{N/mm^2}$；C60 混凝土 $E_c = 3.60\times10^4\ \mathrm{N/mm^2}$，$f_{tk} = 2.85\ \mathrm{N/mm^2}$，$f_c = 27.5\ \mathrm{N/mm^2}$

另外，$A_p = 2\times3\times139(\mathrm{直}) + 1\times3\times139(\mathrm{曲}) = 834(\mathrm{直}) + 417(\mathrm{曲}) = 1\,251\ \mathrm{mm^2}$。

$$A'_p = 1\times3\times139 = 417\ \mathrm{mm^2}$$

$$\alpha_E = \frac{E_s}{E_c} = \frac{1.95\times10^5}{3.6\times10^4} = 5.42$$

为方便计算，将截面划分成几部分计算，其计算过程见表 10.7。下部预应力钢筋合力点到底边距离

$$a_p = \frac{417 \times 220 + 834 \times 80}{1\ 251} = 127 \text{(mm)}$$

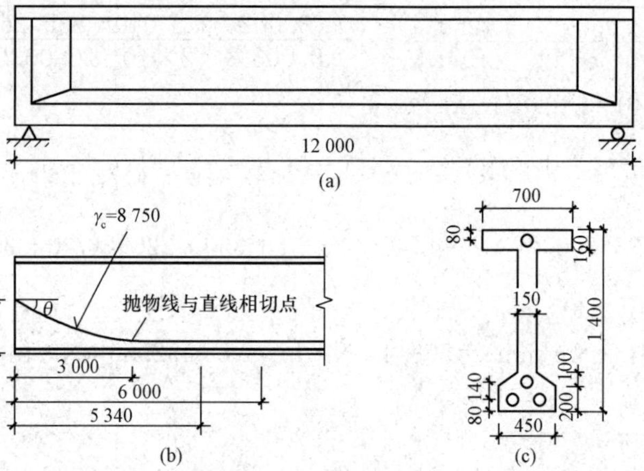

图 10.32　例题 10.3 图

表 10.7　截面特征计算表

编号	A_i /mm²	a_i /mm	$S_i = A_i a_i$ /mm³	$I_{ia} = A_i a_i^2$ /mm⁴	I_{i0} /mm⁴
①	$700 \times 160 = 112 \times 10^3$	1 320	$14\ 784 \times 10^4$	$1\ 951\ 488 \times 10^5$	$700 \times 160^3/12 = 23\ 893 \times 10^4$
②	$150 \times 1\ 040 = 156 \times 10^3$	720	$11\ 232 \times 10^4$	$80\ 870 \times 10^5$	$150 \times 1\ 040^3/12 = 140\ 608 \times 10^5$
③	$450 \times 200 = 90 \times 10^3$	100	900×10^4	$9\ 000 \times 10^5$	$450 \times 200^3/12 = 3 \times 10^8$
④	$150 \times 100 = 15 \times 10^3$	233.3	350×10^4	$8\ 166\ 666\ 664$	$150 \times 100^3 \times 2/36 = 8\ 333\ 333.3$
⑤	$5.24 \times 417 = 2\ 260$	1 320	$29\ 832 \times 10^2$	$3\ 937\ 824 \times 10^3$	
⑥	$5.42 \times 1\ 251 = 6\ 780$	127	$861\ 060$	$109\ 354\ 620$	
⑦	$\pi \times 45^2/4 = 1\ 590$	1 320	$20\ 988 \times 10^2$	$2\ 770\ 416 \times 10^3$	$\pi \times 45^4/64 = 201\ 289$
⑧	$3\pi 45^2/4 = 4\ 770$	127	$605\ 790$	$76\ 935\ 330$	$3\pi \times 45^4/64 = 603\ 867$
$\sum\limits_1^4 - \sum\limits_7^8$	$366\ 640$		$269\ 955\ 410$	$27\ 488\ 851 \times 10^4$	$14\ 607\ 258 \times 10^3$
$\sum\limits_1^6 - \sum\limits_7^8$	$375\ 680$		$273\ 799\ 670$	$27\ 893\ 569 \times 10^4$	$14\ 607\ 258 \times 10^3$

$A_n = 366\ 640 \text{ mm}^2$

$$y_n = \frac{\sum S_i}{A_n} = \frac{269\ 955\ 410}{366\ 640} = 736 \text{ (mm)}$$

$$I_n = \sum I_{i0} + \sum I_{ia} - y_n \sum S_i$$

$$= 14\ 607\ 258 \times 10^3 + 27\ 488\ 851 \times 10^4 - 736 \times 269\ 955\ 410$$

$$= 90\ 808\ 586 \times 10^3 \text{(mm}^4\text{)}$$

$A_0 = 375\ 680 \text{ mm}^2$

$$y_0 = \frac{\sum S_i}{A_0} = \frac{273\ 799\ 670}{375\ 680} = 729\ \text{mm}$$

$$I_0 = \sum I_{i0} + \sum I_{ia} - y_0 \sum S_i$$

$$= 14\ 607\ 258 \times 10^3 + 27\ 488\ 851 \times 10^4 - 729 \times 273\ 799\ 670$$

$$= 93\ 942\ 988 \times 10^3 (\text{mm}^4)$$

（2）预应力损失。

张拉控制应力　$\sigma_{con} = \sigma'_{con} = 0.75 \times 1\ 860 = 1\ 395(\text{N/mm}^2)$

①锚具变形损失 σ_{l1}。

OVM 锚具，查表 10.1 得 $a = 5$ mm。

直线预应力钢筋 $\sigma_{l1} = \sigma'_{l1} = \frac{a}{l} E_s = \frac{5 \times 1.95 \times 10^5}{12\ 000} = 81.25(\text{N/mm}^2)$

曲线预应力钢筋的曲率半径 $r_c = 8.75$ m，查表 10.3 得 $\mu = 0.25$、$\kappa = 0.001\ 5$，反向摩擦影响

$$l_f = \sqrt{\frac{aE_s}{1\ 000\sigma_{con}\left(\dfrac{\mu}{r_c} + \kappa\right)}} = \sqrt{\frac{5 \times 1.95 \times 10^5}{1\ 000 \times 1\ 395 \times (0.25/8.75 + 0.001\ 5)}}$$

$$= 4.82(\text{m}) < l/2 = 6(\text{m})$$

由于反向摩擦影响，曲线预应力钢筋跨中截面 $\sigma_{l1} = 0$。

②摩擦损失 σ_{l2}。

直线预应力钢筋 $\kappa x = 0.001\ 5 \times 6 = 0.009 < 0.2$

$$\sigma_{l2} = \sigma'_{l2} = kx\sigma_{con} = 0.009 \times 1\ 395 = 12.56(\text{N/mm}^2)$$

曲线预应力钢筋：近似取 $x = 6$ m，$\theta = 2 \times (750 - 220)/3\ 000 = 0.353$，则

$$\kappa x + \mu\theta = 0.001\ 5 \times 6 + 0.25 \times 0.353 = 0.097 < 0.2$$

$$\sigma_{l2} = (\kappa x + \mu\theta)\sigma_{con} = 0.097 \times 1\ 395 = 135.32(\text{N/mm}^2)$$

第一批预应力损失：

直线预应力钢筋 $\sigma_{l\mathrm{I}} = \sigma'_{l\mathrm{I}} = \sigma_{l1} + \sigma_{l2} = 81.25 + 12.56 = 93.81(\text{N/mm}^2)$

曲线预应力钢筋 $\sigma_{l\mathrm{I}} = \sigma_{l2} = 135.32$ N/mm^2

③应力松弛损失 σ_{l4}。

$$\sigma_{l4} = \sigma'_{l4} = 0.2 \times \left(\frac{\sigma_{con}}{f_{ptk}} - 0.575\right)\sigma_{con} = 0.2 \times \left(\frac{1\ 395}{1\ 860} - 0.575\right) \times 1\ 395 = 48.83(\text{N/mm}^2)$$

④混凝土压缩、徐变损失 σ_{l5}。

$$N_{P\mathrm{I}} = (\sigma_{con} - \sigma_{l\mathrm{I}})A_p + (\sigma'_{con} - \sigma'_{l\mathrm{I}})A'_p$$

$$= (1\ 395 - 93.8) \times 834 + (1\ 395 - 135.32) \times 417 + (1\ 395 - 93.81) \times 417$$

$$= 2\ 153.08 \times 10^3(\text{N}) = 2\ 153.08\ \text{kN}$$

$$e_{p\mathrm{I}} = \frac{(\sigma_{con} - \sigma_{l\mathrm{I}})A_p y_{pn} - (\sigma'_{con} - \sigma'_{l\mathrm{I}})A'_p y'_{pn}}{N_{p\mathrm{I}}}$$

$$= \frac{(1\ 395 - 93.81) \times 834 \times (736 - 80) + (1\ 395 - 135.32) \times 417 \times (736 - 220) - (1\ 395 - 93.81) \times 417 \times (1\ 320 - 736)}{2\ 153.8 \times 10^3}$$

$$= 309(\text{mm})$$

下部直线预应力钢筋处混凝土法向应力

$$\sigma_{pcI} = \frac{N_{pI}}{A_n} + \frac{N_{pI}e_{pI}}{I_n}y_{pn}$$

$$= \frac{2\,153.08 \times 10^3}{366\,640} + \frac{2\,153.08 \times 10^3 \times 309 \times (736-80)}{90\,808\,586 \times 10^3} = 10.68(N/mm^2)$$

下部曲线预应力钢筋处混凝土法向应力

$$\sigma_{pcI} = \frac{N_{pI}}{A_n} + \frac{N_{pI}e_{pI}}{I_n}y_{pn}$$

$$= \frac{2\,153.08 \times 10^3}{366\,640} + \frac{2\,153.08 \times 10^3 \times 309 \times (736-220)}{90\,808\,586 \times 10^3} = 9.65(N/mm^2)$$

上部预应力钢筋处混凝土法向应力

$$\sigma'_{pcI} = \frac{N_{PI}}{A_n} - \frac{N_{PI}e_{PI}}{I_n}y'_{pn} = \frac{2\,153.08 \times 10^3}{366\,640} - \frac{2\,153.08 \times 10^3 \times 309 \times (1\,320-736)}{90\,808\,586 \times 10^3}$$

$$= 1.59(N/mm^2)$$

$$\rho = \frac{A_p}{A_n} = \frac{1\,251}{366\,640} = 0.003\,4, \quad \rho' = \frac{A'_p}{A_n} = \frac{417}{366\,640} = 0.001\,1$$

下部直线预应力钢筋的 σ_{l5}

$$\sigma_{l5} = \frac{35 + 280\dfrac{\sigma_{pcI}}{f'_{cu}}}{1+15\rho} = \frac{35 + 280 \times \dfrac{10.68}{60}}{1+15 \times 0.003\,4} = 80.72(N/mm^2)$$

下部曲线预应力钢筋的 σ_{l5}

$$\sigma_{l5} = \frac{35 + 280\dfrac{\sigma_{pcI2}}{f'_{cu}}}{1+15\rho} = \frac{35 + 280 \times \dfrac{9.65}{60}}{1+15 \times 0.003\,4} = 76.15(N/mm^2)$$

上部预应力钢筋的 σ'_{l5}

$$\sigma'_{l5} = \frac{35 + 280\dfrac{\sigma'_{pcI}}{f'_{cu}}}{1+15\rho'} = \frac{35 + 280 \times \dfrac{1.59}{60}}{1+15 \times 0.001\,1} = 41.73(N/mm^2)$$

第二批预应力损失：

下部直线预应力钢筋 $\sigma_{lII} = \sigma_{l4} + \sigma_{l5} = 48.83 + 80.72 = 129.55(N/mm^2)$

下部曲线预应力钢筋 $\sigma_{lII} = \sigma_{l4} + \sigma_{l5} = 48.83 + 76.15 = 124.98(N/mm^2)$

上部预应力钢筋 $\sigma'_{lII} = \sigma'_{l4} + \sigma'_{l5} = 48.83 + 41.73 = 90.56(N/mm^2)$

总预应力损失：

下部直线预应力钢筋 $\sigma_l = \sigma_{lI} + \sigma_{lII} = 93.81 + 129.55 = 223.36(N/mm^2) > 80\ N/mm^2$

下部曲线预应力钢筋 $\sigma_l = \sigma_{lI} + \sigma_{lII} = 135.32 + 124.98 = 260.3(N/mm^2) > 80\ N/mm^2$

上部预应力钢筋 $\sigma'_l = \sigma'_{lI} + \sigma'_{lII} = 93.81 + 90.56 = 184.37(N/mm^2) > 80\ N/mm^2$

(3)正截面承载力验算。

$h_0 = 1\,400 - 127 = 1\,273(mm)$

$N_p = (\sigma_{con} - \sigma_l)A_p + (\sigma'_{con} - \sigma'_l)A'_p$

$= (1\,395 - 223.36) \times 834 + (1\,395 - 260.3) \times 417 + (1\,395 - 184.37) \times 418$

$= 1\,955.15 \times 10^3(N) = 1\,955.15\ kN$

$$e_{pn}=\frac{(\sigma_{con}-\sigma_I)A_p y_{pn}-(\sigma'_{con}-\sigma'_I)A'_p y'_{pn}}{N_p}$$

$$=\frac{(1\,395-223.36)\times834\times(736-80)+(1\,395-20.3)\times417\times(736-220)-(1\,395-184.37)\times417\times(1\,320-736)}{1\,955.15\times10^3}$$

$$=328.4(mm)$$

跨中截面弯矩设计值：

$$M=1.2M_{Gk}+1.4M_{Qk}=1.2\times780+1.4\times890=2\,182(kN\cdot m)$$

上部预应力钢筋合力点处混凝土法向应力

$$\sigma'_{pc}=\frac{N_p}{A_n}-\frac{N_p e_{pn}y'_{pn}}{I_n}=\frac{1\,955.15\times10^3}{366\,640}-\frac{1\,995.15\times10^3\times328.4\times(1\,320-736)}{90\,808\,586\times10^3}$$

$$=1.23(N/mm^2)$$

$$\sigma'_{p0}=\sigma'_{con}-\sigma'_l+\alpha_E\sigma'_{pc}=1\,395-184.37+5.42\times1.23=1\,217.29(N/mm^2)$$

下部预应力钢筋合力点处混凝土法向应力

$$\sigma_{pc}=\frac{N_p}{A_n}-\frac{N_p e_{pn}y_{pn}}{I_n}=\frac{1\,955.15\times10^3}{366\,640}-\frac{1\,995.15\times10^3\times302\times(736-127)}{90\,808\,586\times10^3}$$

$$=9.74(N/mm^2)$$

计算 σ_{p0} 时偏于安全地取 $\sigma_l=260.3\ N/mm^2$，则

$$\sigma_{p0}=\sigma_{con}-\sigma_l+\alpha_E\sigma_{pc}=1\,395-260.3+5.42\times9.72=1\,187.49(N/mm^2)$$

查表 4.5 得 $\beta_1=0.78$

$$\varepsilon_{cu}=0.003\,3-(f_{cu,k}-50)\times10^{-5}=0.003\,3-(60-50)\times10^{-5}=0.003\,2$$

$$\xi_b=\frac{\beta_1}{1+\dfrac{0.002}{\varepsilon_{cu}}+\dfrac{f_{py}-\sigma_{p0}}{E_s\varepsilon_{cu}}}=\frac{0.78}{1+\dfrac{0.002}{0.003\,2}+\dfrac{1\,320-1\,187.49}{1.95\times10^5\times0.003\,2}}=0.429$$

查表 4.5 得 $\alpha_1=0.98$。

$$\alpha_1 f_c b'_f h'_f-(\sigma'_{p0}-f'_{py})A'_p=0.98\times27.5\times700\times160-(1\,217.29-390)\times417$$
$$=2\,673.4\times10^3(N)=2\,673.4\ kN$$
$$>f_{py}A_p=1\,320\times(834+417)=1\,651.32\times10^3(N)=1\,651.32\ kN$$

为第二类 T 形截面。

$$x=\frac{f_{py}A_p+(\sigma'_{p0}-f'_{py})A'_p-(b'_f-b)h'_f}{\alpha_1 f_c b}$$

$$=\frac{1\,651.32\times10^3+(1\,217.29-390)\times417-(700-150)\times160}{0.98\times27.5\times150}$$

$$=472(mm)>2a'_p=160\ mm$$

$$<\xi_b h_0=0.424\times1\,273=540(mm)$$

$$M_u=\alpha_1 f_c bx\left(h_0-\frac{x}{2}\right)+\alpha_1 f_c(b'_f-b)h'_f\left(h_0-\frac{h'_f}{2}\right)-(\sigma'_{p0}-f'_{py})A'_p(h_0-a'_p)$$

$$=0.98\times27.5\times472\times\left(1\,273-\frac{472}{2}\right)+0.98\times27.5\times(700-150)\times160\times$$

$$\left(1\,273-\frac{160}{2}\right)-(1\,217.29-390)\times417\times(1\,273-80)$$

$$=2\,430\times10^6(N\cdot mm)=2\,430\ kN\cdot m>M=2\,182\ kN\cdot mm$$

满足要求。

(4)正截面抗裂验算。截面下边缘混凝土的预压应力

$$\sigma_{pc}=\frac{N_p}{A_n}+\frac{N_pe_{pn}}{I_n}y_n=\frac{1\ 955.15\times10^3}{366\ 640}+\frac{1\ 995.15\times10^3\times302\times736}{90\ 808\ 586\times10^3}=10.64(N/mm^2)$$

1)在荷载效应标准组合下截面边缘拉应力。

$$M_k=M_{Gk}+M_{Qk}=780+890=1\ 670(kN\cdot m)$$

$$\sigma_{ck}=\frac{M_k}{I_0}y_0=\frac{1\ 670\times10^6}{92\ 698\ 048\times10^3}\times729=13.14(N/mm^2)$$

$$\sigma_{ck}-\sigma_{pc}=13.14-10.64=2.50(N/mm^2)<f_{tk}=2.85\ N/mm^2$$

2)在荷载效应准永久组合下截面边缘的拉应力。

$$M_q=M_{Gk}+0.5M_{Qk}=780+0.5\times890=1\ 225(kN\cdot m)$$

$$\sigma_{cq}=\frac{M_q}{I_0}y_0=\frac{1\ 225\times10^6}{92\ 698\ 048\times10^3}=9.63(N/mm^2)$$

$$\sigma_{cq}-\sigma_{pc}=9.63-10.12=-1.01(N/mm^2)<0$$

满足要求。

10.5 预应力混凝土结构构件构造要求

Detailing Requirements of Prestressed Concrete Members

预应力混凝土构件除应满足以下基本构造要求外，还应符合其他章节的有关规定。

10.5.1 截面形式和尺寸

Section Shape and Size

预应力混凝土构件的截面形式应根据构件的受力特点进行合理选择。对于轴心受拉构件，通常采用正方形或矩形截面；对于受弯构件，宜选用 T 形、I 形或其他空心截面形式。另外，沿受弯构件纵轴，其截面形式可以根据受力要求改变，如屋面大梁和吊车梁，其跨中可采用 I 形截面；而在支座处，为了承受较大的剪力及提供足够的面积布置锚具，往往做成矩形截面。

由于预应力混凝土构件具有较好的抗裂性能和较大的刚度，其截面尺寸可比钢筋混凝土构件小些。对一般的预应力混凝土受弯构件，截面高度一般可取跨度的 1/20～1/14，最小可取 1/35，翼缘宽度一般可取截面高度的 1/3～1/2，翼缘厚度一般可取截面高度的 1/10～1/6，腹板厚度尽可能薄一些，一般可取截面高度的 1/15～1/8。

10.5.2 纵向非预应力钢筋

Non-prestressed Longitudinal Reinforcement

当配置一定的预应力钢筋已能使构件符合抗裂或裂缝宽度要求时，则按承载力计算所需的其余受拉钢筋可以采用非预应力钢筋。非预应力纵向钢筋宜采用 HRB400 和 HRBF400 级。

对于施工阶段不允许出现裂缝的构件，为了防止由于混凝土收缩、温度变形等原因在

预拉区产生裂缝，要求预拉区还需配置一定数量的纵向钢筋，其配筋率$(A_s' + A_p')/A$不应小于0.2%，其中，A为构件截面面积。对后张法构件，则仅考虑A_s'而不计入A_p'的面积，因为在施工阶段，后张法预应力钢筋和混凝土之间没有粘结力或粘结力还不可靠。

对于施工阶段允许出现裂缝而在预拉区不配置预应力钢筋的构件，当$\sigma_{ct} = 2f_{tk}'$时，预拉区纵向钢筋的配筋率A_s'/A不应小于0.4%；当$f_{tk}' < \sigma_{ct} < 2f_{tk}'$时，预拉区纵向钢筋的配筋率则在0.2%和0.4%之间按直线内插法取用。

预拉区的纵向非预应力钢筋的直径不宜大于14 mm，并应沿构件预拉区的外边缘均匀配置。

10.5.3　先张法构件的要求
Requirements of Pretensioned Members

1. 预应力钢筋的净间距

预应力钢筋的净间距应根据便于浇灌混凝土、保证钢筋与混凝土的粘结锚固以及施加预应力（夹具及张拉设备的尺寸要求）等要求来确定。预应力钢筋之间的净间距不应小于其公称直径的2.5倍和混凝土集料最大粒径的1.25倍，且应符合下列规定：预应力钢丝，不应小于15 mm；对三股钢绞线，不应小于20 mm；对七股钢绞线，不应小于25 mm；当混凝土振捣密实性具有可靠保证时，净间距可放宽为最大集料粒径的1.0倍。

2. 混凝土构件的端部构造

为防止构件端部出现纵向裂缝，确保端部锚固性能，宜采取下列构造措施：

(1)单根配置的预应力筋，其端部宜设置螺旋筋；

(2)分散布置的多根预应力筋，在构件端部10d且不小于100 mm长度范围内，宜设置3～5片与预应力筋垂直的钢筋网片，此处d为预应力筋的公称直径；

(3)采用预应力钢丝配筋的薄板，在板端100 mm长度范围内宜适当加密横向钢筋；

(4)槽形板类构件，应在构件端部100 mm长度范围内沿构件板面设置附加横向钢筋，其数量不应少于2根。

3. 其他

(1)预制肋形板，宜设置加强其整体件和横向刚度的横肋。端横肋的受力钢筋应弯入纵肋内。当采用先张法生产有端横肋的预应力混凝土肋形板时，应在设计和制作上采取防止放张预应力时端横肋产生裂缝的有效措施。

(2)在预应力混凝土屋面梁、起重机梁等构件靠近支座的斜向主拉应力较大部位，宜将一部分预应力筋弯起配置。

(3)对预应力钢筋在构件端部全部弯起的受弯构件或直线配筋的先张法构件，当构件端部与下部支承结构焊接时，应考虑混凝土收缩、徐变及温度变化所产生的不利影响，宜在构件端部可能产生裂缝的部位设置足够的非预应力纵向构造钢筋。

10.5.4　后张法构件的要求
Requirements of Post-tensioned Members

1. 预留孔道的构造要求

后张法构件要在预留孔道中穿入预应力钢筋。截面中孔道的布置应考虑到张拉设备的尺寸、锚具尺寸及构件端部混凝土局部受压的强度要求等因素。

(1)预制构件孔道之间的水平净间距不宜小于 50 mm，且不宜小于粗集料粒径的 1.25 倍；孔道至构件边缘的净间距不宜小于 30 mm，且不宜小于孔道直径的 50%。

(2)现浇混凝土梁中，预留孔道在竖直方向的净间距不应小于孔道外径，水平方向的净间距不宜小于 1.5 倍孔道外径，且不应小于粗集料粒径的 1.25 倍；从孔道外壁至构件边缘的净间距，梁底不宜小于 50 mm，梁侧不宜小于 40 mm；裂缝控制等级为三级的梁，上述净间距分别不宜小于 60 mm 和 50 mm。

(3)预留孔道的内径宜比预应力束外径及需穿过孔道的连接器外径大 6～15 mm，且孔道的截面面积宜为穿入预应力束截面面积的 3.0～4.0 倍。

(4)当有可靠经验并能保证混凝土浇筑质量时，预应力筋孔道可水平并列贴紧布置，但并排的数量不应超过 2 束。

(5)在构件两端及曲线孔道的高点应设置灌浆孔或排气兼泌水孔宜大于 20 m。

(6)凡制作时需要预先起拱的构件，预留孔道宜随构件同时起拱。

(7)在现浇楼板中采用扁形锚固体系时，穿过每个预留孔道的预应力筋数量宜为 3～5 根；在常用荷载情况下，孔道在水平方向的净间距不应超过 8 倍板厚及 1.5 m 中的较大值。

2. 锚具要求

后张法预应力混凝土构件中，预应力钢筋锚固并发挥作用是依靠锚具实现的。因此，后张法预应力筋所用锚具、夹具和连接器等的形式和质量应符合现行国家有关标准的规定。

后张法预应力混凝土构件的端部锚固区，除应满足局部承压计算中有关的构造要求外，还应满足下述要求：

(1)当采用整体铸造垫板时，其局部受压区的设计应符合相关标准的规定。

(2)在局部受压间接钢筋配置区以外，在构件端部长度不小于截面重心线上部或下部预应力筋的合力点至邻近边缘的距离 e 的 3 倍，但不大于构件端部截面高度 h 的 1.2 倍，高度为 $2e$ 的附加配筋区范围内，应均匀配置附加防劈裂箍筋或网片(图 10.33)。

配筋面积可按式(10-130)计算

$$A_{sb} \geq 0.18\left(1 - \frac{l_l}{l_b}\right)\frac{P}{f_{yv}} \tag{10-130}$$

式中　P——作用在构件端部截面重心线上部或下部预应力筋的合力设计值；

l_l，l_b——沿构件高度方向 A_l、A_b 的边长或直径；

f_{yv}——附加防劈裂钢筋的抗拉强度设计值，按《规范》规定采用。

(3)当构件端部预应力筋需集中布置在截面下部或集中布置在上部和下部时，应在构件端部 $0.2h$ 范围内设置附加竖向防端面裂缝构造钢筋(图 10.33)，其截面面积应符合式(10-131)和式(10-132)的要求。

$$A_{sv} \geq \frac{T_s}{f_{yv}} \tag{10-131}$$

$$T_s = \left(0.25 - \frac{e}{h}\right)P \tag{10-132}$$

式中　T_s——锚固端端面拉力；

P——作用在构件端部截面重心线上部或下部预应力筋的合力设计值；

e——截面重心线上部或下部预应力筋的合力点至截面近边缘的距离；

h——构件端部截面高度。

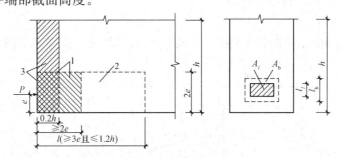

图 10.33　防止端部裂缝的配筋范围

1—局部受压间接钢筋配置区；2—附加防劈裂配筋区；3—附加防端面裂缝配筋区

当 $e>0.2h$ 时，可根据实际情况适当配置构造钢筋。竖向防止端面裂缝钢筋宜靠近端面配置，可采用焊接钢筋网、封闭式箍筋或其他的形式，且宜采用带肋钢筋。

当端部截面上部和下部均有预应力筋时，附加竖向钢筋的总截面面积应按上部和下部的预应力合力分别计算的数值叠加后采用。

在构件横向也应按上述方法计算抗端面裂缝钢筋，并与上述竖向钢筋形成网片筋配置。

(4)当构件在端部有局部凹进时，应增设折线构造钢筋或其他有效的构造钢筋。

(5)后张法预应力混凝土构件中，当采用曲线预应力束时，其曲率半径 r_p 宜按式(10-133)确定，但不宜小于 4 m。

$$r_p \geqslant \frac{P}{0.35 f_c d_p} \tag{10-133}$$

式中　P——预应力筋的合力设计值，对有粘结预应力混凝土构件取 1.2 倍张拉控制力，对无粘结预应力混凝土取 1.2 倍张拉控制应力和 $f_{ptk} A_p$ 中的较大值，f_{ptk} 为无粘结预应力筋的抗拉强度标准值；

r_p——预应力束的曲率半径(m)；

d_p——预应力束孔道的外径；

f_c——混凝土轴心抗压强度设计值，当验算张拉阶段曲率半径时，可取与施工阶段混凝土立方体抗压强度 f'_{cu} 对应的抗压强度设计值 f'_c。

对于折线配筋的构件，在预应力束弯折处的曲率半径可适当减小。当曲率半径 γ_p 不满足上述要求时，可在曲线预应力束弯折处内侧设置钢筋网片或螺旋筋。

(6)在预应力混凝土结构中，对沿构件凹面布置的纵向曲线预应力束，当预应力束的合力设计值满足式(10-133)要求时，可仅配置构造 U 形插筋(图 10.34)。

$$P \leqslant f_t(0.5d_p + c_p)r_p \tag{10-134}$$

当不满足时，每单肢 U 形插筋的截面面积应按式(10-135)确定。

$$A_{svl} \geqslant \frac{P s_v}{2 r_p f_{yv}} \tag{10-135}$$

式中　P——预应力筋的合力设计值；

f_t——混凝土轴心抗拉强度设计值，或与施工张拉阶段混凝土立方体抗压强度 f'_{cu} 对应的抗拉强度设计值 f'_t；

c_p——预应力筋孔道净混凝土保护层厚度；

A_{svl}——每单肢插筋截面面积；

s_v——U 形插筋间距；

f_{yv}——U 形插筋抗拉强度设计值，按《规范》采用，当大于 360 N/mm² 时，取 360 N/mm²。

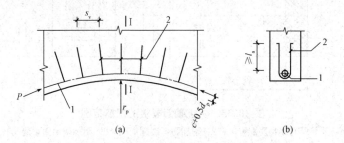

图 10.34　抗崩裂 U 形插筋构造示意图

（a）抗崩裂 U 形插筋布置；（b）Ⅰ—Ⅰ剖面

1—预应力束；2—沿曲线预应力束均匀布置的 U 形插筋

U 形插筋的锚固长度不应小于 l_a；当实际锚固长度 l_e 小于 l_a 时，每单肢 U 形插筋的截面面积可按 A_{svl}/k 取值。其中，k 取 $l_e/15d$ 和 $l_e/200$ 中的较小值，且不大于 1.0。

当有平行的几个孔道，且中心距不大于 $2d_p$ 时，预应力筋的合力设计值应按相邻全部孔道内的预应力筋确定。

（7）构件端部尺寸应考虑锚具的布置、张拉设备的尺寸和局部受压的要求，必要时应适当加大。

（8）后张预应力混凝土外露金属锚具，应采取可靠的防腐及防火措施，并应符合下列规定：

1）无粘结预应力筋外露锚具应采用注有足量防腐油脂的塑料帽封闭锚具端头，并应采用无收缩砂浆或细石混凝土封闭。

2）采用混凝土封闭时，混凝土强度等级宜与构件混凝土强度等级一致，封锚混凝土与构件混凝土应可靠粘结，如锚具在封闭前应将周围混凝土界面凿毛并冲洗干净，且宜配置 1～2 片钢筋网，钢筋网应与构件混凝土拉结。

3）采用无收缩砂浆或混凝土封闭保护时，其锚具及预应力筋端部的保护层厚度不应小于：一类环境时 20 mm；二 a、二 b 类环境时 50 mm；三 a、三 b 类环境时 80 mm。

本章小结

1. 预应力混凝土与非预应力混凝土相比，优点是可以充分利用材料强度，抗裂性能好、刚度高、耐久性好；其缺点是对材料的要求高，施工复杂、费用较高。因此，预应力混凝土有其一定的适用范围。

2. 预应力施加方法有先张法和后张法两种。两者施工方法有所不同，有各自的优缺点和适用范围。预应力钢筋的张拉控制应力主要由钢筋的力学性质决定，也考虑了构件的延性、材料性质的离散性、施工偏差等因素。

3. 预应力损失使钢筋中能够建立的张拉应力减小。预应力损失主要有六项，本章详细介绍了《规范》给出的具体计算方法以及减少各项预应力损失的措施。为计算方便，预应力损失划分为两个阶段，并又规定了每个阶段中考虑的各项预应力损失。

4. 预应力轴心受拉和受弯构件的主要计算内容包括正截面强度计算、斜截面强度计算、抗裂或裂缝宽度验算、刚度验算、后张法构件端部局部承载力计算等内容。

5. 先张法构件中，预应力传递需要有一定的传递长度，在后张法构件中构件端部由于作用有很大的预压力，故需要进行端部局部承载能力验算。

6. 无粘结预应力混凝土用后张法施加预应力，它不需要在混凝土中事先预留孔道，施工方便并对截面削弱小，尤其适用于楼(屋)盖等厚度较薄的构件。

思考题与习题

一、思考题

1. 为什么要对构件施加预应力？预应力混凝土结构的优缺点是什么？

2. 为什么在预应力混凝土构件中可以有效地采用高强度的材料？

3. 什么是张拉控制应力 σ_{con}？为什么取值不能过高或过低？

4. 为什么先张法的张拉控制应力比后张法的高一些？

5. 预应力损失有哪些？它们是由什么原因产生的？怎样减少预应力损失值？

6. 预应力损失值为什么要分第一批和第二批损失？先张法和后张法各项预应力损失是怎样组合的？

7. 预应力混凝土轴心受拉构件的截面应力状态阶段及各阶段的应力如何？何谓有效预应力？它与张拉控制应力有何不同？

8. 预应力轴心受拉构件，在计算施工阶段预加应力产生的混凝土法向应力 σ_{pc} 时，为什么先张法构件用 A_0，而后张法构件用 A_n？而在使用阶段时，都采用 A_0？先张法、后张法的 A_0、A_n 如何进行计算？

9. 如采用相同的控制应力 σ_{con}，预应力损失值也相同，当加载至混凝土预压应力 $\sigma_{pc}=0$ 时，先张法和后张法两种构件中预应力钢筋的应力 σ_p 是否相同，为什么？

10. 预应力轴心受拉构件的裂缝宽度计算公式中，为什么钢筋的应力 $\sigma_{sk}=\dfrac{N_k-N_{p0}}{A_p+A_s}$？

11. 当钢筋强度等级相同时，未施加预应力与施加预应力对轴拉构件承载能力有无影响？为什么？

12. 试总结先张法与后张法构件计算中的异同点。

13. 预应力混凝土受弯构件挠度计算与钢筋混凝土的挠度计算相比有何特点？

14. 为什么预应力混凝土构件中一般还需放置适量的非预应力钢筋？

二、计算题

1. 屋架预应力混凝土下弦拉杆，长度为 24 m，截面尺寸及端部构造如图 10.35 所示，处于一类环境。采用后张法一端张拉施加预应力，并进行超张拉，孔道直径为 54 mm，充压橡胶管抽芯成型。预应力钢筋选用 2 束 $3\phi^s1\times7(d=12.7\ \text{mm})$ 低松弛 1 860 级钢绞线，非预应力钢筋为 $4\phi12$ 的 HRB400 级钢筋 ($A_s=452\ \text{mm}^2$)，采用 OVM13-3 锚具，张拉控制应力 $\sigma_{con}=0.7f_{tk}$。混凝土强度等级为 C40，达到 100% 混凝土设计强度等级时施加预应力。承受永久荷载作用下的轴向力标准值 $N_{Gk}=410\ \text{kN}$，可变荷载作用下的轴向力标准值 $N_{Qk}=165\ \text{kN}$，结构重要系数为 1.1，准永久值系数为 0.5，裂缝控制等级为二级。试对拉杆进行施工阶段局部承压验算，正常使用阶段裂缝控制验算和正截面承载力验算。

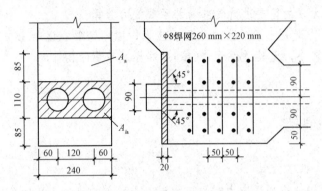

图 10.35　截面尺寸及端部构造

2. 预应力混凝土空心板梁，长度为 16 m，计算跨度 $l_0=15.5\ \text{m}$，其截面尺寸如图 10.36 所示，处于一类环境。采用先张法施加预应力，并进行超张拉。预应力钢筋选用 11 根 $\phi^s1\times7(d=15.2\ \text{mm})$ 低松弛 1 860 级钢绞线，非预应力钢筋为 $5\phi12$ 的 HRB400 级钢筋 ($A_s=565\ \text{mm}^2$)，采用夹片式锚具，张拉控制应力 $\sigma_{con}=0.75f_{tk}$。混凝土强度等级为 C70，达到 100% 混凝土设计强度等级时放张预应力钢筋。跨中截面承受永久荷载作用下的弯矩标准值 $M_{Gk}=422\ \text{kN}\cdot\text{m}$，可变荷载作用下的弯矩标准值 $M_{Qk}=305\ \text{kN}\cdot\text{m}$；支座截面承受永久荷载作用下的剪力标准值 $V_{Gk}=110\ \text{kN}$，可变荷载作用下的剪力标准值 $V_{Qk}=210\ \text{kN}$。结构重要系数 $\gamma_0=1.0$，准永久值系数为 0.6，裂缝控制等级为二级，跨中挠度允许值为 $l_0/200$。

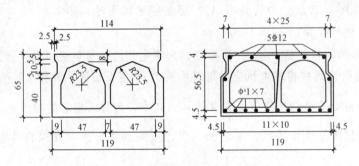

图 10.36　板梁截面尺寸与配筋

要求：①施工阶段截面正应力验算；②正常使用阶段裂缝控制验算；③正常使用阶段跨中挠度验算；④正截面承载力计算；⑤斜截面承载力计算。

3. 已知某工程屋面梁跨度为 21 m，梁的截面尺寸如图 10.37 所示。承受屋面板传递的均布恒载 $g=49.5\ \text{kN/m}$，活荷载 $q=5.9\ \text{kN/m}$。结构重要性系数 $\gamma_0=1.1$，裂缝控制等级为二级，跨中挠度允许值为 $l_0/400$。混凝土强度等级为 C40，预应力筋采用 1 860 级高强度低松弛钢绞线。预应力孔道采用镀锌波纹管成型，夹片式锚具。当混凝土达到设计强度等级后张拉预应力筋，施工阶段预拉区允许出现裂缝。纵向非预应力钢筋采用 HRB400 级热轧钢筋，箍筋采用 HPB300 级热轧钢筋。试进行该屋面梁的配筋设计。

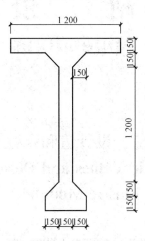

图 10.37　梁的截面尺寸

附　录
Appendixes

附录1　混凝土强度标准值、设计值和弹性模量
Appendix 1　Characteristic Values and Design Values of Concrete Strength and Its Elastic Modulus

附表 1.1　混凝土强度标准值 $N \cdot mm^{-2}$

强度种类	混凝土强度等级													
	C15	C20	C25	C30	C35	C40	C45	C50	C55	C60	C65	C70	C75	C80
f_{ck}	10.0	13.4	16.7	20.1	23.4	26.8	29.6	32.4	35.5	38.5	41.5	44.5	47.4	50.2
f_{tk}	1.27	1.54	1.78	2.01	2.20	2.39	2.51	2.64	2.74	2.85	2.93	2.99	3.05	3.11

附表 1.2　混凝土强度设计值 $N \cdot mm^{-2}$

强度种类	混凝土强度等级													
	C15	C20	C25	C30	C35	C40	C45	C50	C55	C60	C65	C70	C75	C80
f_c	7.2	9.6	11.9	14.3	16.7	19.1	21.1	23.1	25.3	27.5	29.7	31.8	33.8	35.9
f_t	0.91	1.10	1.27	1.43	1.57	1.71	1.80	1.89	1.96	2.04	2.09	2.14	2.18	2.22

附表 1.3　混凝土的弹性模量 $\times 10^4 \ N \cdot mm^{-2}$

混凝土强度等级	C15	C20	C25	C30	C35	C40	C45	C50	C55	C60	C65	C70	C75	C80
E_c	2.20	2.55	2.80	3.00	3.15	3.25	3.35	3.45	3.55	3.60	3.65	3.70	3.75	3.80

注：1. 当有可靠试验数据时，弹性模量值也可根据实测数据确定；
　　2. 当混凝土中掺有大量矿物掺合料时，弹性模量也可按规定龄期根据实测值确定。

附录 2 混凝土受压疲劳强度修正系数和疲劳变形模量
Appendix 2 Correction Coefficient of the Fatigue Strength and Fatigue Deformation Modulus

附表 2.1 混凝土受压疲劳强度修正系数 γ_ρ

ρ_c^f	$0<\rho_c^f<0.1$	$0.1<\rho_c^f<0.2$	$0.2<\rho_c^f<0.3$	$0.3<\rho_c^f<0.4$	$0.4<\rho_c^f<0.5$	$\rho_c^f\geqslant0.5$
γ_ρ	0.68	0.74	0.80	0.86	0.93	1.00
注：如采用蒸汽养护时，养护温度不宜超过 60 ℃；如超过时，应按计算需要的混凝土强度设计值提高 20%。							

附表 2.2 混凝土的疲劳变形模量 　　　　　　　　$\times10^4$ N/mm²

强度等级	C30	C35	C40	C45	C50	C55	C60	C65	C70	C75	C80
E_c^f	1.30	1.40	1.50	1.55	1.60	1.65	1.70	1.75	1.80	1.85	1.90

附录 3 普通钢筋强度标准值、设计值和弹性模量
Appendix 3 Characteristic Values and Design Values of Steel Reinforcement Strength and Its Elastic Modulus

附表 3.1 普通钢筋强度标准值、设计值

牌号	符号	公称直径 d/mm	屈服强度标准值 f_{yk}/(N·mm⁻²)	极限强度标准值 f_{stk}/(N·mm⁻²)	抗拉强度设计值 f_y/(N·mm⁻²)	抗压强度设计值 f_y'/(N·mm⁻²)
HPB300	Φ	6~14	300	420	270	270
HRB335	Φ	6~14	335	455	300	300
HRB400	Φ	6~50	400	540	360	360
HRBF400	Φ^F					
RRB400	Φ^R					
HRB500	Φ	6~50	500	630	435	435
HRBF500	Φ^F					

附表 3.2 钢筋的弹性模量 　　　　　　　　$\times10^5$ N·mm⁻²

牌号或种类	弹性模量
HPB300	2.10
HRB335、HRB400、HRB500 HRBF400、HRBF500 RRB400 预应力螺纹钢筋	2.00
消除应力钢丝、中强度预应力钢丝	2.05
钢绞线	1.95
注：必要时可采用实测的弹性模量。	

附录 4 预应力钢筋强度标准值、设计值

Appendix 4 Characteristic Values and Design Values of Prestressed Reinforcement Strength

附表 4.1 预应力钢筋强度标准值

种类		符号	公称直径 d/mm	屈服强度标准值 f_{pyk}/(N·mm^{-2})	极限强度标准值 f_{ptk}/(N·mm^{-2})
中强度预应力钢丝	光面 螺旋肋	ϕ^{PM} ϕ^{HM}	5、7、9	620	800
				780	970
				980	1 270
预应力螺纹钢筋	螺纹	ϕ^T	18、25、32、40、50	785	980
				930	1 080
				1 080	1 230
消除应力钢丝	光面 螺旋肋	ϕ^P ϕ^H	5	—	1 570
				—	1 860
			7	—	1 570
			9	—	1 470
				—	1 570
钢绞线	1×3(三股)	ϕ^S	8.6、10.8、12.9	—	1 570
				—	1 860
				—	1 960
	1×7(七股)		9.5、12.7、15.2、17.8	—	1 720
				—	1 860
				—	1 960
			21.6	—	1 860

注：极限强度标准值为 1 960 N/mm² 的钢绞线作后张预应力配筋时，应有可靠的工程经验。

附表 4.2 预应力筋强度设计值　　　　　　　　　　N·mm^{-2}

种类	抗拉强度标准值 f_{ptk}	抗拉强度设计值 f_{py}	抗压强度设计值 f'_{py}
中强度预应力钢丝	800	510	410
	970	650	
	1 270	810	
消除应力钢丝	1 470	1 040	410
	1 570	1 110	
	1 860	1 320	
钢绞线	1 570	1 110	390
	1 720	1 220	
	1 860	1 320	
	1 960	1 390	

种类	抗拉强度标准值 f_{ptk}	抗拉强度设计值 f_{py}	抗压强度设计值 f'_{py}
预应力螺纹钢筋	980	650	400
	1 080	770	
	1 230	900	

注：当预应力筋的强度标准值不符合表中的规定时，其强度设计值应进行相应的比例换算。

附录 5 钢筋疲劳应力幅限值

Appendix 5 Limit Values of Fatigue Stress Amplitude of Steel Reinforcement

附表 5.1 普通钢筋疲劳应力幅限值 $N \cdot mm^{-2}$

疲劳应力比值 ρ_s	疲劳应力幅限值 Δf_y^f	
	HRB335	HRB400
0	175	175
0.1	162	162
0.2	154	156
0.3	144	149
0.4	131	137
0.5	115	123
0.6	97	106
0.7	77	85
0.8	54	60
0.9	28	31

注：当纵向受拉钢筋采用闪光接触对焊连接时，其接头处的钢筋疲劳应力幅限值应按表中数值乘以 0.8 取用。

附表 5.2 预应力筋疲劳应力幅限值 $N \cdot mm^{-2}$

疲劳应力比值 ρ_p^f	钢绞线 $f_{ptk}=1\ 570$	消除应力钢丝 $f_{ptk}=1\ 570$
0.7	144	240
0.8	118	168
0.9	70	88

注：1. 当 $\sigma_{p0}=\sigma_{con}-\sigma_I+\alpha_{Ep}\sigma_{pc II p}$ 时，可不作预应力筋疲劳验算；

    2. 当有充分依据时，可对表中规定的应力幅限值作适当调整。

附录 6 钢筋的公称直径、公称截面面积及理论质量

Appendix 6 Nominal Diameter and Section Area of steel Reinforcement and Its Theoretical Weight

附表 6.1 普通钢筋的公称直径、公称截面面积及理论质量

公称直径 d/mm	不同根数钢筋的公称截面面积/mm²									单根钢筋理论质量/(kg·m⁻¹)
	1	2	3	4	5	6	7	8	9	/(kg·m⁻¹)
6	28.3	57	85	113	142	170	198	226	255	0.222
8	50.3	101	151	201	252	302	352	402	453	0.395
10	78.5	157	236	314	393	471	550	628	707	0.617
12	113.1	226	339	452	565	678	791	904	1 017	0.888
14	153.9	308	461	615	769	923	1 077	1 231	1 385	1.21
16	201.1	402	603	804	1 005	1 206	1 407	1 608	1 809	1.58
18	254.5	509	763	1 017	1 272	1 527	1 781	2 036	2 290	2.00(2.11)
20	314.2	628	942	1 256	1 570	1 884	2 199	2 513	2 827	2.47
22	380.1	760	1 140	1 520	1 900	2 281	2 661	3 041	3 421	2.98
25	490.9	982	1 473	1 964	2 454	2 945	3 436	3 927	4 418	3.85(4.10)
28	615.8	1 232	1 847	2 463	3 079	3 695	4 310	4 926	5 542	4.83
32	804.2	1 609	2 413	3 217	4 021	4 826	5 630	6 434	7 238	6.31(6.65)
36	1 017.9	2 036	3 054	4 072	5 089	6 107	7 125	8 143	9 161	7.99
40	1 256.6	2 513	3 770	5 027	6 283	7 540	8 796	10 053	11 310	9.87(10.34)
50	1 963.5	3 928	5 892	7 856	9 820	11 784	13 748	15 712	17 676	15.42(16.28)

注：括号内为预应力螺纹钢筋的数值。

附表 6.2 钢绞线的公称直径、公称截面面积及理论质量

种类	公称直径/mm	公称截面面积/mm²	理论质量/(kg·m⁻¹)
1×3	8.6	37.7	0.296
	10.8	58.9	0.462
	12.9	84.8	0.666
1×7 标准型	9.5	54.8	0.430
	12.7	98.7	0.775
	15.2	140	1.101
	17.8	191	1.500
	21.6	285	2.237

附表 6.3 钢丝的公称直径、公称截面面积及理论质量

公称直径/mm	公称截面面积/mm²	理论质量/(kg·m⁻¹)
5.0	19.63	0.154
7.0	38.48	0.302
9.0	63.62	0.499

附表 6.4　各种钢筋间距时每米板宽中的钢筋截面面积

钢筋间距/mm	钢筋直径/mm											
	3	4	5	6	6/8	8	8/10	10	10/12	12	12/14	14
70	101.0	180.0	280.0	404.0	561.0	719.0	920.0	1 121.0	1 369.0	1 616.0	1 907.0	2 199.0
75	94.3	168.0	262.0	377.0	524.0	671.0	859.0	1 047.0	1 277.0	1 508.0	1 780.0	2 052.0
80	88.4	157.0	245.0	354.0	491.0	629.0	805.0	981.0	1 198.0	1 414.0	1 669.0	1 924.0
85	83.2	148.0	231.0	333.0	462.0	592.0	758.0	924.0	1 127.0	1 331.0	1 571.0	1 811.0
90	78.5	140.0	218.0	314.0	437.0	559.0	716.0	872.0	1 064.0	1 257.0	1 483.0	1 710.0
95	74.5	132.0	207.0	298.0	414.0	529.0	678.0	826.0	1 008.0	1 190.0	1 405.0	1 620.0
100	70.6	126.0	196.0	283.0	393.0	503.0	644.0	785.0	958.0	1 131.0	1 335.0	1 539.0
110	64.2	114.0	178.0	257.0	357.0	457.0	585.0	714.0	871.0	1 028.0	1 214.0	1 399.0
120	58.9	105.0	163.0	236.0	327.0	419.0	537.0	654.0	798.0	942.0	1 113.0	1 283.0
125	56.5	101.0	157.0	226.0	314.0	402.0	515.0	628.0	766.0	905.0	1 068.0	1 231.0
130	54.4	96.6	151.0	218.0	302.0	387.0	495.0	604.0	737.0	870.0	1 027.0	1 184.0
140	50.5	89.8	140.0	202.0	281.0	359.0	460.0	561.0	684.0	808.0	954.0	1 099.0
150	47.1	83.8	131.0	189.0	262.0	335.0	429.0	523.0	639.0	754.0	890.0	1 026.0
160	44.1	78.5	123.0	177.0	246.0	314.0	403.0	491.0	599.0	707.0	834.0	962.0
170	41.5	73.9	115.0	166.0	231.0	296.0	379.0	462.0	564.0	665.0	785.0	905.0
180	39.2	69.8	109.0	157.0	218.0	279.0	358.0	436.0	532.0	628.0	742.0	855.0
190	37.2	66.1	103.0	149.0	207.0	265.0	339.0	413.0	504.0	595.0	703.0	810.0
200	35.3	62.8	98.2	141.0	196.0	251.0	322.0	393.0	479.0	565.0	668.0	770.0
220	32.1	57.1	89.2	129.0	179.0	229.0	293.0	357.0	436.0	514.0	607.0	700.0
240	29.4	52.4	81.8	118.0	164.0	210.0	268.0	327.0	399.0	471.0	556.0	641.0
250	28.3	50.3	78.5	113.0	157.0	201.0	258.0	314.0	383.0	452.0	534.0	616.0
260	27.2	48.3	75.5	109.0	151.0	193.0	248.0	302.0	369.0	435.0	513.0	592.0
280	25.2	44.9	70.1	101.0	140.0	180.0	230.0	280.0	342.0	404.0	477.0	550.0
300	23.6	41.9	65.5	94.2	131.0	168.0	215.0	262.0	319.0	377.0	445.0	513.0
320	22.1	39.3	61.4	88.4	123.0	157.0	201.0	245.0	299.0	353.0	417.0	481.0

注：表中钢筋直径中的 6/8，8/10，……是指两种直径的钢筋间隔放置。

附录 7 混凝土结构的环境类别和耐久性基本要求
Appendix 7 Basic Requirements of Environment Types and the Durability Design of Concrete Structure

附表 7　混凝土结构的环境类别

环境类别	条件
一	室内干燥环境
	无侵蚀性静水浸没环境
二 a	室内潮湿环境
	非严寒和非寒冷地区的露天环境
	非严寒和非寒冷地区与无侵蚀性的水或土壤直接接触的环境
	严寒和寒冷地区的冰冻线以下与无侵蚀性的水或土壤直接接触的环境
二 b	干湿交替环境
	水位频繁变动环境
	严寒和寒冷地区的露天环境
	严寒和寒冷地区冰冻线以上与无侵蚀性的水或土壤直接接触的环境
三 a	严寒和寒冷地区冬季水位变动区环境
	受除冰盐影响环境
	海风环境
三 b	盐渍土环境
	受除冰盐作用环境
	海岸环境
四	海水环境
五	受人为或自然的侵蚀性物质影响的环境

注：1. 室内潮湿环境是指构件表面经常处于结露或湿润状态的环境；
　　2. 严寒和寒冷地区的划分应符合现行国家标准《民用建筑热工设计规范》(GB 50176)的有关规定；
　　3. 海岸环境和海风环境宜根据当地情况，考虑主导风向及结构所处迎风、背风部位等因素的影响，由调查研究和工程经验确定；
　　4. 受除冰盐影响环境是指受到除冰盐雾影响的环境；受除冰盐作用环境是指被除冰盐溶液溅射的环境以及使用除冰盐地区的洗车房、停车楼等建筑；
　　5. 暴露的环境是指混凝土结构表面所处的环境。

附录8 纵向受力钢筋的最小配筋率

Appendix 8 The Minimum Reinforcement Ratio of Longitudinal Steel Reinforcement

附表8 纵向受力钢筋的最小配筋率 ρ_{min}

受力类型			最小配筋率/%
受压构件	全部纵向钢筋	强度等级 500 MPa	0.50
		强度等级 400 MPa	0.55
		强度等级 300 MPa、335 MPa	0.60
	一侧纵向钢筋		0.20
受弯构件、偏心受拉构件、轴心受拉构件一侧的受拉钢筋			0.20 和 $45f_t/f_y$ 中的较大值

注：1. 受压构件全部纵向钢筋最小配筋百分率，当采用C60及以上强度等级的混凝土时，应按表中规定增加0.01；
2. 板类受弯构件(不包括悬臂板)的受拉钢筋，当采用强度等级 400 MPa、500 MPa 的钢筋时，其最小配筋率应允许采用 0.15% 和 $45f_t/f_y$ 中的较大值；
3. 偏心受拉构件中的受压钢筋，应按受压构件一侧纵向钢筋考虑；
4. 受压构件的全部纵向钢筋和一侧纵向钢筋的配筋率以及轴心受拉构件和小偏心受拉构件一侧受拉钢筋的配筋率均应按构件的全截面面积计算；
5. 受弯构件、大偏心受拉构件一侧受拉钢筋的配筋率应按全截面面积扣除受压翼缘面积 $(b_f'-b)h_f'$ 后的截面面积计算；
6. 当钢筋沿构件截面周边布置时，"一侧纵向钢筋"是指沿受力方向两个对边中一边布置的纵向钢筋。

附录9 受弯构件正截面承载力计算系数表

Appendix 9 Coefficient for Strength of Members with Bending

附表9 受弯构件正截面承载力计算系数表

ξ	γ_s	α_s	ξ	γ_s	α_s
0.01	0.995	0.010	0.12	0.940	0.113
0.02	0.990	0.020	0.13	0.935	0.121
0.03	0.985	0.030	0.14	0.930	0.130
0.04	0.980	0.039	0.15	0.925	0.139
0.05	0.975	0.048	0.16	0.920	0.147
0.06	0.970	0.058	0.17	0.915	0.155
0.07	0.965	0.067	0.18	0.910	0.164
0.08	0.960	0.077	0.19	0.905	0.172
0.09	0.955	0.085	0.20	0.900	0.180
0.10	0.950	0.095	0.21	0.895	0.188
0.11	0.945	0.104	0.22	0.890	0.196

ξ	γ_s	α_s	ξ	γ_s	α_s
0.23	0.885	0.203	0.43	0.785	0.337
0.24	0.880	0.211	0.44	0.780	0.343
0.25	0.875	0.219	0.45	0.775	0.349
0.26	0.870	0.226	0.46	0.770	0.354
0.27	0.865	0.234	0.47	0.765	0.359
0.28	0.860	0.241	0.48	0.760	0.365
0.29	0.855	0.248	0.49	0.755	0.370
0.30	0.850	0.255	0.50	0.750	0.375
0.31	0.845	0.262	0.51	0.745	0.380
0.32	0.840	0.269	0.52	0.740	0.385
0.33	0.835	0.275	0.53	0.735	0.390
0.34	0.830	0.282	0.54	0.730	0.394
0.35	0.825	0.289	0.55	0.725	0.400
0.36	0.820	0.295	0.56	0.720	0.403
0.37	0.815	0.301	0.57	0.715	0.408
0.38	0.810	0.309	0.58	0.710	0.412
0.39	0.805	0.314	0.59	0.705	0.416
0.40	0.800	0.320	0.60	0.700	0.420
0.41	0.795	0.326	0.61	0.695	0.424
0.42	0.790	0.332	0.62	0.690	0.428

附录 10　构件变形及裂缝限值
Appendix 10　Allowing Values of Deflection and Crack Width of Members

附表 10.1　受弯构件的挠度极限

构件类型		挠度极限
吊车梁	手动吊车	$l_0/500$
	电动吊车	$l_0/600$
屋盖、楼盖 及楼梯构件	当 $l_0 < 7$ m 时	$l_0/200(l_0/250)$
	当 7 m $\leqslant l_0 \leqslant 9$ m 时	$l_0/250(l_0/300)$
	当 $l_0 > 9$ m 时	$l_0/300(l_0/400)$

注：1. 表中 l_0 为构件的计算跨度；计算悬臂构件的挠度限值时，其计算跨度 l_0 按实际悬臂长度的 2 倍取用；
　　2. 表中括号内的数值适用于使用上对挠度有较高要求的构件；
　　3. 如果构件制作时预先起拱，且使用上也允许，则在验算挠度时，可将计算所得的挠度值减去起拱值。对预应力混凝土构件，还可减去预加力所产生的反拱值；
　　4. 构件制作时的起拱值和预加力所产生的反拱值，不宜超过构件在相应荷载组合作用下的计算挠度值。

附表 10.2 结构构件的裂缝控制等级及最大裂缝宽度的限值 mm

环境类别	钢筋混凝土结构		预应力混凝土结构	
	裂缝控制等级	w_{lim}	裂缝控制等级	w_{lim}
一	三级	0.30(0.40)	三级	0.20
二 a				0.10
二 b		0.20	二级	—
三 a、三 b			一级	—

注：1. 对处于年平均相对湿度小于 60% 地区一类环境下的受弯构件，其最大裂缝宽度限值可采用括号内的数值；

2. 在一类环境下，对钢筋混凝土屋架、托架及需作疲劳验算的吊车梁，其最大裂缝宽度限值应取为 0.20 mm；对钢筋混凝土屋面梁和托梁，其最大裂缝宽度限值应取为 0.30 mm；

3. 在一类环境下，对预应力混凝土屋架、托架及双向板体系，应按二级裂缝控制等级进行验算；对一类环境下的预应力混凝土屋面梁、托梁、单向板，应按表中二 a 类环境的要求进行验算；在一类和二 a 类环境下需作疲劳验算的预应力混凝土吊车梁，应按裂缝控制等级不低于二级的构件进行验算；

4. 表中规定的预应力混凝土构件的裂缝控制等级和最大裂缝宽度限值仅适用于正截面的验算；预应力混凝土构件的斜截面裂缝控制验算应符合本规范第 7 章的有关规定；

5. 对于烟囱、筒仓和处于液体压力下的结构，其裂缝控制要求应符合专门标准的有关规定；

6. 对于处于四、五类环境下的结构构件，其裂缝控制要求应符合专门标准的有关规定；

7. 表中的最大裂缝宽度限值为用于验算荷载作用引起的最大裂缝宽度。

参 考 文 献
References

[1] 国家标准. GB 50010—2010 混凝土结构设计规范(2015 年版)[S]. 北京：中国建筑工业出版社，2011.

[2] 国家标准. GB 50068—2001 建筑结构可靠度设计统一标准[S]. 北京：中国建筑工业出版社，2001.

[3] 国家标准. GB 50009—2012 建筑结构荷载规范[S]. 北京：中国建筑工业出版社，2013.

[4] 东南大学，天津大学，同济大学. 混凝土结构设计原理[M]. 北京：中国建筑工业出版社，2004.

[5] 沈蒲生. 混凝土结构设计原理[M]. 3 版. 北京：高等教育出版社，2008.

[6] 李国平. 预应力混凝土结构设计原理[M]. 北京：人民交通出版社，2002.

[7] 《混凝土结构设计规范算例》编委会. 混凝土结构设计规范算例[M]. 北京：中国建筑工业出版社，2003.

[8] 中国土木工程学会标准. 混凝土结构耐久性设计与施工指南(CES01—2004)[M]. 北京：中国建筑工业出版社，2005.

[9] 中国土木工程学会高强混凝土委员会. 高强混凝土设计与施工指南[M]. 北京：中国建筑工业出版社，1994.

[10] 施岚青. 一、二级注册结构工程师专业考试应试指南[M]. 北京：中国建筑工业出版社，2012.

[11] 周新刚，刘建平，逯静洲，等. 混凝土结构设计原理[M]. 北京：机械工业出版社，2011.

[12] 梁兴文，史庆轩. 混凝土结构设计原理[M]. 北京：中国建筑工业出版社，2008.

[13] 中华人民共和国住房和城乡建设部. GB/T 50476—2008 混凝土结构耐久性设计规范[S]. 北京：中国建筑工业出版社，2009.

[14] 中国有色工程设计研究总院. 混凝土结构构造手册[M]. 3 版. 北京：中国建筑工业出版社，2003.

[15] 朱平华，姚荣. 建筑结构(上册)[M]. 北京：北京理工大学出版社，2010.